普通高等教育系列教材

AutoCAD 2017 中文版工程制图

汤爱君　段　辉　陈清奎　等编著

机械工业出版社

本书以计算机二维绘图软件 AutoCAD 2017 中文版为基础，介绍了使用 AutoCAD 2017 进行工程制图的设计方法和应用技巧。内容包括软件的基本操作、图层管理、基本绘图命令、精确绘图命令、图形编辑、文字和尺寸标注以及基本三维图形的绘制等操作。每章都安排了知识点讲解及相关范例，能够帮助读者在理解工具命令的基础上，达到边学边练的目的。每章的最后都精心安排了课后练习，这样可以帮助读者巩固并检验本章所学的知识。

本书内容翔实、结构合理，图文并茂、深入浅出，案例丰富实用、步骤清晰明确，能够使用户快速、全面地掌握计算机二维绘图与三维造型技术。本书既可作为高等工科院校计算机绘图课程的教材，也可作为高职高专、函授等相应课程的教材及工程技术人员的参考书。

本书配有电子教案，需要的教师可登录www.cmpedu.com免费注册，审核通过后下载，或联系编辑索取（微信：15910938545，电话：010-88379739）。

图书在版编目（CIP）数据

AutoCAD 2017 中文版工程制图 / 汤爱君等编著. —北京：机械工业出版社，2018.6（2021.7 重印）
普通高等教育系列教材
ISBN 978-7-111-60058-9

Ⅰ. ①A…　Ⅱ. ①汤…　Ⅲ. ①工程制图－AutoCAD 软件－高等学校－教材
Ⅳ. ①TB237

中国版本图书馆 CIP 数据核字（2018）第 110137 号

机械工业出版社（北京市百万庄大街 22 号　邮政编码 100037）
策划编辑：和庆娣　责任编辑：和庆娣
责任校对：张艳霞　责任印制：张　博

北京中科印刷有限公司印刷

2021 年 7 月第 1 版 · 第 2 次印刷
184mm×260mm · 16.25 印张 · 396 千字
3001－4000 册
标准书号：ISBN 978-7-111-60058-9
定价：49.00 元

电话服务　　　　　　　网络服务
客服电话：010-88361066　　机　工　官　网：www.cmpbook.com
　　　　　010-88379833　　机　工　官　博：weibo.com/cmp1952
　　　　　010-68326294　　金　　书　　网：www.golden-book.com
封底无防伪标均为盗版　　机工教育服务网：www.cmpedu.com

前　言

计算机绘图是工程类、机械类、设计类、建筑类等专业大学生应该掌握的三大绘图技能之一，计算机绘图技能在计算机日益普及的今天越来越受到重视。

AutoCAD 是一款功能强大、性能稳定、兼容性好、扩展性强的绘图软件，它在机械、建筑、土木、电气和模具制造等领域应用广泛。本书作者具有十多年的计算机绘图的培训和教学经验，强调知识的系统性和完整性，突出重点，拓宽知识面。

本书的特点如下。

1）介绍计算机辅助绘图技术的新知识，与科技发展同步。

2）从零开始，轻松入门。在内容的安排上作了精心处理，主要讲解绘制平面图应掌握的最基本、最常用的命令，使读者可以在很短的时间内掌握用 AutoCAD 2017 绘制平面图形的方法。在此基础上，本书还介绍了使用 AutoCAD 2017 进行三维实体设计的一些方法和技巧。

3）图解案例，清晰直观。讲与练相结合，避免只讲不练，或只练不讲，使讲与练紧密结合，所练的就是所讲的。所讲所练也是经过精心选择的，都是能充分体现操作命令特点的内容和例子。

4）实例引导，专业经典。本书在精选实例时，与“工程图学”（或“工程制图”）课程的教学紧密结合，选择工程上一些常见的零部件进行工程绘图与三维造型，可以起到工程图学与计算机软件有效结合的作用。

5）有利于培养读者的空间思维能力和形体构形能力，对培养创新型人才具有重要意义。

本书主要由汤爱君（山东建筑大学）、段辉和陈清奎编写，参加本书编写的还有管殿柱、谈世哲、宋一兵、付本国、赵景波、李文秋、陈洋、焉北超、管玥、刘慧、王献红。

由于编者水平有限，加之时间仓促，书中难免有些疏漏和不足之处，敬请各位专家、同仁及读者批评指正。

编　者

目　录

第 1 章　AutoCAD 2017 入门基础

【内容与要求】

AutoCAD 是由美国 Autodesk 公司于 20 世纪 80 年代初为微机上应用 CAD 技术而开发的绘图程序软件包。AutoCAD 经过 20 多次升级和不断完善，现已经成为国际上广为流行的绘图工具。它具有完善的图形绘制功能、强大的图形编辑功能、可采用多种方式进行二次开发或用户定制、可进行多种图形格式的转换，具有较强的数据交换能力，同时支持多种硬件设备和操作平台，目前已经在航空航天、造船、建筑、机械、电子、化工、美工、轻纺等很多领域得到了广泛应用，并取得了丰硕的成果和巨大的经济效益。

AutoCAD 2017 是 AutoCAD 系列软件的新版本，它在性能和功能方面都有较大的增强，同时保证与低版本完全兼容。

【学习目标】

- 了解 AutoCAD 2017 的基本功能
- 掌握 AutoCAD 2017 的命令输入方法
- 掌握 AutoCAD 2017 图形文件的基本操作

1.1　AutoCAD 2017 的基本功能

本节主要介绍 AutoCAD 的基本发展历史和主要功能，AutoCAD 2017 版本相对于以前版本的主要改进和其新特性。

1.1.1　AutoCAD 概述

AutoCAD 具有良好的用户界面，通过交互菜单或命令行方式便可以进行各种操作。它的多文档设计环境，让非计算机专业人员也能很快学会使用，在不断实践的过程中更好地掌握它的各种应用和开发技巧，从而不断提高工作效率。

AutoCAD 2017 具有广泛的适应性，它可以完美地支持 Windows 7、Windows 8/8.1 和 Windows 10 的 32 位和 64 位系统，并支持分辨率从 320×200 像素到 2048×1024 像素的各种图形显示设备 40 多种，以及数字化仪和鼠标器 30 多种，绘图仪和打印机数十种，主要用于二维绘图、详细绘制、设计文档和基本三维设计，现已经成为国际上广为流行的绘图工具，这就为 AutoCAD 的普及创造了条件。

AutoCAD 是一个辅助设计软件，可以满足通用设计和绘图的主要需求，并提供各种接口，可以和其他软件共享设计成果，并能十分方便地进行管理。软件主要提供如下功能。

- 强大的图形绘制功能：AutoCAD 提供了创建直线、圆、圆弧、曲线、文本、表格和尺寸标注等多种图形对象的功能。
- 精确定位和定形功能：AutoCAD 提供了坐标输入、对象捕捉、栅格捕捉、追踪、动态输入等功能，利用这些功能可以精确地为图形对象定位和定形。

- 方便的图形编辑功能：AutoCAD 提供了复制、旋转、阵列、修剪、倒角、缩放、偏移等方便实用的编辑工具，大大提高了绘图效率。
- 图形输出功能：图形输出包括屏幕显示和打印出图，AutoCAD 提供了方便地缩放和平移等屏幕显示工具，模型空间、图纸空间、布局、图纸集、发布和打印等功能，极大地丰富了出图选择。
- 三维造型功能：AutoCAD 三维建模可让用户使用实体、曲面和网格对象创建图形。
- 辅助设计功能：可以查询绘制好的图形的长度、面积、体积和力学特性等；提供多种软件的接口，可方便地将设计数据和图形在多个软件中共享，进一步发挥各软件的特点和优势。
- 允许用户进行二次开发：AutoCAD 自带的 AutoLISP 语言让用户自行定义新命令和开发新功能。通过 DXF、IGES 等图形数据接口，可以实现 AutoCAD 和其他系统的集成。此外，AutoCAD 支持 Object、ARX、ActiveX、VBA 等技术，提供了与其他高级编程语言的接口，具有很强的开发性。

1.1.2 AutoCAD 2017 的新特性

1．PDF 支持

AutoCAD 2017 可以将几何图形、填充、光栅图像和 TrueType 文字从 PDF 文件输入到当前图形中。PDF 数据可以来自当前图形中附着的 PDF，也可以来自指定的任何 PDF 文件。数据精度受限于 PDF 文件的精度和支持的对象类型的精度。某些特性（例如 PDF 比例、图层、线宽和颜色）可以在 AutoCAD 中保留。

2．共享设计视图

AutoCAD 2017 可以将设计视图发布到 Autodesk A360 内的安全、匿名位置。用户可以通过向指定人员转发生成的链接来共享设计视图，而无须发布 DWG 文件本身。支持的 Web 浏览器提供对这些视图的访问，并且不会要求收件人具有 Autodesk A360 账户或安装任何其他软件。支持的浏览器包括 Chrome、Firefox 以及支持 WebGL 三维图形的浏览器。

3．关联的中心标记和中心线

AutoCAD 2017 可以创建与圆弧和圆关联的中心标记，以及与选定的直线和多段线线段关联的中心线。出于兼容性考虑，此新功能并不会替换当前的方法，只是作为替代方法提供。

4．用户界面

AutoCAD 2017 添加了几种便利条件来改善用户体验。

- 可调整多个对话框的大小：APPLOAD、ATTEDIT、DWGPROPS、EATTEDIT、INSERT、LAYERSTATE、PAGESETUP 和 VBALOAD。
- 在多个用于附着文件以及保存和打开图形的对话框中扩展了预览区域。
- 可以启用新的 LTGAPSELECTION 系统变量来选择非连续线型间隙中的对象，就像它们已设置为连续线型一样。
- 可以使用 CURSORTYPE 系统变量选择在绘图区域中是使用 AutoCAD 十字光标，还是使用 Windows 箭头光标。
- 可以在“选项”对话框的“显示”选项卡中指定基本工具提示的延迟计时。

- 可以轻松地将三维模型从 AutoCAD 发送到 Autodesk Print Studio，以便为三维打印自动执行最终准备。Print Studio 支持包括 Ember、Autodesk 的高精度、高品质（25μm 表面处理）制造解决方案。此功能仅适用于 64 位 AutoCAD 系统。

5．性能增强功能

AutoCAD 2017 对很多性能进行了增强，使之更加方便快捷。

- 针对渲染视觉样式（尤其是内含大量包含边和镶嵌面的小块的模型）改进了 3DORBIT 的性能和可靠性。
- 二维平移和缩放操作的性能得到改进。
- 线型的视觉质量得到改进。
- 通过跳过对内含大量线段的多段线的几何图形中心（GCEN）计算，从而改进了对象捕捉的性能。
- 位于操作系统的 UAC 保护下的 Program Files 文件夹树中的任何文件现在受信任。此信任的表示方式为在受信任的路径 UI 中显示隐式受信任路径并以灰色显示它们。同时，将继续针对更复杂的攻击加固 AutoCAD 代码本身。
- 可以为新图案填充，并可填充 HPLAYER 系统变量设置为不存在的图层。在创建了下一个图案填充或填充后，就会创建该图层。
- 所有标注命令都可以使用 DIMLAYER 系统变量。
- TEXTEDIT 命令现在会自动重复。
- 已从“快速选择”和“清理”对话框中删除不必要的工具提示。
- 新的单位设置（即美制测量英尺）已添加到 UNITS 命令中的插入比例列表。
- 新的 AutoCAD 命令和系统变量参考。

更多新功能，用户可在使用中慢慢体会和学习，这里就不一一介绍了。

1.2 AutoCAD 2017 的启动与退出

在计算机中安装了 AutoCAD 2017 以后，就可以进行二维平面绘图了。本节主要介绍 AutoCAD 2017 常用的几种启动与退出方法。

1.2.1 AutoCAD 2017 的启动

启动 AutoCAD 2017 的方式主要有以下 3 种。

1．双击快捷图标

首先在计算机中安装 AutoCAD 2017 应用程序，按照系统提示安装完后，在桌面上会出现 AutoCAD 2017 快捷图标，双击此图标则可启动 AutoCAD 2017，进入 AutoCAD 2017 的工作界面。

2．使用“开始”菜单方式

单击 Windows 操作系统桌面左下角的“开始”按钮，执行“开始”→“所有程序”→“Autodesk”→“AutoCAD 2017-简体中文”→“AutoCAD 2017-简体中文”命令。

3．双击存储的 AutoCAD 文件名

在“我的电脑”中找到“*.dwg”的图形文件，双击文件名即可打开 AutoCAD 2017。

1.2.2 AutoCAD 2017 的退出

AutoCAD 2017 支持多文档操作，也就是说，可以同时打开多个图形文件，同时在多张图纸上进行操作，这对提高工作效率是非常有帮助的。但是，为了节约系统资源，要学会有选择地关闭一些暂时不用的文件。当完成绘制或者修改工作，暂时用不到 AutoCAD 2017 时，最好先退出 AutoCAD 2017 系统，再进行别的操作。

退出 AutoCAD 2017 系统的方法，与关闭图形文件的方法类似，可以采用以下几种方法。

- 单击 AutoCAD 窗口右上角的“关闭”按钮，如果当前的图形文件以前没有保存过，系统也会给出是否存盘的提示。如果不想存盘，单击“否”按钮；要保存，参照着前面讲过的方法与步骤进行即可。
- 可以通过单击“应用程序”按钮打开应用程序菜单浏览器，然后单击“退出 Autodesk AutoCAD 2017”按钮。
- 在命令行输入“EXIT”或“QUIT”命令。
- 选择菜单“文件”→“退出”命令。
- 用鼠标双击 AutoCAD 窗口左上角标题栏的图标，也可退出 AutoCAD。

1.3 AutoCAD 2017 工作界面

启动 AutoCAD 2017 后，即可进入该软件的工作界面。在 AutoCAD 2017 中，系统提供了“草图与注释”工作空间、“三维基础”工作空间和“三维建模”工作空间。通常情况下，系统将以默认的“草图与注释”界面显示，如图 1-1 所示。

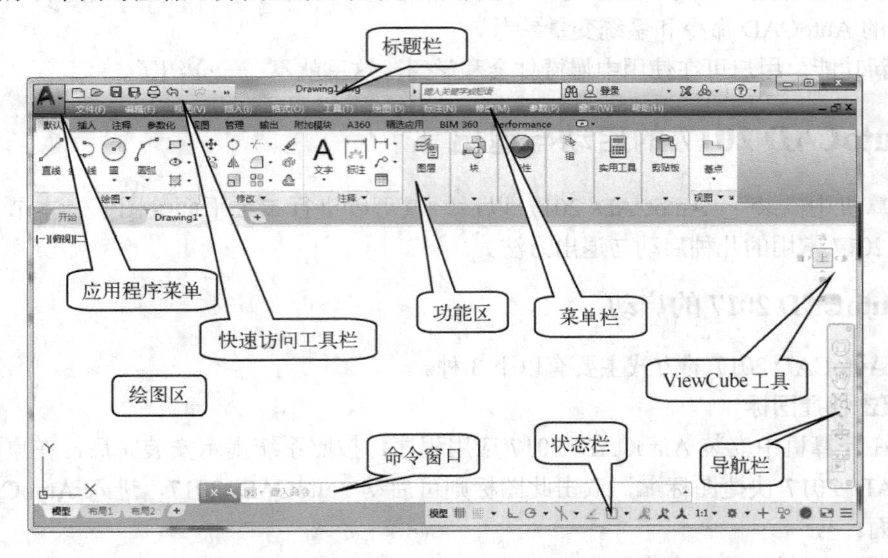

图 1-1 AutoCAD 2017“草图与注释”工作界面

1. 应用程序菜单

单击菜单浏览器按钮，可以打开应用程序菜单，如图 1-2 所示，从中可以搜索命令以及使用常用的文件操作命令。在应用程序菜单中，可以使用“最近使用的文档”列表来查看最近打开的文件。应用程序菜单支持对命令的实时搜索，搜索字段先是在应用程序菜单的顶部区域，搜索结果可以包括菜单命令、基本工具提示和命令提示文字、字符串。

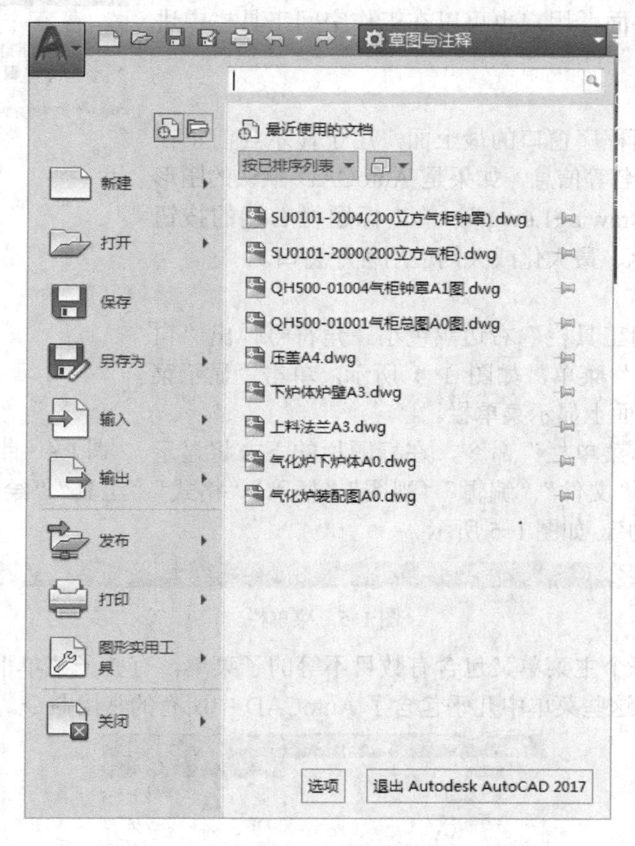

图 1-2 应用程序菜单

2. 快速访问工具栏

快速访问工具栏（见图 1-3）用于存储经常使用的命令。单击快速访问工具栏最后的▾按钮可以展开下拉菜单，定制快速访问工具栏中要显示的工具，也可以删除已经显示的工具，下拉菜单中被勾选的命令为在快速访问工具栏中显示的，单击已勾选的命令可以将其勾选取消，此时快速访问工具栏中将不再显示该命令。反之，单击没有勾选的命令项，可以将其勾选，在快速访问工具栏显示该命令。

图 1-3 快速访问工具栏

快速访问工具栏默认放在功能区的上方，也可以选择自定义快速访问工具栏的“在功能区下方显示”命令将其放在功能区的下方。

如果想往快速访问工具栏添加工具面板中的工具，只需将鼠标指针指向要添加的工具，右击鼠标，在出现的快捷菜单选择“添加到快速访问工具栏”命令即可。如果想移除快速访问工具栏中已经添加的命令，只需右击该工具，在出现的快捷菜单选择“从快速访问工具栏中删除”命令即可。

快速访问工具栏中的最后一个工具为工作空间列表工具，可以切换用户界面，用户也可以在工作空间工具栏中进行选择和切换。

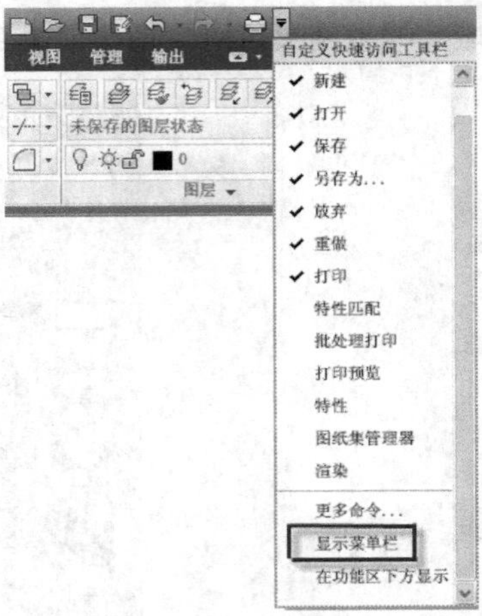

3. 标题栏

标题栏位于应用程序窗口的最上面，用于显示当前正在运行的程序名及文件名等信息，如果是 AutoCAD 默认的图形文件，其名称为“Drawing1.dwg”。单击标题栏右端的按钮 ，可以最小化、最大化或关闭应用程序窗口。

4. 菜单栏

单击“快速访问工具栏”右边黑色小三角符号弹出“自定义快速访问工具栏”菜单，如图 1-4 所示，单击“显示菜单栏”命令，则在界面上显示菜单栏。

图 1-4　自定义快速访问工具栏

一旦打开“显示菜单栏”命令，在标题栏的下方将显示 12 个主菜单，包括“文件”“编辑”“视图”“插入”“格式”“工具”“绘图”“标注”“修改”“参数”“窗口”“帮助”，如图 1-5 所示。

图 1-5　菜单栏

在菜单栏中，每个主菜单又包含有数目不等的子菜单，有些子菜单下还包含下一级子菜单，如图 1-6 所示，这些菜单中几乎包含了 AutoCAD 中所有的常用命令。

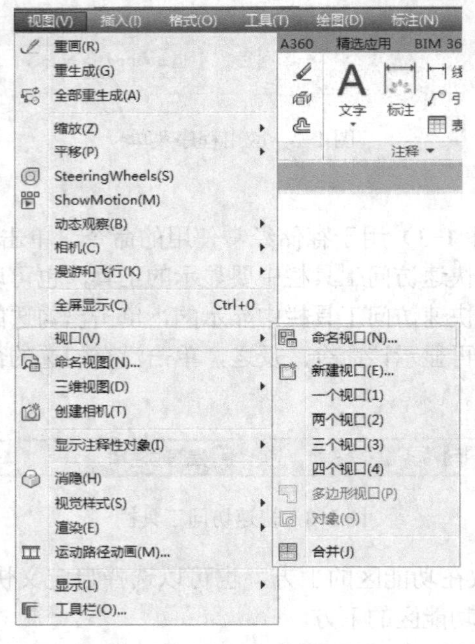

图 1-6　主菜单下的子菜单

5. 功能区

功能区（见图 1-7）由许多面板组成，这些面板被组织到按任务进行标记的选项卡中。功能区面板包含的很多工具和控件与工具栏和对话框中的相同。与当前工作空间相关的操作都单一简洁地置于功能区中。使用功能区时无须显示多个工具栏，它通过单一紧凑的界面使应用程序变得简洁有序，同时使可用的工作区域最大化。单击“最小化”按钮可以使功能区最小化为面板标题。

图 1-7　功能区

6. 绘图区

在 AutoCAD 中，绘图区是用户绘图的工作区域，所有的绘图结果都反映在这个窗口中。用户可以根据需要关闭其周围和里面的各个工具栏，以增大绘图空间。如果图样比较大，需要查看未显示部分时，可以单击窗口右边与下边滚动条上的箭头，或拖动滚动条上的滑块来移动图样。

在绘图区中除了显示当前的绘图结果外，还显示了当前使用的坐标系类型、坐标原点和 X 轴、Y 轴、Z 轴的方向等。默认情况下，坐标系为“世界坐标系(WCS)”。用户可以关闭它，让其不显示，也可以定义一个方便自己绘图的“用户坐标系（UCS）”。

绘图窗口的下方有“模型”和“布局”选项卡 模型 / 布局1 / 布局2，单击其标签可以在模型空间或图纸空间之间切换。

7. 状态栏

状态栏位于工作界面的最底部，如图 1-8 所示。在状态栏上显示了光标位置、绘图工具以及设置绘图环境的工具。默认状态下，状态栏不会显示所有工具，用户可以根据设计情况增加显示所需的工具，其方法就是在状态栏上最右侧单击“自定义”按钮，从打开的“自定义”菜单中选择要显示的工具即可，如图 1-9 所示。

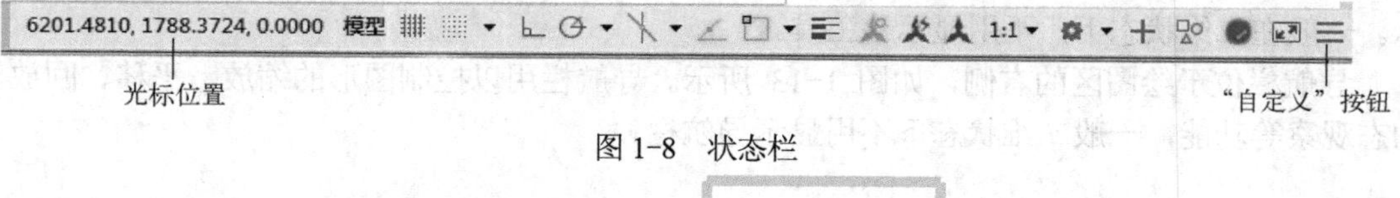

图 1-8　状态栏

坐标
✓ 模型空间
✓ 栅格
✓ 捕捉模式
推断约束
动态输入
✓ 正交模式
✓ 极轴追踪
✓ 等轴测草图
✓ 对象捕捉追踪
✓ 二维对象捕捉
✓ 线宽
透明度
选择循环
三维对象捕捉
动态 UCS
选择过滤
小控件
✓ 注释可见性
✓ 自动缩放
✓ 注释比例
✓ 切换工作空间
✓ 注释监视器
单位
快捷特性
锁定用户界面
✓ 隔离对象
✓ 图形性能
✓ 全屏显示

图 1-9　“自定义”菜单

8. 命令行窗口与文本窗口

命令行窗口位于绘图窗口的底部，用于接收用户输入的命令，并显示 AutoCAD 提示信息，如图 1-10 所示。在 AutoCAD 2017 中，命令窗口可以拖放为浮动窗口，双击命令行窗口的标题栏可以使其回到原来位置。

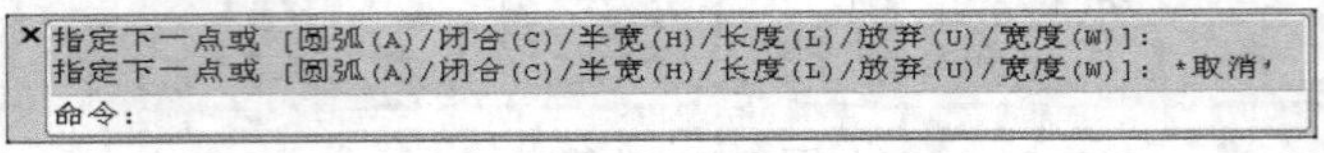

指定下一点或 [圆弧(A)/闭合(C)/半宽(H)/长度(L)/放弃(U)/宽度(W)]:
指定下一点或 [圆弧(A)/闭合(C)/半宽(H)/长度(L)/放弃(U)/宽度(W)]: *取消*
命令:

图 1-10　命令行窗口

AutoCAD 文本窗口是记录 AutoCAD 命令的窗口，是放大的命令窗口，它记录了已执行的命令，也可以用来输入新命令。在 AutoCAD 2017 中，可以选择“视图”→“窗口”→“用户界面”→“文本窗口”命令、执行“TEXTSCR”命令或按〈F2〉键来打开 AutoCAD 文本窗口，它记录了对文档进行的所有操作，如图 1-11 所示。

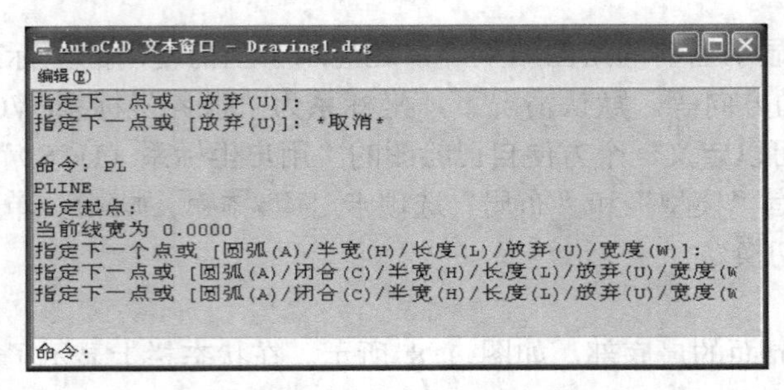

图 1-11　AutoCAD 文本窗口

9. 导航栏和 ViewCube 工具

在绘图区的右上角会出现 ViewCube 工具，用以控制图形的显示和视角，如图 1-12 所示。一般在二维状态下，不用显示该工具。

导航栏位于绘图区的右侧，如图 1-13 所示。导航栏用以控制图形的缩放、平移、回放、动态观察等功能，一般二维状态下不用显示导航栏。

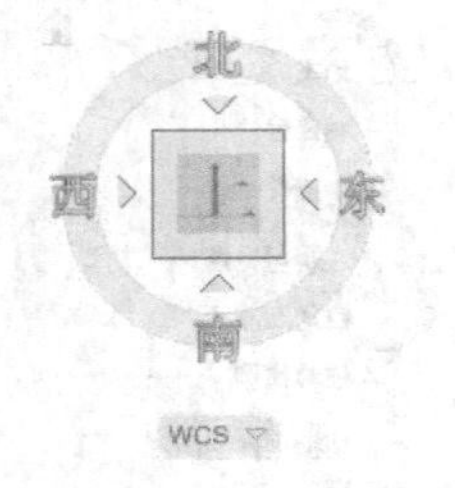

图 1-12　ViewCube 工具

图 1-13　导航栏

在“视图”→“窗口”→“用户界面”命令中可以关闭和打开导航栏和 ViewCube 工具。若要关闭导航栏，也可以单击控制盘右上角的“关闭”按钮 ☒ 即可。

1.4　AutoCAD 2017 工作空间

AutoCAD 2017 提供了“草图与注释”“三维基础”和“三维建模”3 种工作空间模式。

1. 选择工作空间

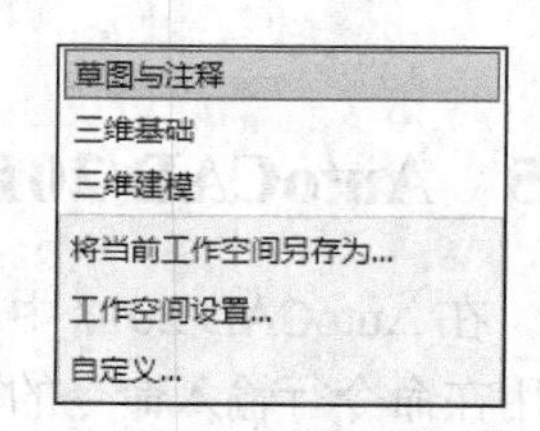

图 1-14　工作空间列表工具

要在 3 种工作空间模式中进行切换，可通过“快速访问工具栏”右侧的工作空间列表工具来切换，如图 1-14 所示。或在状态栏中单击“切换工作空间”按钮，在弹出的菜单中选择相应的命令即可。

“草图与注释”工作空间，主要显示特定于二维草图的基础工具，并用于绘制二维平面草图。

“三维基础”工作空间，显示特定于三维建模的基础工具，用于绘制基础的三维模型。

“三维建模”工作空间，可以更加方便地在三维空间中绘制图形。在“功能区”选项板中集成了“实体”“曲面”“网格”“参数化”“渲染”等面板，从而为绘制三维图形、编辑图形、观察图形、创建动画、设置光源、为三维对象附加材质等操作提供了非常便利的环境。

2. 自定义工作空间

用户可以创建自己的工作空间，还可以修改默认工作空间。要创建或更改工作空间，请使用以下方法。

显示、隐藏和重新排列工具栏和窗口，修改功能区设置，然后保存当前工作空间，方法是通过“快速访问”工具栏、状态栏、“工作空间”工具栏或“窗口”菜单的工作空间图标或者使用 WORKSPACE 命令。

要进行更多的更改，可以打开“自定义用户界面”对话框来设置工作空间环境，如图 1-15 所示。

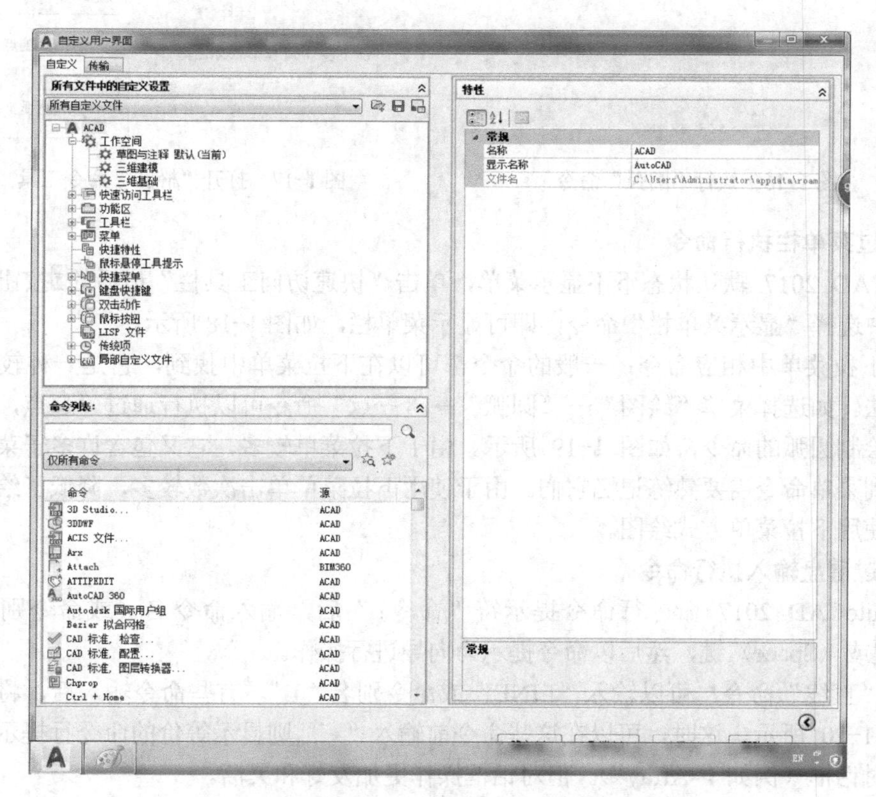

图 1-15　“自定义用户界面”对话框

1.5 AutoCAD 2017 命令的执行方式

在 AutoCAD 2017 中，命令执行的方式是比较灵活的，譬如，执行同一个操作命令，可以采用在命令行输入命令的方式，也可以使用工具按钮的执行形式，还可以通过选择菜单命令的操作形式等。读者可以根据自己的操作习惯灵活选择适合自己的命令执行方式。

1. 通过功能区执行命令

单击功能区中相应工具面板上的图标按钮来执行命令。工具面板是 AutoCAD 2017 最富有特色的工具集合，单击工具面板中的工具图标调用命令的方法形象、直观，是初学者最常用的方法。将鼠标指针在按钮处停留数秒，会显示该按钮工具的名称，帮助用户识别。如单击绘图工具栏中的“圆弧”按钮，可以启动“圆弧”命令，如图 1-16 所示。

有的工具按钮后面有按钮，可以单击此按钮，在出现的工具箱选取相应工具，如图 1-17 所示。

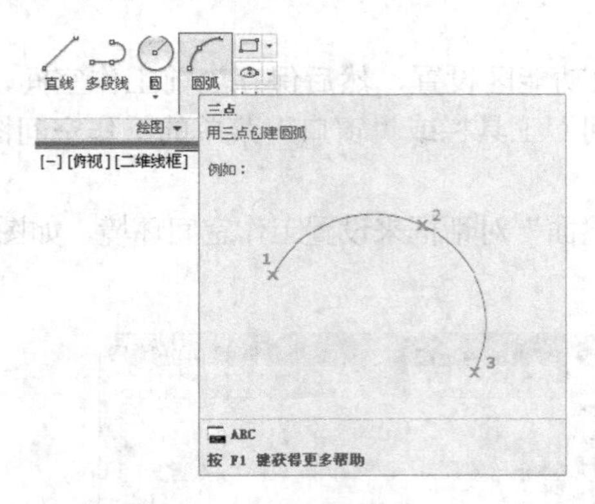

图 1-16 执行“圆弧”命令

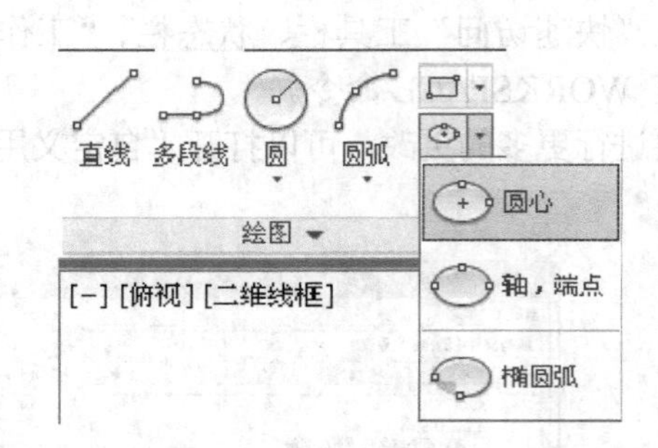

图 1-17 打开“椭圆”命令工具

2. 通过菜单栏执行命令

AutoCAD 2017 默认状态下不显示菜单，单击“快速访问工具栏”最后的按钮在出现的下拉菜单中选择“显示菜单栏”命令，即可显示菜单栏，如图 1-18 所示。

单击下拉菜单中相应命令：一般的命令都可以在下拉菜单中找到，它是一种较实用的命令执行方法。如选择菜单“绘图”→“圆弧”→“三点”命令可以执行通过“起点，中间点和结束点”绘制圆弧的命令，如图 1-19 所示。由于下拉菜单较多，它又包含许多子菜单，所以准确地找到菜单命令需要熟练记忆它们。由于使用下拉菜单单击次数较多，降低了绘图效率，故而较少使用下拉菜单方式绘图。

3. 通过键盘输入执行命令

在 AutoCAD 2017 命令行命令提示符“命令：”后，输入命令名（或命令别名）并按〈Enter〉键或〈Space〉键，然后以命令提示为向导进行操作。

例如“直线”命令，可以输入“LINE”或命令别名“L”。有些命令输入后，将显示对话框，如图 1-20 所示。这时，可以在这些命令前输入“-”，则显示等价的命令行提示信息，而不再显示对话框（例如“-Array”）。但对话框操作更加友好和灵活。

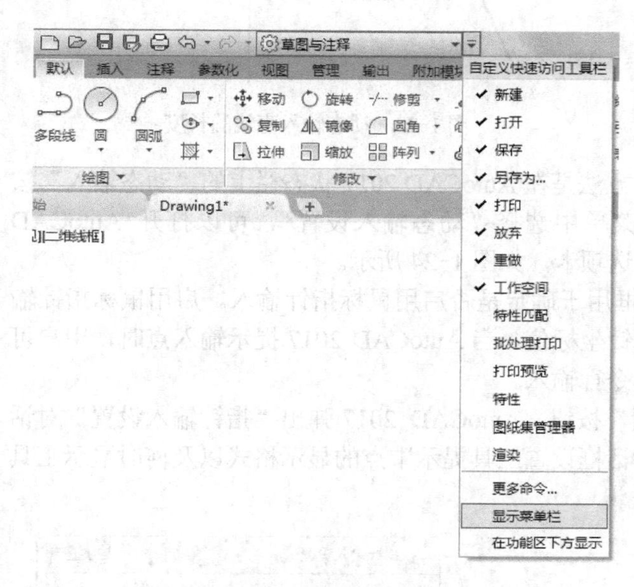

图 1-18　显示菜单栏命令

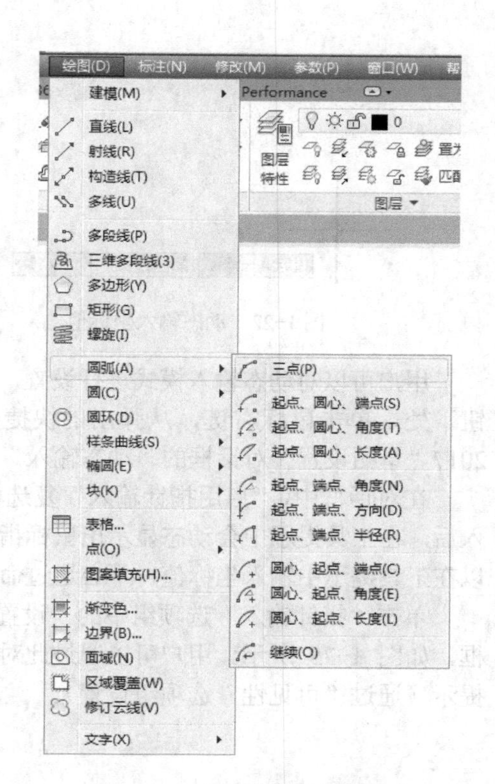

图 1-19　通过菜单栏执行命令

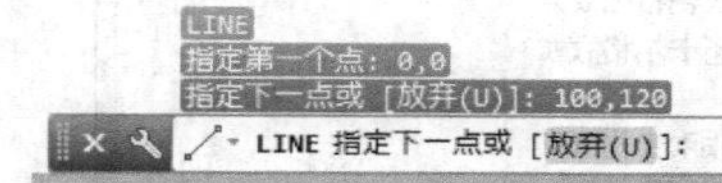

图 1-20　在命令行中输入命令及参数

4. 通过鼠标右键执行命令

为了更加方便地执行命令或者命令中的选项，AutoCAD 提供了右键菜单，用户只需右击，在出现的快捷菜单中选择相应命令或选项即可激活相应功能。右键快捷菜单如图 1-21 所示。

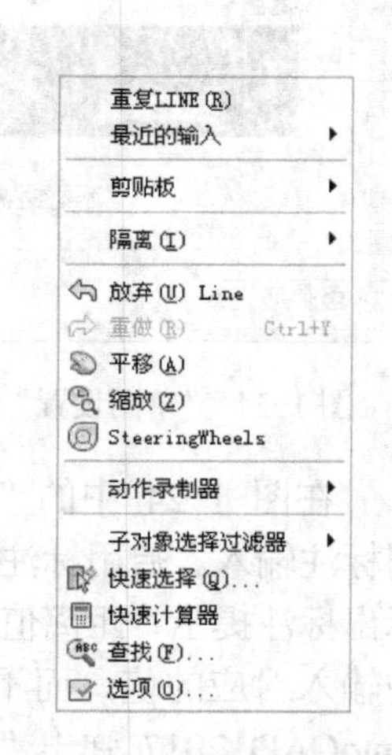

图 1-21　右键快捷菜单

5. 动态坐标输入

动态输入模式是一种实用的相对高效的输入模式，其优点是在鼠标指针附近提供了一个命令界面，可以使用户专注于绘图区域。按下状态栏的“动态输入”按钮，或者按〈F12〉键，系统打开动态输入功能，用户可以在屏幕上动态的输入某些参数数据。当单击直线按钮时，在鼠标指针附近会动态显示“指定第一点”以及后面的坐标框，当前显示的是鼠标指针所在位置，可以输入数据，两个数据之间用逗号隔开，如图 1-22 所示。指定第一点后，系统动态显示直线的角度，同时要求输入直线的长度，如图 1-23 所示，输入效果与相对极坐标方式相同。

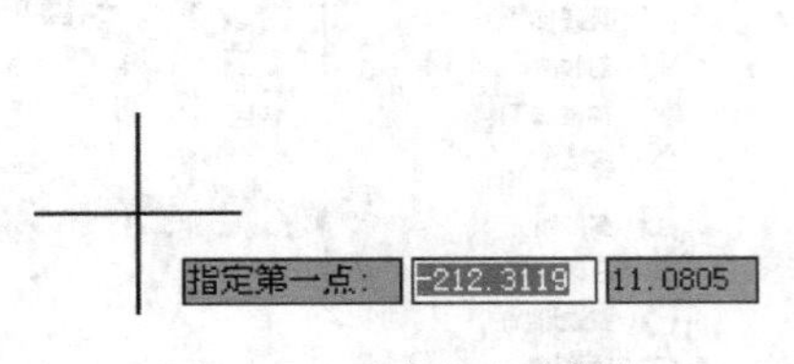

图 1-22　动态输入坐标值

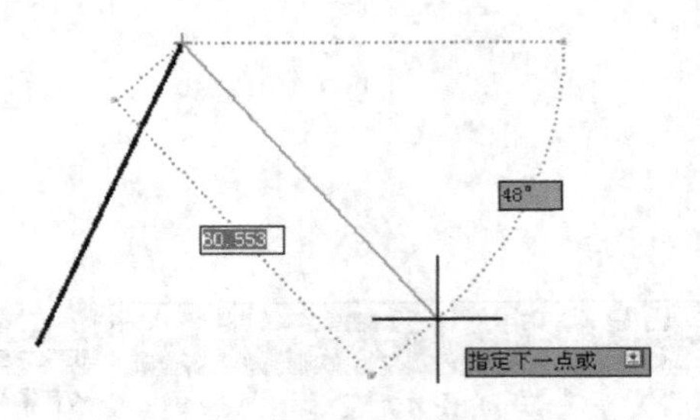

图 1-23　动态输入直线的长度

用户可以对动态输入模式进行设置，方法是在 AutoCAD 2017 状态栏上的“动态输入”按钮处，单击鼠标右键，从弹出的快捷菜单中选择“动态输入设置”，可以打开 AutoCAD 2017“草图设置”对话框的“动态输入”选项卡，如图 1-24 所示。

在对话框中，“启用指针输入”复选框用于确定是否启用鼠标指针输入。启用鼠标指针输入后，在工具提示中会动态显示出鼠标指针坐标值。当 AutoCAD 2017 提示输入点时，用户可以在工具提示中输入坐标值，不必通过命令行输入。

单击“指针输入”选项组中的“设置”按钮，AutoCAD 2017 弹出“指针输入设置”对话框，如图 1-25 所示。用户可以通过此对话框设置工具提示中点的显示格式以及何时显示工具提示（通过“可见性”选项组设置）。

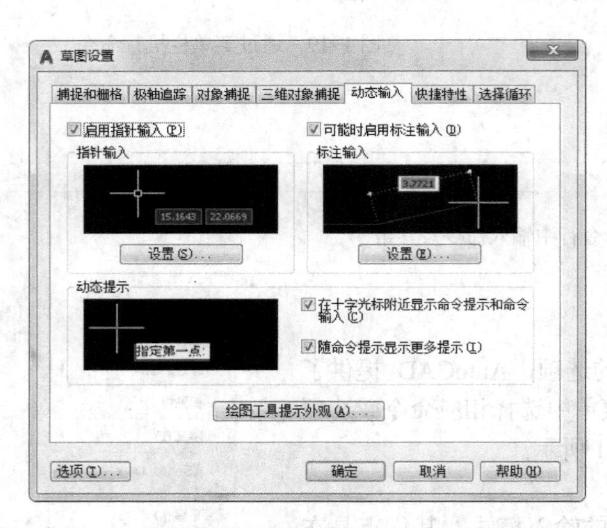

图 1-24　“草图设置”对话框“动态输入”选项卡

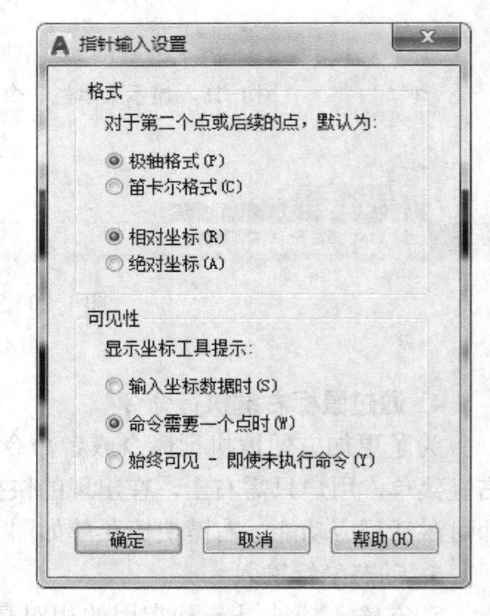

图 1-25　“指针输入设置”对话框

在图 1-24 中的“动态输入”选项卡中，“可能时启用标注输入”复选框用于确定是否启用标注输入。启用标注输入后，当 AutoCAD 2017 提示输入第二个点或距离时，会分别动态显示出标注提示、距离值以及角度值的工具提示，如图 1-23 所示。同样，此时可以在工具提示中输入对应的值，而不必通过命令行输入值。单击“标注输入”选项组中的“设置”按钮，AutoCAD 2017 弹出“标注输入的设置”对话框，如图 1-26 所示，用户可以通过此对话框进行相关设置。

在图 1-24 中的“动态输入”选项卡中，“绘图工具提示外观”按钮用于设置绘图工具提示的外观，单击“绘图工具提示外观”按钮，系统弹出“工具提示外观”对话框，如图 1-27 所示，可以设置工具提示的颜色、大小等。

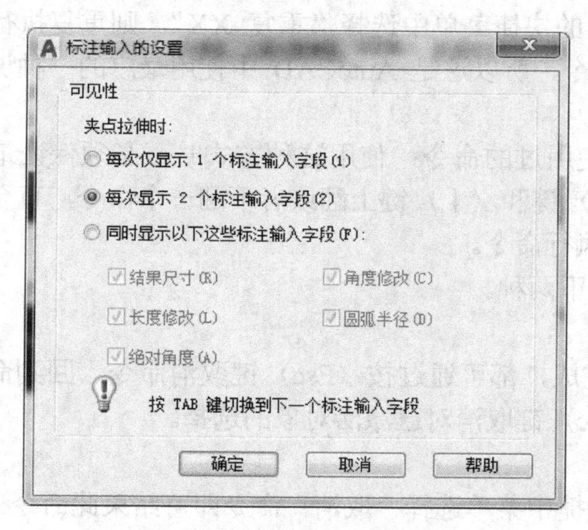

图 1-26 “标注输入的设置”对话框

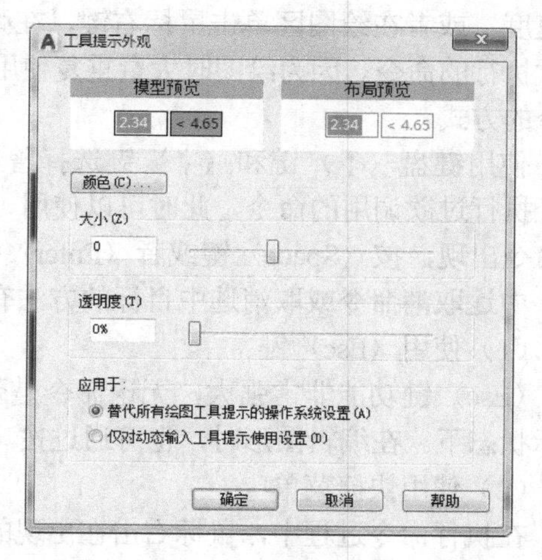

图 1-27 “工具提示外观”对话框

📖 提示：如果同时打开指针输入和标注输入，则标注输入有效时会取代指针输入。

6. 使用快捷键和功能键执行命令

使用快捷键和功能键是最简单快捷的执行命令的方式，常用的快捷键和功能键如下表所示。

表 常用的快捷键和功能键

功能键或快捷键	功　能	快捷键或快捷键	功　能
〈F1〉	AutoCAD 帮助	〈Ctrl+N〉	新建文件
〈F2〉	文本窗口开关	〈Ctrl+O〉	打开文件
〈F3〉/〈Ctrl+F〉	对象捕捉开关	〈Ctrl+S〉	保存文件
〈F4〉	三维对象捕捉开关	〈Ctrl+Shift+S〉	另存文件
〈F5〉/〈Ctrl+E〉	等轴测平面转换	〈Ctrl+P〉	打印文件
〈F6〉/〈Ctrl+D〉	动态 UCS 开关	〈Ctr+A〉	全部选择图线
〈F7〉/〈Ctrl+G〉	栅格显示开关	〈Ctrl+Z〉	撤销上一步的操作
〈F8〉/〈Ctrl+L〉	正交开关	〈Ctrl+Y〉	重复撤销的操作
〈F9〉/〈Ctrl+B〉	栅格捕捉开关	〈Ctrl+X〉	剪切
〈F10〉/〈Ctrl+U〉	极轴开关	〈Ctrl+C〉	复制
〈F11〉/〈Ctrl+W〉	对象追踪开关	〈Ctrl+V〉	粘贴
〈F12〉	动态输入开关	〈Ctrl+J〉	重复执行上一命令
〈Delete〉	删除选中的对象	〈Ctrl+K〉	超级链接
〈Ctrl＋1〉	对象特性管理器开关	〈Ctrl+T〉	数字化仪开关
〈Ctrl＋2〉	设计中心开关	〈Ctrl+Q〉	退出 CAD

7. 命令的重复与取消

当执行完一个命令后，如果还要继续执行该命令，可以直接按〈Enter〉键或〈Space〉键重复执行上一个命令。比如执行“CIRCLE”命令绘制了一段圆，接下来还要继续绘制圆，这时可以左手按〈Space〉键，右手用鼠标指定绘制圆的圆心，这样将双手都利用起来以提高绘图速度。或者在绘图区单击鼠标右键，在弹出的快捷菜单中选择“重复 XX”，则重复执行上一次执行的命令。因为绘图时大量重复使用命令，所以这是 AutoCAD 中使用最广的一种调用命令的方式。

使用键盘〈↑〉键和〈↓〉键选择曾经使用过的命令：使用这种方式时，必须保证最近曾经执行过欲调用的命令，此时可以使用〈↑〉键和〈↓〉键上翻或者下翻一个命令，直至所需命令出现，按〈Space〉键或者〈Enter〉键执行命令。

中途取消命令或取消选中目标的方法有以下两种。

（1）使用〈Esc〉键

〈Esc〉键功能非常强大，无论命令是否完成，都可通过按〈Esc〉键取消命令，回到命令提示状态下。在编辑图形时，也可通过按〈Esc〉键取消对已激活对象的选择。

（2）使用快捷菜单

在执行命令过程中，鼠标右击在出现的快捷中菜单选择“取消”命令即可结束此命令。

8. 命令的响应方法

在启动命令后，用户需要输入点的坐标值、选择对象以及选择相关的选项，来响应命令。在 AutoCAD 中，一类命令是通过对话框来执行的，另一类命令则是根据命令行提示来执行。从 AutoCAD2006 开始又新增加了动态输入功能，可以实现在绘图区操作，完全可以取代传统的命令行。在动态输入被激活时，在鼠标指针附近将显示工具栏提示。

在命令行操作是 AutoCAD 最传统的方法。在启动命令后，根据命令行的提示，用键盘输入坐标值，再按〈Enter〉键或〈Space〉键。对“[ ]”中的选项的选择可以通过用键盘输入“()”中的关键字母，然后，再按〈Enter〉键或〈Space〉键。

9. 放弃与重做

放弃最近执行过的一次操作，回到未执行该命令前的状态，方法如下。

- 单击“快速访问工具栏”中的“取消”按钮。
- 在命令行输入“undo”或“u”命令，按〈Space〉键或〈Enter〉键。
- 使用快捷键〈Ctrl+Z〉。
- 选择菜单“编辑”→“放弃”命令。

放弃近期执行过的一定数目操作的方法如下。

- 单击“快速访问工具栏”按钮右侧列表箭头，在列表中选择一定数目要放弃的操作。
- 在命令行输入“undo”命令后按〈Enter〉键，根据提示操作。

重做是指恢复 undo 命令刚刚放弃的操作。它必须紧跟在 u 或 undo 命令后执行，否则命令无效。

重做单个操作的方法如下。

- 单击“快速访问工具栏”按钮。
- 在命令行输入“redo”命令，按〈Space〉键或〈Enter〉键。
- 使用快捷键〈Ctrl+Y〉。
- 选择菜单“编辑”→“重做”命令。

重做一定数目的操作的方法如下。

- 单击“快速访问工具栏”按钮右侧的列表按钮，在列表中选择一定数目要重做的操作。
- 在命令行输入“mredo”命令后按〈Enter〉键，根据提示操作。

1.6 文件的基本操作

在使用 AutoCAD 绘图之前，应先掌握 AutoCAD 文件的各种管理方法，如创建新的图形文件、打开已有的图形文件、关闭图形文件以及保存图形文件等操作。

1.6.1 创建新的图形文件

选择“文件”→“新建”命令，或者单击“快速访问工具栏”上的“新建”按钮，就会出现“选择样板”对话框，如图 1-28 所示。

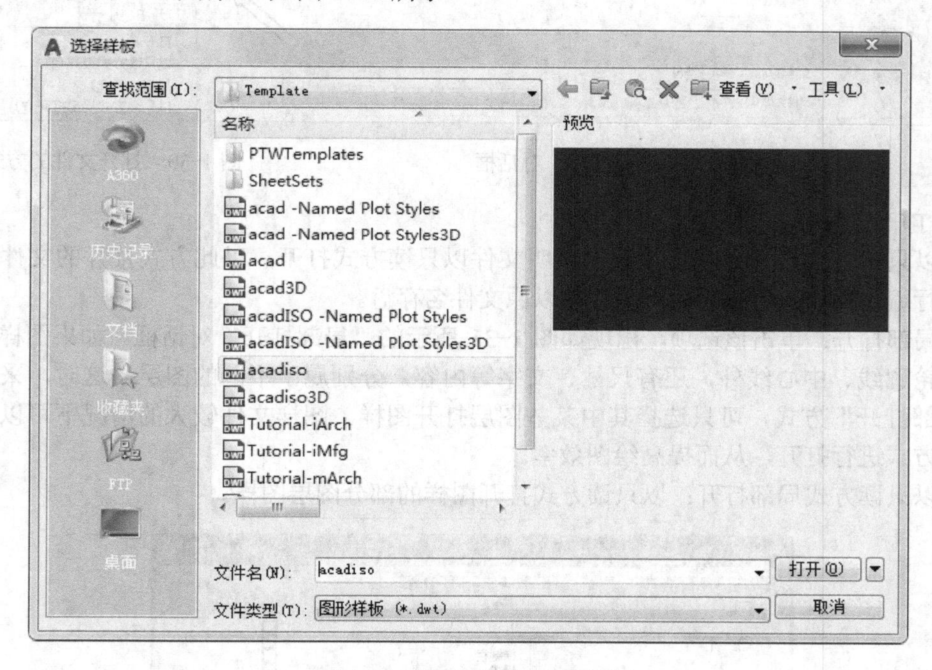

图 1-28 “选择样板”对话框

用户可以在样板列表中选择合适的样板文件，然后单击“打开”按钮，这样就可以以选定样板新建一个图形文件，这里使用 acadiso.dwt 样板即可。

1.6.2 打开已有的图形文件

选择“文件”→“打开”命令，或者单击“快速访问工具栏”上的“打开”按钮，弹出“选择文件”对话框，如图 1-29 所示，在对话框中选择要打开的文件。

选择需要打开的图形文件，在右面的“预览”框中将显示出该图形的预览图像，如图 1-29 所示。默认情况下，打开的图形文件的格式为*.dwg。在 “文件类型”列表框中，用户也可以选择 DXF（*.dxf）、标准（*.dws）、图形样板（*.dwt）的格式文件。

在“选择文件”对话框中选择欲打开的文件，然后单击“打开”按钮右侧的列表按钮，打开下拉列表框，从中可以选择打开图形文件的方式，包括打开、局部打开、以只读方式打开、以只读方式局部打开，如图 1-30 所示。

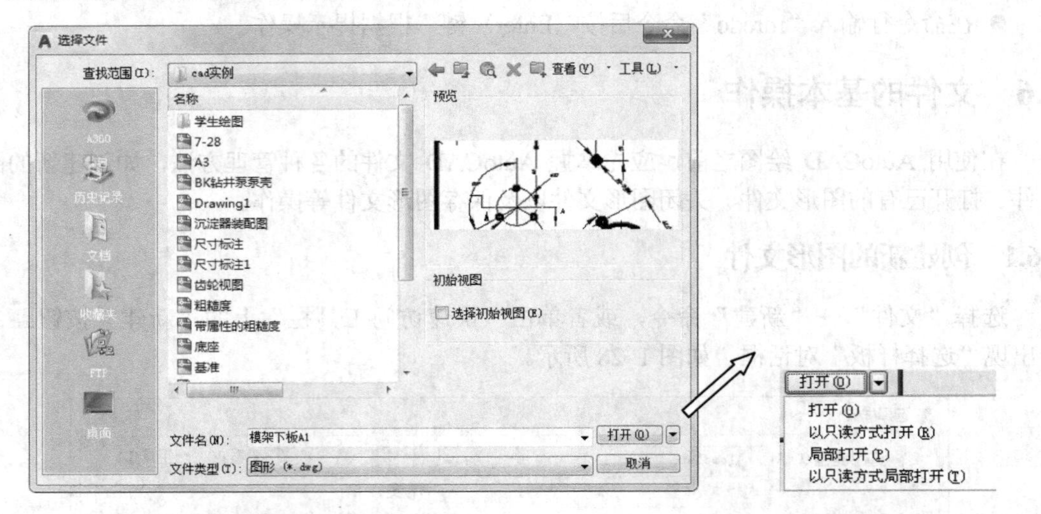

图 1-29 “选择文件”对话框　　　　图 1-30 打开文件的方式选择

- 打开：直接打开所选的图形文件。
- 以只读方式打开：单击该选项表明文件以只读方式打开，以此方式打开的文件可以进行编辑操作，但编辑后不能直接以原文件名存盘。
- 局部打开：单击该选项，出现如图 1-31 所示的“局部打开”对话框。如果图样中除了轮廓线、中心线外，还有尺寸、文字等内容，分别属于不同的图层，这时，采用“局部打开”方式，可只选择其中某些图层打开图样。图样文件较大的情况下可以采用此方式进行打开，从而提高绘图效率。
- 以只读方式局部打开：以只读方式打开图样的部分图层图样。

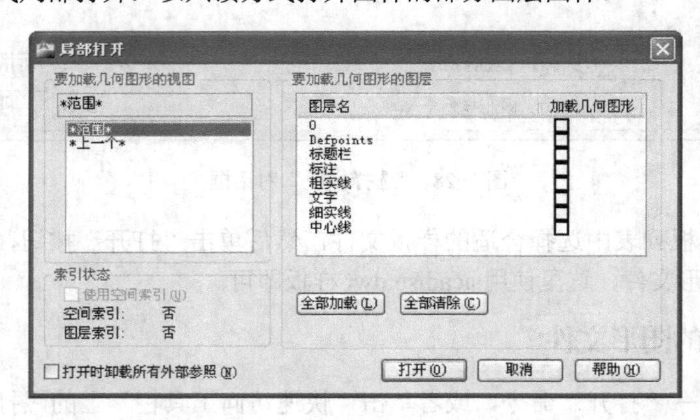

图 1-31 “局部打开”对话框

1.6.3 保存图形文件

在绘图过程中应随时注意保存图形，以免因死机、停电等意外事故造成文件丢失。如果要绘制新图形或修改旧图而又不影响原图形，可以用一个新名称保存它。

在 AutoCAD 2017 中，可以使用多种方式将所绘图形以文件形式存入磁盘。

1. 保存（Save）

单击“保存”按钮，出现“图形另存为”对话框，如图 1-32 所示。在“文件名”文本框中输入要保存文件的名称，在“保存于”下拉列表中选择要保存文件的路径，当这些都设置完成后，单击“保存”按钮，图形文件就会存放在选择的目录下，AutoCAD 图样默认的扩展名为 dwg。

图 1-32 “图形另存为”对话框

> 提示：保存图形后标题栏会有变化，显示当前文件的名字和路径。如果继续绘制，再单击“保存”按钮时就不会出现上述的对话框，系统会自动以原名、原目录保存修改后的文件。

保存命令可以通过“文件”→“保存”来实现。如果在上次存盘后，所做的修改是错误的，可以在关闭文件时不存盘，文件将仍保存着原来的结果。

2. 另存为（Save as）

当需要把图形文件做备份时，或者放到另一条路径下时，用上面讲的“保存”方式是完成不了的。这时可以用另一种存盘方式——“另存为”。

执行“文件”→“另存为”命令，会弹出“另存为”对话框，其文件名称和路径的设置与“保存”相同，就不具体介绍了，参照上面讲的进行即可。

3. 自动保存

自动保存图形的步骤如下。

选择菜单“工具”→“选项”命令，出现“选项”对话框。在“选项”对话框，单击“打开和保存”选项卡，选择“自动保存”复选框，并在“保存间隔分钟数”文本框内输入数值，如图 1-33 所示。单击“确定”按钮完成设置。

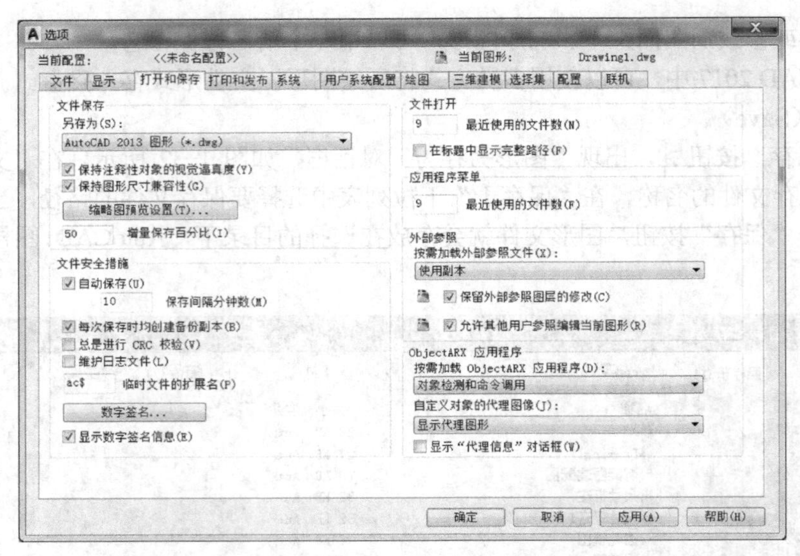

图 1-33 “打开和保存”选项卡

这是 AutoCAD 的一种安全措施，这样每隔指定的间隔时间，系统就会自动对文件进行一次保存。

1.6.4 关闭文件

在 AutoCAD 2017 中，要关闭图形文件，可以单击菜单栏右边的“关闭”按钮 ×（如果不显示菜单栏，可以单击文件窗口右上角的“关闭”按钮 ×，注意不是应用程序窗口），如果当前的图形文件还没存过盘，这时 AutoCAD 2017 会给出是否存盘的提示，如图 1-34 所示。单击“是”按钮，会弹出“图形另存为”对话框，存盘方法同前面讲过的，按照上面的步骤进行即可。存盘后，文件被关闭。如果单击“否”按钮，则文件不保存而退出，单击“取消”按钮，会取消关闭文件操作。

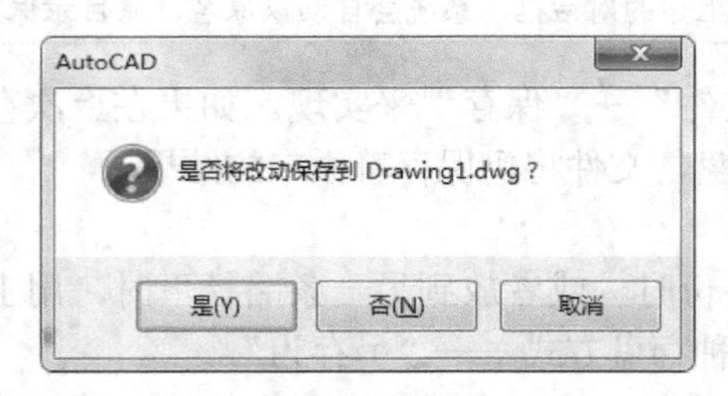

图 1-34 提示信息

1.7 AutoCAD 2017 的坐标系统和数据输入方法

要在 AutoCAD 2017 中文版中绘制一条线段，用户可以通过输入精确的坐标点来完成（两个对角点坐标），也可以通过输入相对坐标来进行绘制。

1.7.1 坐标系统

坐标系统是 AutoCAD 中确定一个对象位置的基本手段，任何物体在空间中的位置都是通过一个坐标系来定位的。要想正确、高效地进行绘图，在创建图形之前必须首先掌握各种坐标系的概念和正确的坐标点输入方法。

在 AutoCAD 中有世界坐标系（WCS）和用户坐标系（UCS）两种坐标系，世界坐标系是固定坐标系，其 X 轴是水平的，Y 轴是垂直的，Z 轴垂直于 XY 平面，原点是图形界限左下角 X、Y 和 Z 轴的交点（0,0,0），如图 1-35 所示。用户坐标系是一种可移动坐标系，用户可以根据世界坐标系自行定义。实际上所有的坐标输入都是使用当前 UCS。按照坐标值参考点的不同，可以分为绝对坐标系和相对坐标系；按照坐标轴的不同，可以分为直角坐标系、极坐标系、球坐标系和柱坐标系。

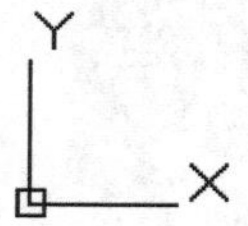

图 1-35　世界坐标系

1.7.2　数据输入方法

在绘图的过程中，AutoCAD 2017 经常要求用户输入点的坐标，例如：直线的端点和圆的圆心等。常用的输入点的方法有以下几种。

1. 绝对直角坐标

直接输入 X,Y 坐标值或 X,Y,Z 坐标值（如果是绘制平面图形，Z 坐标默认为 0，可以不输入），表示相对于当前坐标原点的坐标值。

📖 注意：坐标值应以英文逗号分隔，也就是半角格式的逗号。

【例 1-1】 已知矩形一个角点的 X 坐标值为（50，30），用绝对直角坐标方式绘制如图 1-36 所示的矩形。

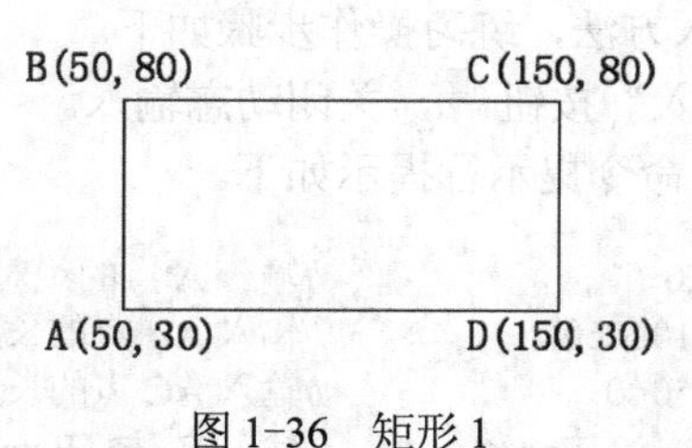

图 1-36　矩形 1

本例练习绝对直角坐标的输入方法，练习操作步骤如下。

❶ 单击状态栏的“动态输入”按钮，关闭动态输入。

❷ 单击“直线”按钮，命令提示行提示如下。

```
命令: _line 指定第一点: 50,30                    //输入 A 点的绝对坐标值
指定下一点或 [放弃(U)]: 50,80                    //输入 B 点的绝对坐标值
指定下一点或 [放弃(U)]: 150,80                   //输入 C 点的绝对坐标值
指定下一点或 [闭合(C)/放弃(U)]: 150,30           //输入 D 点的绝对坐标值
指定下一点或 [闭合(C)/放弃(U)]: 50,30            //输入 A 点的绝对坐标值，图形封闭
指定下一点或 [闭合(C)/放弃(U)]: ↙                //用↙表示按〈Enter〉键
```

2. 相对直角坐标

用相对于上一已知点之间的绝对直角坐标值的增量来确定输入点的位置。输入 X,Y 偏移量时，在前面必须加“@”。

【例 1-2】 已知矩形一个角点的坐标值为（30，20），用相对直角坐标方式绘制如图 1-37

所示的矩形。

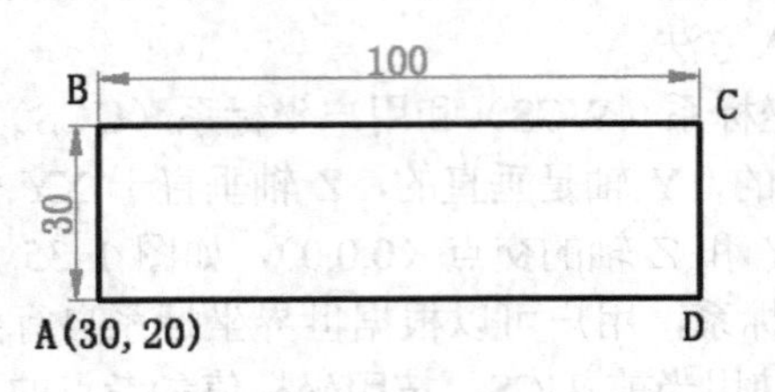

图 1-37　矩形 2

本例练习相对直角坐标的输入方法，练习操作步骤如下。

❶ 单击状态栏的“动态输入”按钮，关闭动态输入。

❷ 单击“直线”按钮，命令提示行提示如下。

```
命令: _line 指定第一点: 30,20                    //输入 A 点的绝对坐标值
指定下一点或 [放弃(U)]: @0,30                    //输入 B 点相对于 A 点的坐标值
指定下一点或 [放弃(U)]: @100,0                   //输入 C 点相对于 B 点的坐标值
指定下一点或 [闭合(C)/放弃(U)]: @0,-30           //输入 D 点相对于 C 点的坐标值
指定下一点或 [闭合(C)/放弃(U)]: c↙              //输入 C 按〈Enter〉键，图形封闭
```

3. 绝对极坐标

直接输入“长度<角度”。这里长度是指该点与坐标原点的距离，角度是指该点与坐标原点的连线与 X 轴正向之间的夹角，逆时针为正，顺时针为负。

【例 1-3】 用绝对极坐标方式绘制如图 1-38 所示的直角三角形。

本例练习绝对极坐标的输入方法，练习操作步骤如下。

❶ 单击状态栏的“动态输入”按钮，关闭动态输入。

❷ 单击“直线”按钮，命令提示行提示如下。

```
命令: _line 指定第一点: 0,0                      //输入 A 点的绝对坐标值
指定下一点或 [放弃(U)]: 100<60                   //输入 AB 点的长度及夹角 60°
指定下一点或 [放弃(U)]: 50<0                     //输入 AC 点的长度及夹角 0°
指定下一点或 [闭合(C)/放弃(U)]: c↙              //输入 C 按〈Enter〉键，图形封闭
```

4. 相对极坐标

用相对于上一已知点之间的距离和与上一已知点的连线与 X 轴正向之间的夹角来确定输入点的位置。格式为“@长度<角度”。

【例 1-4】 用相对极坐标方式绘制如图 1-39 所示的直角三角形。

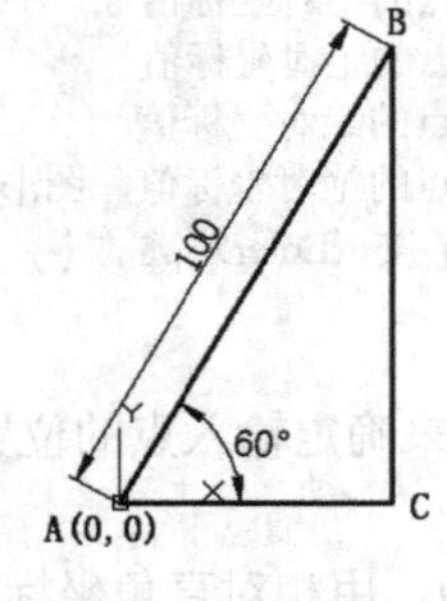

图 1-38　直角三角形 1

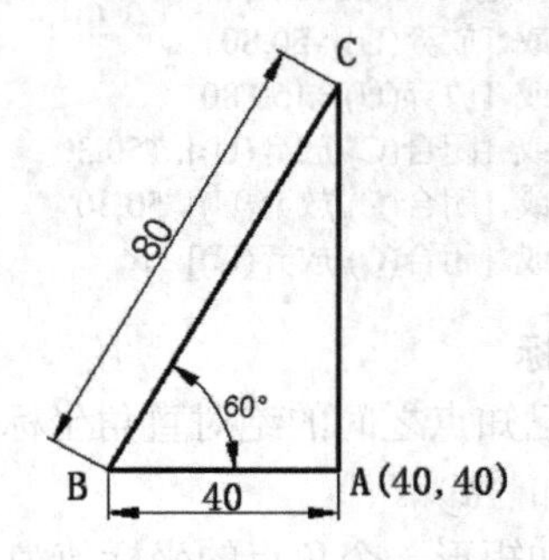

图 1-39　直角三角形 2

本例练习相对极坐标的输入方法，练习操作步骤如下。

❶ 单击状态栏的“动态输入”按钮，关闭动态输入。

❷ 单击“直线”按钮，命令提示行提示如下。

```
命令: _line 指定第一点: 40,40                    //输入 A 点的绝对坐标值
指定下一点或 [放弃(U)]: @40<180                  //输入 B 点相对于 A 点的长度及夹角
指定下一点或 [放弃(U)]: @80<60                   //输入 C 点相对于 B 点的长度及夹角
指定下一点或 [闭合(C)/放弃(U)]: c↙               //输入 C 按〈Enter〉键，图形封闭
```

1.8 课后练习

1）怎样启动、关闭 AutoCAD 2017？

2）简述 AutoCAD 2017 提供的界面模式。

3）怎样新建、打开、保存一个 AutoCAD 2017 图形文件？

4）分别利用相对直角坐标法和相对极坐标输入法，绘制如图 1-40 所示的图形。

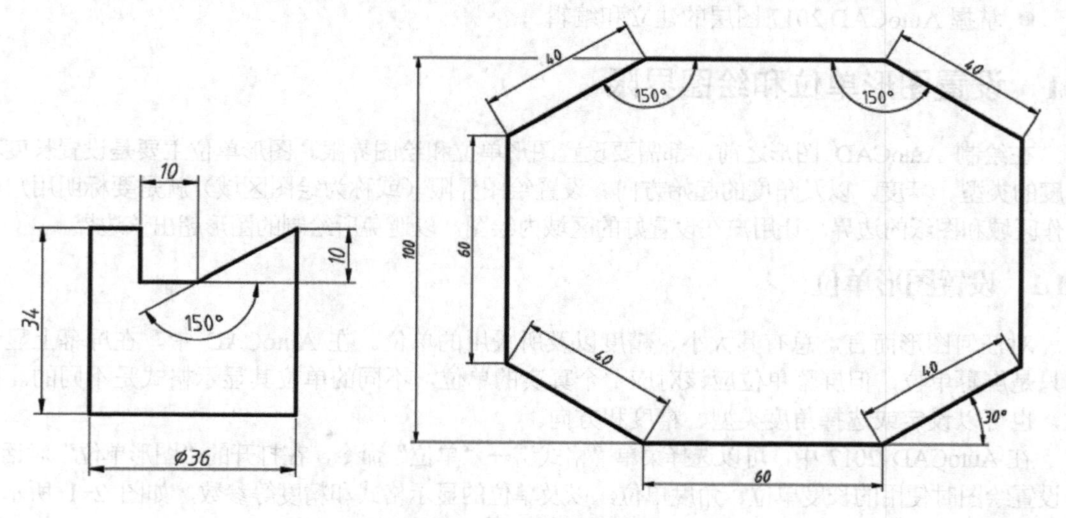

图 1-40 绘制图形

第2章　AutoCAD 绘图环境

【内容与要求】

在绘制 AutoCAD 图形之前，应首先设置其绘图环境。AutoCAD 的绘图环境包括设置图形单位、图形界限以及图层的建立。图层是 AutoCAD 提供的一个管理图形对象的工具，用户可以根据图层对图形几何对象、文字、标注等进行归类处理。在中文版 AutoCAD 2017 中，所有图形对象都具有图层、颜色、线型和线宽 4 个基本属性。用户可以使用这些基本属性绘制不同的对象和元素。

【学习目标】

- 掌握 AutoCAD 2017 的图形单位设置
- 掌握 AutoCAD 2017 的图形界限的设置
- 掌握 AutoCAD 2017 图层的建立和编辑

2.1　设置图形单位和绘图界限

在绘制 AutoCAD 图形之前，都需要设置图形单位和绘图界限。图形单位主要是设置长度和角度的类型、精度，以及角度的起始方向。设置绘图界限（或称为绘图区域）就是要标明用户的工作区域和图纸的边界，让用户在设置好的区域内绘图，以避免所绘制的图形超出该边界。

2.1.1　设置图形单位

对任何图形而言，总有其大小、精度以及所采用的单位。在 AutoCAD 中，在屏幕上显示的只是屏幕单位，但屏幕单位应该对应一个真实的单位，不同的单位其显示格式是不同的。同样，也可以设定或选择角度类型、精度和方向。

在 AutoCAD 2017 中，可以选择菜单“格式”→“单位”命令，在打开的“图形单位”对话框中设置绘图时使用的长度单位、角度单位，以及单位的显示格式和精度等参数，如图 2-1 所示。

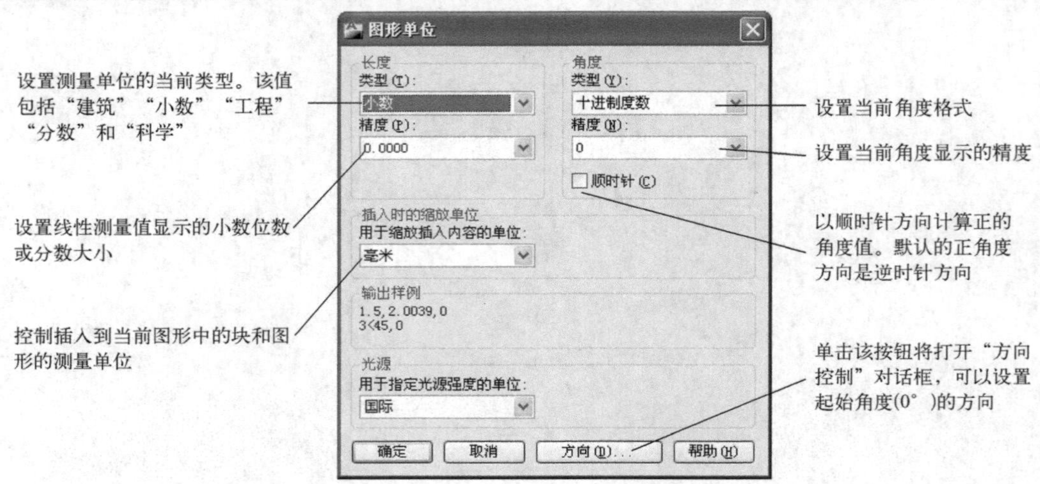

图 2-1　“图形单位”对话框

2.1.2 设置绘图界限

AutoCAD 的绘图区可以看作是一张无穷大的图纸，也就是说，用户可以绘制任何的范围尺寸的图形。如果不想在绘图时固定在一定的范围内，一般情况下没有必要设置图形界限。绘图界限就是给定用户的绘图区和图纸的边界。设置界限的目的是防止绘制的图形超出界限范围，在默认情况下绘图区域不受限制，绘图界限无效。

图形界限由两个点确定，即左下角点和右上角点。如果设置一张 A3 图幅大小的图形界限，可以设置图纸的左下角点的坐标为（0，0），右上角点的坐标为（420，297）。

设置绘图界限或使界限生效的最简单的方法是单击菜单项“格式”→“图形界限”命令。重新设置模型空间界限，命令行提示如下信息：

```
指定左下角点或 [开(ON)/关(OFF)] <0.0,0.0>:        //输入左下角坐标
指定右上角点 <420.0,297.0>:                        //输入右上角坐标
```

> 📖 绘图界限的功能分为打开（ON）和关闭（OFF）两种状态，在 ON 状态下绘图元素不能超出边界，否则出错。在 OFF 状态下，AutoCAD 不进行边界检查。

设置绘图界限后，可以打开“栅格”，可看到栅格点充满整个由对角点（0，0）和（420，297）构成的矩形区域中，由此证明图形界限设置有效。要使绘图范围全部显示在绘图区域，选择菜单“视图”→“缩放”→“全部”命令即可。

2.1.3 设置系统参数

通常情况下，安装好 AutoCAD 2017 后就可以在其默认状态下绘制图形，但有时为了使用特殊的定点设备、打印机，或提高绘图效率，用户需要在绘制图形前先对系统参数进行必要的设置。如不喜欢绘图区域黑色的背景颜色，希望重新设置自动捕捉等，则可以选择菜单“工具”→“选项”命令，打开“选项”对话框。在该对话框中包含“文件”“显示”“打开和保存”“打印和发布”“系统”“用户系统配置”“草图”“三维建模”“选择集”“配置”和“联机”11 个选项卡，如图 2-2 所示。

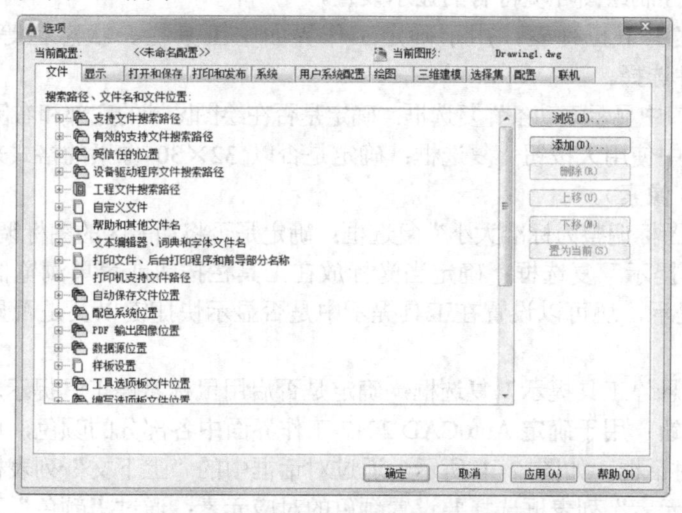

图 2-2 “选项”对话框“文件”选项卡

1．“文件”选项卡

“文件”选项卡（见图 2-2）列出了 AutoCAD 2017 的搜索支持文件、驱动程序文件、菜单文件以及其他文件的文件夹，还列出了用户定义的可选设置，如用于进行拼写检查的目录等。用户可以通过此选项卡指定 AutoCAD 搜索支持文件、驱动程序、菜单文件以及其他文件的文件夹，同时还可以通过其指定一些可选的用户定义设置。

2．“显示”选项卡

“显示”选项卡（见图 2-3）用于设置 AutoCAD 2017 的显示要素，下面介绍其主要项的功能。

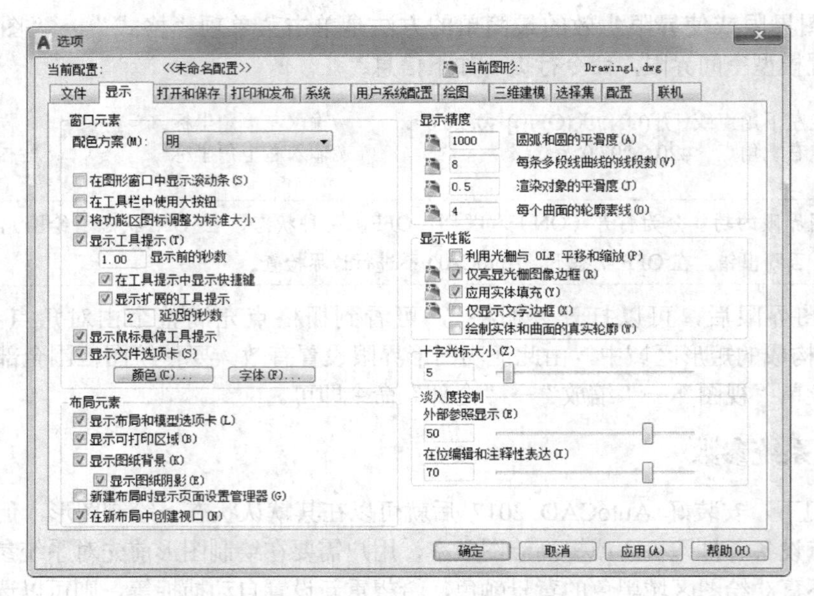

图 2-3 “显示”选项卡

（1）“窗口元素”选项组

该选项组用于控制绘图环境特有的显示设置。

①“配色方案”下拉列表：用于确定工作界面中工具栏、状态栏等元素的配色，有“明”和“暗”两种选择。

②“在图形窗口中显示滚动条”复选框：确定是否在绘图区域的底部和右侧显示滚动条。

③“在工具栏中使用大按钮”复选框：确定是否以 32×30 像素的格式来显示图标（默认显示尺寸为 16×15 像素）。

④“将功能区图标调整为标准大小”复选框：确定是否将功能区的图标调整为标准大小。

⑤“显示工具提示”复选框：确定当光标放在工具栏按钮或菜单浏览器中的菜单项之上时,是否显示工具提示，还可以设置在工具提示中是否显示快捷键以及是否显示扩展的工具提示等。

⑥“显示鼠标悬停工具提示”复选框：确定是否启用鼠标悬停工具提示功能。

⑦“颜色”按钮：用于确定 AutoCAD 2017 工作界面中各部分的颜色，单击该按钮，弹出“图形窗口颜色”对话框，如图 2-4 所示。通过对话框中的“上下文”列表框选择要设置颜色的项；通过“界面元素”列表框选择要设置颜色的对应元素；通过“颜色”下拉列表框设置对

应的颜色。

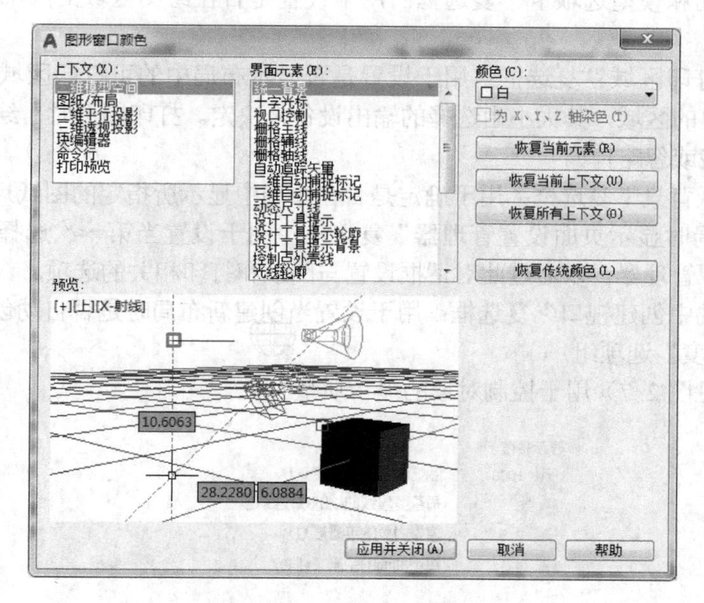

图 2-4 “图形窗口颜色”对话框

⑧ 在“窗口元素”选项组中，“字体”按钮：用于设置 AutoCAD 2017 工作界面中命令窗口内的字体。单击该按钮，AutoCAD 2017 弹出“命令行窗口字体”对话框，如图 2-5 所示，用户从中选择即可。

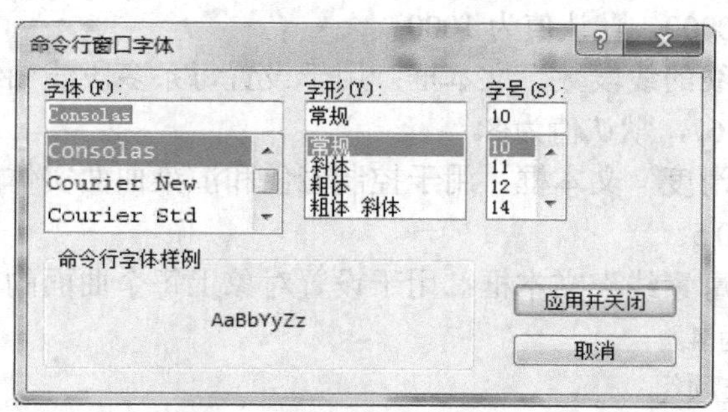

图 2-5 “命令行窗口字体”对话框

（2）“布局元素”选项组

此选项组（见图 2-6）用于控制现有布局和新布局。布局是一个图纸的空间环境，用户可以在其中设置图形并进行打印。

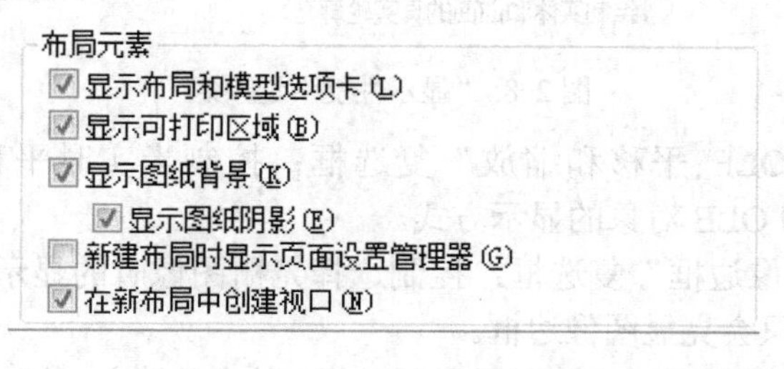

图 2-6 “布局元素”选项组

①“显示布局和模型选项卡”复选框：用于设置是否在绘图区域的底部显示“布局”和“模型”选项卡。

②“显示可打印区域”复选框：用于设置是否显示布局中的可打印区域（可打印区域指布局中位于虚线内的区域，其大小由选择的输出设备来决定。打印图形时，绘制在可打印区域外的对象将被剪裁或忽略掉）。

③“显示图纸背景”复选框：用于确定是否在布局中显示所指定的图纸尺寸的背景。

④“新建布局时显示页面设置管理器”复选框：用于设置当第一次选择布局选项卡时，是否显示页面设置管理器，以通过此对话框设置与图纸和打印相关的选项。

⑤“在新布局中创建视口”复选框：用于设置当创建新布局时是否自动创建单个视口。

（3）“显示精度”选项组

此选项组（见图 2-7）用于控制对象的显示质量。

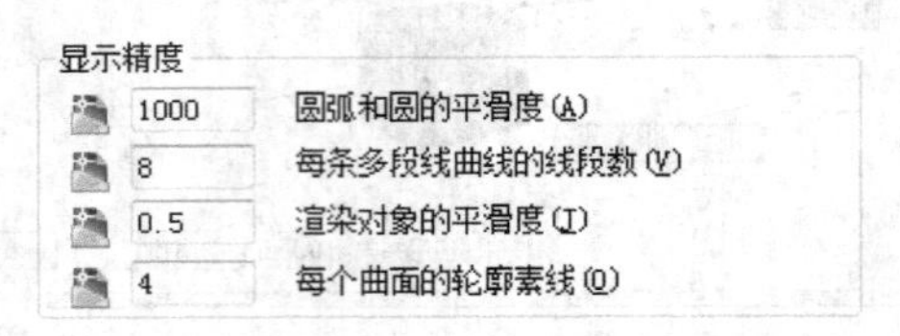

图 2-7 “显示精度”选项组

①“圆弧和圆的平滑度”文本框：用于控制圆、圆弧和椭圆的平滑度。值越高，对象越平滑，但 AutoCAD 2017 也因此需要更多的时间来执行重生成等操作。可以在绘图时将该选项设置成较低的值（如 100），当渲染时再增加该选项的值，以提高显示质量。圆弧和圆的平滑度的有效值范围是 1～20000，默认值为 1000。

②“每条多段线曲线的线段数”文本框：用于设置每条多段线曲线生成的线段数目，有效值范围为-32767～32767，默认值为 8。

③“渲染对象的平滑度”文本框：用于控制着色和渲染曲面实体的平滑度，有效值范围为 0.01～10，默认值为 0.5。

④“每个曲面的轮廓素线”文本框：用于设置对象上每个曲面的轮廓线数目，有效值范围为 0～2047，默认值为 4。

（4）“显示性能”选项组

此选项组（见图 2-8）控制影响 AutoCAD 2017 性能的显示设置。

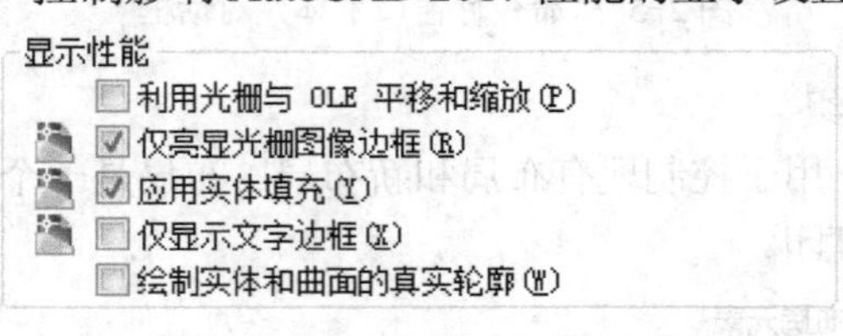

图 2-8 “显示性能”选项组

①“利用光栅和 OLE 平移和缩放”复选框：控制当实时平移（PAN）和实时缩放（ZOOM）时光栅图像和 OLE 对象的显示方式。

②“仅亮显光栅图像边框”复选框：控制选择光栅图像时的显示方式，如果选中该复选框，当选中光栅图像时只会亮显图像边框。

③“应用实体填充”复选框：确定是否显示对象中的实体填充（与 FILL 命令的功能相同）。

④“仅显示文字边框”复选框：确定是否只显示文字对象的边框而不显示文字对象。

⑤“绘制实体和曲面的真实轮廓”复选框：控制是否将三维实体和曲面对象的轮廓曲线显示为线框。

（5）“十字光标大小”选项组

此选项组用于控制十字光标的尺寸，其有效值范围是 1%～100%，默认值为 5%。当将该值设置为 100%时，十字光标的两条线会充满整个绘图窗口。

3.“打开和保存”选项卡

此选项卡用于控制 AutoCAD 2017 中与打开和保存文件相关的选项，如图 2-9 所示。

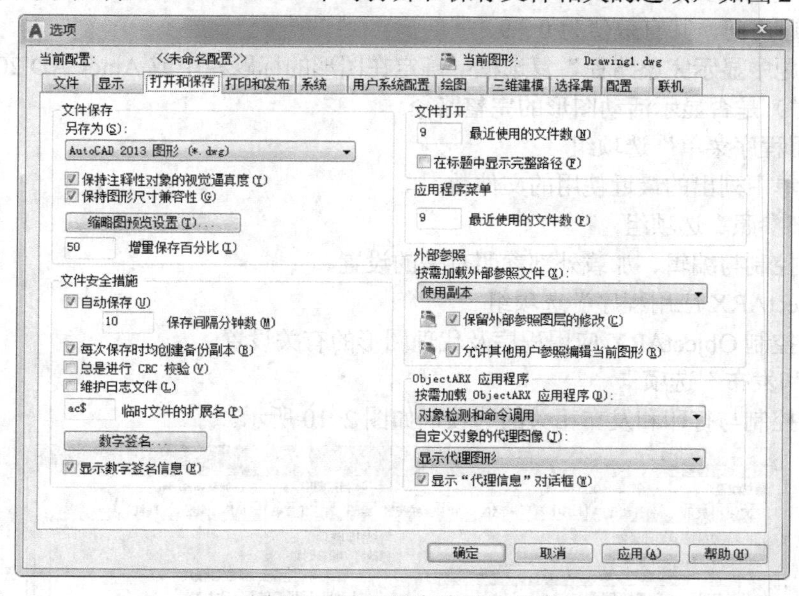

图 2-9 “打开和保存”选项卡

（1）“文件保存”选项组

该选项组用于控制 AutoCAD 2017 中与保存文件相关的设置。

①“另存为”下拉列表框：设置当用 SAVE、SAVEAS 和 QSAVE 命令保存文件时所采用的有效文件格式。

②“缩略图预览设置”按钮：用于设置保存图形时是否更新缩微预览。

③“增量保存百分比”文本框：用于设置保存图形时的增量保存百分比。

（2）“文件安全措施”选项组

该选项组可以避免数据丢失并进行错误检测。

①“自动保存”复选框：确定是否按指定的时间间隔自动保存图形，如果选中该复选框，可以通过“保存间隔分钟数”文本框设置自动保存图形的时间间隔。

②“每次保存时均创建备份副本”复选框：确定保存图形时是否创建图形的备份（创建的备份和图形位于相同的位置）。

③“总是进行 CRC 校验”复选框：确定每次将对象读入图形时是否执行循环冗余校验（CRC）。CRC 是一种错误检查机制。如果图形遭到破坏，且怀疑是由于硬件问题或 AutoCAD 2017 错误造成的，则应选用此选项。

④“维护日志文件”复选框：确定是否将文本窗口的内容写入日志文件。

⑤“临时文件的扩展名”文本框：用于为当前用户指定扩展名来标识临时文件，其默认扩展名为“ac$”。

⑥“数字签名”按钮：用于提供数字签名和密码选项，保存文件时会调用这些选项。

⑦“显示数字签名信息”复选框：确定当打开带有有效数字签名的文件时是否显示数字签名信息。

（3）“文件打开”选项组

此选项组控制与最近使用过的文件以及所打开文件相关的设置。

①“最近使用的文件数”文本框：用于控制在“文件”菜单中列出的最近使用过的文件数目，以便快速访问，其有效值为0～9。

②“在标题中显示完整路径”复选框：确定在图形的标题栏中或AutoCAD 2017标题栏中（图形最大化时）是否显示活动图形的完整路径。

（4）“应用程序菜单”选项组

确定在菜单中列出的最近使用的文件数。

（5）“外部参照”选项组

此选项组控制与编辑、加载外部参照有关的设置。

（6）“ObjectARX应用程序”选项组

此选项组控制ObjectARX应用程序及代理图形的有关设置。

4.“打印和发布”选项卡

此选项卡控制与打印和发布相关的选项，如图2-10所示。

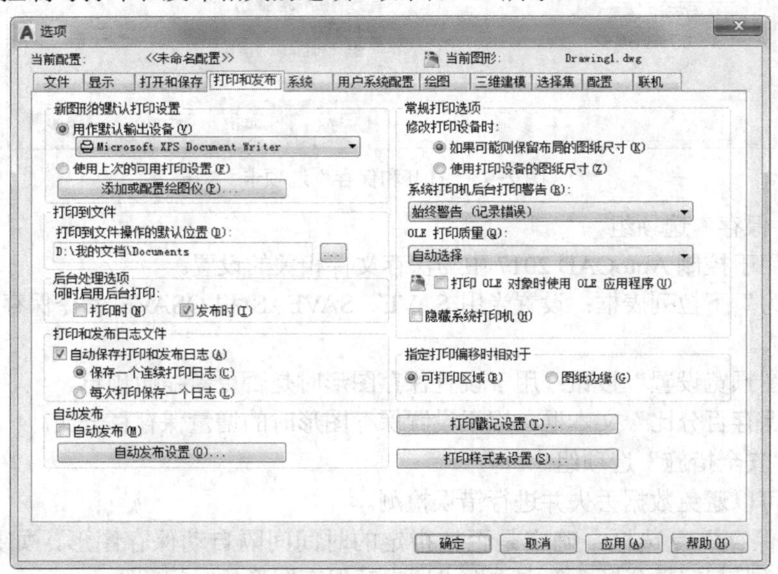

图2-10 “打印和发布”选项卡

（1）“新图形的默认打印设置”选项组

此选项组控制新图形或在AutoCAD更早版本中创建的没有用AutoCAD 2000或更高版本格式保存的图形的默认打印设置。

（2）“打印到文件”选项组

将图形打印到文件时指定其默认保存位置。用户可以直接输入位置，或单击位于右侧的按钮，从弹出的对话框指定保存位置。

（3）“后台处理选项”选项组

指定与后台打印和发布相关的选项，可以使用后台打印启动正在打印或发布的作业，然后返回到绘图工作，这样可以使用户在绘图的同时打印或发布作业。

（4）“打印和发布日志文件”选项组

可以设置是否自动保存打印并发布日志文件，以及使用 Microsoft Excel（电子表格）软件查看。当选中“自动保存打印和发布日志”复选框时，可以自动保存日志文件，并能够设置是保存为一个连续打印日志文件，还是每次打印时保存一个日志文件。

（5）“自动发布”选项组

指定是否进行自动发布并控制发布的设置，可以通过“自动发布”复选框确定是否进行自动发布；通过“自动发布设置”按钮进行发布设置。

（6）“常规打印选项”选项组

控制与基本打印环境（包括图纸尺寸设置、系统打印机警告方式和 AutoCAD 2017 图形中的 OLE 对象）相关的选项。

（7）“指定打印偏移时相对于”选项组

指定打印区域的偏移是从可打印区域的左下角开始，还是从图纸的边缘开始。

（8）“打印戳记设置”按钮

通过弹出的“打印戳记”对话框设置打印戳记信息。

（9）“打印样式表设置”按钮

通过弹出的“打印样式表设置”对话框设置与打印和发布相关的选项。

5.“系统”选项卡

该选项卡用于控制 AutoCAD 2017 的系统设置，如图 2-11 所示。

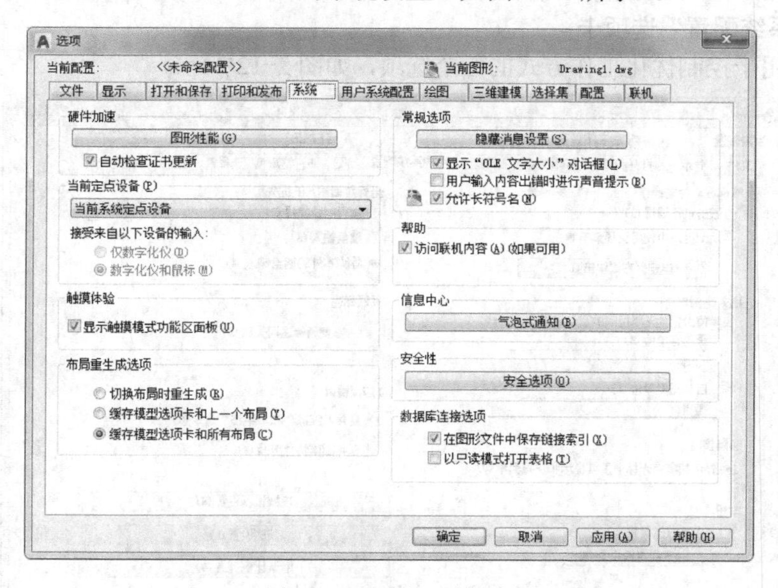

图 2-11 “系统”选项卡

（1）“硬件加速”选项组

此选项用于控制与三维图形显示系统的系统特性和配置相关的设置。用户可以单击“图形性能”按钮，在弹出的对话框中进行相关的设置。

（2）“当前定点设备”选项组

此选项组用于控制与定点设备相关的选项。

（3）触摸体验

此选项主要用于显示触摸模式功能区面板。选中该选项，系统显示一个面板，该面板带有一个可以取消触摸操作（例如缩放和平移）的按钮。

（4）“布局重生成选项”选项组

此选项组用于指定如何更新在“模型”选项卡和“布局”选项卡上显示的列表。对于每一个选项卡，更新显示列表的方法可以是切换到该选项卡时重生成图形，也可以是切换到该选项卡时将显示列表保存到内存并只重生成修改的对象等。

（5）“常规选项”选项组

此选项组用于控制与系统设置相关的基本选项。

（6）“帮助”选项组

此选项中的“访问联机内容（A）（如果可用）”复选框用于确定从 Autodesk 网站还是从本地安装的文件中访问相关信息。当联机时，可以访问最新的帮助信息和其他联机资源。

（7）“信息中心”选项组

此选项中的“气泡式通知”按钮用于控制系统是否启用气泡式通知以及如何显示气泡式通知。

（8）“安全性”选项组

此选项设置将限制加载可执行文件的位置，这有助于保护可执行文件免受恶意代码的侵害。

（9）“数据库连接选项”选项组

此选项组用于控制与数据库连接信息相关的选项。

6.“用户系统配置”选项卡

此选项卡用于控制优化工作方式的各个选项，如图 2-12 所示。

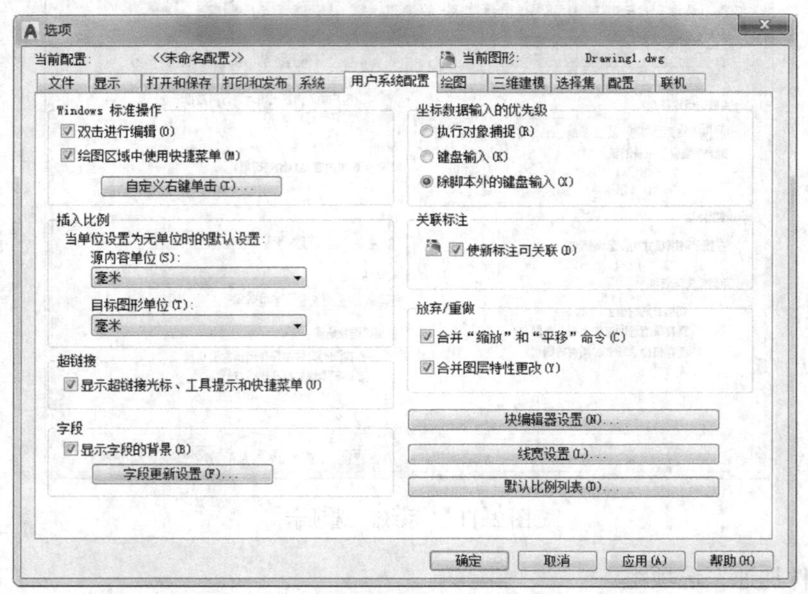

图 2-12 “用户系统配置”选项卡

（1）“Windows 标准操作”选项组

此选项组控制是否允许双击操作以及右击定点设备（如鼠标）时的对应操作。

①“双击进行编辑”复选框：确定当在绘图窗口中双击图形对象时，是否进入编辑模式以便用户编辑。

②“绘图区域中使用快捷菜单”复选框：确定当右击定点设备时，是否在绘图区域显示快捷菜单，如果不选中此复选框，AutoCAD 2017 会将右击解释为按〈Enter〉键。

③“自定义右键单击”按钮：用于通过弹出的“自定义右键单击”对话框来进一步定义如何在绘图区域中使用快捷菜单。

（2）“插入比例”选项组

控制在图形中插入块和图形时使用的默认比例。

（3）“超链接”选项组

此选项控制与超链接显示特性相关设置。

（4）“字段”选项组

设置与字段相关的系统配置。

①“显示字段的背景”复选框：确定是否用浅灰色背景显示字段（但打印时不会打印背景色）。

②“字段更新设置”按钮：通过“字段更新设置”对话框来进行相应的设置。

（5）“坐标数据输入的优化级”选项组

此选项组用于控制 AutoCAD 2017 如何优先响应坐标数据的输入，从中选择即可。

（6）“关联标注”选项组

此选项组控制标注尺寸时是创建关联尺寸标注还是创建传统的非关联尺寸标注。对于关联尺寸标注，当所标注尺寸的几何对象被修改时，关联标注会自动调整其位置、方向和测量值。

（7）“放弃/重做”选项组

①“合并‘缩放’和‘平移’命令”复选框：用于控制如何对“缩放”和“平移”命令执行“放弃”和“重做”。如果选中此复选框，AutoCAD 2017 把多个连续的缩放和平移命令合并为单个动作来进行放弃和重做操作。

②“合并图层特性更改”复选框：用于控制如何对图层特性更改来执行“放弃”和“重做”。如果选中“合并图层特性更改”复选框，AutoCAD 2017 把多个连续的图层特性更改合并为单个动作来进行放弃和重做操作。

（8）“块编辑器设置”按钮

单击该按钮，弹出“块编辑器设置”对话框，用户可利用它设置块编辑器。

（9）“线宽设置”按钮

单击该按钮，弹出“线宽设置”对话框，用户可以利用其设置线宽。

（10）“默认比例列表”按钮

单击该按钮，弹出“编辑比例缩放列表”对话框，用于更改在“比例列表”区域中列出的现有缩放比例。

7.“绘图”选项卡

此选项卡用于设置各种基本编辑选项，如图 2-13 所示。

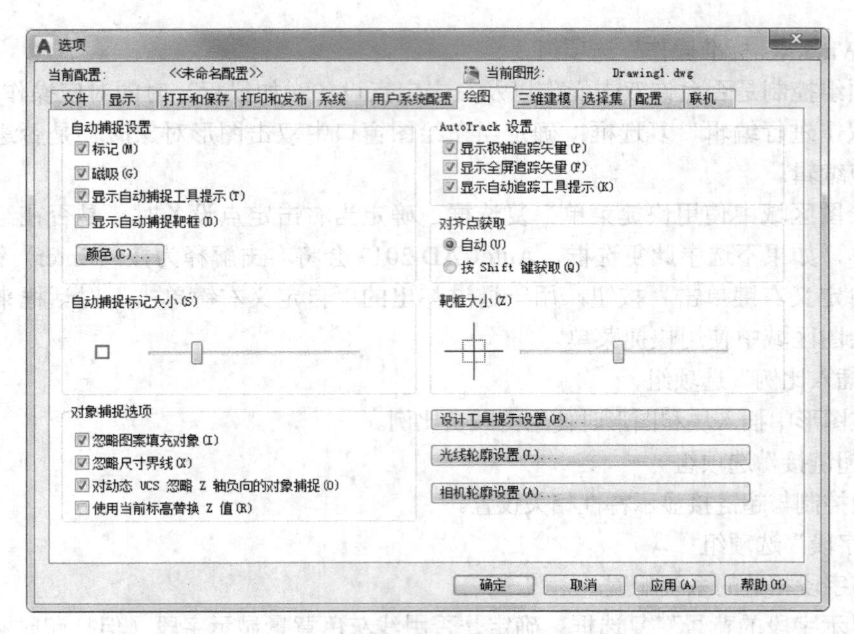

图 2-13 “绘图”选项卡

（1）“自动捕捉设置”选项组

此选项组控制使用对象捕捉功能时显示的形象化辅助工具的相关设置。

①“标记”复选框：控制是否显示自动捕捉标记，该标记是当十字光标移到捕捉点附近时显示出的说明捕捉到对应点的几何符号。

②“磁吸”复选框：打开或关闭自动捕捉磁吸。磁吸是指十字光标自动移动并锁定到最近的捕捉点上。

③“显示自动捕捉工具提示”复选框：控制当 AutoCAD 2017 捕捉到对应的点时，是否通过浮出的小标签给出对应提示。

④“显示自动捕捉靶框”复选框：控制是否显示自动捕捉靶框。靶框是捕捉对象时出现在十字光标内部的方框。

⑤“颜色”按钮：设置自动捕捉标记的颜色。

（2）“自动捕捉标记大小”选项组

通过水平滑块设置自动捕捉标记的大小。

（3）“对象捕捉选项”选项组

该选项组确定对象捕捉时是否忽略填充的图案等设置。

（4）“AutoTrack 设置”选项组

此选项组控制极轴追踪和对象捕捉追踪时的相关设置。

①“显示极轴追踪矢量”复选框：如果选中此复选框，则当启用极轴追踪时，AutoCAD 2017 会沿指定的角度显示出追踪矢量。利用极轴追踪，可以使用户方便地沿追踪方向绘出直线。

②“显示全屏追踪矢量”复选框：控制全屏追踪矢量的显示。如果选择此选项，AutoCAD 2017 将以无限长直线显示追踪矢量。

③“显示自动追踪工具提示”复选框：控制是否显示自动追踪工具提示。工具提示是一

个提示标签，可用其显示沿追踪矢量方向的光标极坐标。

（5）“对齐点获取”选项组

此选项组控制在图形中显示对齐矢量的方法。

①“自动”单选按钮：表示当靶框移到对象捕捉点时，AutoCAD 2017 会自动显示出追踪矢量。

②“按 Shift 键获取”单选按钮：表示当按〈Shift〉键并将靶框移到对象捕捉点上时，AutoCAD 2017 会显示出追踪矢量。

（6）“靶框大小”选项

通过水平滑块设置自动捕捉靶框的显示尺寸。

（7）“设计工具提示设置”按钮

此按钮用于设置当采用动态输入时，工具提示的颜色、大小以及透明性。单击此按钮，AutoCAD 2017 弹出“工具提示外观”对话框，通过其设置即可。

（8）“光线轮廓设置”按钮

“光线轮廓设置”按钮：设置光线的轮廓外观，用于三维绘图。

（9）“相机轮廓设置”按钮

“相机轮廓设置”按钮：设置相机的轮廓外观，用于三维绘图。

8.“三维建模”选项卡

此选项卡用于三维建模方面的设置，如图 2-14 所示。

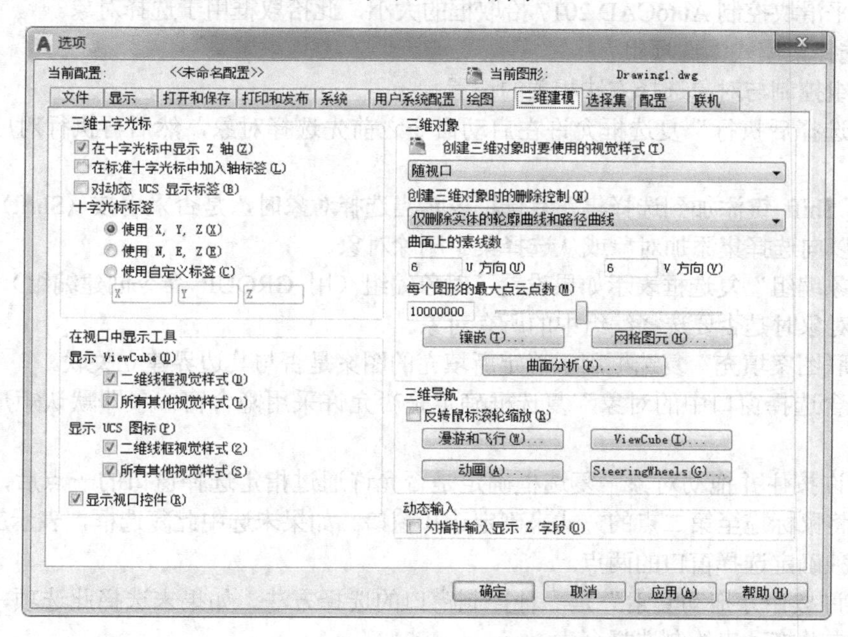

图 2-14 “三维建模”选项卡

由于本书主要是针对二维绘图内容的编写，因此此选项卡在这里就不详细介绍了，直接选用默认选项即可。

9.“选择集”选项卡

此选项卡用于设置选择对象时的选项，如图 2-15 所示。

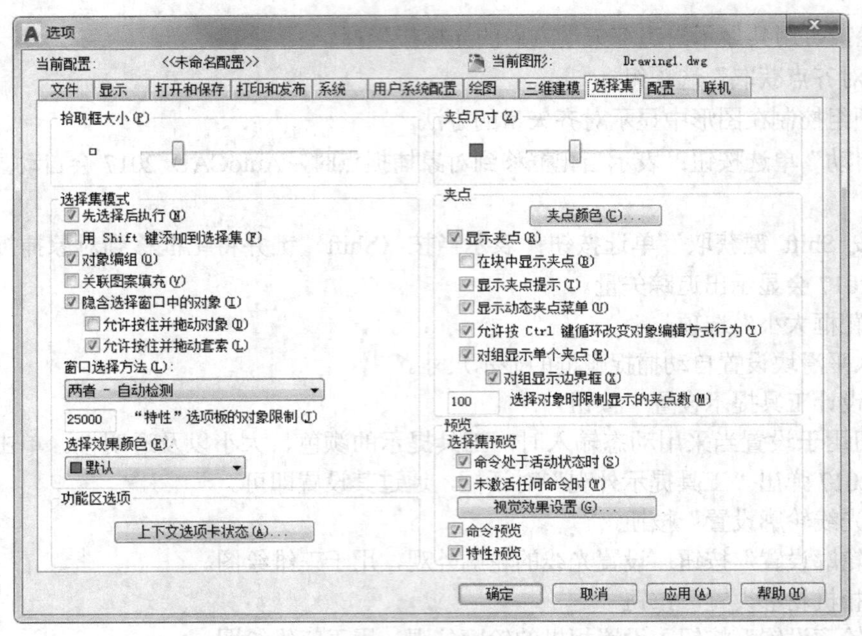

图 2-15 “选择集”选项卡

（1）“拾取框大小”选项组

通过水平滑块控制 AutoCAD 2017 拾取框的大小，此拾取框用于选择对象。

（2）“选择集模式”选项组

此选项组控制与对象选择方法相关的设置。

①“先选择后执行”复选框允许在启动命令之前先选择对象，然后再执行对应的命令进行操作。

②“用 Shift 键添加到选择集”复选框表示当选择对象时，是否采用按〈Shift〉键再选择对象时才可以向选择集添加对象或从选择集中删除对象。

③“对象编组”复选框表示如果设置了对象编组（用 GROUP 命令创建编组），当选择编组中的一个对象时是否要选择编组中的所有对象。

④“关联图案填充”复选框用于确定所填充的图案是否与其边界建立关联。

⑤“隐含选择窗口中的对象”复选框确定是否允许采用隐含窗口（即默认矩形窗口）选择对象。

⑥“允许按住并拖动对象”复选框确定是否允许通过指定选择窗口的一点后，仍按住鼠标左键，并将鼠标拖至第二点的方式来确定选择窗口。如果未选中此复选框，表示应通过拾取点的方式单独确定选择窗口的两点。

⑦“允许按住并拖动套索”是一种控制窗口的选择方法。如果未选择此选项，则可以用定点设备单击并拖动来绘制选择套索。

⑧“窗口选择方法”下拉列表用于确定选择窗口的选择方法。

（3）“功能区选项”选项

“上下文选项卡状态”按钮：通过对话框设置功能区上下文选项卡的状态。

（4）“夹点尺寸”滑块

此滑块用来设置夹点操作时的夹点方框的大小。

(5)“夹点”选项组

此选项组控制与夹点相关的设置，选项组中主要项的含义如下。

①“夹点颜色”按钮：通过对话框设置夹点的对应颜色。

②“显示夹点”复选框：确定直接选择对象后是否显示出对应的夹点。

③“在块中显示夹点”复选框：设置块的夹点显示方式。启用该功能，用户选择的块中的各对象均显示其本身的夹点，否则只将插入点作为夹点显示。

④“显示夹点提示”复选框：设置当光标悬停在支持夹点提示的自定义对象的夹点上时，是否显示夹点的特定提示。

⑤“显示动态夹点菜单”复选框：控制当光标在显示出的多功能夹点上悬停时，是否显示出动态菜单。样条曲线的夹点就属于多功能夹点。

⑥“允许按 Ctrl 键循环改变对象编辑方式行为”复选框：确定是否允许用〈Ctrl〉键来循环改变对多功能夹点的编辑行为。

⑦“对组显示单个夹点”“对组显示边界框”复选框：分别用于确定是否显示对象组的单个夹点以及围绕编组对象的范围显示边界框。

⑧“选择对象时限制显示的夹点数”文本框：使用夹点功能时，当选择了多个对象，设置所显示的最大夹点数，有效值为1～32 767，默认值为100。

(6)“预览”选项组

此选项组确定当拾取框在对象上移动时，是否亮显对象。

①“命令处于活动状态时”复选框：表示仅当对应的命令处于活动状态并显示“选择对象:”提示时，才会显示选择预览。

②“未激活任何命令时”复选框：表示即使未激活任何命令，也可以显示选择预览。

③“视觉效果设置”按钮：单击此按钮，则弹出“视觉效果设置”对话框，用于进行相关的设置。

10.“配置”选项卡

此选项卡用于控制配置的使用，如图2-16所示。

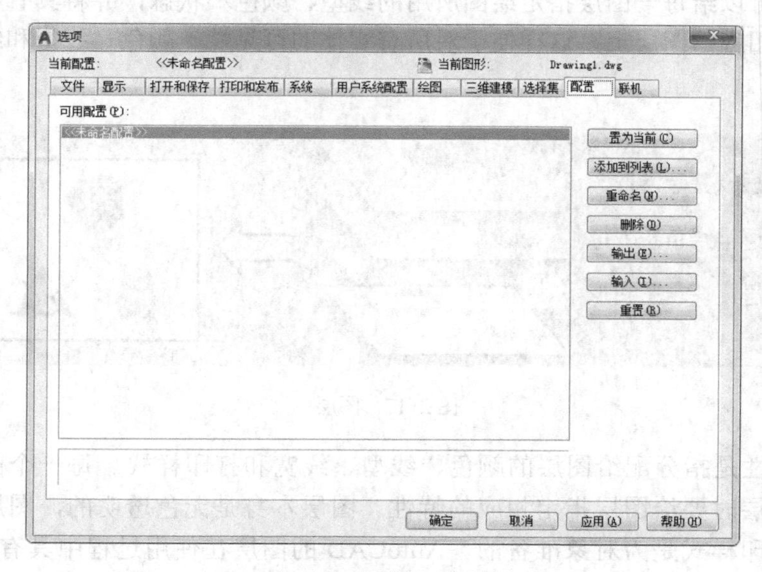

图2-16 “配置”选项卡

（1）“可用配置”列表框

此列表框用于显示可用配置的列表。

（2）“置为当前”按钮

将指定的配置置为当前配置。在“可用配置”列表框中选中对应的配置，单击该按钮即可。

（3）“添加到列表”按钮

利用弹出的“添加配置”对话框，用其他名称保存选定的配置。

（4）“重命名”按钮

利用弹出的“修改配置”对话框，修改选定配置的名称和说明。当希望重命名一个配置但又希望保留其当前设置时，应利用“重命名”按钮实现。

（5）“删除”按钮

删除在“可用配置”列表框中选定的配置。

（6）“输出”按钮

将配置输出为扩展名为“arg”的文件，以便其他用户可以共享该文件。

（7）“输入”按钮

输入用“输出”选项创建的配置（扩展名为“arg”的文件）。

（8）“重置”按钮

将在“可用配置”中的选定配置的值重置为系统默认设置。

2.2 图层的概念

图层是 AutoCAD 的一大特色。用户可以把图层想象为没有厚度的透明片，各层之间完全对齐，一层上的某一基准准确地对齐于其他各层上同一基准点，如图 2-17 所示。引入图层后，用户就可以给每一图层指定绘图所用的线型、颜色和状态，并将具有相同线型和颜色的对象放到相应的图层上，这样便于对所有实体的可见性、颜色、线型和线宽进行全面控制。

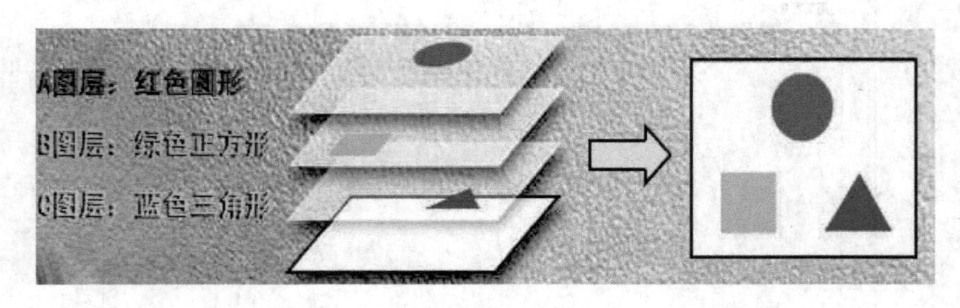

图 2-17　图层

图层的特性是指分配给图层的颜色、线型、线宽和打印样式。每一个图层都有它的特性，创建图层时要给图层指定相应的特性。图层本身是无色透明的，图层的颜色、线型、线宽和打印样式是为对象准备的。AutoCAD 的图层在使用过程中具有以下特性。

● 图层名：每个图层都有一个名字，其中 0 层是 AutoCAD 自动定义的，其余由用户定义，字母不超过 31 个字符。
● 在一幅图中使用的层数不限，每层容纳的实体数量不限制。
● 在绘制图形时，只有当前层起作用，也就是绘制图形时均画在当前层上。
● 同一图层上的实体处于同一状态，如可见或不可见，一个图层上的对象应该是一种线型，一种颜色。
● 各图层具有相同的坐标系、绘图界限、显示时的缩放倍数。
● 用户可以对位于不同图层上的对象同时进行编辑操作。

如果不通过图层继承特性，可以单独指定对象的特性。但是通常应该尽量使用图层的特性绘制对象，并将不同类型的对象放在不同的图层上，例如将中心线、说明文字、标注尺寸等分别放在不同的图层上，这样才能充分发挥图层的组织和管理作用，提高工作效率，方便绘图工作。

2.3 图层特性管理器

在 AutoCAD 中，使用“图层特性管理器”可以很方便地创建图层以及设置其基本属性。在 AutoCAD 2017 的菜单浏览器中选择“格式”→“图层”命令或单击工具面板上的“图层特性”按钮，即可打开“图层特性管理器”对话框，如图 2-18 所示。

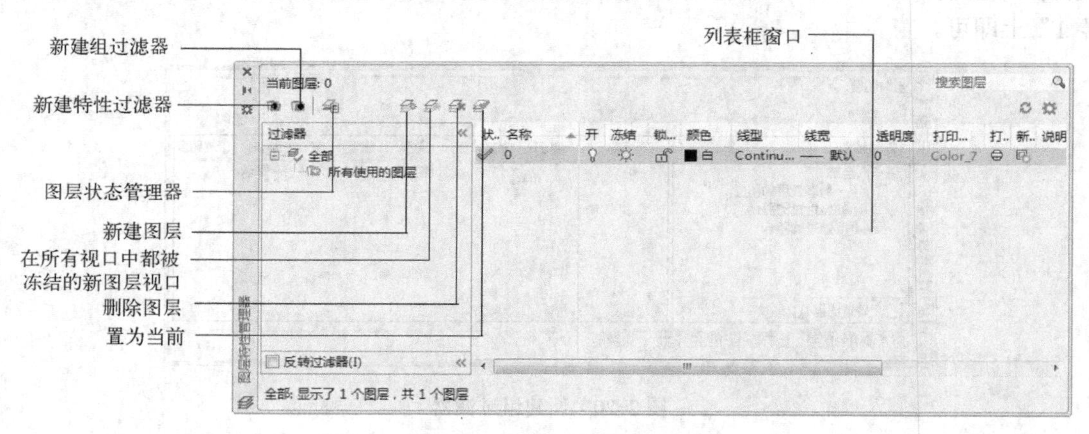

图 2-18 “图层特性管理器”对话框

利用该对话框可直接设置及改变图层的参数和状态，即设置层的颜色、线型、可见性、建立新层、设置当前层、冻结或解冻图层、锁定或解锁图层以及列出所有存在的层名等操作。

2.3.1 新建特性过滤器

在 AutoCAD 中，新建特性过滤器功能大大简化了在图层方面的操作。图形中包含大量图层时，在“图层特性管理器”对话框中单击“新建特性过滤器”按钮，可以打开如图 2-19 所示的“图层过滤器特性”对话框，可以使用此对话框来命名图层过滤器。

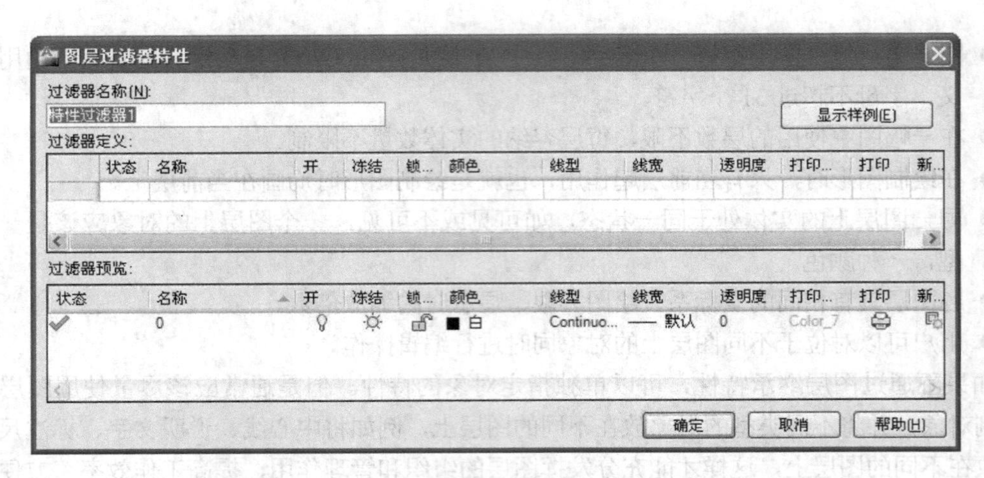

图 2-19 “图层过滤器特性”对话框

2.3.2 新建组过滤器

在 AutoCAD 2017 中，还可以通过“新建组过滤器”过滤图层。可在“图层特性管理器”对话框中单击“新建组过滤器”按钮，并在对话框左侧过滤器树列表中添加一个“组过滤器1”（也可以根据需要命名组过滤器），如图 2-20 所示。在过滤器树中单击“所有使用的图层”节点或其他过滤器，显示对应的图层信息，然后将需要分组过滤的图层拖动到创建的“组过滤器 1”上即可。

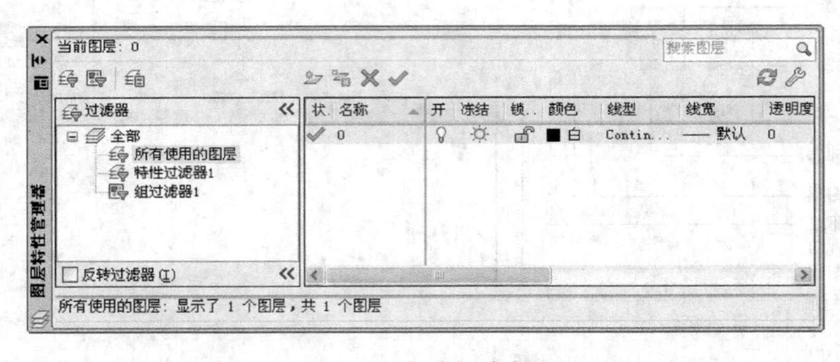

图 2-20 新建组过滤器

在“组过滤器名称”上单击鼠标右键，在弹出的快捷菜单上选择“选择图层”→“添加”，AutoCAD 切换到图形界面并提示选择对象，选择一个或多个对象，则该对象所在的图层被添加到组过滤器中。还可以通过快捷菜单上“选择图层”→“替换”，重新定义该组过滤器中的图层。

2.3.3 图层状态管理器

图层设置包括图层状态和图层特性。图层状态包括图层是否打开、冻结、锁定、打印和在新视口中自动冻结，图层特性包括颜色、线型、线宽和打印样式。用户可以选择要保存的图层状态和图层特性。例如，可以选择只保存图形中图层的“冻结/解冻”设置，忽略所有其他设置。恢复图层状态时，除了每个图层的冻结或解冻设置以外，其他设置仍保持当前设置。在

AutoCAD 2017 中，可以使用“图层状态管理器”对话框来管理所有图层的状态，如图 2-21 所示。

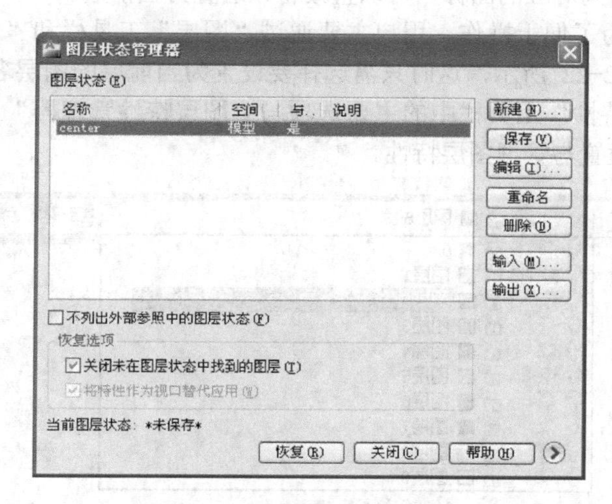

图 2-21 “图层状态管理器”对话框

2.3.4 新建图层

开始绘制新图形时，AutoCAD 将自动创建一个名为 0 的图层。默认情况下，该图层将被指定使用 7 号颜色（白色或黑色，由背景色决定）、Continuous 线型、“默认”线宽及“normal”打印样式，用户不能删除或重命名该图层。在绘图过程中，如果用户要使用更多的图层来组织图形，就需要先创建新图层。

在“图层特性管理器”对话框中单击“新建图层”按钮，可以创建一个名称为“图层 1”的新图层。默认情况下，新建图层与当前图层的状态、颜色、线性、线宽等设置相同。

当创建了图层后，图层的名称将显示在图层列表框中，如果要更改图层名称，可单击该图层名，然后输入一个新的图层名并按〈Enter〉键即可。

2.3.5 在所有视口中都被冻结的新图层视口

单击“在所有视口中都被冻结的新图层视口”按钮，在列表视图窗格中将出现一个新的图层，该图层将在所有视口中都被冻结。同时，在列表视图窗格中该图层行的最右面的图标显示为“冻结新视口”。

2.3.6 删除图层

该按钮用于删除指定的图层。删除的方法：在列表视图窗格内选中对应的图层行，单击“删除”按钮，即可删除图层。

2.3.7 置为当前

如果要在某一图层上绘图，必须首先将该图层设为当前层。在列表视图窗格中选择一个图层名，然后单击“置为当前”按钮，就可以将该层设置为当前层。将某图层置为当前层后，在列表视图窗格中，与“状态”列对应的地方会显示出置为当前层的符号，同时在

“图层特性管理器”对话框的右侧显示出“当前图层：图层名”。此外，在列表视图窗格中某图层行上双击与“状态”列对应的图标，可以直接将该层置为当前层。

在实际绘图时，为了便于操作，用户主要通过“图层”工具栏和“对象特性”工具栏来实现图层切换，如图 2-22 所示，这时只需选择要设置为当前层的图层名称即可。此外，“图层”工具栏和“对象特性”工具栏中的主要选项与“图层特性管理器”对话框中的内容相对应，因此也可以用来设置与管理图层特性。

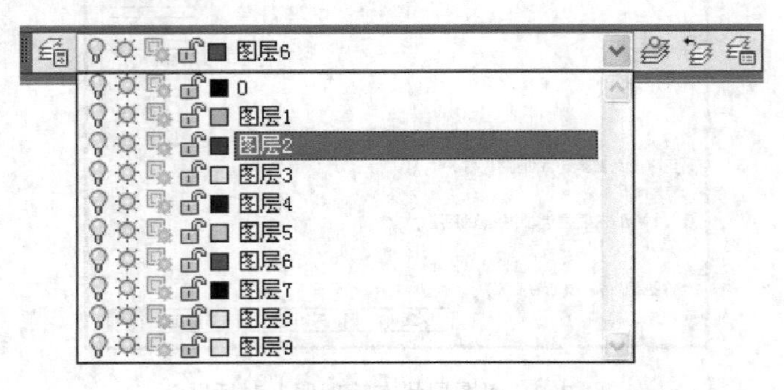

图 2-22　图层和对象特性工具栏

2.3.8　列表框窗口

使用图层绘制图形时，新对象的各种特性将默认为随层，由当前图层的默认设置决定。在“列表框窗口”对话框中，每个图层都包含状态、名称、打开 / 关闭、冻结 / 解冻、锁定 / 解锁、线型、颜色、线宽和打印样式等特性。

1．打开或关闭图层

在 AutoCAD 中，可以通过“开/关”控制图层的可见性，某个图层对应的小灯泡的颜色为黄色，则表示该图层打开，若小灯泡的颜色是灰色，则表示该图层关闭。默认情况下为“打开”状态，图层上实体可见，关闭图层后，该层上的实体不可见而且不能打印输出。虽然图层不可见，但仍可以将它设为当前层，仍然可添加新图形，只是在屏幕上不显示，用于绘制保密图形。

2．冻结或解冻图层

在 AutoCAD 中，可以冻结图层或将图层解冻。若是太阳图标，则表示该图层没有冻结，若是雪花图标，则表示该图层冻结。图层冻结后，该层上的实体不可见也不能打印，但与“关闭”的差别是不能冻结当前层，不能在冻结的层上添加图形。

3．锁定或解锁图层

图层还可以锁定或解锁，若对应的是关闭的锁图标，则表示该图层锁定；若对应的是打开的锁图标，则表示该图层没有锁定。图层锁定后，用户只能观察该层上的图形，不能编辑修改，相当于背景图案。

4．设置图层颜色

颜色在图形中具有非常重要的作用，可用来表示不同的组件、功能和区域。图层的颜色实际上是图层中图形对象的颜色。每个图层都拥有自己的颜色，对不同的图层可以设置相同的颜色，也可以设置不同的颜色。绘制复杂图形时不同的颜色就可以很容易区分图形的各部分。如果要改变某一图层的颜色，则可以单击对应的图标，AutoCAD 就会弹出如图 2-23 所示的

“选择颜色”对话框，从中选择所需要的颜色。

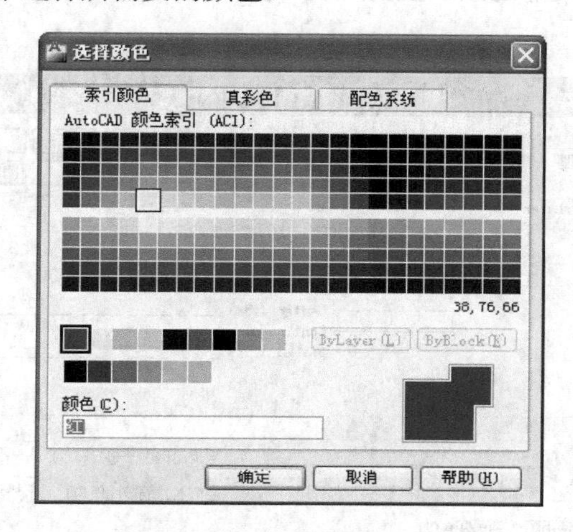

图 2-23 “选择颜色”对话框

5. 使用与管理线型

线型在工程图样中具有非常重要的作用，根据国际标准或者国家标准的规定，不同线型具有不同的含义。AutoCAD 2017 包含了丰富的线型，可以满足不同国家或行业标准的要求。

（1）加载线型

每一个图层可以设置一个具体的线型，不同的图层线型可以相同，也可以不同。每一种线型都有自己的名字，线型名最长不超过 31 个字符。所有新生成的层上的线型都按默认方式定为“CONTINUOUS”。

如果要改变图层的线型，在对话框中选择一个图层名后单击线型，出现如图 2-24 所示的“选择线型”对话框，在此对话框中选取需要的线型，单击“确定”按钮，就可以将该层设置为所需要的线型。如果在“选择线型”对话框中没有所需要的线型，则单击“加载”按钮，出现如图 2-25 所示的“加载或重载线型”对话框，在可用线型列表框中选取所需线型，单击“确定”按钮即可。

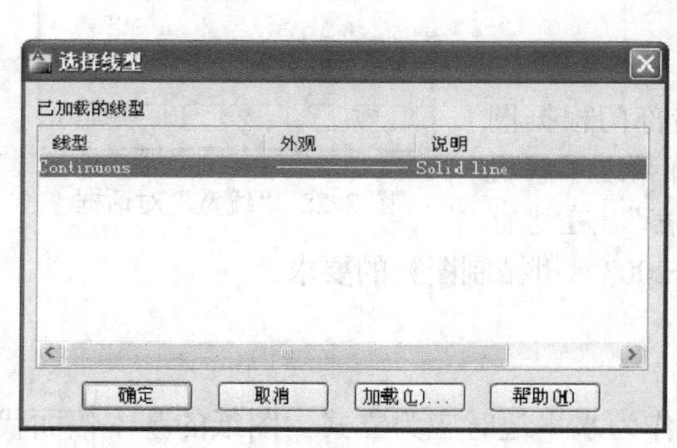

图 2-24 “选择线型”对话框

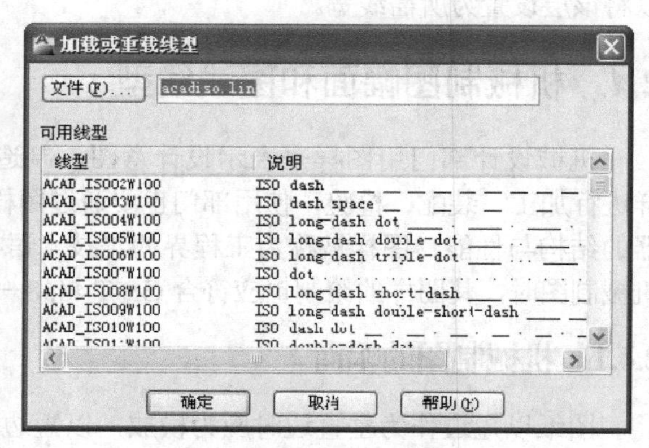

图 2-25 “加载或重载线型”对话框

（2）线型管理器

选择“格式”→“线型”命令，打开如图 2-26 所示的“线型管理器”对话框，可设置图形中的线型比例，从而改变非连续线型的外观。例如图 2-27 所示，整体比例分别为 1 和 2 时，对虚线的影响。

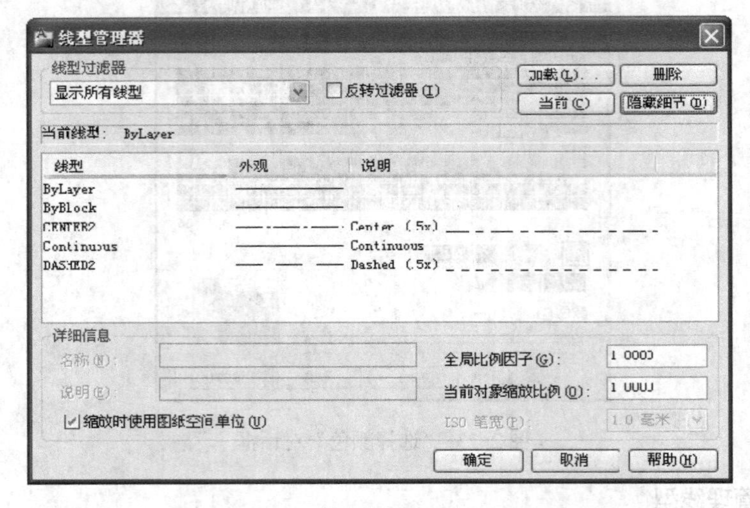

图 2-26 “线型管理器”对话框

整体比例=1　　　　整体比例=2

图 2-27 不同的全局比例因子对线型的影响

6. 设置图层线宽

线宽设置就是改变线条的宽度。在 AutoCAD 中，使用不同宽度的线条表现对象的大小或类型，可以提高图形的表达能力和可读性。图层线宽的设置是在对话框中选择一个图层名，然后单击“线宽”按钮，出现如图 2-28 所示“线宽”对话框，在此对话框中选取所需线宽后，单击“确定”按钮，就可以将该层设置为所需线宽。

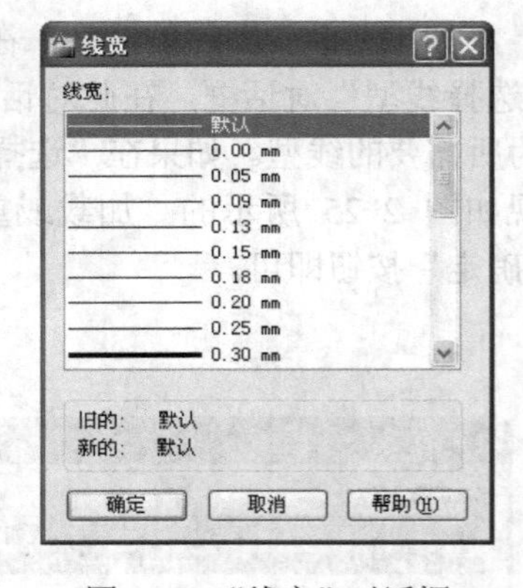

图 2-28 “线宽”对话框

2.4 机械制图幅面和图线线型

机械设计部门用图样来表示设计意图，制造部门根据图样进行加工、装配、检验，使用部门也要通过图样帮助了解机器的结构与性能，图样被称为工程界的“技术语言”。在进行机械制图时，其图样的绘制也应符合 GB/T 4458—2003《机械制图》的要求。

2.4.1 机械制图的幅面

图纸以短边作为垂直边时应为横放，以短边作为水平边时应为立式。图纸的基本幅面代号有 A0、A1、A2、A3 和 A4 共 5 种，A0～A3 图纸宜横放，必要时也可立式使用。在图纸上必须用粗实线画图框，其格式分为不留装订边（见图 2-29）和留有装订边（见图 2-30）两种，图中的尺寸如表 2-1 所示，但同一产品的图样只能采用一种格式。

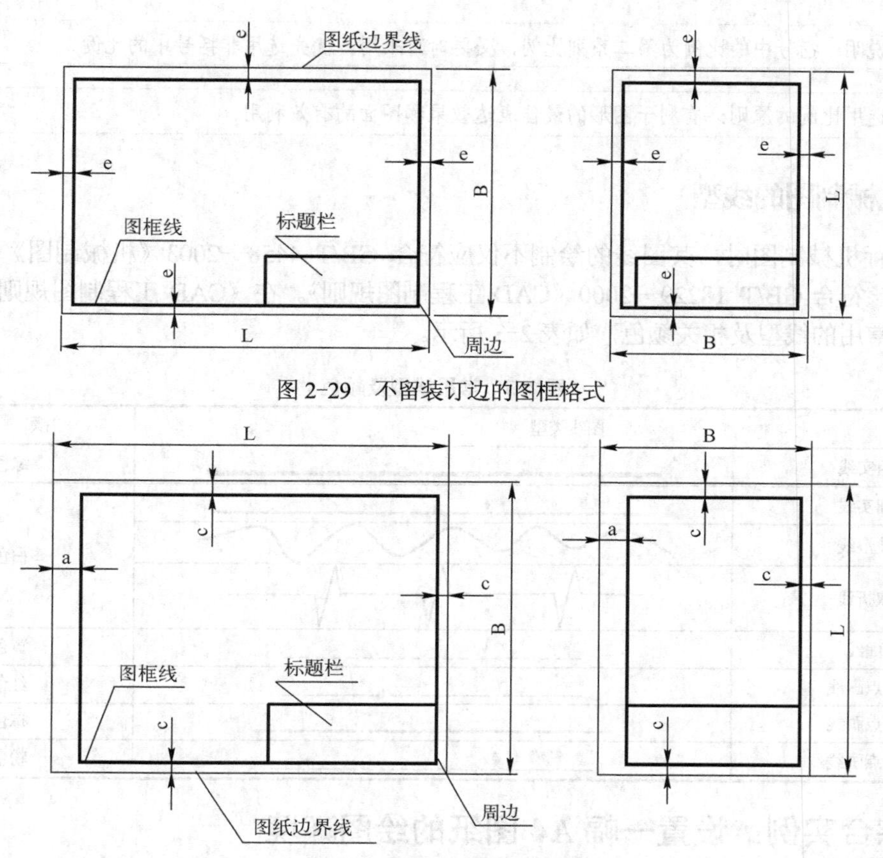

图 2-29　不留装订边的图框格式

图 2-30　留装订边的图框格式

表 2-1　图纸幅面　　（单位：mm）

代　号	A0	A1	A2	A3	A4
B×L	841×1189	594×841	420×594	297×420	210×297
e	20		10		
c	10			5	
a	25				

2.4.2　机械制图的比例

制图比例是指图形与其实际相应要素的线性尺寸之比。为了能从图样上得到实物大小的真实概念，应尽量采用 1:1 的比例绘图。当表达对象的尺寸较大时，应尽量采用缩小比例，但要保证复杂部位清晰可读。当表达对象的尺寸较小时，应采用放大比例，使各部位清晰可读。绘制图样时一般应采用表 2-2 中规定的比例。

表 2-2　绘图常用比例

种　类	比　例				
原值比例	1:1				
放大比例	2:1	5:1	10:1	（2.5:1）	（4:1）
缩小比例	1:2	1:5	1:10	（1:1.5）	（1:3）

📖 **说明：**括号中的比例为第二系列比例，必要时可采用。优先选用非括号中的比例。

📖 选用比例的原则：有利于图形的最佳表达效果和图面的有效利用。

2.4.3 机械制图的线型

在进行机械制图时，其图线的绘制不仅应符合 GB/T 4458—2003《机械制图》的国家标准，还应该符合 GB/T 18229—2000《CAD 工程制图规则》。在《CAD 工程制图规则》中，推荐了 8 种常用的线型及相关颜色，如表 2-3 所示。

表 2-3 常用线型及颜色

图线类型		颜 色
粗实线		绿色
细实线		白色
波浪线		
双折线		
虚线		黄色
细点画线		红色
粗点画线		棕色
双点画线		粉色

2.5 综合实例：设置一幅 A4 图纸的绘图环境

首先使用新建图形文件命令创建一个新的图形文件，接着使用单位、图形界限和图层设置命令设置该文件的绘图环境，并保存该文件。

本实例的练习操作步骤如下。

1. 设置图形界限和草图设置

❶ 单击“快速访问工具栏”工具栏中的“新建”按钮□。系统弹出“选择样板”对话框，如图 2-31 所示，采用常用的样板文件“acadiso.dwt”，单击“打开”按钮。

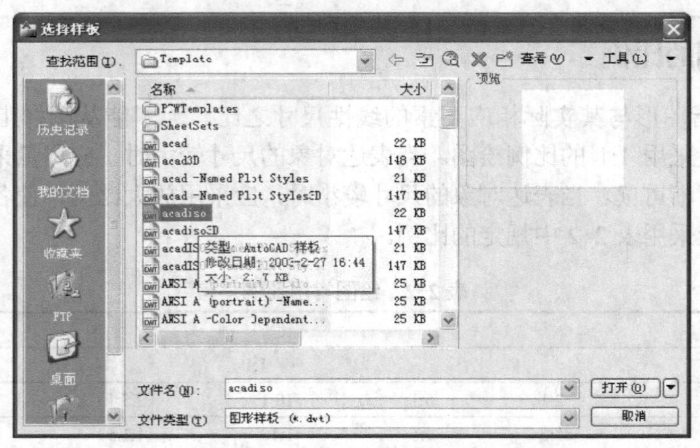

图 2-31 “选择样板”对话框

❷ 单击“格式”→“图形界限”命令，命令行提示：

> 指定左下角点或 [开(ON)/关(OFF)] <0.0000,0.0000>: 〈Enter〉（设定图形界限的左下角端点坐标）
> 指定右上角点 <420.0000,297.0000>: 210,297 （设定图形界限右上角端点坐标）

❸ 再次单击〈Enter〉键，则重复设置模型空间界限命令，命令行提示：

> 指定左下角点或 [开(ON)/关(OFF)] <0.0000,0.0000>: on （打开图形界限）

❹ 单击“工具”→“草图设置”命令，系统弹出“草图设置”对话框，选择“对象捕捉”选项卡。选择“中点”复选框，如图 2-32 所示，单击“确定”按钮即完成了对象捕捉模式的设置。

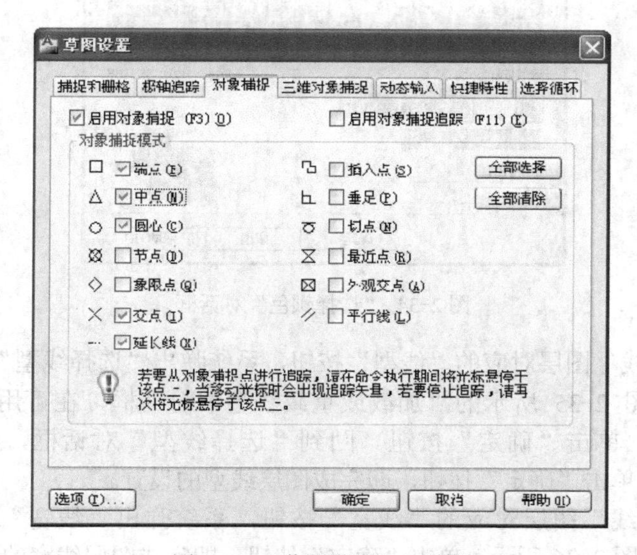

图 2-32 “草图设置”对话框

2. 设置图层属性

❶ 单击工具面板“图层”中的“图层特性”按钮，系统弹出“图层特性管理器”对话框，如图 2-33 所示。

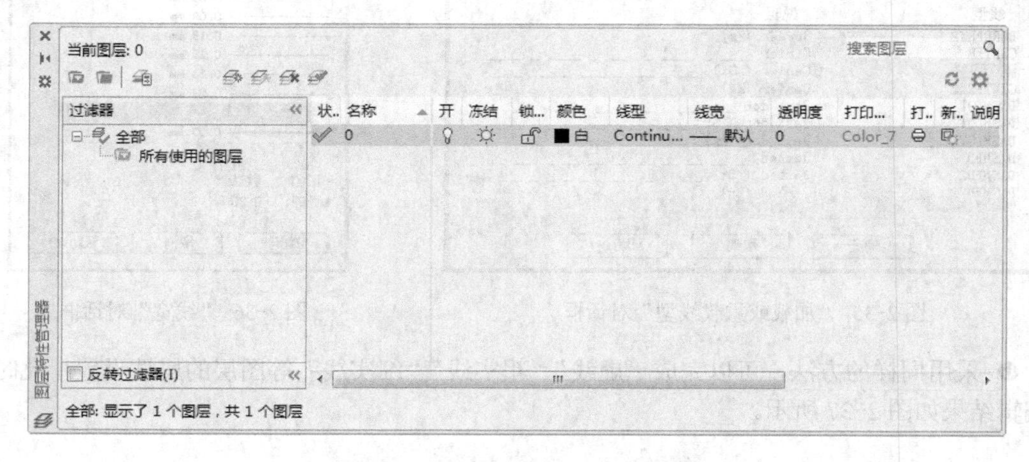

图 2-33 “图层特性管理器”对话框

❷ 单击“图层特性管理器”的“新建图层”按钮，即可创建一个新的图层，然后在“名称”文本框中输入新的图层名“中心线”。

❸ 单击“中心线”图层对应的“颜色”按钮，系统弹出“选择颜色”对话框，从中选择“红”，如图 2-34 所示，单击“确定”按钮，即可完成图层颜色的设置。

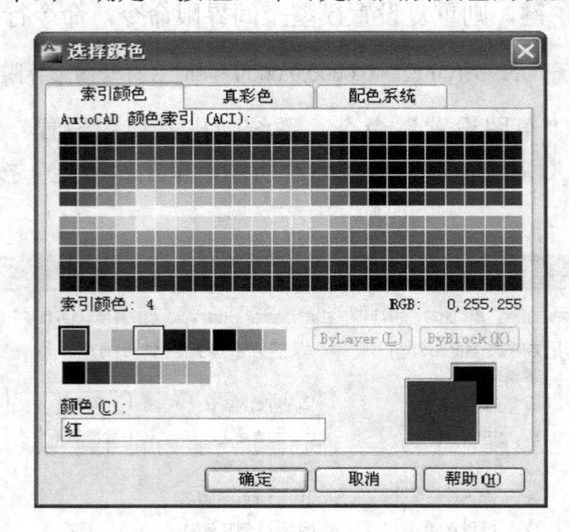

图 2-34 “选择颜色”对话框

❹ 单击“中心线”图层对应的“线型”按钮，系统弹出“选择线型”对话框，单击“加载”按钮，出现如图 2-35 所示的“加载或重载线型”对话框，在可用线型列表框中选择“CENTER2”线型，单击“确定”按钮。回到“选择线型”对话框，再次选中刚加载的“CENTER2”线型，单击“确定”按钮，即完成图层线型的设置。

❺ 单击“中心线”图层对应的“线宽”按钮，系统弹出“线宽”对话框，从中选择“0.25mm”选项，如图 2-36 所示，单击“确定”按钮，即完成图层线宽的设置。

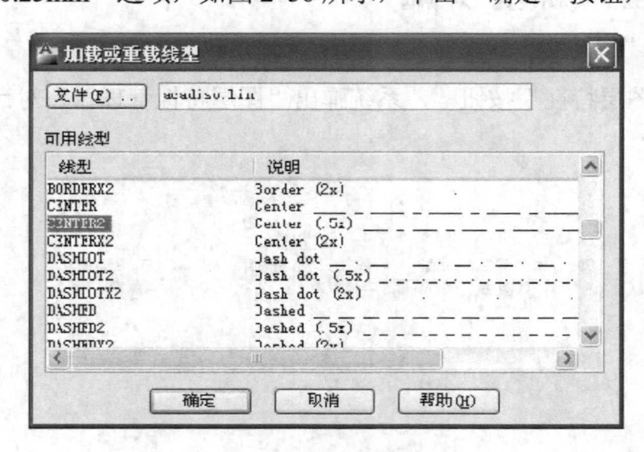

图 2-35 “加载或重载线型”对话框

图 2-36 “线宽”对话框

❻ 采用同样的方法，可以完成“虚线”“粗实线”“细实线”等图层的属性设置，此时图层编辑结果如图 2-37 所示。

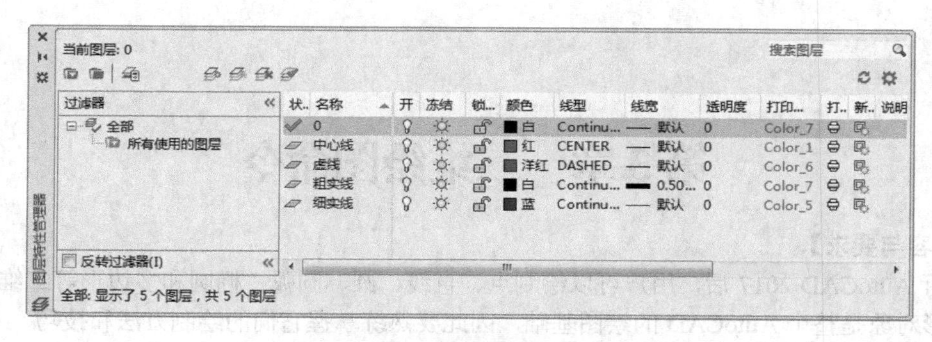

图 2-37 “图层特性管理器”对话框

3．保存图形文件

❶ 单击“保存”按钮，出现“图形另存为”对话框，如图 2-38 所示。在“文件名”文本框中输入“设置绘图环境”，在“保存于”右边的下拉列表中选择要保存文件的路径，当这些都设置完成后，单击“保存”按钮，图形文件就会存放在选择的目录中。

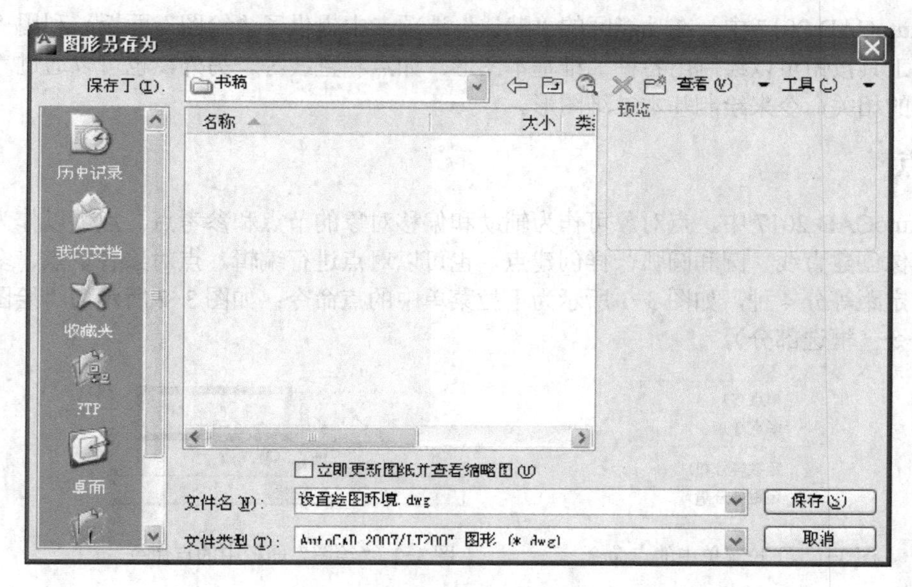

图 2-38 “图形另存为”对话框

2.6 课后练习

1）简述图层的创建、编辑与管理的作用。

2）如何进行绘图单位的设置？

3）自己设置一幅 A3 图纸的绘图环境。

第3章 二维绘图命令

【内容与要求】

运行 AutoCAD 2017 后，用户可以绘制点、直线、圆、圆弧、椭圆和多边形等二维图形。二维图形对象是整个 AutoCAD 的绘图基础，因此要熟练掌握它们的绘制方法和技巧。

【学习目标】

- 掌握 AutoCAD 2017 的基本绘图命令
- 掌握 AutoCAD 2017 的图案填充命令、设置和应用

3.1 点和直线类命令

在 AutoCAD 2017 中，在功能区的“默认”选项卡中提供了“绘图”面板，利用“绘图”面板中的工具按钮可以绘制出各种二维基本图形，如点和直线等。另外，也可以通过“绘图”下拉菜单的相关命令来绘制基本二维图形。

3.1.1 点

在 AutoCAD 2017 中，点对象可作为辅助和偏移对象的节点和参考点。点可以作为实体，用户可以像创建直线、圆和圆弧一样创建点，也可以对点进行编辑。点对象有单点、多点、定数等分和定距等分 4 种，如图 3-1 所示为下拉菜单中的点命令；如图 3-2 所示为“绘图”面板中的点命令（框选部分）。

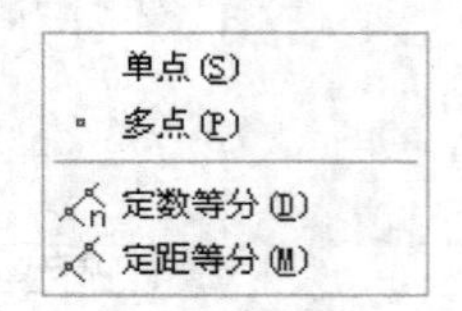

图 3-1 下拉菜单中的点命令

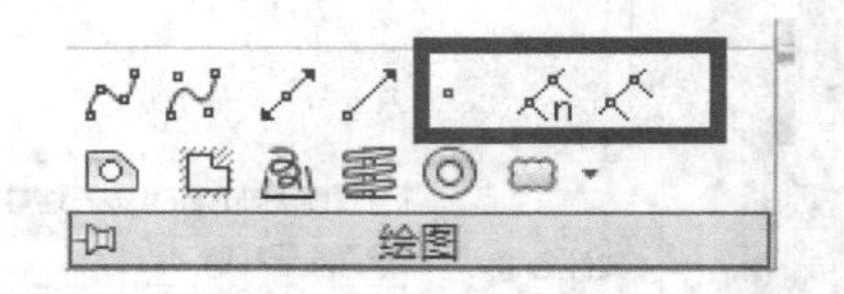

图 3-2 “绘图”面板中的点命令

选择菜单“绘图”→“点”→“单点”命令，可以在绘图窗口中一次指定一个点。

选择菜单“绘图”→“点”→“多点”命令，可以在绘图窗口中一次指定多个点，最后可按〈Esc〉键结束。

选择菜单“绘图”→“点”→“定数等分”命令，可以在指定的对象上绘制等分点或者在等分点处插入块。

选择菜单“绘图”→“点”→“定距等分”命令，可以在指定的对象上按指定的长度绘制点或者插入块。

在系统默认状况下，点的样式是不明显的，因此在绘制点之前应先给点定义一种比较明显的样式。选择菜单“格式”→“点样式”命令，进入如图 3-3 所示的“点样式”对话框，选择一种点的样式，如选择⊕这种样式，单击“确定”按钮保存退出。

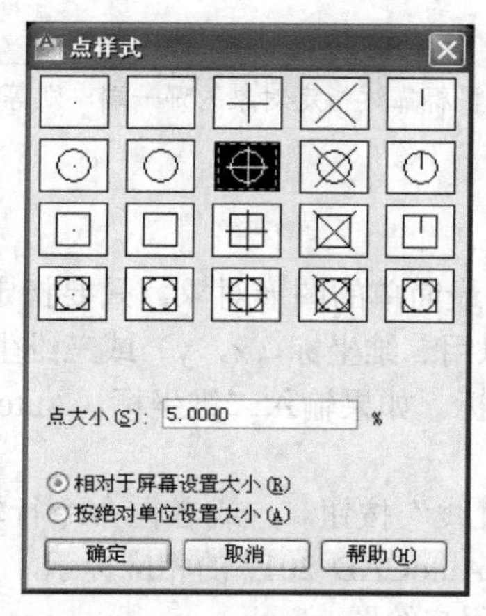

图 3-3 “点样式”对话框

【例 3-1】 绘制坐标为（100，100）的点。

选择菜单“绘图”→“点”→“多点”命令，绘制点（100，100），命令行提示如下。

```
命令: _point
当前点模式:  PDMODE=3   PDSIZE=0.0000
指定点: 100,100
```

在“指定点:”提示下输入点的坐标，或者直接在屏幕上拾取点，系统提示输入下一个点，要退出该命令需按〈Esc〉键。

【例 3-2】 将一条直线按定距 30 为单位进行等分。

❶ 单击“绘图”面板上的“直线”按钮，绘制一条如图 3-4 所示的直线。

❷ 单击”绘图”面板上的“定距等分”按钮，命令行提示如下。

```
命令: _measure
选择要定距等分的对象:          // 此时，光标变成了一个小矩形，在已有直线上单击一点，如图 3-5 所示
指定线段长度或 [块(B)]: 30    //按〈Enter〉键
```

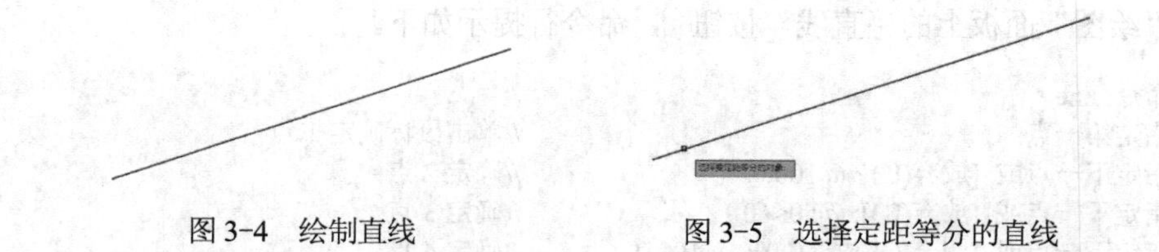

图 3-4 绘制直线　　　　图 3-5 选择定距等分的直线

❸ 结果如图 3-6 所示。

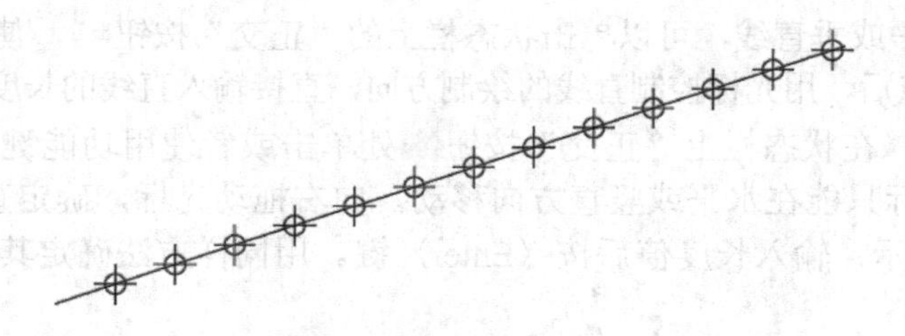

图 3-6 绘制定距等分点

📖 提示：在选择等分对象时，鼠标靠近指定对象的哪一端，则等分就从那一端开始。

3.1.2 直线

直线是各种绘图中最常用、最简单的图形对象，只要指定了起点和终点即可绘制一条直线。在 AutoCAD 2017 中，可以用二维坐标（x，y）或三维坐标（x，y，z）来指定端点，也可以混合使用二维坐标和三维坐标。如果输入二维坐标，AutoCAD 将会用当前的高度作为 z 轴坐标值，默认值为 0。

单击“绘图”面板上的“直线”按钮，或者在命令行输入“line”命令，即可绘制直线。如图 3-7 所示为绘制直线时 AutoCAD 2017 的相应提示，由此可看出 AutoCAD 2017 对于命令的提示十分丰富，更方便了用户绘图。

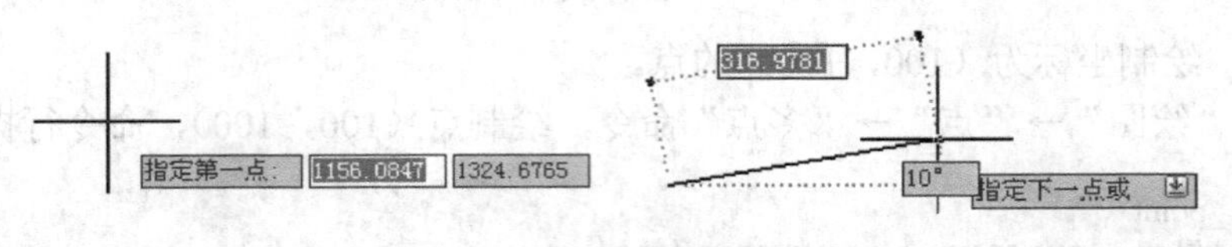

图 3-7　绘制直线

【例 3-3】 利用直线命令来绘制如图 3-8 所示的图形（平行四边形）。

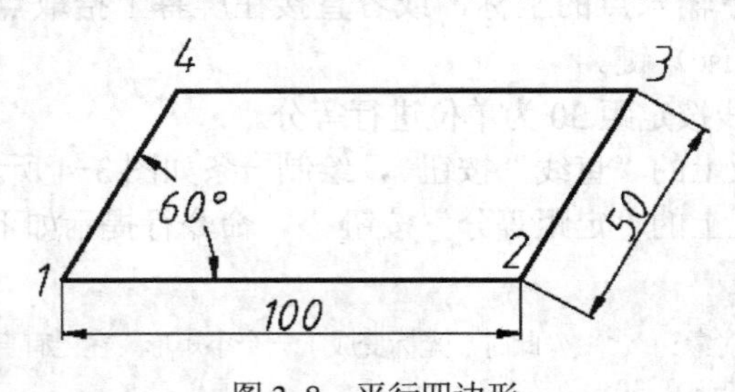

图 3-8　平行四边形

单击“绘图”面板上的“直线”按钮，命令行提示如下。

```
命令: line
指定第一点:                                   //单击鼠标确定 1 点
指定下一点或 [放弃(U)]: @100,0                 //确定 2 点
指定下一点或 [放弃(U)]: @50<60                 //确定 3 点
指定下一点或 [闭合(C)/放弃(U)]: @-100,0        //确定 4 点
指定下一点或 [闭合(C)/放弃(U)]: c              //输入 C 闭合图形，命令会自动结束
```

如果要绘制水平或垂直线，可以单击状态栏上的“正交”按钮，使正交状态开启，在确定了直线的起始点后，用光标控制直线的绘制方向，直接输入直线的长度即可。

打开正交工具：在状态栏上“正交”按钮处单击或者使用功能键〈F8〉都可以开启正交状态，这时鼠标只能在水平或竖直方向移动，向右拖动光标，确定直线的走向沿 x 轴正向，如图 3-9 所示，输入长度值后按〈Enter〉键。用同样方法确定其余直线的方向，输入长度值。

【例 3-4】 利用直线命令来绘制图 3-10 所示的图形。

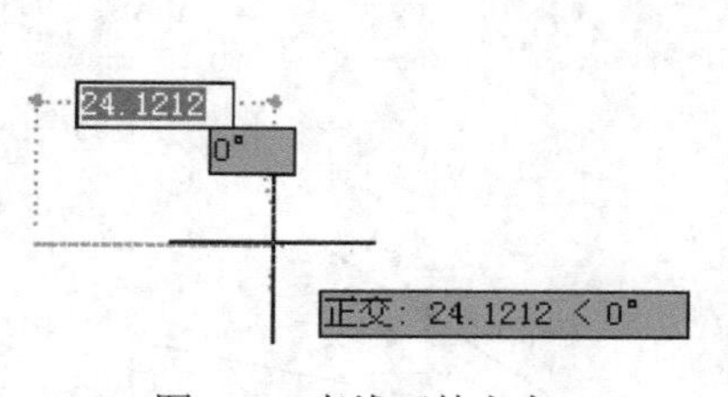

图 3-9 直线延伸方向

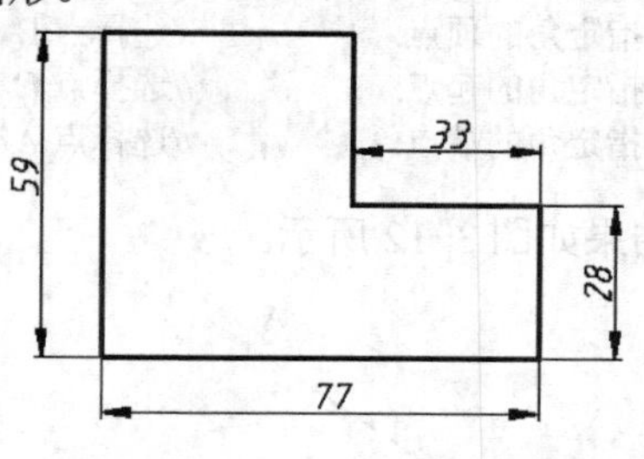

图 3-10 绘制多边形

单击“直线”按钮，命令行提示：

```
命令: _line 指定第一点:
指定下一点或 [放弃(U)]: 77
指定下一点或 [放弃(U)]: 28
指定下一点或 [闭合(C)/放弃(U)]: 33
指定下一点或 [闭合(C)/放弃(U)]: 31
指定下一点或 [闭合(C)/放弃(U)]: 44
指定下一点或 [闭合(C)/放弃(U)]: c
```

📖 提示：要画的线向哪个方向延伸，就把鼠标向哪个方向拖动，然后输入正的长度值即可。

3.1.3 射线

射线为一端固定，另一端无限延伸的直线。单击“绘图”面板上的“射线”按钮，或者在命令行输入“ray”命令，即可绘制射线。指定射线的起点和通过点即可绘制一条射线。在 AutoCAD 中，射线主要用于绘制辅助线。

【例 3-5】 绘制一条通过点（0，0）和（100，100）的射线。

单击“射线”按钮，命令行提示：

```
命令: _ray 指定起点: 0,0
指定通过点: @100,100
```

指定射线的起点后，可在“指定通过点：”提示下指定多个通过点，绘制以起点为端点的多条射线，直到按〈Esc〉键或〈Enter〉键退出为止。

3.1.4 构造线

构造线为两端可以无限延伸的直线，没有起点和终点，可以放置在三维空间的任何地方，主要用于绘制辅助线。单击“绘图”面板上的“构造线”按钮，或者在命令行输入“xline”命令，即可绘制构造线。

【例 3-6】 绘制角 ABC 的角平分线。

❶ 单击“绘图”面板上的“直线”按钮，绘制一个如图 3-11 所示的角 ABC。

❷ 单击“绘图”面板上的“构造线”按钮，命令行提示如下。

```
命令: _xline
指定点或 [水平(H)/垂直(V)/角度(A)/二等分(B)/偏移(O)]: b
指定角的顶点:              //选择点 B
指定角的起点:              //选择点 C
指定角的端点:              //选择点 A
```

❸ 结果如图 3-12 所示。

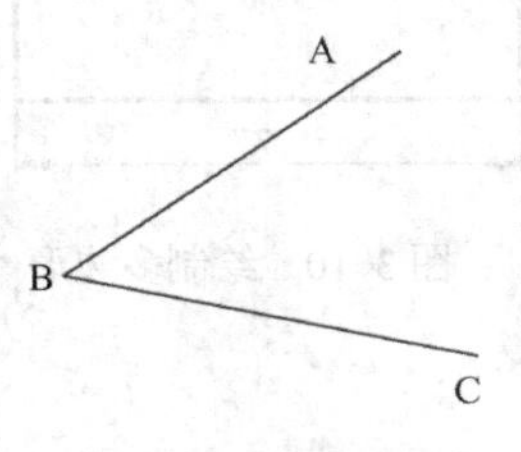

图 3-11　绘制角

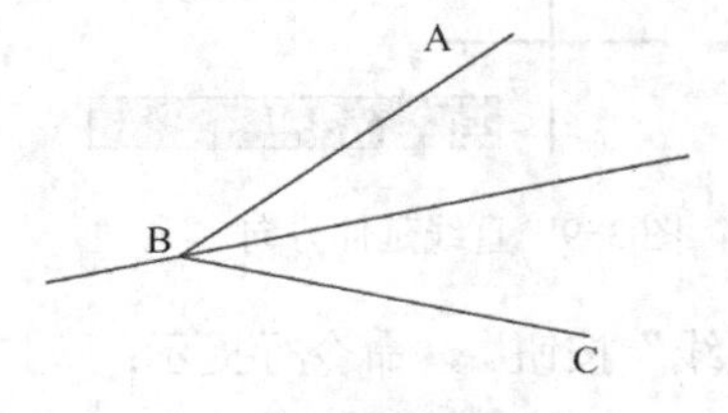

图 3-12　绘制角平分线

📖 提示：构造线一般用作辅助绘图，因此，构造线最好设在单独的一层，绘图完成后，可将该层关闭或冻结。

3.2　多段线和样条曲线

AutoCAD 2017 中不仅包含直线、射线和构造线等一些直线类的命令，还包含多段线和样条曲线等一些曲线命令。

3.2.1　多段线

多段线（Polyline）是 AutoCAD 中较为重要的一种图形对象。多段线由首尾彼此相连的、可具有不同宽度的直线段或弧线组成，并作为单一对象使用。

单击“绘图”面板上的“多段线”按钮，或者在命令行输入“pline”命令即可绘制多段线。绘制多段线的命令提示行比较复杂，具体如下所示。

```
命令: _pline
指定起点:
当前线宽为 0.0000
指定下一个点或 [圆弧(A)/半宽(H)/长度(L)/放弃(U)/宽度(W)]:
指定下一点或 [圆弧(A)/闭合(C)/半宽(H)/长度(L)/放弃(U)/宽度(W)]:
```

现分别介绍这些选项。

1. 圆弧（A）

输入 A，可以画圆弧方式的生成多段线。按〈Enter〉键后重新出现一组命令选项，用于生成圆弧方式的多段线。

```
指定圆弧的端点或
[角度(A)/圆心(CE)/方向(D)/半宽(H)/直线(L)/半径(R)/第二个点(S)/放弃(U)/宽度(W)]:
```

在该提示下，可以直接确定圆弧终点，拖动十字光标，屏幕上会出现预显线条。选项序列中各项意义如下。

- 角度(A)：该选项用于指定圆弧所对的圆心角。
- 圆心(CE)：为圆弧指定圆心。
- 方向(D)：取消直线与弧的相切关系设置，改变圆弧的起始方向。
- 直线(L)：返回绘制直线方式。
- 半径(R)：指定圆弧半径。
- 第二个点(S)：指定三点画弧。

其他各选项与 Pline 命令下的同名选项意义相同，后续再介绍。

2. 闭合（C）

该选项自动将多段线闭合，即将选定的最后一点与多段线的起点连起来，并结束命令。

> 提示：当线宽大于 0 时，若绘制闭合的多段线时，必须采用 close 命令。

3. 半宽（H）

该选项用于指定多段线的半宽值，AutoCAD 将提示用户输入多段线段的起点半宽值与终点半宽值。绘制多段线的过程中，宽线线段的起点和端点位于宽线的中心。

4. 长度（L）

定义下一段多段线的长度，AutoCAD 将按照上一线段的方向绘制这一段多段线。若上一段是圆弧，将绘制出与圆弧相切的线段。

5. 放弃（U）

取消刚刚绘制的那一段多段线。

6. 宽度（W）

该选项用来设定多段线的宽度值。选择该选项后，将出现如下提示：

```
指定起点宽度 <0.0000>: 5                    //起点宽度
指定端点宽度 <5.0000>: 0                    //终点宽度
```

> 提示：起点宽度值均以上一次输入值为默认值，而终点宽度值则以起点宽度为默认值。

用户可以通过不同参数的设定绘制出各种丰富的多段线形式，如图 3-13 所示。

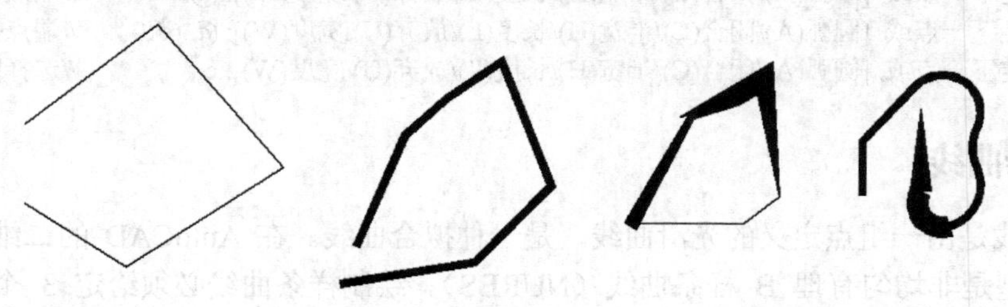

图 3-13　绘制多段线

【例 3-7】　使用多段线命令绘制如图 3-14 所示图形。

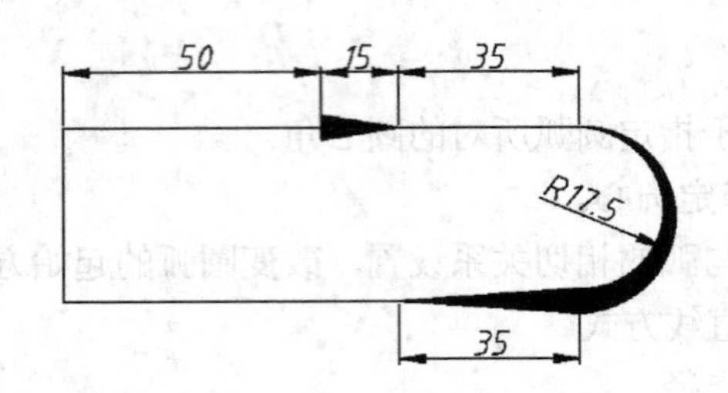

图 3-14　绘制多段线

在“绘图”面板上单击多段线按钮，命令行提示如下。

```
命令: _pline
指定起点:                                          //指定起点
当前线宽为 0.0000
指定下一个点或 [圆弧(A)/半宽(H)/长度(L)/放弃(U)/宽度(W)]: @50,0        //指定第二点坐标值
指定下一点或 [圆弧(A)/闭合(C)/半宽(H)/长度(L)/放弃(U)/宽度(W)]: w      //选择宽度
指定起点宽度<0.0000>: 5                            //起点宽度 5
指定端点宽度 <5.0000>: 0                           //端点宽度 0
指定下一点或 [圆弧(A)/闭合(C)/半宽(H)/长度(L)/放弃(U)/宽度(W)]: @15,0      //下一点坐标
指定下一点或 [圆弧(A)/闭合(C)/半宽(H)/长度(L)/放弃(U)/宽度(W)]: @35,0      //下一点坐标
指定下一点或 [圆弧(A)/闭合(C)/半宽(H)/长度(L)/放弃(U)/宽度(W)]: a          //选择圆弧
指定圆弧的端点或
[角度(A)/圆心(CE)/闭合(CL)/方向(D)/半宽(H)/直线(L)/半径(R)/第二个点(S)/放弃(U)/宽度(W)]: w
//选择宽度
指定起点宽度 <0.0000>:                             //起点宽度 0
指定端点宽度 <0.0000>: 5                           //端点宽度 5
指定圆弧的端点或
[角度(A)/圆心(CE)/闭合(CL)/方向(D)/半宽(H)/直线(L)/半径(R)/第二个点(S)/放弃(U)/宽度(W)]: @0,-35
//圆弧端点坐标
指定圆弧的端点或
[角度(A)/圆心(CE)/闭合(CL)/方向(D)/半宽(H)/直线(L)/半径(R)/第二个点(S)/放弃(U)/宽度(W)]: l
//选择直线;
指定下一点或 [圆弧(A)/闭合(C)/半宽(H)/长度(L)/放弃(U)/宽度(W)]: w
指定起点宽度 <5.0000>:                             //起点宽度 5
指定端点宽度 <5.0000>: 0                           //端点宽度 0
指定下一点或 [圆弧(A)/闭合(C)/半宽(H)/长度(L)/放弃(U)/宽度(W)]: @-35,0     //端点坐标
指定下一点或 [圆弧(A)/闭合(C)/半宽(H)/长度(L)/放弃(U)/宽度(W)]: @-65,0     //端点坐标
指定下一点或 [圆弧(A)/闭合(C)/半宽(H)/长度(L)/放弃(U)/宽度(W)]: c          //选择闭合
```

3.2.2　样条曲线

样条曲线是由一组点定义的光滑曲线，是一种拟合曲线。在 AutoCAD 的二维绘图中，样条曲线的类型是非均匀有理 B 样条曲线（NURBS）。绘制样条曲线必须给定 3 个以上的点，想要画出的样条曲线具有更多的波浪时，就要给定更多的点。这种类型的曲线一般用来表达具有不规则变化曲率半径的曲线，例如机械图样的断面及地形外貌轮廓线，零件图或装配图中的局部剖视图的边界等。

在 AutoCAD 2017 中，提供了两种样条曲线的绘制方式：“拟合点”方式、“控制点”方

式，绘制出的曲线分别如图 3-15 和图 3-16 所示。

1. “拟合点”方式

通过指定样条曲线必须经过的拟合点来创建 3 阶（三次）B 样条曲线。在公差值大于 0（零）时，样条曲线必须在各个点的指定公差距离内。

单击“绘图”面板上的“样条曲线拟合点”按钮，或者选择“绘图”→“样条曲线”→“拟合点”命令，可以绘制如图 3-15 所示的“拟合点”样条曲线。命令行提示如下。

```
命令: _SPLINE
当前设置: 方式=拟合    节点=弦
指定第一个点或 [方式(M)/节点(K)/对象(O)]: _M
输入样条曲线创建方式 [拟合(F)/控制点(CV)] <拟合>: _FIT
当前设置: 方式=拟合    节点=弦
指定第一个点或 [方式(M)/节点(K)/对象(O)]:                    //指定点 1
输入下一个点或 [起点切向(T)/公差(L)]:                        //指定点 2
输入下一个点或 [端点相切(T)/公差(L)/放弃(U)]:                //指定点 3
输入下一个点或 [端点相切(T)/公差(L)/放弃(U)/闭合(C)]:        //指定点 4
输入下一个点或 [端点相切(T)/公差(L)/放弃(U)/闭合(C)]:        //指定点 5
```

执行样条曲线命令后，各选项功能说明如下。

- 节点：指定节点参数化，它是一种计算方法，用来确定样条曲线中连续拟合点之间的零部件曲线如何过渡。
- 起点切向：指定样条曲线起点的切线方向。
- 端点相切：指定样条曲线端点的切线方向。
- 公差：设置样条曲线的拟合公差值。输入的值越大，绘制的曲线偏离指定点的距离越大。
- 闭合：绘制封闭的样条曲线。

2. “控制点”方式

通过指定控制点来创建样条曲线。使用此方法创建 1 阶（线性）、2 阶（二次）、3 阶（三次）直到最高为 10 阶的样条曲线。通过移动控制点调整样条曲线的形状通常可以提供比移动拟合点更好的效果。

单击“绘图”面板上的“样条曲线控制点”按钮，或者选择“绘图”→“样条曲线”→“控制点”命令，可以绘制如图 3-16 所示的“控制点”样条曲线。

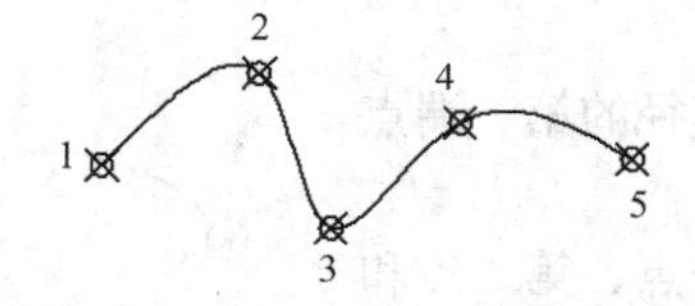

图 3-15 “拟合点”方式的样条曲线

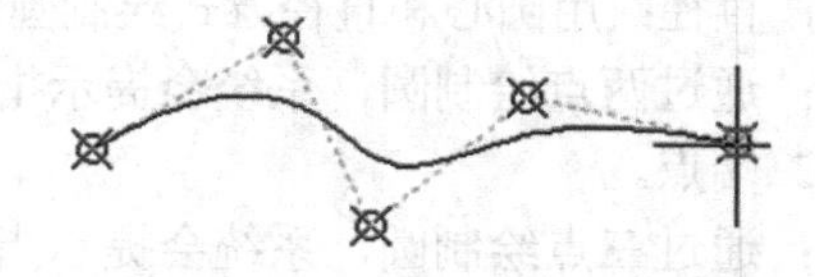
图 3-16 “控制点”方式的样条曲线

3. 编辑样条曲线

选择绘制好的样条曲线，上面会出现控制句柄，移动鼠标到上面去，可以出现编辑选项，可以选择不同选项对曲线进行编辑，如图 3-17 所示。

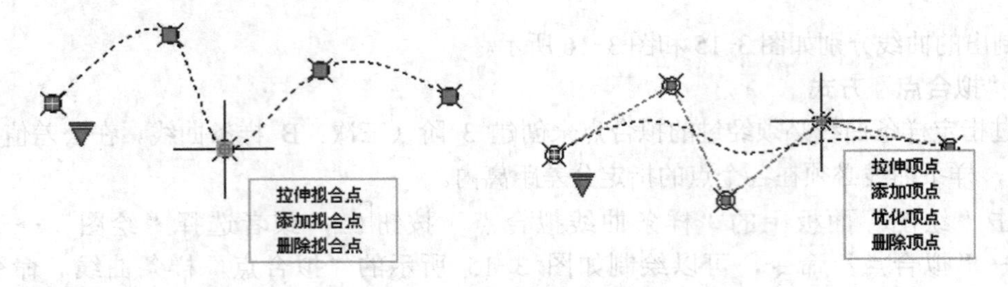

图 3-17　样条曲线编辑选项

3.3　圆弧类命令

在 AutoCAD 2017 中，圆、圆弧、圆环、椭圆、椭圆弧都属于圆弧类命令，其绘制方法比直线类对象较复杂，也是使用较频繁的图形对象。

3.3.1　圆

单击“绘图”面板上的“圆”按钮，或者在命令行输入“circle”命令，即可绘制圆。在 AutoCAD 2017 中，可以使用 6 种方法绘制圆，如图 3-18 所示。

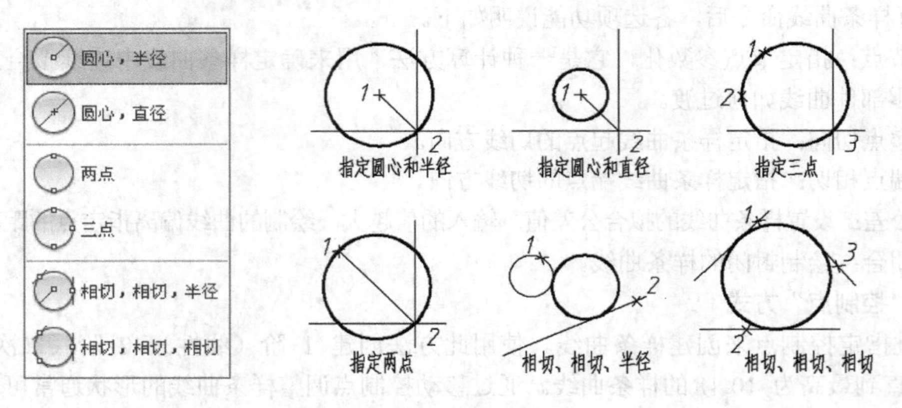

图 3-18　绘制圆的 6 种方式

具体含义如下。

- 圆心，半径：用圆心和半径方式绘制圆，这是系统默认的绘制圆的方法。
- 圆心，直径：用圆心和直径方式绘制圆。
- 两点：通过两点绘制圆，系统会提示指定圆直径的第一端点和第二端点。
- 三点：通过三点绘制圆，系统会提示指定第一点、第二点和第三点。
- 相切，相切，半径：通过指定两个其他对象的切点和半径值来绘制圆。系统会提示指定圆的第一切线和第二切线上的点及圆的半径。
- 相切，相切，相切：通过 3 条切线绘制圆。

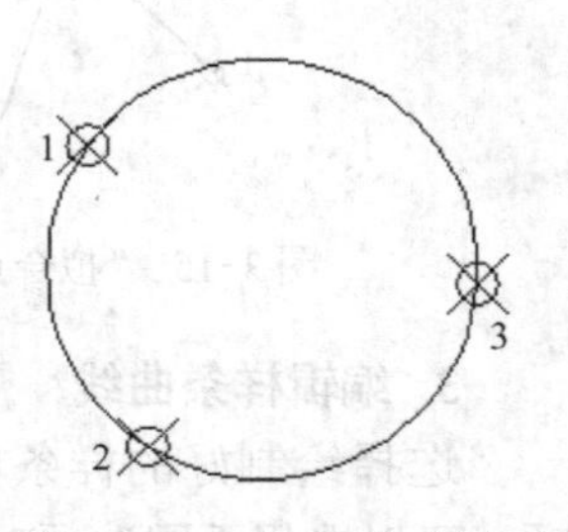

图 3-19　“三点”方式画圆

【例 3-8】 用“三点”方式绘制如图 3-19 所示的圆。

单击“绘图”面板上的“圆”→“三点”按钮，命令行提示如下。

```
命令: _circle 指定圆的圆心或 [三点(3P)/两点(2P)/切点、切点、半径(T)]: _3p 指定圆上的第一个点: //指定 1 点
指定圆上的第二个点:                    //指定 2 点
指定圆上的第三个点:                    //指定 3 点
```

📖 提示：3 个点的顺序可以任意调整。

还可通过选择菜单“绘图”→“圆”→“三点”命令来实现。在确定圆周上 3 个点时，除了用坐标定位外，还可以用鼠标左键拾取点，这种方法若结合后面讲到的捕捉命令用，绘制圆很方便。

【例 3-9】 用“相切，相切，半径”方式绘制如图 3-20 所示的圆，已知半径为 30。

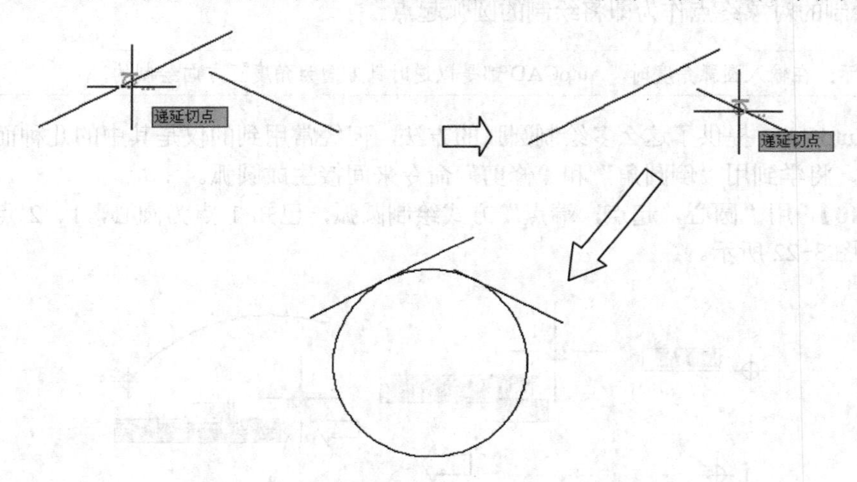

图 3-20 “相切，相切，半径”方式画圆

单击“相切，相切，半径”按钮，命令行提示如下。

```
命令: _circle 指定圆的圆心或 [三点(3P)/两点(2P)/切点、切点、半径(T)]: _ttr
指定对象与圆的第一个切点: //移动鼠标到左边直线上，出现拾取切点符号…时，单击
指定对象与圆的第二个切点: //移动鼠标到右边直线上，出现拾取切点符号…时，单击
指定圆的半径 <14.9522>: 30   //输入直径值 30
```

如果输入圆的半径过小或过大，系统绘制不出圆，命令提示行会给出提示：“圆不存在。”，并退出绘制命令。此方法还可通过选择菜单“绘图”→“圆”→“相切、相切、半径”命令来实现。

3.3.2 圆弧

单击“绘图”面板上的“圆弧”按钮，或者在命令行输入“arc”命令即可绘制圆弧。Auto CAD 2017 提供了 11 种绘制圆弧的方式，如图 3-21 所示。

具体含义如下。

三点(P)
起点、圆心、端点(S)
起点、圆心、角度(T)
起点、圆心、长度(A)
起点、端点、角度(N)
起点、端点、方向(D)
起点、端点、半径(R)
圆心、起点、端点(C)
圆心、起点、角度(E)
圆心、起点、长度(L)
继续(O)

图 3-21 圆弧的绘制方式

- 三点：通过指定 3 个点来绘制圆弧。需要指定圆弧的起点、通过的第二点和端点。
- 起点、圆心、端点：通过指定圆弧的起点、圆心和端点来绘制圆弧。
- 起点、圆心、角度：通过指定圆弧的起点、圆心和包含角来绘制圆弧。
- 起点、圆心、长度：通过指定圆弧的起点、圆心和弦长绘制圆弧。
- 起点、端点、角度：通过指定圆弧的起点、端点和包含角绘制圆弧。
- 起点、端点、方向：通过指定圆弧的起点、端点和圆弧的起点切向绘制圆弧。
- 起点、端点、半径：通过指定圆弧的起点、端点和圆弧半径绘制圆弧。
- 圆心、起点、端点：通过指定圆心、起点和端点方式绘制圆弧。
- 圆心、起点、角度：通过指定圆弧的圆心、起点和圆心角来绘制圆弧。
- 圆心、起点、长度：通过指定圆心、起点和弦长来绘制圆弧。
- 继续：绘制其他直线或非封闭曲线后，采用“继续”方式绘制圆弧，系统将自动以刚才绘制的对象终点作为即将绘制的圆弧起点。

提示：在输入圆弧角度时，AutoCAD 都是以逆时针方向为角度正方向绘制的。

虽然 AutoCAD 提供了这么多绘制圆弧的方法，但经常用到的仅是其中的几种而已，在以后的章节中，将学到用“倒圆角”和“修剪”命令来间接生成圆弧。

【例 3-10】 用“圆心，起点，端点”方式绘制圆弧，已知 1 点为圆心，1、2 点之间距离为半径，如图 3-22 所示。

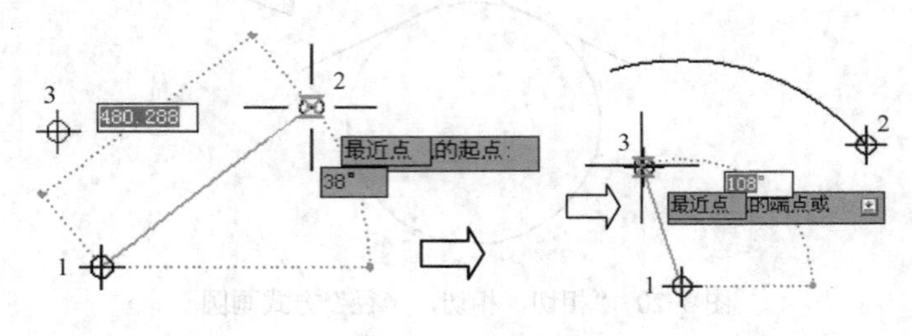

图 3-22 绘制圆弧

单击“圆心，起点，端点”按钮，命令行提示如下。

```
命令: _arc 指定圆弧的起点或 [圆心(C)]: _c 指定圆弧的圆心:        //选择 1 点作为圆心
指定圆弧的起点:                                                  //选择 2 点作为起点
指定圆弧的端点或 [角度(A)/弦长(L)]:                              //选择 3 点作为端点
```

提示：3 点只是用来确定圆弧的最终角度，不需要位于圆弧上面；圆弧是逆时针绘制。

3.3.3 圆环

圆环由两条圆弧和多段线组成，这两条圆弧与多段线首尾相接而形成圆形。多段线的宽度由指定的内直径和外直径决定。该命令用于创建实心圆或较宽的环，要创建实心的圆，请将内径值指定为零。

单击“绘图”面板上的“圆环”按钮，或者选择菜单“绘图”→“圆环”命令可以绘制圆环。

【例 3-11】 绘制一个内径为 20，外径为 30 的圆环。

单击“圆环”按钮，命令行提示如下。

```
命令: _donut
指定圆环的内径 <0.5000>: 20
指定圆环的外径 <1.0000>: 30
指定圆环的中心点或 <退出>:        //在绘图区域指定圆环的中心点
```

图 3-23 绘制圆环

结果如图 3-23 所示。

3.3.4 椭圆与椭圆弧

单击“绘图”面板上的“椭圆”按钮，或者在命令行输入“ellipse”命令即可绘制椭圆或者椭圆弧。如图 3-24 所示分别为绘图面板上和下拉菜单中的椭圆命令。

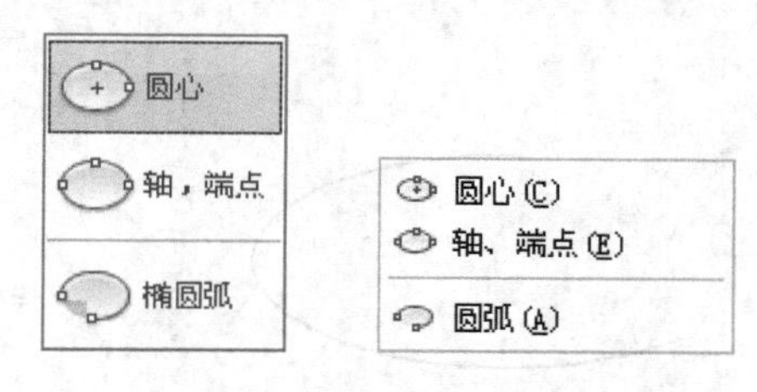

图 3-24 椭圆命令菜单

用户可以选择菜单“绘图”→“椭圆”→“圆心”命令，指定椭圆中心、一个轴的端点（主轴）以及另一个轴的半轴长度绘制椭圆；也可以选择菜单“绘图”→“椭圆”→“轴，端点”命令，指定一个轴的两个端点（主轴）和另一个轴的半轴长度绘制椭圆；或者选择菜单“绘图”→“椭圆”→“椭圆弧”命令，绘制椭圆弧，如图 3-25 所示。

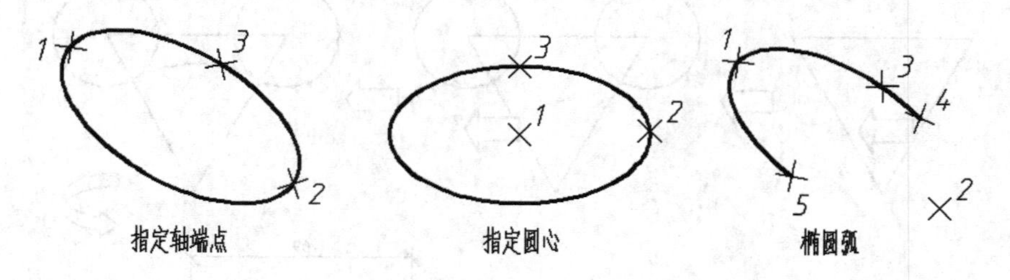

图 3-25 绘制椭圆的几种方式

【例 3-12】 绘制一个长轴长为 80、短轴长为 60 的椭圆。

单击“椭圆”按钮，命令行提示如下。

```
命令: _ellipse
指定椭圆的轴端点或 [圆弧(A)/中心点(C)]:    //在绘图区域单击一点作为椭圆轴端点
指定轴的另一个端点: 80                    //输入长轴长度
指定另一条半轴长度或 [旋转(R)]: 30        //输入短半轴的长度
```

结果如图 3-26 所示。

【例 3-13】 绘制一个长轴为 50、短轴为 20，起点角度为 30°，端点角度为 270° 的椭圆弧。

单击“椭圆”按钮，命令行提示如下。

```
命令: _ellipse
指定椭圆的轴端点或 [圆弧(A)/中心点(C)]: a          //绘制椭圆弧
指定椭圆弧的轴端点或 [中心点(C)]:                  //在绘图区域单击一点作为椭圆轴端点
指定轴的另一个端点: 50                             //输入长轴长度
指定另一条半轴长度或 [旋转(R)]: 10                 //输入短半轴的长度
指定起点角度或 [参数(P)]: 30                       //输入圆弧起始角度
指定端点角度或 [参数(P)/夹角(I)]: 270              //输入圆弧端点角度
```

结果如图 3-27 所示。

提示：椭圆弧的角度以 X 轴负方向作为零度角方向，逆时针为正，如图 3-28 所示。

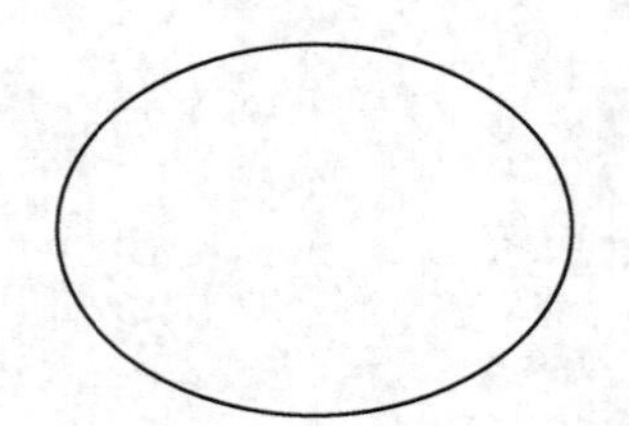

图 3-26　绘制椭圆

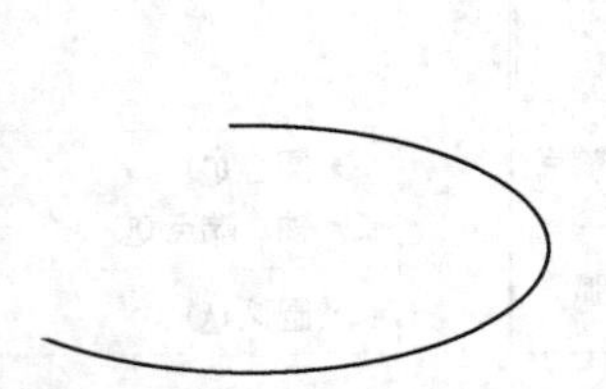

图 3-27　绘制椭圆弧

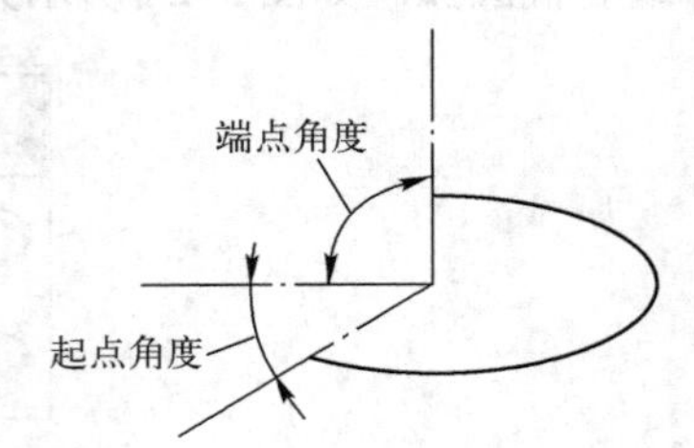

图 3-28　起点角度和端点角度

3.3.5　绘制圆实例

【例 3-14】 已知一等边三角形，完成如图 3-29 所示图形。

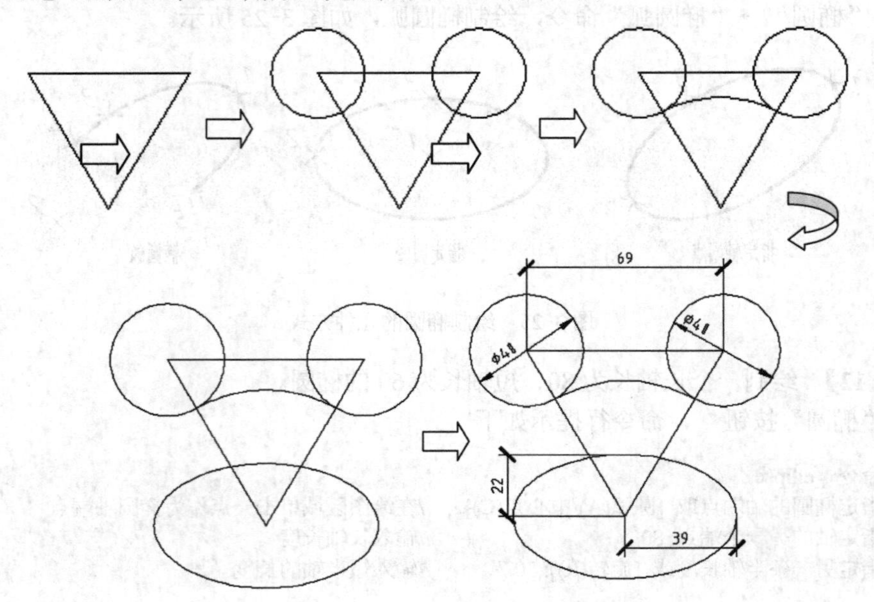

图 3-29　绘制圆实例

分别调用圆、圆弧、椭圆命令可以完成该图形，具体操作步骤如下。

```
命令: _circle 指定圆的圆心或 [三点(3P)/两点(2P)/切点、切点、半径(T)]:
指定圆的半径或 [直径(D)] <20.0000>: 20
命令:
CIRCLE 指定圆的圆心或 [三点(3P)/两点(2P)/切点、切点、半径(T)]:
指定圆的半径或 [直径(D)] <20.0000>: 20
命令:
命令: _arc 指定圆弧的起点或 [圆心(C)]: _c 指定圆弧的圆心:
指定圆弧的起点:
指定圆弧的端点或 [角度(A)/弦长(L)]:
命令:
命令: _ellipse
指定椭圆的轴端点或 [圆弧(A)/中心点(C)]: _c
指定椭圆的中心点:
指定轴的端点: @39,0
指定另一条半轴长度或 [旋转(R)]: 22
```

3.4 多边形命令

多边形是由若干条线段（至少 3 条线段）首尾相连构成的封闭图形，这些多边形可以是规则的，也可以是非规则的。AutoCAD 2017 系统提供了专门用来创建矩形和其他规则多边形的命令工具，这些规则多边形可以是等边三角形、正方形、正五边形、正六边形等，可绘制边数为 3～1024 的正多边形。

3.4.1 矩形

单击“绘图”面板上的“矩形”按钮，或者在命令行输入“rectang”命令，即可绘制出倒角矩形、圆角矩形、有厚度的矩形等多种矩形，如图 3-30 所示。

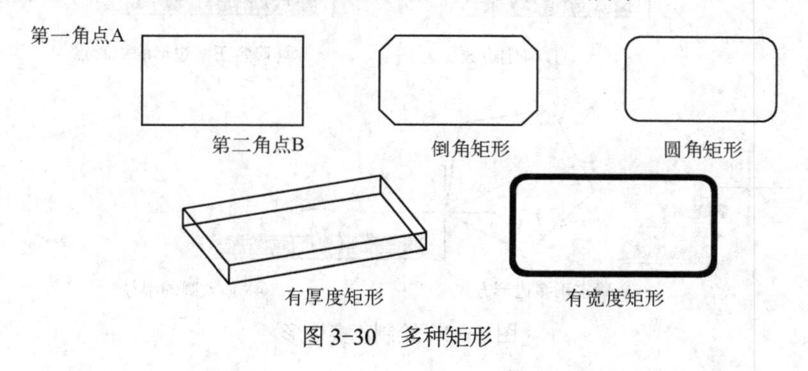

图 3-30 多种矩形

提示：AutoCAD 软件具有记忆功能，即自动保存最近一次命令使用时的设置，故在绘制矩形时，要注意矩形的当前模式，如有需要则要对其参数进行重新设置。

【例 3-15】 绘制一个长 50、宽 30，4 个倒角半径均为 8 的圆角矩形。

单击“矩形”按钮，命令行提示如下。

```
命令: _rectang
指定第一个角点或 [倒角(C)/标高(E)/圆角(F)/厚度(T)/宽度(W)]: f    //切换到矩形的圆角命令
指定矩形的圆角半径 <0.0000>: 8                    //指定圆角半径大小
```

```
指定第一个角点或 [倒角(C)/标高(E)/圆角(F)/厚度(T)/宽度(W)]:
                                   //在绘图区域指定一点作为第一角点
指定另一个角点或 [面积(A)/尺寸(D)/旋转(R)]: d
//切换到矩形尺寸命令;
指定矩形的长度 <10.0000>: 50                    //指定矩形的长度
指定矩形的宽度 <10.0000>: 30                    //指定矩形的宽度
指定另一个角点或 [面积(A)/尺寸(D)/旋转(R)]:      //在绘图区域移动鼠标确定矩形的另一角点
```

结果如图 3-31 所示。

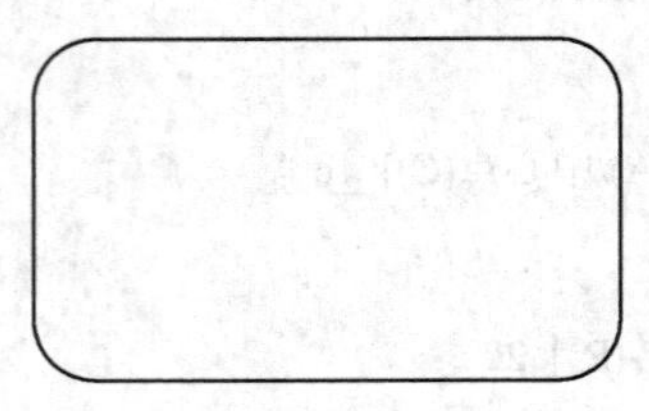

图 3-31　绘制矩形

📖 提示：绘制矩形时，也可采用坐标的方式快速绘制矩形，命令行提示如下。

```
指定另一个角点或 [面积(A)/尺寸(D)/旋转(R)]:@50,-30
```

3.4.2　正多边形

单击"绘图"面板上的"正多边形"按钮⬠，或者在命令行输入"polygen"命令。如图 3-32 所示为绘制正多边形的大体步骤。

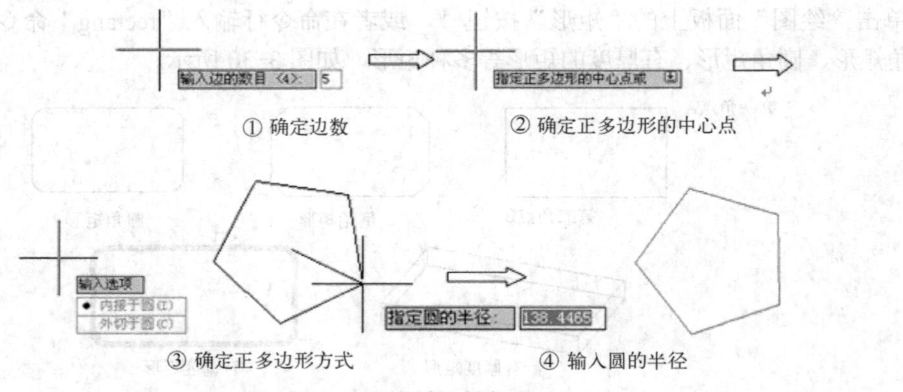

图 3-32　绘制正多边形

【例 3-16】　绘制如图 3-33 所示图形。

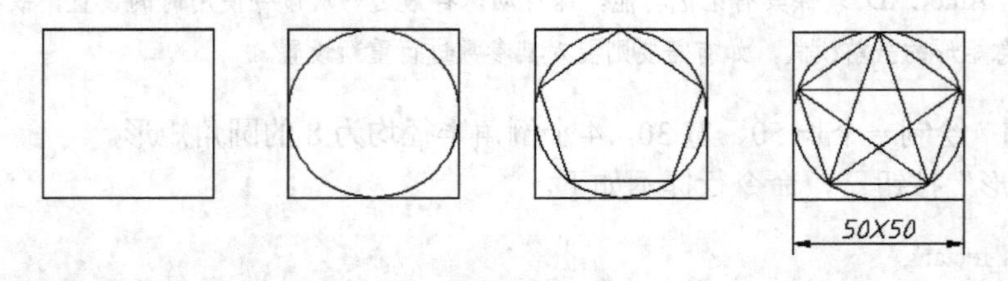

图 3-33　绘制平面图形

分别使用矩形、圆、多边形和直线命令可以完成该图形，具体步骤如下。

```
命令: _rectang
指定第一个角点或 [倒角(C)/标高(E)/圆角(F)/厚度(T)/宽度(W)]:
指定另一个角点或 [面积(A)/尺寸(D)/旋转(R)]: @50,50
//用相对直角坐标方式给定另一点
命令:
命令: _circle 指定圆的圆心或 [三点(3P)/两点(2P)/切点、切点、半径(T)]: _3p 指定圆上的第一个点:
_tan 到     //用相切、相切、相切方式绘制圆
指定圆上的第二个点: _tan 到
指定圆上的第三个点: _tan 到
命令:
命令: _polygon 输入侧面数 <5>:
指定正多边形的中心点或 [边(E)]:
输入选项 [内接于圆(I)/外切于圆(C)] <I>:
指定圆的半径:25
命令:
命令: _line 指定第一点:
指定下一点或 [放弃(U)]:          //依次捕捉 5 个交点（捕捉方式后面章节讲述）
指定下一点或 [放弃(U)]:
指定下一点或 [闭合(C)/放弃(U)]:
指定下一点或 [闭合(C)/放弃(U)]:
指定下一点或 [闭合(C)/放弃(U)]:
```

3.5 多线

多线是由多条平行且连续的直线段复合组成的一种复合线，又称为多行，它是由 1～16 条平行线组成的。多线最显著的优点是提高绘图效率，保证图线之间的一致性。

3.5.1 设置多线样式

多线的平行线称为元素，多线的特性包括：元素的总数和每个元素的位置、每个元素与多行中间的偏移距离、每个元素的颜色和线型、每个顶点出现的称为“JOINTS”的直线的可见性、使用的端点封口类型、多行的背景填充颜色。

由于在绘制多线后，多线的属性无法更改，所以在绘制多线前需先设置多线的样式。新建一个多线样式的方法如下。

❶ 选择菜单“格式”→“多线样式”命令，打开如图 3-34 所示的“多线样式”对话框。

❷ 初始默认的当前多线样式为“STANDARD”，如果要修改当前多线样式，可以单击“修改”按钮，打开如图 3-35 所示的“修改多线样式”对话框。在该对话框中，可以分别设置多线的封口、填充颜色、多线元素的特性（如偏移、颜色、线型）以及说明信息等。

❸ 在如图 3-34 所示的“多线样式”对话框中，单击“新建”按钮，弹出如图 3-36 所示的“创建新的多线样式”对话框，在“新样式名”中输入新的多线样式名称，单击“继续”按钮，弹出如图 3-37 所示的“新建多线样式”对话框。

❹ 设置好新多线样式后，单击“确定”按钮，并将新建立的“三线”样式置为当前，并关闭“多线样式”对话框。

图 3-34 “多线样式”对话框

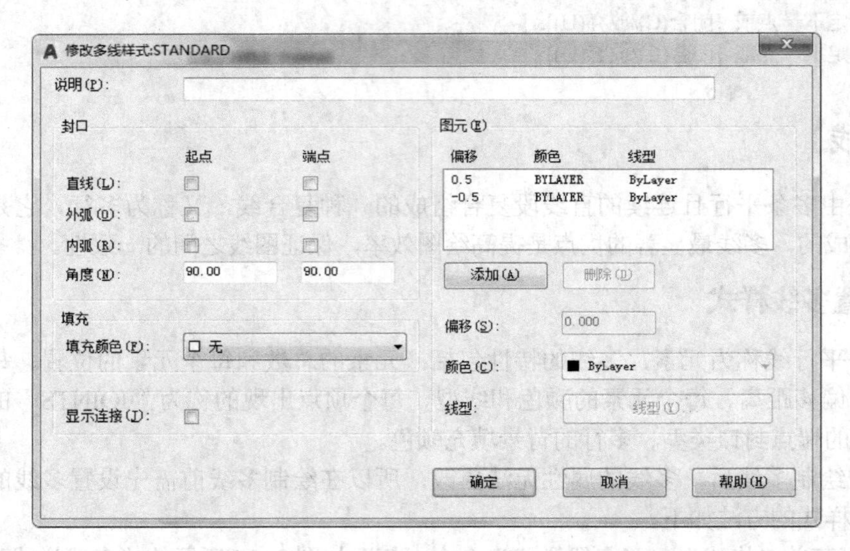

图 3-35 “修改多线样式”对话框

图 3-36 “创建新的多线样式”对话框

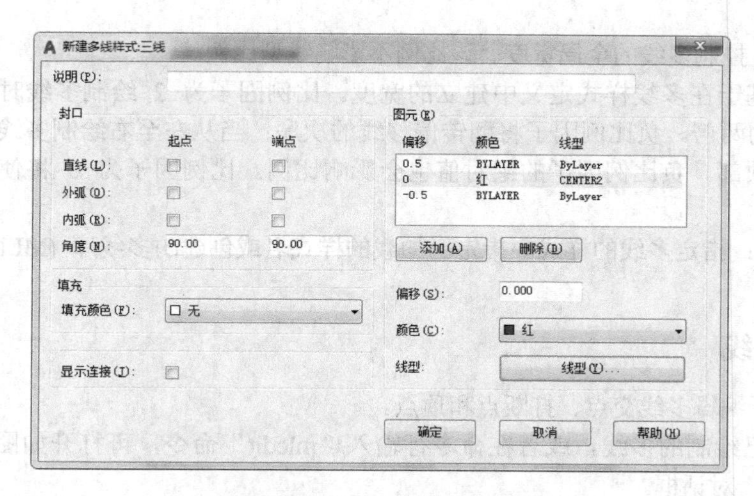

图 3-37 “新建多线样式”对话框

3.5.2 绘制多线

多线样式设置后，就可以使用当前多线样式绘制多线。

选择菜单“绘图”→“多线”命令，或者在命令行输入“mline”命令，即可绘制多线。

【例 3-17】 使用多线命令绘制如图 3-38 所示图形。

```
命令: mline
当前设置: 对正 = 上，比例 =20.00，样式 =STANDARD
指定起点或 [对正(J)/比例(S)/样式(ST)]:
指定下一点: @150<60
指定下一点或 [放弃(U)]: @300<330
指定下一点或 [闭合(C)/放弃(U)]: c
```

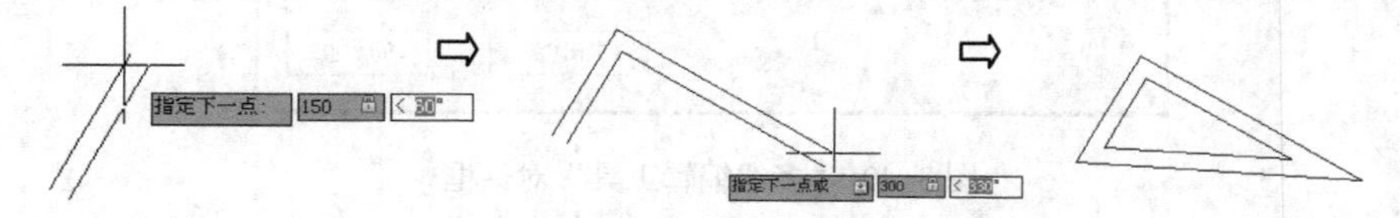

图 3-38 绘制多线

下面将“多线”命令中 3 个选项介绍一下。

对正（j）：用于设定光标相对于多线的位置，有“上”“无”“下”3 种选择，如图 3-39 所示。

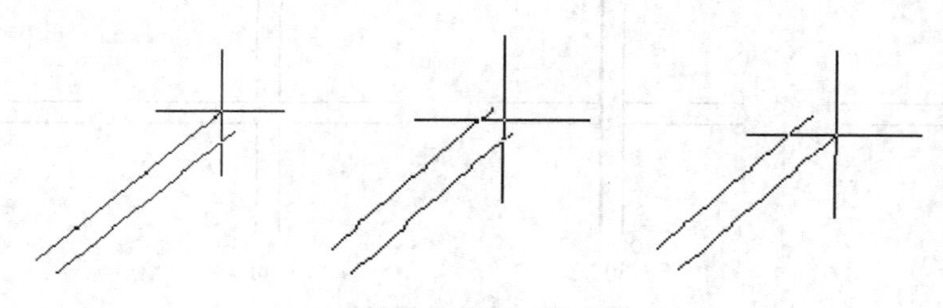

图 3-39 对正样式

比例（S）：控制多线的全局宽度。该比例不影响线型比例。

这个比例基于在多线样式定义中建立的宽度。比例因子为 2 绘制多线时，其宽度是样式定义的宽度的两倍。负比例因子将翻转偏移线的次序：当从左至右绘制多线时，偏移最小的多线绘制在顶部。负比例因子的绝对值也会影响比例。比例因子为 0 将使多线变为单一的直线。

样式（ST）：指定多线的样式。指定已加载的样式名或创建的多线库 (MLN) 文件中已定义的样式名。

3.5.3 编辑多线

该命令用于编辑多线交点、打断点和顶点。

双击一条已绘制的多线，或者在命令行输入“mledit”命令，可打开如图 3-40 所示的“多线编辑工具”对话框。

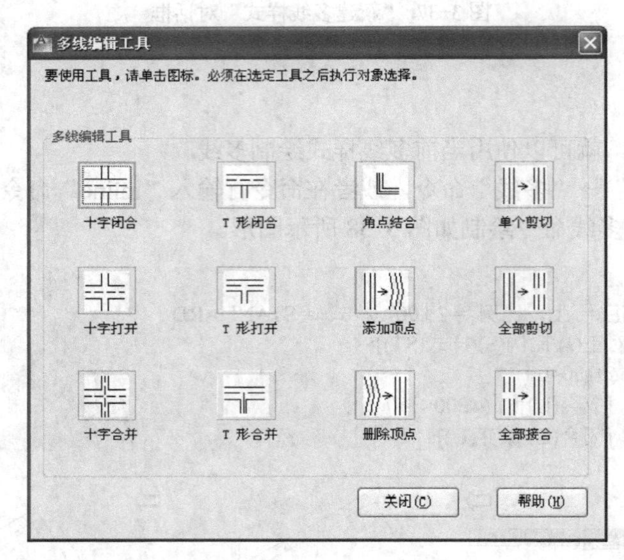

图 3-40 “多线编辑工具”对话框

单击“十字闭合”，然后依次选择水平多线和垂直多线，结果如图 3-41b 所示。

单击“十字打开”，然后依次选择水平多线和垂直多线，结果如图 3-41c 所示。

单击“T 形闭合”，然后依次选择水平多线和垂直多线，结果如图 3-41d 所示。

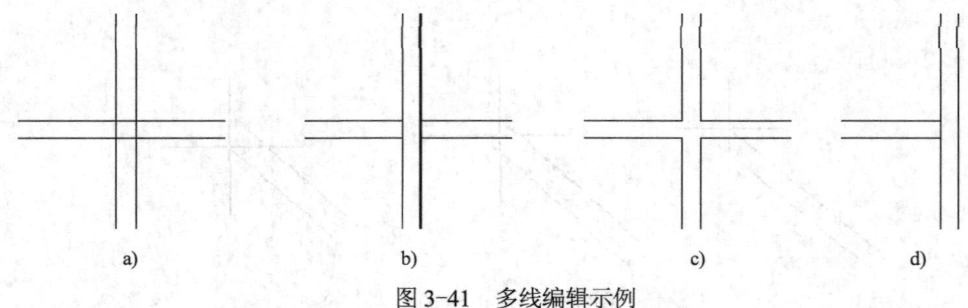

图 3-41 多线编辑示例

a) 未编辑 b) 十字闭合 c) 十字打开 d) T 形闭合

其他选项用户可自行尝试，这里不再赘述。

3.6 图案填充

在 AutoCAD 中，图案填充是一种使用指定线条图案来充满指定区域的图形对象，常常用于表达剖切面和不同类型物体对象的外观纹理。图案填充的应用非常广泛，例如，在机械或建筑工程图中，可以用图案填充表达一个剖切的区域，也可以使用不同的图案填充来表达不同的零部件或者材料。

3.6.1 设置图案填充

选择“绘图”→“图案填充”命令，或在“绘图”面板中单击“图案填充”按钮，功能区将显示“图案填充创建”选项卡，如图 3-42 所示。

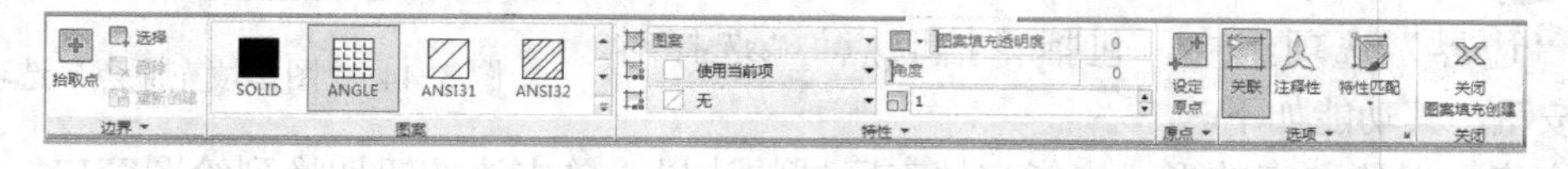

图 3-42 “图案填充创建”选项卡

选择一封闭的图形区域或在封闭图形内拾取点，并设置填充的图案、比例、角度、填充原点等，即可对其进行图案填充。在“图案填充创建”选项卡内单击“选项”后面的按钮（或在命令行输入“T”并按〈Enter〉键），系统弹出如图 3-43 所示的“图案填充和渐变色”对话框。

图 3-43 “图案填充和渐变色”对话框

1. 类型和图案

在“类型和图案”选项组中，可以设置图案填充的类型和图案。

例如在机械图样中，一般选择“预定义”里的“ANSI31”图案作为金属材料的剖面图。需要其他图案时，用户可在“预定义”“用户定义”和“自定义”3个选项中设定。

2．角度和比例

在“角度和比例”选项组中，可以设置用户定义类型的图案填充的角度和比例等参数。在机械图样中，对于剖面线不同方向和间隔可以在此设定。

3．图案填充原点

控制填充图案生成的起始位置。某些图案填充（例如砖块图案）需要与图案填充边界上的一点对齐。默认情况下，所有图案填充原点都对应于当前的 UCS 原点。使用该选项组里的工具，可以调整填充图案原点的位置，如图3-44所示。

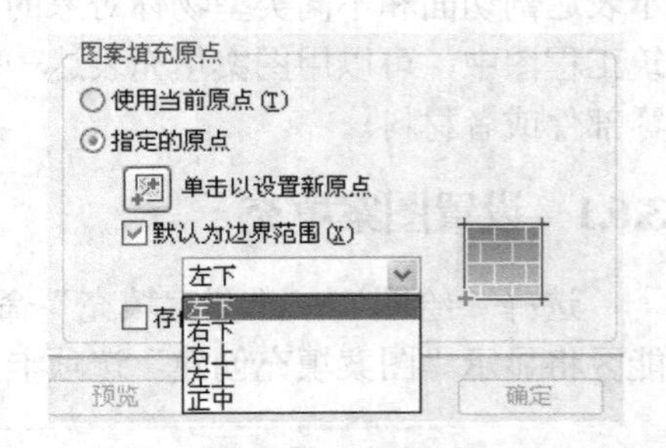

图3-44 “图案填充原点”选项组

4．边界

在“边界”选项组中，包括“拾取点”“选择对象”等按钮，其功能如下。

拾取点：以拾取点的形式来指定填充区域的边界。单击该按钮切换到绘图窗口，可在需要填充的区域内任意指定一点，系统会自动计算出包围该点的封闭填充边界，同时亮显该边界。如果在拾取点后系统不能形成封闭的填充边界，则会显示错误提示信息。

选择对象：单击该按钮将切换到绘图窗口，可以通过选择对象的方式来定义填充区域的边界。

5．选项

“选项”选项组中各工具的用法和含义如下。

- “注释性”工具：选中此工具，指定对象的注释特性，填充图案的比例根据视口的比例自动调整。
- “关联”工具：设置填充图案和边界的关联特性。选中此工具，设置填充图案和边界有关联，修改边界时，填充图案的边界随之变化，否则修改边界时，填充图案的边界不随之变化，如图3-45所示。

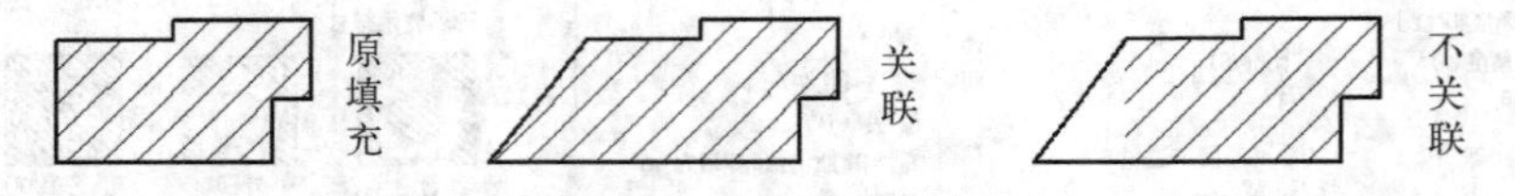

图3-45 边界和填充图案关系

- “创建独立的图案填充”工具：选中此按钮，使其处于按下状态时，使用一次图案填充工具填充的多个独立区域内的填充图案相互独立。反之，此按钮处于浮起状态时，使用一次图案填充工具填充的多个独立区域内的填充图案是一个关联的对象。
- “绘图次序”列表，单击▾，出现下拉列表，如图3-46所示，从中选择相应方式设置填充图案和其他图形对象的绘图次序。如果将图案填充“置于边界之后”，可以更容易地选择图案填充边界。

6．其他选项组

- “继承特性”：单击该工具，根据系统提示在图形区选择源图案填充，然后选择填充边界，新的填充图案和源填充图案相同。

● “继承选项”：如图 3-47 所示，“使用当前原点”根据系统提示在图形区选择源图案填充，然后选择填充边界，新的填充图案和源填充图案相同且使用当前填充边界的原点；

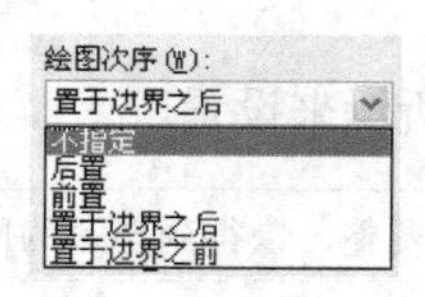

图 3-46　绘图次序列表

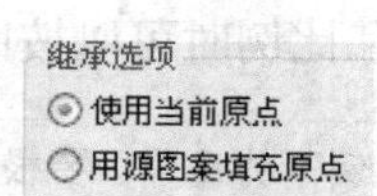

图 3-47　继承选项

● “用源图案填充原点”根据系统提示在图形区选择源图案填充，然后选择填充边界，新的填充图案和源填充图案相同且使用和源填充图案相同的原点。
● “允许的间隙”：设定将对象用作图案填充边界时可以忽略的最大间隙。默认值为 0，此值指定对象必须封闭区域而没有间隙。任何小于等于允许的间隙中指定的值的间隙都将被忽略，并将边界视为封闭。
● “孤岛检测”：从中选择相应方式设置最外层边界内部图案填充或填充边界的定义方法，对于如图 3-48 所示图形，在“⌖”标志处拾取点。

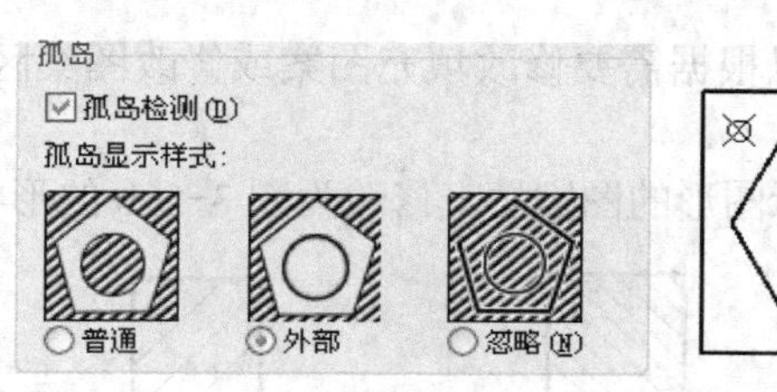

图 3-48　孤岛检测列表

【例 3-18】　绘制如图 3-49a 所示图形。

由于该图被中心线分割成 4 个封闭线框，因此选择边界时用“选择对象”比较合适。

❶ 选择“绘图”→“图案填充”命令。
❷ 在“图案填充”对话框中，设置成如图 3-50a 中所示选项。
❸ 在边界选择中选择“添加：选择对象”，如图 3-50b 所示。
❹ 在图 3-49a 中所示点位置选择圆边界，单击鼠标右键，在弹出菜单中选择“确认”。
❺ 单击“图案填充”对话框中的“确定”按钮即可。

【例 3-19】　绘制如图 3-49b 所示图形。

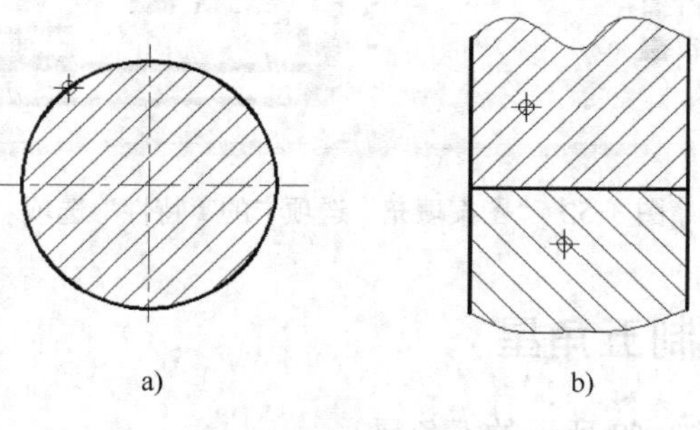

图 3-49　图案填充举例

该图图案填充由两部分组成，国家标准规定，相邻的剖面线方向或者间隔要有区别，因此进行图案填充时，其中一处要做角度或者比例的变化。因此，其中一处可以重复上面的操作过程，只是由于该填充部分是个独立的封闭线框。可以在边界选择时可以选择“添加：拾取点”的方式。

另一处在设定角度和比例时可以按照如图 3-50c 所示来设置。

说明：图案填充中“比例”的设置，要根据图像尺寸进行调整，以得到合适的间隔。

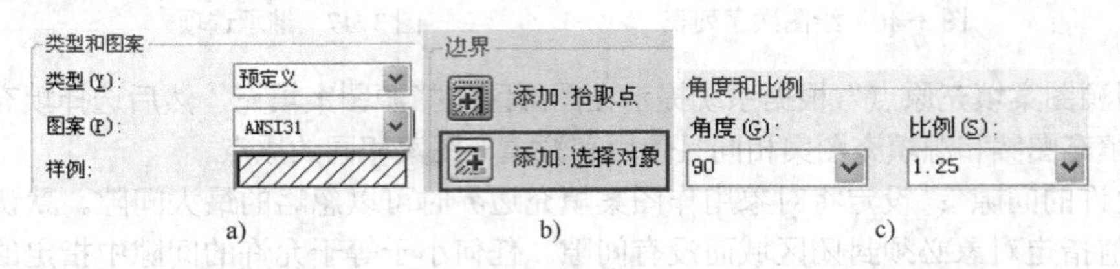

图 3-50　图案填充步骤

3.6.2　编辑图案填充

在创建图案填充后，用户可以根据需要修改填充图案或修改图案区域的边界，下面通过一个具体实例来说明其操作步骤。

【例 3-20】 将如图 3-51a 所示图形的图案填充修改为图 3-51b 的形状。

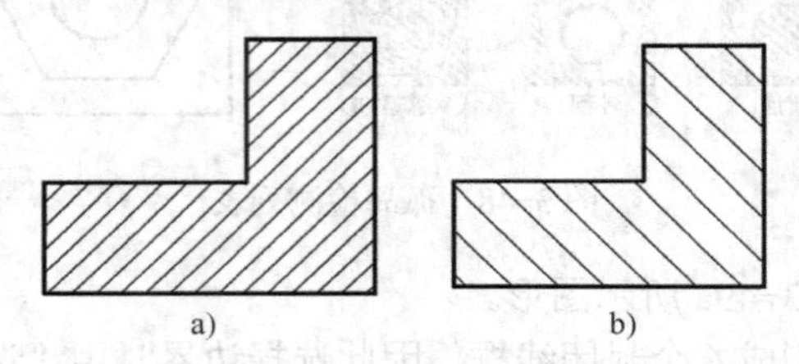

图 3-51　编辑图案填充

❶ 双击图案填充对象，功能区显示“图案填充创建”选项卡。

❷ 在功能区“图案填充”选项卡的“特性”选项中，在比例后面的文本框中输入新的图案填充比例 2，在角度后面的文本框中输入新的角度 90，如图 3-52 所示，按〈Esc〉键完成图案填充的编辑，结果如图 3-51b 所示。

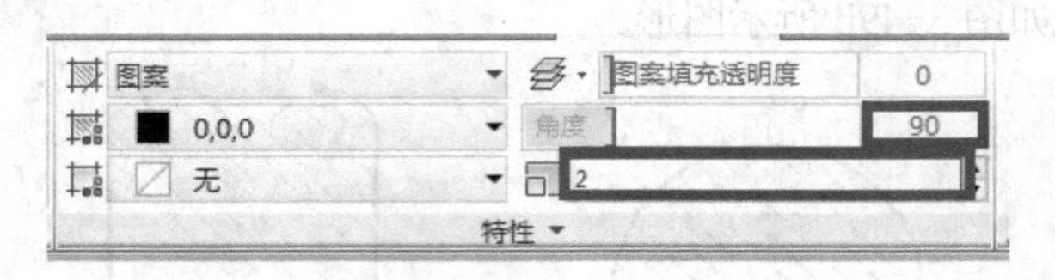

图 3-52　“图案填充”选项卡的“特性”选项

3.7　综合实例：绘制五角星

【例 3-21】 绘制如图 3-53 所示的五角星。

❶ 单击“正多边形”按钮，命令行提示如下。

```
命令: _polygon 输入侧面数 <4>: 5                    //输入边数为 5
指定正多边形的中心点或 [边(E)]:                      //单击一点为多边形的中心点
输入选项 [内接于圆(I)/外切于圆(C)] <I>: I            //选择内接于圆
指定圆的半径:                                        //拖动鼠标指定一点为圆的半径大小
```

结果如图 3-54 所示。

图 3-53　五角星

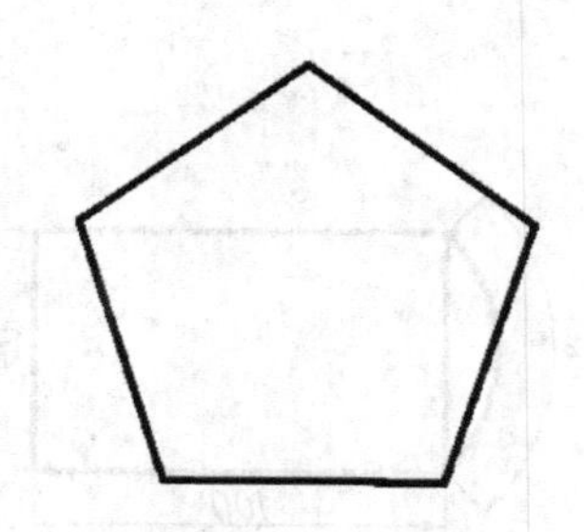

图 3-54　正五边形

❷ 单击“直线”按钮，依次连接各个端点，如图 3-55 所示。

❸ 应用“删除”和“修剪”命令（后面的章节将详细讲述这两个命令的用法）将图 3-55 编辑为图 3-56 所示。

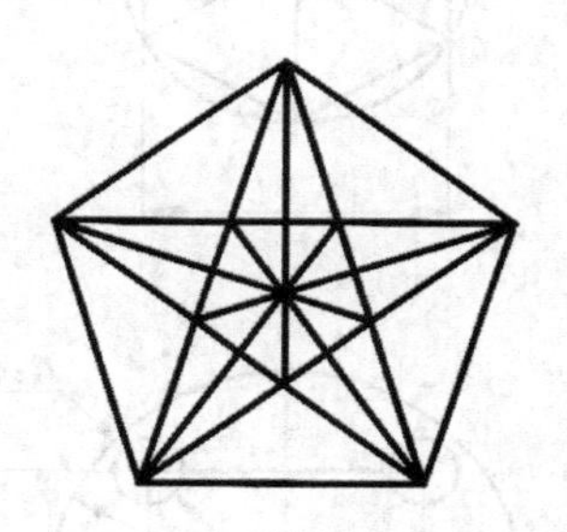

图 3-55　绘制直线

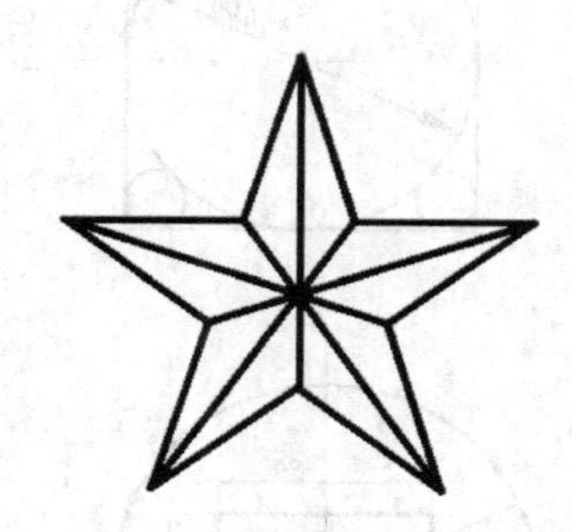

图 3-56　编辑图形

❹ 单击“绘图”→“图案填充”按钮，切换图层为图案填充图层，在“图案填充”选项卡中，设置图案类型为 SOLID，如图 3-57 所示。分别选择需要填充的封闭图形区域，结果如图 3-53 所示。

图 3-57　“图案填充”选项卡

3.8　课后练习

1）在 AutoCAD 中系统默认的角度的正方向和圆弧的形成方向是逆时针还是顺时针？

2）用正多边形命令绘制正多边形时有两个选择：圆内接和圆外切。试问用这两种方法怎样控制正多边形的方向？

3）绘制如图 3-58 所示图形。

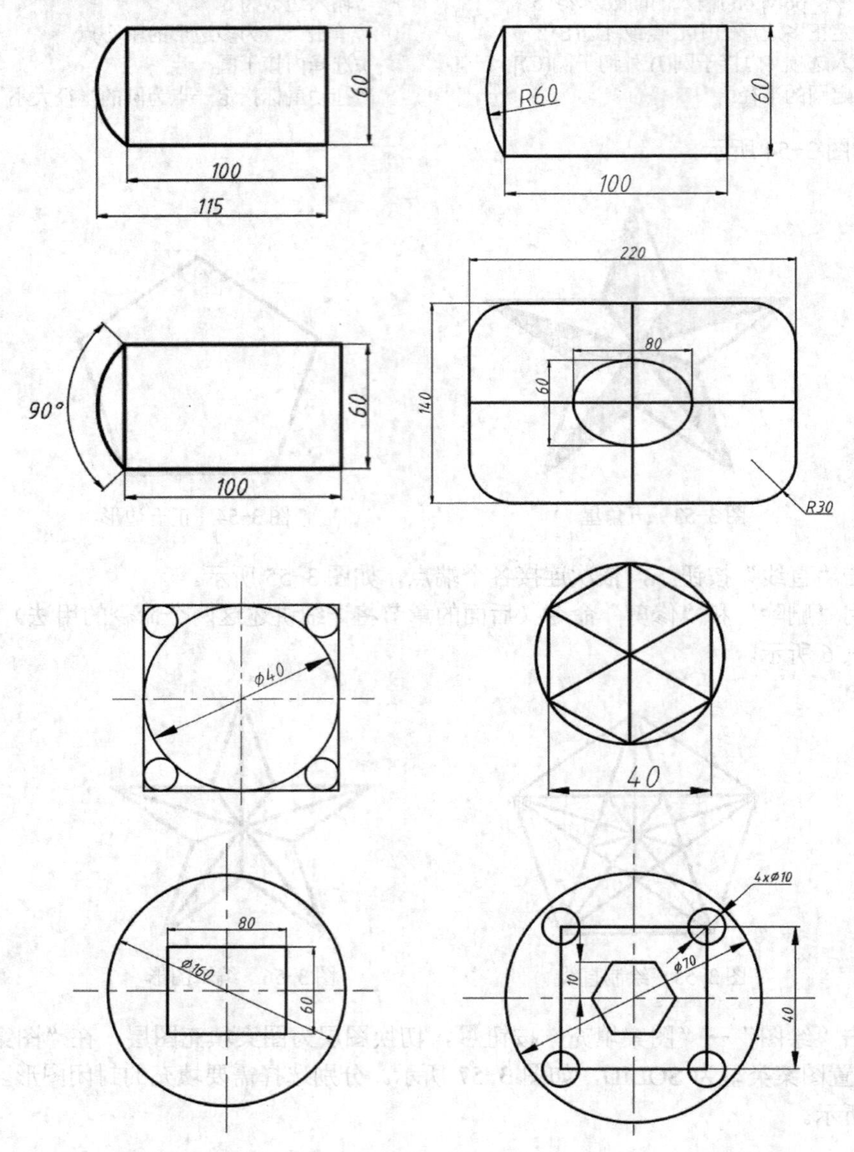

图 3-58　图形绘制

第 4 章　AutoCAD 精确绘图命令工具

【内容与要求】

在 AutoCAD 中设计和绘制图形时，如果对图形尺寸比例要求不太严格，可以大致输入图形的尺寸，用鼠标在图形区域直接拾取和输入。但是，有的图形对尺寸要求比较严格，必须按给定的尺寸精确绘图。这时可以通过常用的指定点的坐标法来绘制图形，还可以使用系统提供的“捕捉”“对象捕捉”“对象追踪”“线宽”和“动态输入”等功能，在不输入坐标的情况下快速、精确地绘制图形。

【学习目标】

- 掌握 AutoCAD 2017 各种精确绘图工具
- 掌握 AutoCAD 2017 图形的显示控制命令

4.1　捕捉和栅格

在绘制图形时，尽管可以通过移动光标来指定点的位置，但却很难精确指定点的某一位置。在 AutoCAD 中，使用“捕捉”和“栅格”功能，就像使用坐标纸一样，可以采用直观的距离位置参照进行图形的绘制，从而提高绘图效率。

4.1.1　捕捉

“捕捉”命令用于设定鼠标指针一次移动的间距。

1. 打开或关闭捕捉

若要打开或关闭“捕捉”功能，用户可以选择以下几种方法。

- 在 AutoCAD 窗口的状态栏中，单击屏幕下方状态栏中的“捕捉”按钮。
- 按〈F9〉键打开或关闭捕捉。
- 选择“工具”→“绘图设置”命令，打开“草图设置”对话框，如图 4-1 所示。在“捕捉和栅格”选项卡中选中或取消“启用捕捉”复选框。

提示：“捕捉”按钮亮显时，为捕捉模式打开状态，即该模式起作用的状态，此时如果移动鼠标指针，指针不会连续光滑的移动，而是跳跃着移动。

2. 设置捕捉参数

在状态栏的“捕捉”按钮处单击鼠标右键，选择“捕捉设置”，或利用“草图设置”对话框中的“捕捉和栅格”选项卡，设置捕捉和栅格的相关参数，如图 4-1 所示。各选项的功能如下。

- “启用捕捉”复选框：打开或关闭捕捉方式。选中该复选框，可以启用捕捉。
- “捕捉间距”选项组：设置捕捉间距，分别设置水平和垂直两个方向的间距。
- “极轴间距”选项组：该选项组只有在“极轴捕捉”类型时才可用。用户可以在文本框中输入距离值。

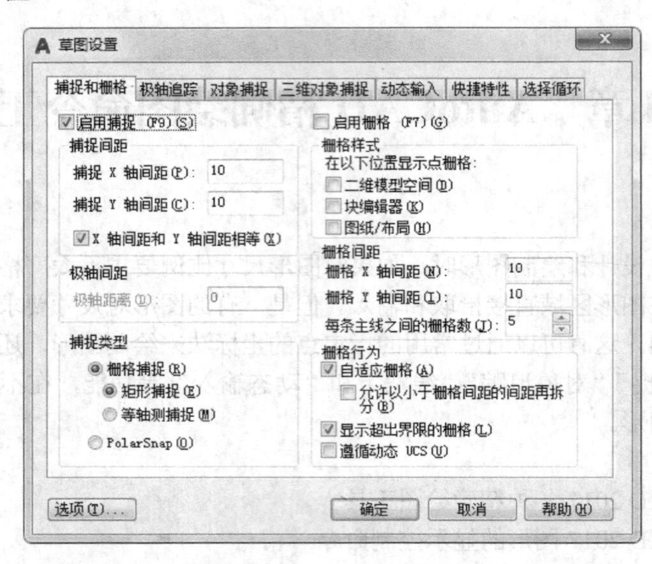

图 4-1 “草图设置”对话框

- “捕捉类型”选项组：可以设置捕捉类型和样式，包括“栅格捕捉”和“极轴捕捉”两种。
- 栅格捕捉：使光标自动捕捉到相应的栅格点。
- 矩形捕捉：将捕捉样式设定为标准“矩形”捕捉模式。当捕捉类型设定为“栅格捕捉”并且打开“捕捉”模式时，光标将捕捉矩形捕捉栅格。
- 等轴测捕捉：将捕捉样式设定为“等轴测”捕捉模式。当捕捉类型设定为“栅格捕捉”并且打开“捕捉”模式时，光标将捕捉等轴测捕捉栅格。
- PolarSnap：将捕捉类型设定为“PolarSnap”。如果启用了“捕捉”模式并在极轴追踪打开的情况下指定点，光标将沿在“极轴追踪”选项卡上相对于极轴追踪起点设置的极轴对齐角度进行捕捉。

4.1.2 栅格

启动“栅格”命令，在绘图区域中将出现可见的网格，就像传统的坐标纸一样，可以提供直观的距离和位置参照。

1. 打开或关闭栅格

若要打开或关闭“栅格”功能，用户可以选择以下几种方法。

- 在 AutoCAD 窗口的状态栏中，单击“栅格”按钮 。
- 按〈F7〉键打开或关闭栅格。
- 选择“工具”→“绘图设置”命令，打开“草图设置”对话框，在“捕捉和栅格”选项卡选中或取消“启用栅格”复选框。

栅格在绘图区中只起辅助绘图的作用，不会打印输出。设置捕捉功能的光标移动间距与栅格的间距相同，这样光标就会自动捕捉到相应的栅格点上。打开栅格点后，如果看不见栅格点，可将视图放大，或将图 4-1 中“捕捉和栅格”选项卡的“栅格 X 轴间距”和“栅格 Y 轴间距”文本框中的值调小一些。

2．设置栅格参数

在状态栏的“栅格”按钮处单击鼠标右键，从弹出的快捷菜单中选择“设置”命令，或利用“草图设置”对话框的“捕捉和栅格”选项卡，设置捕捉和栅格的相关参数，如图 4-1 所示。各选项的功能如下。

- “启用栅格”复选框：打开或关闭栅格的显示。选中该复选框，可以启用栅格。
- “栅格间距”选项组：设置 X 轴和 Y 轴的栅格间距。
- “栅格行为”选项组：设置“视觉样式”下栅格线的显示样式（三维线框除外）。

4.2 对象捕捉

在绘图的过程中，经常要指定一些对象上已有的点，例如端点、圆心和两个对象的交点等。如果只凭观察来拾取，不可能非常准确地找到这些点。在 AutoCAD 中，可以通过“对象捕捉”工具栏和“工具”→“绘图设置”命令等方式调用对象捕捉功能，迅速、准确地捕捉到某些特殊点，从而精确地绘制图形。

4.2.1 对象捕捉工具

选择菜单“工具”→“工具栏”→“AutoCAD”→“对象捕捉”命令，可以打开如图 4-2 所示的“对象捕捉”工具栏。用户也可以按下〈Shift〉键或〈Ctrl〉键后单击鼠标右键，弹出快捷菜单“对象捕捉”菜单，如图 4-3 所示，启用对象捕捉功能。

图 4-2 “对象捕捉”工具栏

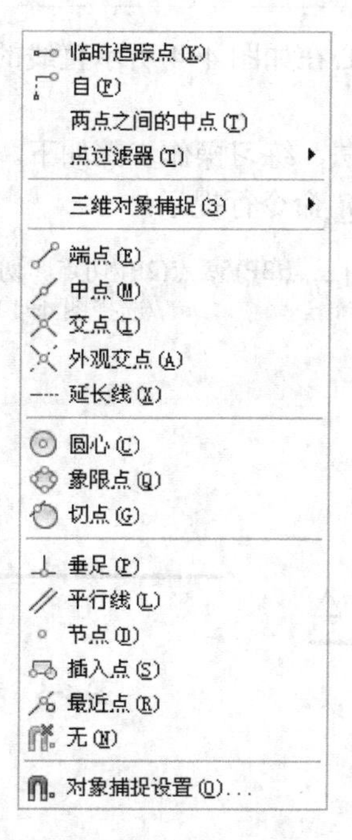

图 4-3 “对象捕捉”菜单

在绘图过程中，当要求指定点时，单击“对象捕捉”工具栏中相应的特征点按钮，再把光标移到要捕捉对象上的特征点附近，即可捕捉到相应的对象特征点。下面分别介绍这些功能。

- 临时追踪点：建立临时追踪点。
- 自：建立一个临时参考点，作为后续点的基点。
- 两点之间的中点：捕捉两个独立点之间的中点。
- 点过滤器：由坐标选择点。
- 端点：捕捉直线段或圆弧等对象的端点。
- 中点：捕捉直线段或圆弧等对象的中点。
- 交点：捕捉直线段或圆弧等对象之间的交点。
- 外观交点：捕捉二维图形中看上去是交点，而在三维图形中并不相交的点。
- 延长线：捕捉对象延长线上的点。
- 圆心：捕捉圆或圆弧的圆心。
- 象限点：捕捉圆或圆弧的最近象限点。
- 切点：捕捉所绘制的圆或圆弧上的切点。
- 垂足：捕捉所绘制的线段与其他线段的正交点。
- 平行线：捕捉与某线平行的点。
- 节点：捕捉单独绘制的点。
- 插入点：捕捉对象上的距光标中心最近的点。

提示：捕捉“自”经常与对象捕捉一起使用。在使用相对坐标指定下一个应用点时，捕捉“自”工具可以提示用户输入基点，并将该点作为临时参考点。

【例 4-1】 画一 R10 的圆，圆心在如图 4-4 所示直线的延长线上，距离端点 A 为 20 的位置。

本例练习捕捉“自”的操作方法，练习操作步骤如下。

单击“绘图”→“圆”按钮，命令行提示：

```
命令: _circle 指定圆的圆心或 [三点(3P)/两点(2P)/切点、切点、半径(T)]:（单击“自”按钮）
 _from 基点:                                    //选择图 4-4 所示直线端点 A
<偏移>: @20,0
指定圆的半径或 [直径(D)]: 10
```

结果如图 4-5 所示。

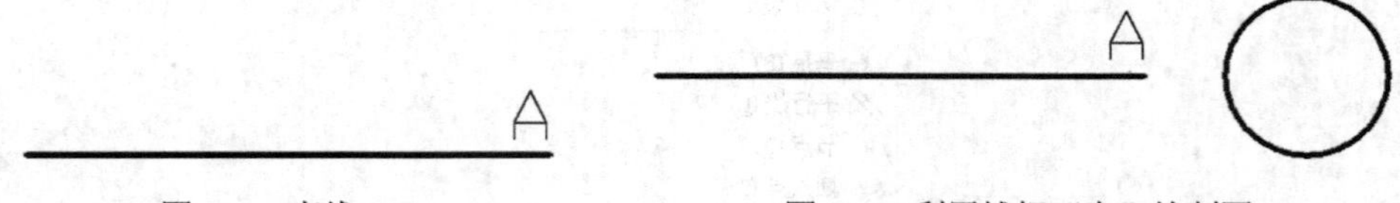

图 4-4　直线　　　　图 4-5　利用捕捉“自”绘制圆

4.2.2　使用自动捕捉功能

绘图的过程中，使用对象捕捉的频率非常高。为此，AutoCAD 又提供了一种自动对象捕捉模式。

自动捕捉就是当把光标放在一个对象上时，系统自动捕捉到对象上所有符合条件的几何特征点，并显示相应的标记。如果把光标放在捕捉点上，系统还会显示捕捉的提示。这样，在选点之前，就可以预览和确认捕捉点。

要打开对象捕捉模式，有以下几种方式。

- 在“草图设置”对话框的“对象捕捉”选项卡中，选中“启用对象捕捉”复选框，然后在“对象捕捉模式”选项组选中相应复选框，如图 4-6 所示。
- 在状态栏的“对象捕捉”按钮 处单击鼠标右键，或单击“对象捕捉”按钮右侧的 按钮，在弹出的快捷菜单中选择“对象捕捉设置”，则弹出如图 4-6 所示对话框。

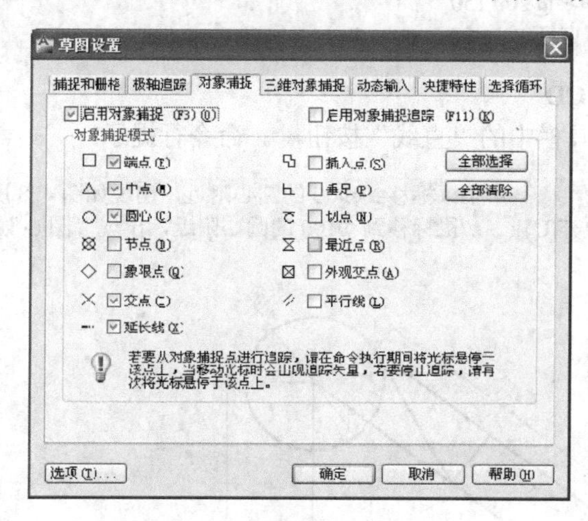

图 4-6 “对象捕捉”选项卡

- 单击状态栏中的“对象捕捉”按钮，该按钮呈凹下状态时即表示启用了对象捕捉功能。
- 按〈F3〉键也可启用或关闭对象捕捉功能。

当启用了对象捕捉功能后，将鼠标光标移动到某些特殊的点上，系统就会自动捕捉该点进行精确绘图。通过对象捕捉功能可以捕捉端点、中点、圆心、节点、交点等点对象。

在用 AutoCAD 绘图时，经常会出现这样的情况：当 AutoCAD 提示确定点时，用户可能希望通过鼠标来拾取屏幕上的某一点，但由于拾取点与某些图形对象的距离很接近，因而得到的点并不是所拾取的那一个点，而是已有对象上的某一特殊点。造成这种结果的原因是启用了自动对象捕捉功能，使 AutoCAD 自动捕捉到某个捕捉点。如果事先单击状态栏上的“对象捕捉”按钮，关闭自动捕捉功能，就可以避免上述情况的发生。因此，在绘制 AutoCAD 图形时，一般会根据绘图需要不断地单击状态栏上的“对象捕捉”按钮，启用或关闭对象捕捉功能，以达到最佳绘图效果。

【例 4-2】 利用目标捕捉，绘制如图 4-7 所示图形，C 点为 AB 的中点，DE//AB，CF⊥ED。

本例练习对象捕捉命令的操作方法，练习操作步骤如下。

1．绘制ϕ60 的圆

❶ 建立不同的图层，将当前层切换到“粗实线”图层中。

❷ 单击“绘图”工具栏中的“圆”按钮。命令行提示：

```
命令: _circle 指定圆的圆心或 [三点(3P)/两点(2P)/切点、切点、半径(T)]:
                                                    //在界面上任选一点
指定圆的半径或 [直径(D)]: 30
```

2．绘制ϕ100 的圆

单击“绘图”工具栏中的“圆”按钮。命令行提示：

```
命令: _circle 指定圆的圆心或 [三点(3P)/两点(2P)/切点、切点、半径(T)]:
//单击“对象捕捉”工具栏上的捕捉“自”按钮，单击Φ60 的圆心点
_from 基点: <偏移>: @200,150
指定圆的半径或 [直径(D)] <30.0000>: 50
```

3．绘制线段 AB 和 CD

❶ 单击“绘图”工具栏中的“直线”按钮。命令行提示：

```
_line 指定第一点:            //鼠标移到Φ60 的圆心附近，出现如图 4-8 所示的提示，单击确定
指定下一点或 [放弃(U)]:      //鼠标移到Φ100 的圆心附近，出现“圆心”提示，单击确定
```

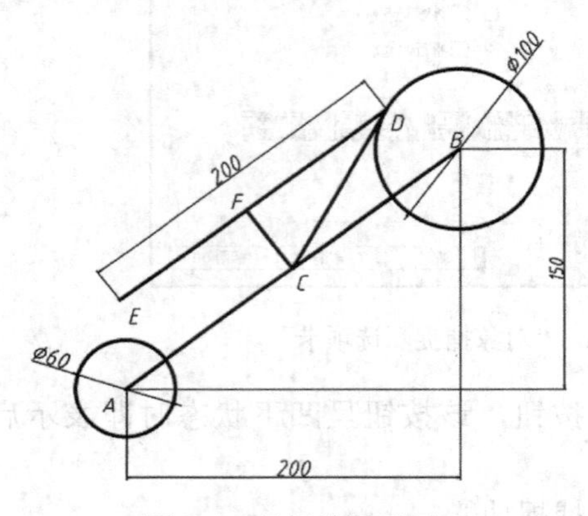

图 4-7　目标捕捉示例

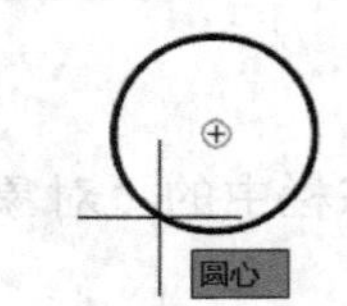

图 4-8　捕捉圆心

❷ 单击“绘图”工具栏中的“直线”按钮。命令行提示：

```
_line 指定第一点:            //鼠标移到 AB 直线的中心附近，出现“中点”提示，单击确定
指定下一点或 [放弃(U)]:      //单击“对象捕捉”工具栏上的“切点”按钮，鼠标移到 D 点
                             //附近，出现“切点”提示，单击确定
```

4．绘制线段 DE 和 CF

❶ 按〈Enter〉键，继续直线绘制。单击“对象捕捉”工具栏上的“平行”按钮，鼠标移到 AB 直线上，出现“平行”提示，移动鼠标，出现如图 4-9 所示的提示，输入线段 DE 的长度 200。

```
命令: 指定下一点或 [放弃(U)]: _par 到 200
```

❷ 按〈Enter〉键，继续直线绘制。移动鼠标到 C 点附近，出现“端点”提示，单击确定。

单击”对象捕捉”工具栏上的“垂足”按钮，鼠标移到 DE 直线上，出现“垂足”提

示，如图 4-10 所示，单击确定。

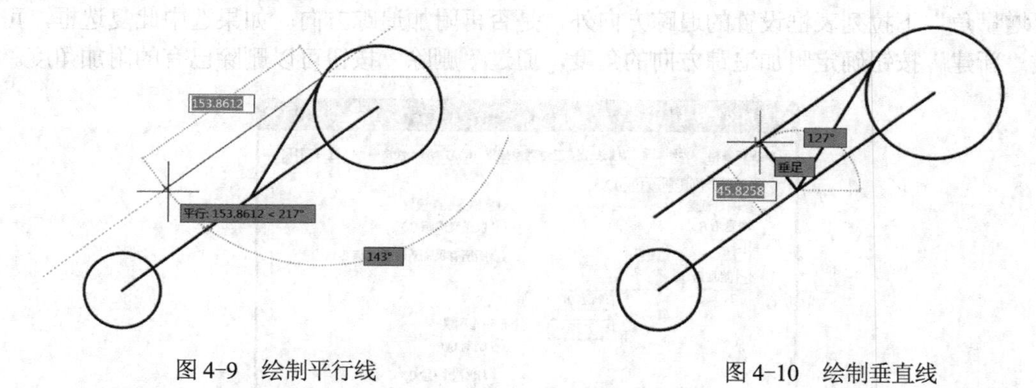

图 4-9　绘制平行线　　　　图 4-10　绘制垂直线

4.3　自动追踪

在 AutoCAD 中，自动追踪可按指定角度绘制对象，或者绘制与其他对象有特定关系的对象。自动追踪功能分极轴追踪和对象捕捉追踪两种，是非常有用的辅助绘图工具。

极轴追踪是按事先给定的角度增量来追踪特征点。而对象捕捉追踪则按与对象的某种特定关系来追踪，这种特定的关系确定了一个未知角度。也就是说，如果事先知道要追踪的方向（角度），则使用极轴追踪；如果事先不知道具体的追踪方向（角度），但知道与其他对象的某种关系（如相交），则用对象捕捉追踪。极轴追踪和对象捕捉追踪可以同时使用。

4.3.1　极轴追踪

极轴追踪捕捉可捕捉所设角增量线上的任意点。极轴追踪捕捉功能可通过单击状态栏上“极轴追踪”按钮来打开或关闭，也可用〈F10〉功能键打开或关闭。启用该功能以后，当执行 AutoCAD 的某一操作并根据提示确定了一点（追踪点）同时系统继续提示用户确定另一点位置时，移动光标，使光标接近预先设定的方向，自动将光标指引线吸引到该方向，同时沿该方向显示出极轴追踪矢量，并且浮出一个小标签，标签中说明当前光标位置相对于当前一点的极坐标。如图 4-11 所示。

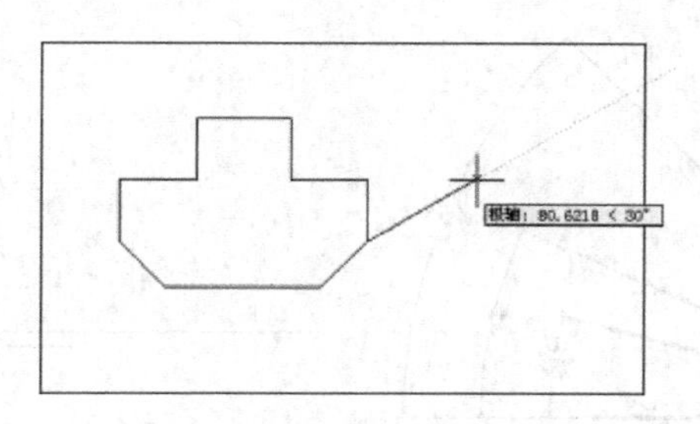

图 4-11　极轴追踪

用户还可以设置极轴追踪方向等性能参数。在“工具”→“绘图设置”对话框的“对象捕捉”选项卡中，或在状态栏的“极轴追踪”按钮处单击鼠标右键，从弹出的快捷菜单中选择“正在追踪设置”，则弹出如图 4-12 所示“草图设置”对话框的“极轴追踪”选项卡。通过“增量角”下拉列表框，用户可以确定追踪方向的角度增量。“附加角”复选框用于确定除了“增量角”下拉列表框设置的追踪方向外，是否再附加追踪方向。如果选中此复选框，可以通过“新建”按钮确定附加追踪方向的角度，通过“删除”按钮可以删除已有的附加角度。

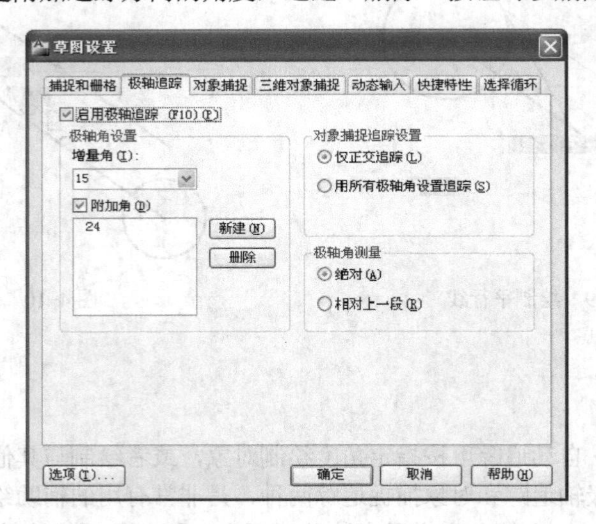

图 4-12 “极轴追踪”选项卡

【例 4-3】 绘制如图 4-13 所示的图形，线段的长度均为 100。

本例练习极轴追踪的操作方法，练习步骤如下。

❶ 设置极轴追踪参数如图 4-12 所示，增量角为 15°，单击“新建”按钮，增加追踪角度为 24°。

❷ 单击“绘图”选项卡中的“直线”按钮。命令行提示：

```
指定第一点:                        //任意给定一点
指定下一点或 [放弃(U)]: 100        //水平移动鼠标，出现如图 4-14 所示的提示，输入 100
命令：按〈Enter〉键                //继续直线命令，捕捉到起点 A
指定下一点或 [放弃(U)]: 100        //移动鼠标，出现如图 4-15 所示的提示，输入 100
```

采用同样的方法，将鼠标移到相应的角度位置，输入 100，即可绘制出其他的图线。

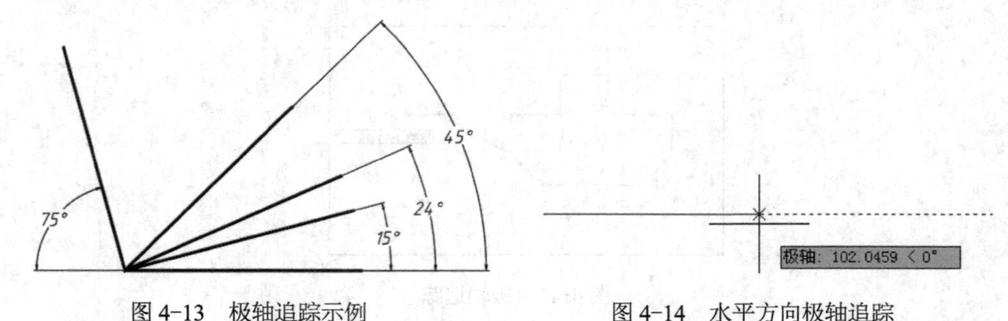

图 4-13 极轴追踪示例

图 4-14 水平方向极轴追踪

4.3.2 对象捕捉追踪

对象捕捉追踪是按与对象的某种特定关系来追踪，这种特定的关系确定了一个未知角度。当不知道具体的追踪方向和角度，但知道与其他对象的某种关系（如相交）时，可以应用对象捕捉追踪。对象捕捉追踪必须和对象捕捉同时工作，对象捕捉追踪可通过单击状态栏上按钮来打开或关闭。

单击状态栏中的"对象捕捉追踪"按钮，该按钮变亮即启用了对象捕捉追踪功能。按〈F11〉键和在如图 4-6 所示的"对象捕捉"对话框中选中"启用对象捕捉追踪"复选框也可启用对象追踪功能。对象捕捉追踪是根据捕捉点沿正交方向或极轴方向进行追踪，该功能可理解为对象捕捉和极轴追踪功能的联合应用。

若要取消对象捕捉追踪功能，只需单击状态栏中的"对象捕捉追踪"按钮，使其变灰即可。

【例 4-4】 以如图 4-16 所示两线延长线的交点为圆心画 R10 的圆。

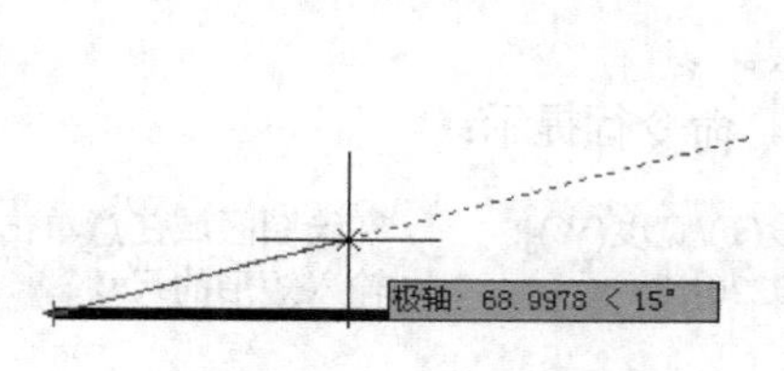

图 4-15　15°方向极轴追踪

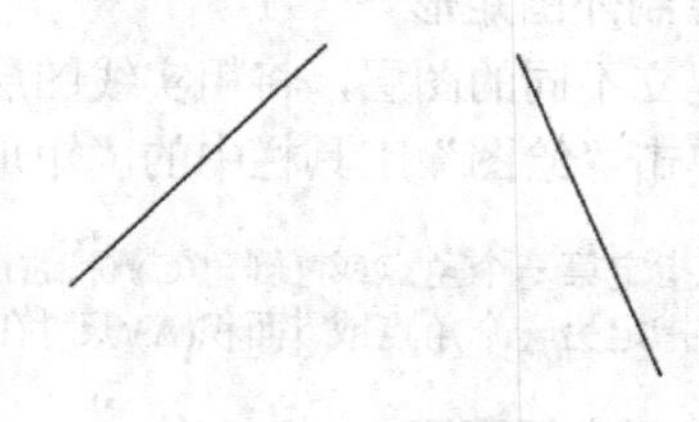

图 4-16　对象追踪示例

本例练习对象追踪的操作方法，具体步骤如下。

❶ 在状态栏中打开"对象捕捉"按钮和"对象捕捉追踪"按钮。

❷ 单击"绘图"选项卡中的"圆"按钮。命令行提示：

命令: _circle
指定圆的圆心或 [三点(3P)/两点(2P)/切点、切点、半径(T)]:　//先将鼠标移到一条直线的端点，如//图 4-17a 所示，沿直线方向移动鼠标，如图 4-17b 所示，再将鼠标移动另外一条支线的端点，并//沿直线方向移动鼠标，如图 4-17c 所示，此时单击
指定圆的半径或 [直径(D)]: 10　//输入圆的半径

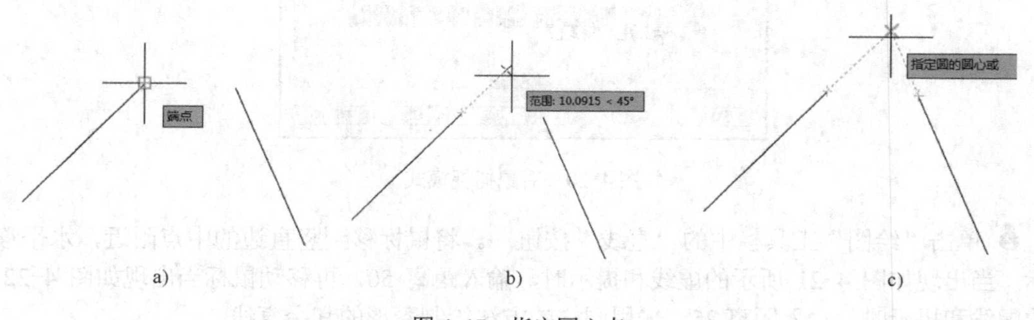

图 4-17　指定圆心点

结果如图 4-18 所示。

提示：在【例 4-4】的实例中，"对象捕捉"命令和"对象捕捉追踪"命令必须同时打开，并保证在图 4-6 "对象捕捉"对话框中的"端点"捕捉模式是选中状态，否则无法采用对象捕捉追踪命令捕捉到圆心点。

【例 4-5】 利用对象捕捉和自动追踪功能快速、准确绘制如图 4-19 所示图形。

本例练习对象捕捉和自动追踪功能的操作方法，具体步骤如下。

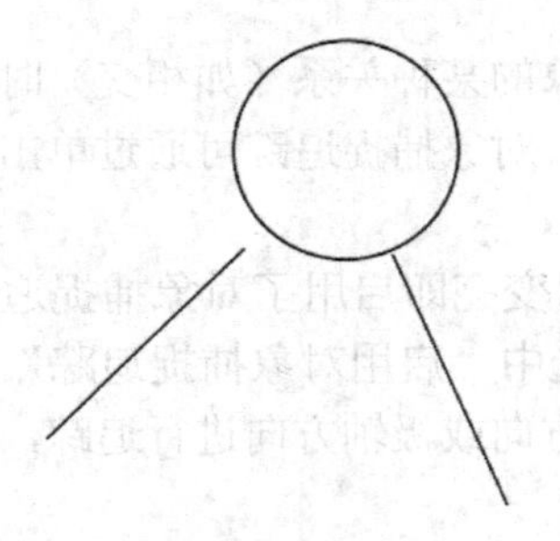

图 4-18　对象捕捉追踪绘制圆

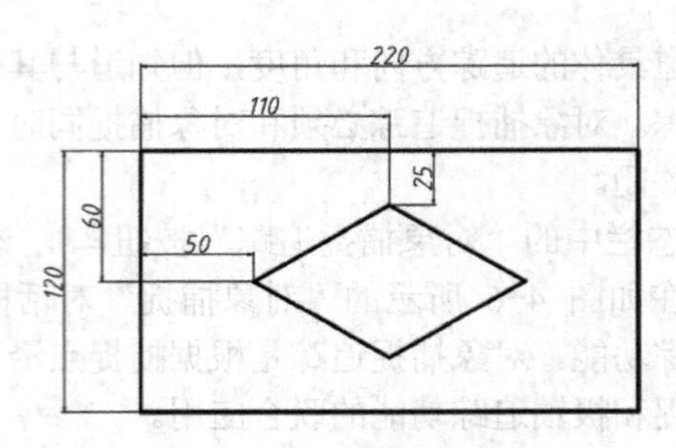

图 4-19　自动追踪实例

1．绘制外围矩形

❶ 建立不同的图层，将粗实线图层设为当前层。

❷ 单击“绘图”工具栏中的“矩形”按钮□。命令行提示：

指定第一个角点或 [倒角(C)/标高(E)/圆角(F)/厚度(T)/宽度(W)]: 　　//在绘图区域任意单击一点
指定另一个角点或 [面积(A)/尺寸(D)/旋转(R)]: @220,120 　　//输入矩形的尺寸

2．绘制中间菱形

❶ 设置如图 4-20 所示的自动捕捉模式。

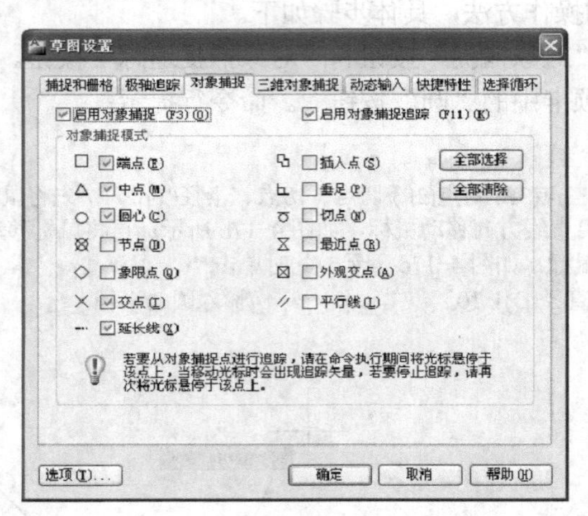

图 4-20　对象捕捉模式

❷ 单击“绘图”工具栏中的“直线”按钮╱。将鼠标移到竖直边的中点附近，水平移动鼠标，当出现如图 4-21 所示的虚线和提示时，输入距离 50，再移动鼠标当出现如图 4-22 所示的虚线和提示时，输入距离 25，采用同样的方法绘制菱形的其余直线。

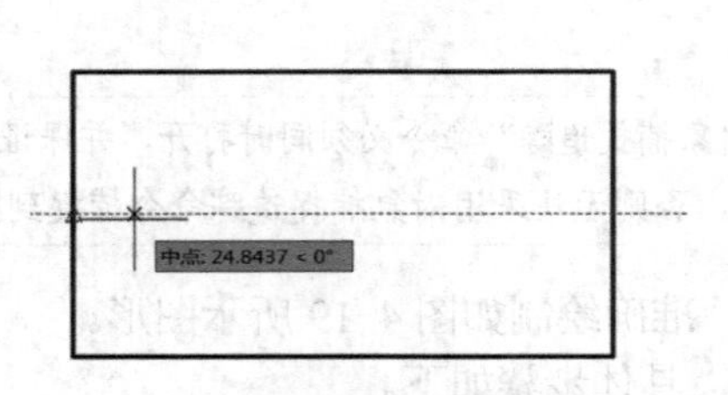

图 4-21　捕捉菱形的一个端点

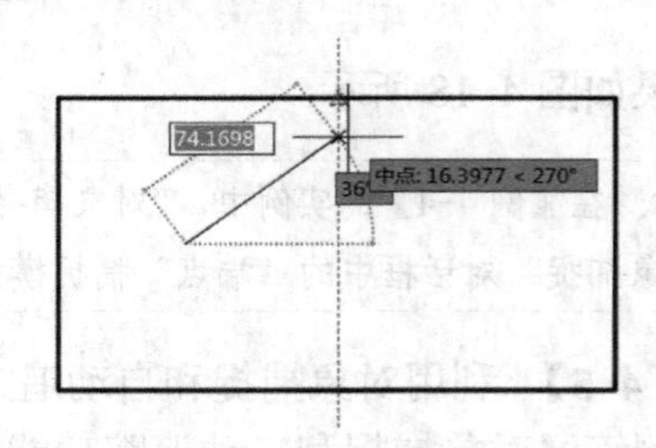

图 4-22　捕捉菱形的另外一个端点

4.4 正交模式

AutoCAD 提供的正交模式将定点设备的输入限制为水平或垂直。在状态栏中单击“正交”按钮，或按〈F8〉键可以打开或关闭正交方式，该按钮变亮，即启用了正交功能。

打开正交功能后，输入的第 1 点是任意的，但当移动光标准备指定第 2 点时，引出的橡皮筋线已不再是这两点之间的连线，而是如图 4-23 所示。此时单击，只能绘制平行于 X 轴或 Y 轴的线段或平行于某一轴测轴的线段（当捕捉为等轴测模式时）。

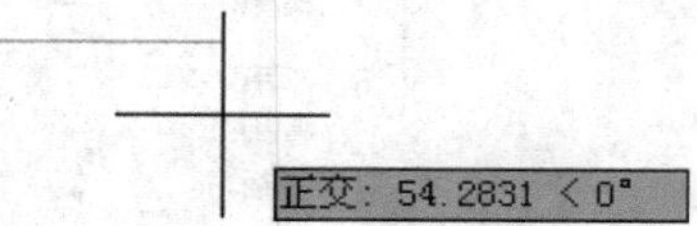

图 4-23　正交提示

4.5 线宽显示

在默认的状态栏中，并没有显示“线宽”开关按钮。用户可以单击状态栏最右侧的“自定义”按钮，打开“线宽”模式，如图 4-24 所示。单击状态栏中的“线宽”按钮，当该按钮变亮，此时绘图区中的所有图形均以实际设定的线宽显示，如图 4-25 所示。若“线宽”按钮呈现灰色状态，则当前绘图区中的所有图形均以系统默认线宽显示，并不影响其实际线宽，如图 4-26 所示。

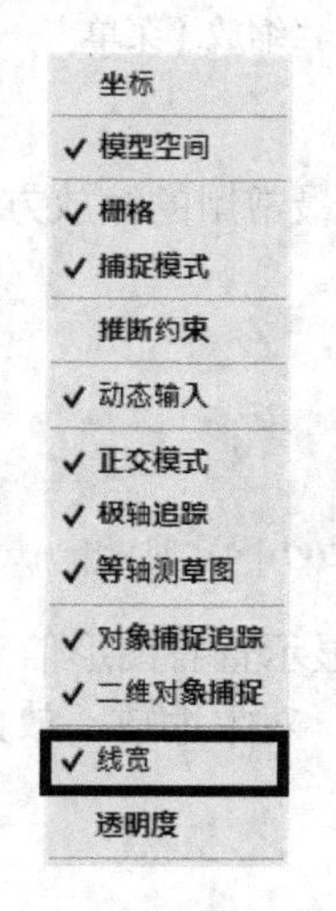

图 4-24　自定义状态栏

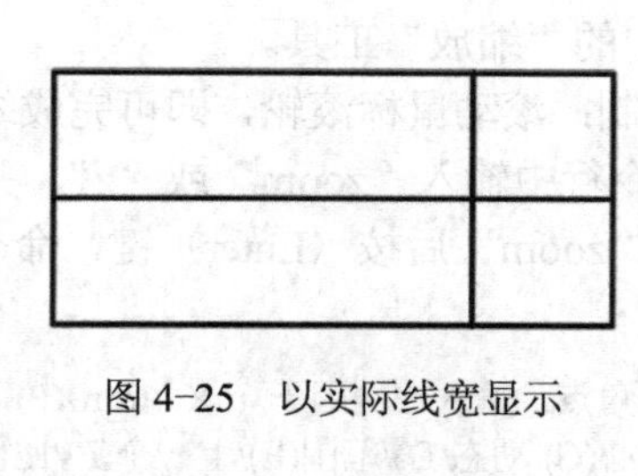

图 4-25　以实际线宽显示

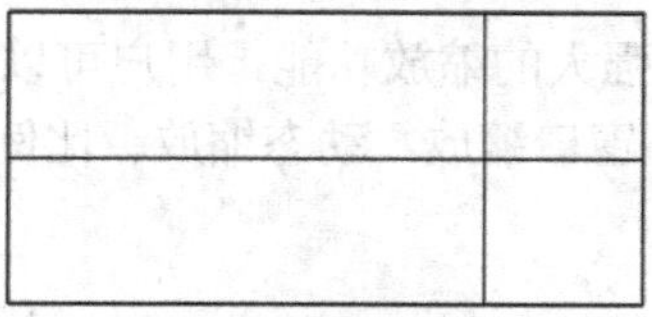

图 4-26　以默认线宽显示

4.6 视图的控制

在 AutoCAD 中，视图是按照一定的比例、观察位置来显示图形的全部或部分区域，只有灵活地对图形进行显示与控制才能更加精确地绘制所需要的图形。

4.6.1 视图缩放

使用视图缩放命令可以放大或缩小图样在屏幕上的显示范围和大小，从而改变对象的外观视觉效果，但是并不改变图形的真实尺寸。AutoCAD 2017 向用户提供了多种视图缩放的方法获得需要的缩放效果。

执行视图缩放命令的方法如下。

- 快捷菜单：右击鼠标，在打开的快捷菜单中选择“缩放”命令，如图 4-27 所示。
- 下拉菜单：选择“视图”→“缩放”命令，如图 4-28 所示。

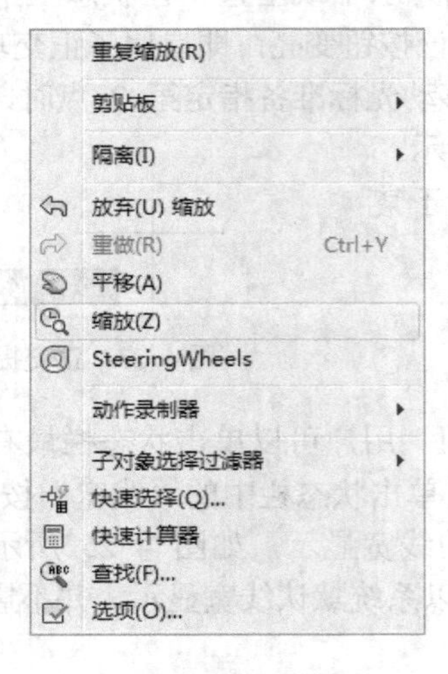

图 4-27　快捷菜单

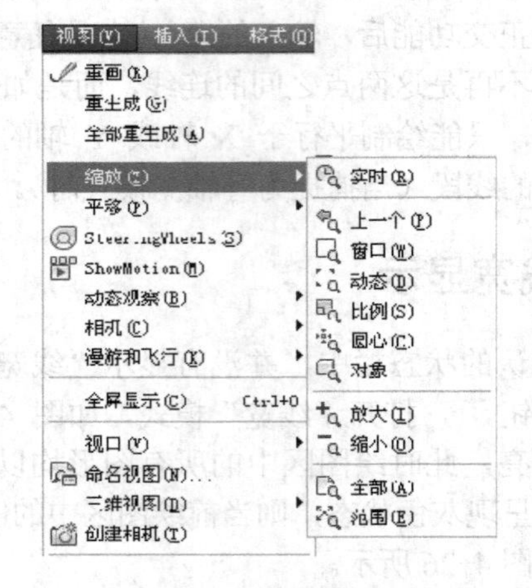

图 4-28　“缩放“菜单

- “导航栏”中的“缩放”工具。
- 使用鼠标控制：滚动鼠标滚轮，即可完成缩放视图，这是最常用的缩放方式。

命令行：在命令行中输入“zoom”或“z”，并按〈Enter〉键。

在命令行输入“zoom”后按〈Enter〉键，命令行提示如下。

```
命令: zoom
指定窗口的角点，输入比例因子 (nX 或 nXP)，或者
[全部(A)/中心(C)/动态(D)/范围(E)/上一个(P)/比例(S)/窗口(W)/对象(O)] <实时>:
```

AutoCAD 具有强大的缩放功能，用户可以根据自己的需要显示查看图形信息。常用的缩放工具有实时缩放、窗口缩放、动态缩放、比例缩放、中心缩放、对象缩放、放大、缩小、全部缩放、范围缩放。

1．实时缩放

“实时缩放”是系统默认选项。按住鼠标左键，向上拖动鼠标就可以放大图形，向下拖动鼠标则缩小图形。可以通过单击〈Esc〉键或〈Enter〉键来结束实时缩放操作，或者右击鼠标，从弹出的快捷菜单中选择“退出”命令也可以结束当前的实时缩放操作。

实际操作时，一般滚动鼠标中键可完成视图的实时缩放。当光标在图形区的时候，向上滚动鼠标滚轮为实时放大视图，向下滚动鼠标滚轮为实时缩小视图。

2．窗口缩放

“窗口缩放”通过指定要查看区域的两个对角，可以快速缩放图形中的某个矩形区域。确定要察看的区域后，该区域的中心成为新的屏幕显示中心，该区域内的图形被放大到整个显示屏幕。在使用窗口缩放后，图形中所有对象均以尽可能大的尺寸显示，同时又能适应当前视口或当前绘图区域的大小。

利用角点选择时，需要将图形要放大的部分全部包围在矩形框内。矩形框的范围越小，

图形显示得越大。

3. 动态缩放

使用“动态缩放”可以缩放显示在用户设定的视图框中的图形。视图框表示视口，可以改变它的大小，或在图形中移动。移动视图框或调整它的大小，将其中的图像平移或缩放，以充满整个绘图窗口。

动态缩放图形时，在绘图窗口中还会出现另外两个矩形方框。其中，用蓝色虚线显示的方框表示图纸的范围，该范围是用 LIMITS 命令设置的绘图界限或者是图形实际占据的区域；用黑色细实线显示的矩形框是当前的选择区，即当前在屏幕上显示的图形区域，如图 4-29 所示。此时拖动鼠标可移动选择框到需要位置，单击鼠标选择框变为如图 4-30 所示，此时拖动鼠标即可按箭头所示方向放大，反向缩小选择框并可上下移动。在如图 4-29 所示状态下单击鼠标可以变换为如图 4-30 所示状态，移动鼠标则改变选择框的位置。

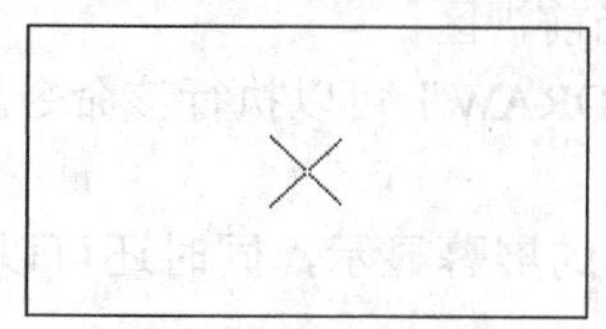

图 4-29 选择框可移动时的状态

图 4-30 选择框可缩放时的状态

4. 范围缩放

“范围缩放”使用尽可能大的、可包含图形中所有对象的放大比例显示视图。此视图包含已关闭图层上的对象，但不包含冻结图层上的对象。图形中所有对象均以尽可能大的尺寸显示，同时又能适应当前视口或当前绘图区域的大小。

5. 对象缩放

“对象缩放”使用尽可能大的、可包含所有选定对象的放大比例显示视图。用户可以在启动 ZOOM 命令之前或之后选择对象。

6. 全部缩放

“全部缩放”显示用户定义的绘图界限和图形范围，无论哪一个视图较大，在当前视口中会缩放显示整个图形。在平面视图中，所有图形将被缩放到栅格界限和当前范围两者中较大的区域中。图形栅格的界限将填充当前视口或绘图区域，如果在栅格界限之外存在对象，它们也包括在内。

7. 其他缩放

- “比例缩放”：以指定的比例因子缩放显示图形。
- “上一个缩放”：恢复上次的缩放状态。
- “中心缩放”：缩放显示由中心点和放大比例（或高度）所定义的窗口。

4.6.2 视图平移

用户可以通过平移视图来重新确定图形在绘图区域中的位置，视图平移可以使用下面几种方法。

- 快捷菜单：右击鼠标，在弹出的快捷菜单中选择“平移”命令。
- 光标位于绘图区的时候，按下鼠标滚轮，此时鼠标指针形状变为✋，按住鼠标左键拖动鼠标，视图的显示区域就会随着实时平移。松开鼠标滚轮，可以直接退出该命令。

- 单击“导航栏”中的“平移“按钮即可进入视图平移状态，此时鼠标指针形状变为，按住鼠标左键拖动鼠标，视图的显示区域就会随着实时平移。按〈Esc〉键或者〈Enter〉键，可以退出该命令。

4.6.3 重画与重生成

在绘图和编辑过程中，屏幕上常常留下对象的拾取标记，这些临时标记并不是图形中的对象，有时会使当前图形画面显得混乱，这时就可以使用 AutoCAD 的重画与重生成图形功能清除这些临时标记。

1. 重画（REDRAW）

在 AutoCAD 中，使用“重画”命令，系统将在显示内存中更新屏幕，消除临时标记。使用重画命令（REDRAW），可以更新用户使用的当前视区。

选择“视图”→“重画”命令，或者输入“REDRAW”可以执行该命令。

2. 重生成（REGEN）

通过从数据库中重新计算屏幕坐标来更新图形的屏幕显示，同时还可以重新生成图形数据库的索引，以优化显示和对象选择性能。

重生成与重画在本质上是不同的，利用“重生成”命令可重生成屏幕，此时系统从磁盘中调用当前图形的数据，比“重画”命令执行速度慢，更新屏幕花费时间较长。在 AutoCAD 中，某些操作只有在使用“重生成”命令后才生效，如改变点的格式。如果一直使用某个命令修改编辑图形，但该图形似乎看不出发生什么变化，此时可使用“重生成”命令更新屏幕显示。

“重生成”命令有以下两种形式。

- 选择“视图”→“重生成”命令，或者输入命令“REGEN”，可以更新当前视区。
- 选择“视图”→“全部重生成”命令，或者输入命令“REGENALL”，可以同时更新多重视口。

4.7 综合实例

【例 4-6】 利用精确绘图命令绘制如图 4-31 所示的图形。

❶ 在状态栏打开“对象捕捉”“对象捕捉追踪”和“极轴追踪”命令，并在“草图设置”对话框中将“极轴追踪”的增量角设置为 30°，如图 4-32 所示。单击“确定”按钮。

❷ 单击“绘图”工具栏中的“直线”按钮。命令行提示：

```
命令: _line
指定第一个点:                                //单击屏幕上一点为点 A
指定下一点或 [放弃(U)]: 60                     //利用 0° 极轴追踪命令确定点 B
指定下一点或 [放弃(U)]: 18                     //利用 30° 极轴追踪命令确定点 C，如图 4-33 所示
指定下一点或 [闭合(C)/放弃(U)]: 47             //利用 0° 极轴追踪命令确定点 D
指定下一点或 [闭合(C)/放弃(U)]: 37             //利用 90° 极轴追踪命令确定点 E
指定下一点或 [闭合(C)/放弃(U)]: 6              //利用 180° 极轴追踪命令确定点 F
指定下一点或 [闭合(C)/放弃(U)]: 11             //利用-90° 极轴追踪命令确定点 G
指定下一点或 [闭合(C)/放弃(U)]: 6              //利用 180° 极轴追踪命令确定点 H
指定下一点或 [闭合(C)/放弃(U)]:                //利用 90° 极轴追踪和对象追踪命令确定点 J
指定下一点或 [闭合(C)/放弃(U)]:                //利用 180° 极轴追踪和对象追踪命令确定点 K，
```

//如图 4-34 所示
指定下一点或 [闭合(C)/放弃(U)]:　　　　//利用“对象捕捉”命令，单击点 A

此时，图形如图 4-35 所示。

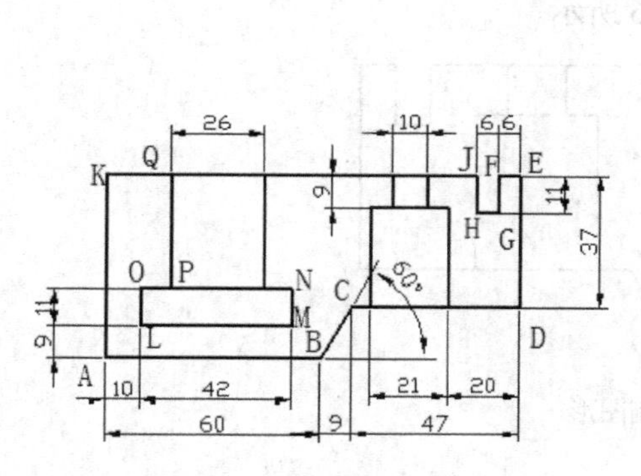

图 4-31　综合实例

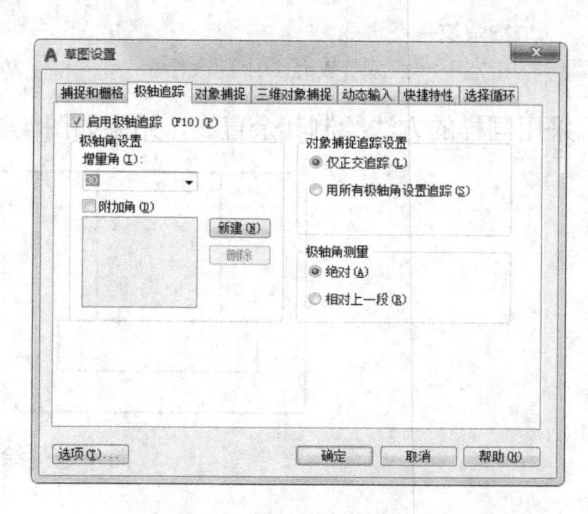

图 4-32　“草图设置”对话框

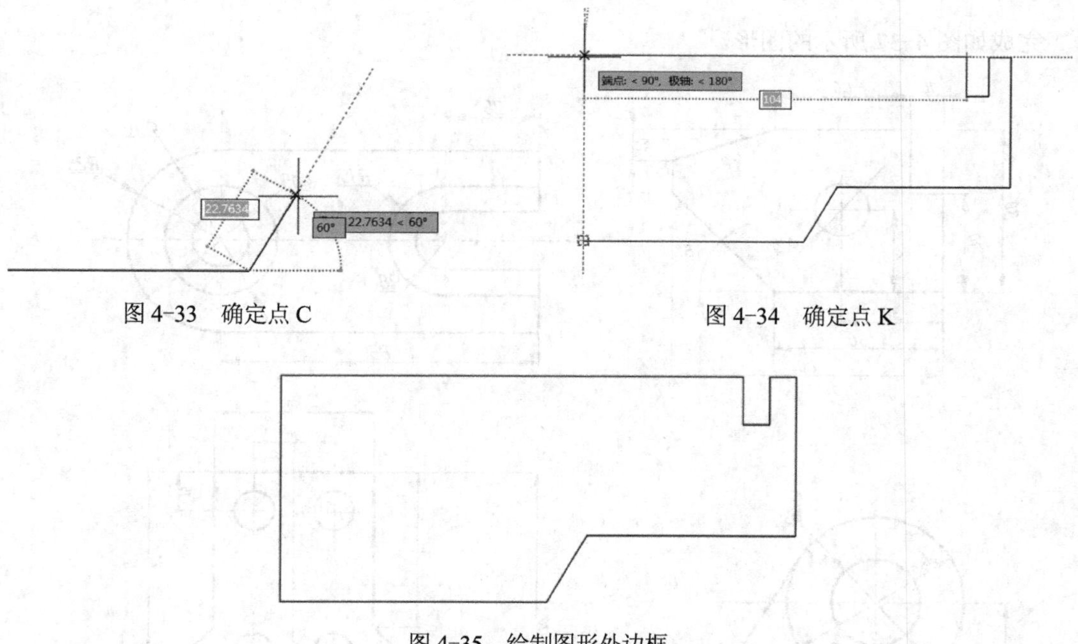

图 4-33　确定点 C

图 4-34　确定点 K

图 4-35　绘制图形外边框

❸ 按〈Enter〉键，继续直线绘制。

指定第一个点: _from 基点: <偏移>: @10,9　　//单击”对象捕捉”工具栏上的“捕捉自“按钮，
//移动鼠标至点 A，单击鼠标，输入点 L 距离点 A 的相对坐标值
指定下一点或 [放弃(U)]: 42　　　　//利用 0° 极轴追踪命令确定点 M
指定下一点或 [放弃(U)]: 11　　　　//利用 90° 极轴追踪命令确定点 N
指定下一点或 [闭合(C)/放弃(U)]:　　　　//利用 0° 极轴追踪和对象追踪命令确定点 O
指定下一点或 [闭合(C)/放弃(U)]:　　　　//捕捉点 L

❹ 按〈Enter〉键，继续直线绘制。

```
指定第一个点: _tt 指定临时对象追踪点:      //单击”对象捕捉”工具栏上的“临时追踪点“
                                        //按钮 ⊷ ，移动鼠标至点 O，单击鼠标
指定第一个点: 8                          //出现 0° 极轴线时，输入点 P 距离点 O 的相对坐标值
指定下一点或 [放弃(U)]:                   //利用 90° 极轴追踪命令确定点 Q
```

采用同样的方法绘制其余直线，结果如图 4-36 所示。

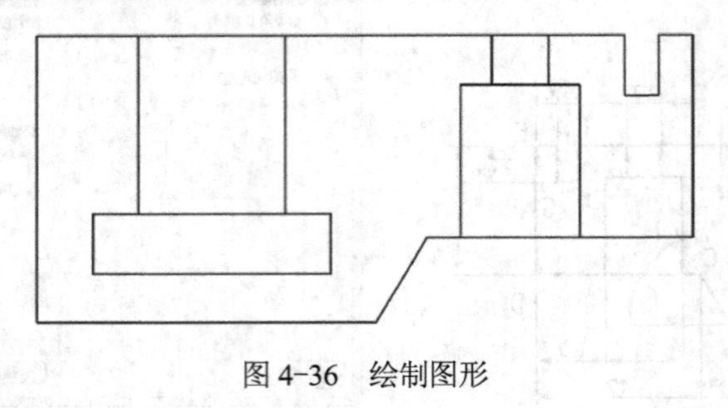

图 4-36　绘制图形

4.8　课后练习

完成如图 4-37 所示的图形。

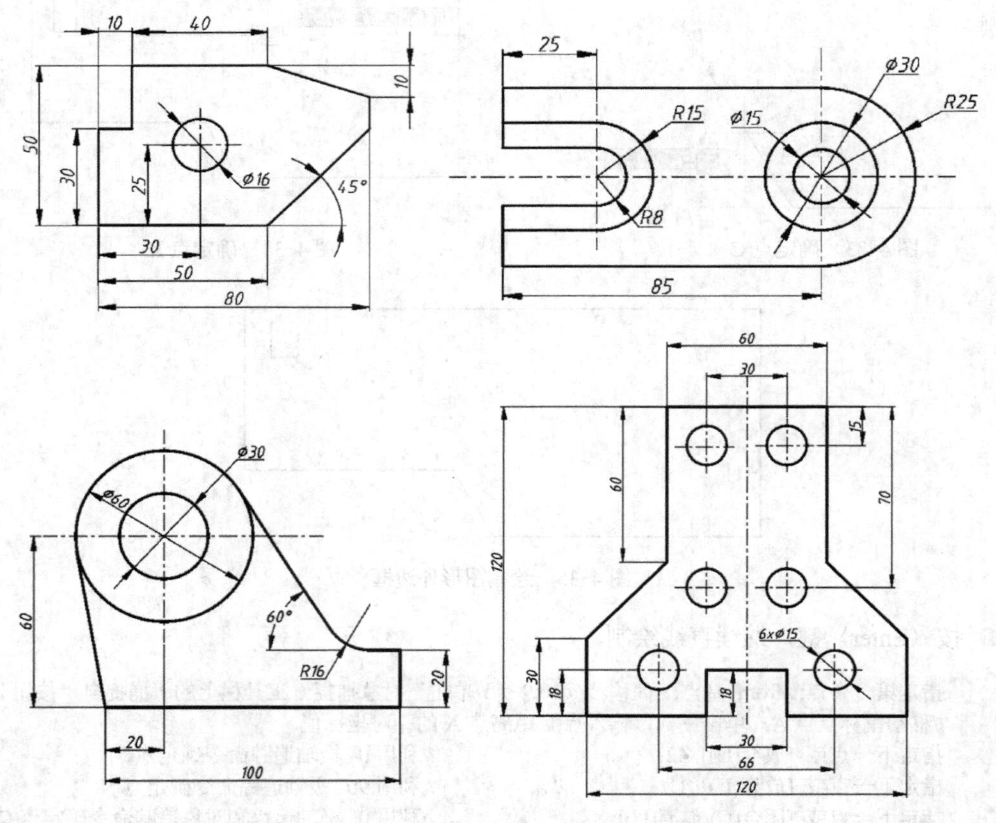

图 4-37　练习题

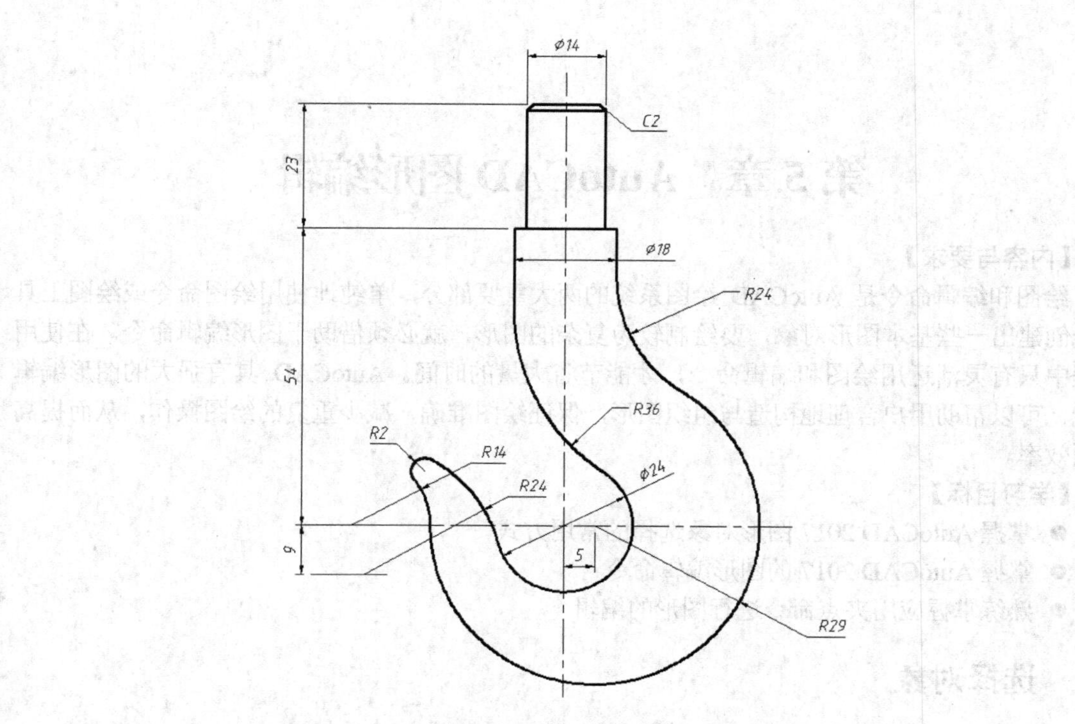

图 4-37　练习题（续）

第5章 AutoCAD图形编辑

【内容与要求】

绘图和编辑命令是 AutoCAD 绘图系统的两大重要部分，单纯地使用绘图命令或绘图工具只能创建出一些基本图形对象，要绘制较为复杂的图形，就必须借助于图形编辑命令。在使用过程中只有灵活运用绘图和编辑命令，才能节省大量的时间。AutoCAD 具有强大的图形编辑功能，可以帮助用户合理地构造与组织图形，保证绘图准确，减少重复的绘图操作，从而提高绘图效率。

【学习目标】

- 掌握 AutoCAD 2017 图形对象选择的常用方式
- 掌握 AutoCAD 2017 的图形编辑命令
- 熟练掌握应用夹点命令进行图形的编辑

5.1 选择对象

在对图形编辑之前，首先要选择编辑目标，即告诉 AutoCAD 要对哪些图形进行编辑。一般在使用有关编辑命令过程中，AutoCAD 会自动向用户提问，在“选择对象”中让用户为图形编辑指定目标，不同的对象可能需要不同的对象选择方式，有些编辑对象往往需要几种选择方式并用。下面介绍 AutoCAD 中常用的几种对象选择方式。

1. 选择单个对象

选择单个对象是最简单、最常用的一种对象选择方式。在执行编辑命令过程中，当命令行提示选择对象时，十字光标变为一个小正方形框，这个方框叫作拾取框。此时将方框移到某个目标对象上，单击鼠标左键即可将其选择。

选择对象完成后，按〈Enter〉键即可结束选择，进入下一步操作。同时，被选择的对象将以虚线显示。

2. 以窗口方式选择对象

以窗口方式选择对象也称窗选方式。窗选是指在选择对象的过程中，需要用户指定一个矩形框，选择矩形框内或与矩形框相交的对象。窗选方式可分为两种，即矩形窗选和交叉窗选。

- 矩形窗选：是指在执行编辑命令过程中，当命令行中显示“选择对象”时，将鼠标光标移至目标对象的左侧，单击鼠标左键确定矩形的一个角点，向右移动鼠标，在绘图区中呈现一个矩形的蓝色实线方框，单击鼠标左键确定矩形的另一个角点，被方框完全包围的对象即被选择，但不会选择与方框交叉的对象，如图 5-1 所示。
- 交叉窗选：该方式与矩形窗选方式类似，当命令行中显示“选择对象”时，将鼠标光标移至目标对象的右侧，单击鼠标左键，向左移动鼠标，在绘图区中呈现一个虚线显示的绿色矩形方框，当用户释放鼠标后，将选择与方框相交或被方框完全包围的对象，如图 5-2 所示。

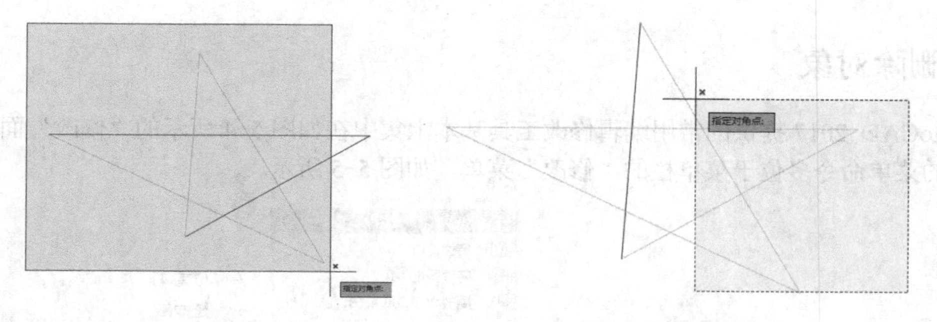

图 5-1　矩形窗选　　　　图 5-2　交叉窗选

3．选择全部对象

在 AutoCAD 中选择全部对象的操作方法主要有如下两种。

- 当命令提示行显示“选择对象”时，在该提示信息后执行“ALL”命令，按〈Enter〉键。
- 在未执行任何命令的情况下，按〈Ctrl+A〉键也可选择绘图区中的全部对象。

4．向选择集中添加或删除对象

若创建了选择集，可以向选择集中添加或删除对象，以便更好地进行绘图操作。

1）通过如下几种方式向选择集中添加对象。

- 按住〈Shift〉键的同时单击要添加的目标对象。
- 直接使用鼠标单选方式点取需选择的对象。
- 在命令行提示选择对象时执行“A”命令，然后选择要添加的对象。

2）通过如下几种方式从选择集中删除对象。

- 按住〈Shift〉键的同时单击要从选择集中删除的对象。
- 在命令提示行显示选择对象时执行“R”命令，然后选择要删除的对象。

5．对话框确定选择目标

选择菜单“工具”→“选项”命令，从弹出的“选项”对话框中选择“选择集”选项卡，如图 5-3 所示。在对话框中用户可选择多种模式并可设置选择框的大小。

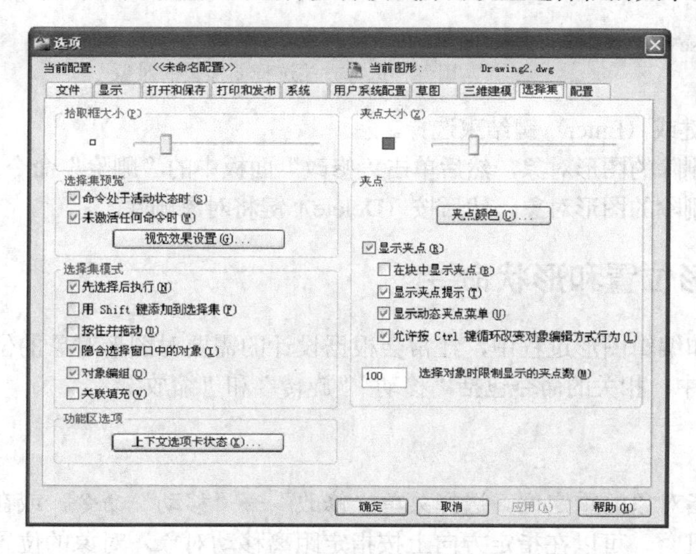

图 5-3　“选择集”选项卡

5.2 删除对象

AutoCAD 2017 提供的常用编辑修改工具基本上集中在如图 5-4 所示的“修改”面板中，其对应的菜单命令多位于菜单栏的“修改”菜单，如图 5-5 所示。

图 5-4 “修改”面板

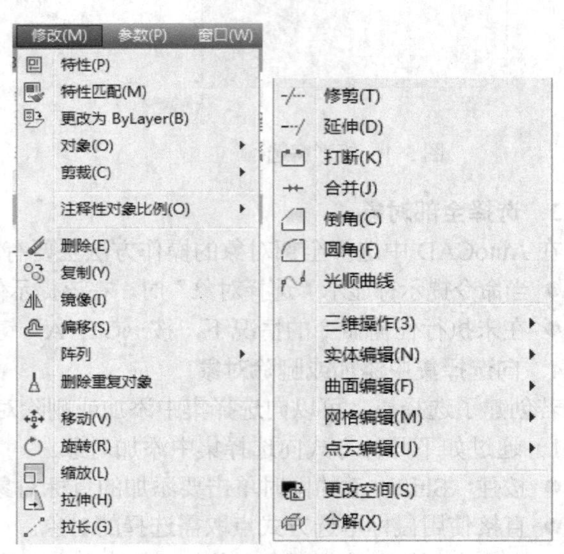

图 5-5 菜单中的修改命令

在编辑图形的过程中，如果图形的一个或多个对象已经不再需要了，就可以用“删除”命令将其删除。在 AutoCAD 2017 中，选择菜单“修改”→“删除”命令，或在“修改”面板中单击“删除”按钮，都可以删除图形中选中的对象。用户可以采用如下几种常用的方法来删除对象。

- 单击“删除”按钮，或者选择菜单“修改”→“删除”命令后，命令行提示：

```
命令：erase
选择对象：                    //用各种选择方法选择要擦去的对象
```

按〈Space〉键或〈Enter〉键结束选择。

- 先选择要删除的图形对象，然后单击“修改”面板中的“删除”命令。
- 先选择要删除的图形对象，然后按〈Delete〉键将对象删除。

5.3 更改图形位置和形状命令

用户在绘制和编辑图形过程中，经常会根据设计的需要对图形对象的位置和形状进行更改，在 AutoCAD 中，相关的命令包括“移动”“旋转”和“缩放”。

5.3.1 移动

移动对象是指对象的重定位。选择菜单“修改”→“移动”命令，或在“修改”面板中单击“移动”按钮，可以在指定方向上按指定距离移动对象，对象的位置发生了改变，但方向和大小不改变。

要移动对象，首先选择要移动的对象，然后指定位移的基点和位移矢量。在命令行的“指定基点或[位移]<位移>”提示下，如果单击或以键盘输入形式给出了基点坐标，命令行将显示“指定第二点或 <使用第一个点作位移>:”提示；如果按〈Enter〉键，那么所给出的基点坐标值就作为偏移量，即将该点作为原点(0,0)，然后将图形相对于该点移动由基点设定的偏移量。

【例 5-1】 如图 5-6 所示，将一矩形从 A 点移动到 B 点。

本例练习“移动”命令的操作方法，具体操作步骤如下。

单击“修改”面板中的“移动”按钮，命令行提示：

```
选择对象:                                    //选中矩形边框
指定基点或 [位移(D)] <位移>:                   //选择 a 点
指定第二个点或 <使用第一个点作为位移>:          //选择 b 点
```

5.3.2 旋转

旋转对象可以将对象绕基点旋转指定的角度，但不改变对象的大小。选择菜单“修改”→“旋转”命令，或在“修改”面板中单击“旋转”按钮，如图 5-7 所示。

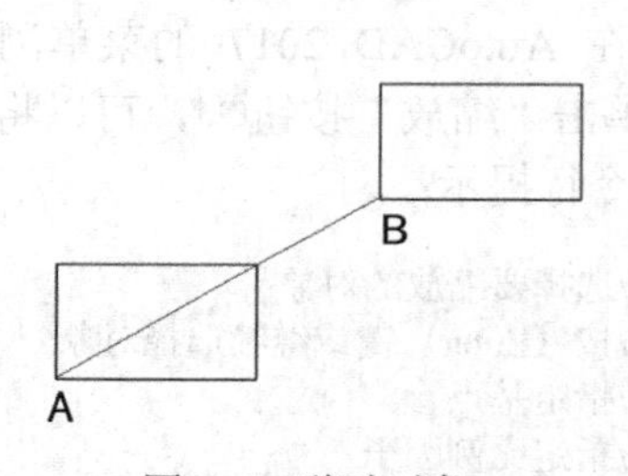

图 5-6　移动对象

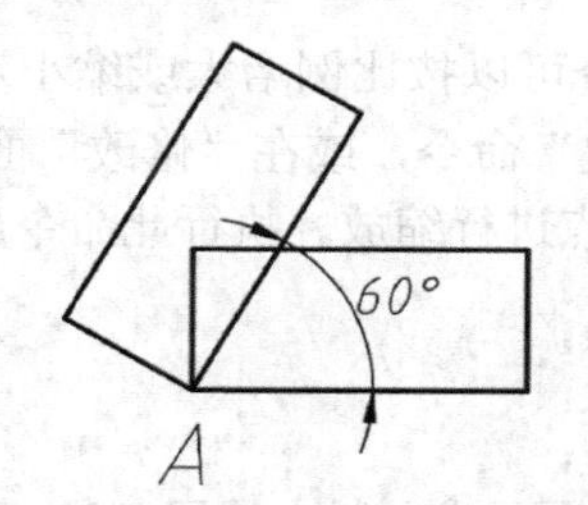

图 5-7　旋转对象

执行此命令后，命令行提示：

```
选择对象:                                    //选择要旋转的对象
选择对象:                                    //按〈Enter〉键或继续选择对象
指定基点:                                    //指定旋转基点 A
指定旋转角度或[复制(C)/参照(R)]:               //指定旋转角 60°
```

注意：在 AutoCAD 中逆时针方向为角度的正方向。

如果直接输入角度值，则可以将对象绕基点转动该角度，角度为正时逆时针旋转，角度为负时顺时针旋转；如果选择“参照(R)”选项，将以参照方式旋转对象，需要依次指定参照方向的角度值和相对于参照方向的角度值。

【例 5-2】 如图 5-8 所示，将图中矩形的一边 AB 绕点 A 旋转到与三角形的一条边 AC 重合的位置。

本例练习“旋转”命令的操作方法，具体操作步骤如下。

单击“修改”面板中的“旋转”按钮，命令行提示：

```
命令: _rotate
UCS 当前的正角方向:  ANGDIR=逆时针   ANGBASE=0
选择对象: 指定对角点: 找到 4 个                         //用窗选方式旋转矩形的 4 条边
选择对象:
指定基点:                                              //选择点 A
指定旋转角度，或 [复制(C)/参照(R)] <0>:  r              //选择参照旋转
指定参照角 <0>:                                        //选择点 A
指定第二点:                                            //选择点 B
指定新角度或 [点(P)] <0>:                               //选择点 C
```

结果如图 5-9 所示。

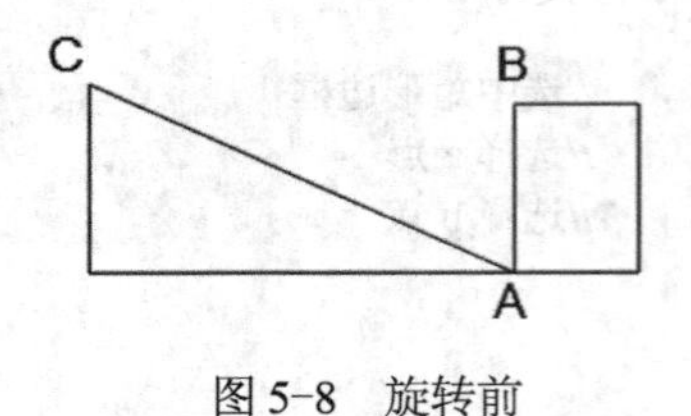

图 5-8　旋转前

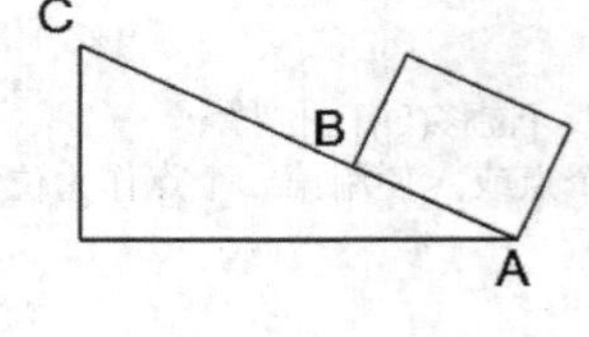

图 5-9　旋转后

5.3.3　缩放

“缩放”命令可以按比例增大或缩小对象。在 AutoCAD 2017 的菜单浏览器中选择菜单“修改”→“缩放”命令，或在“修改”面板中单击“缩放”按钮，可以将对象按指定的比例因子相对于基点进行缩放。执行此命令后，命令行提示：

```
选择对象:                               //选择要缩放的对象
选择对象:                               //按〈Enter〉键或继续选择对象
确定基点:                               //指定基点
指定比例因子或[复制(C)/参照(R)]:          //指定比例因子
```

如果直接指定缩放的比例因子，对象将根据该比例因子相对于基点缩放，当 0<比例因子<1 时缩小对象，当比例因子>1 时，放大对象；如果选择“参照(R)”选项，对象将按参照的方式缩放，需要依次输入参照长度的值和新的长度值，AutoCAD 根据参照长度与新长度的值自动计算比例因子（比例因子=新长度值/参照长度值），然后进行缩放。如图 5-10 所示为复制方式、比例因子 1.2 缩放的图形。

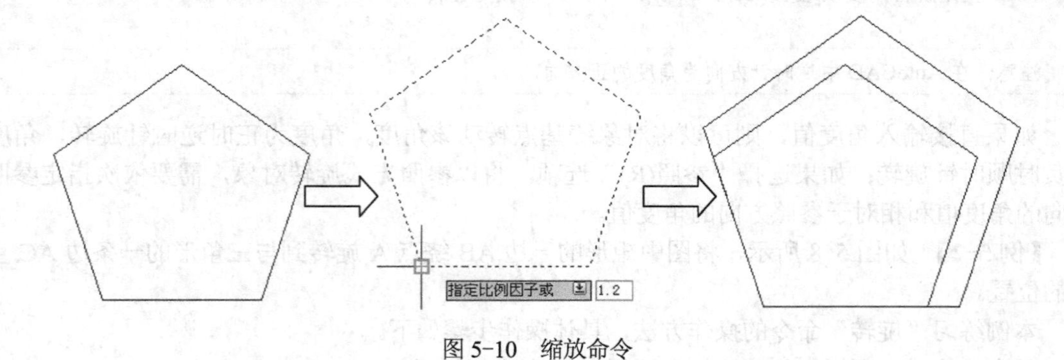

图 5-10　缩放命令

【例 5-3】 如图 5-8 所示，用“缩放”命令将图中的矩形放大，使边 AB 与边 AC 长度相等。

本例练习“缩放”命令的操作方法，具体操作步骤如下。

单击“修改”面板中的“缩放”按钮，命令行提示：

```
命令: _scale
选择对象: 指定对角点: 找到 4 个                    //用窗选方式旋转矩形的 4 条边
选择对象:
指定基点:                                          //选择点 A
指定比例因子或 [复制(C)/参照(R)]: r                //选择参照缩放
指定参照长度 <30.0374>:                            //选择点 A
指定第二点:                                        //选择点 B
指定新的长度或 [点(P)] <1.0000>:                   //选择点 C
```

结果如图 5-11 所示。

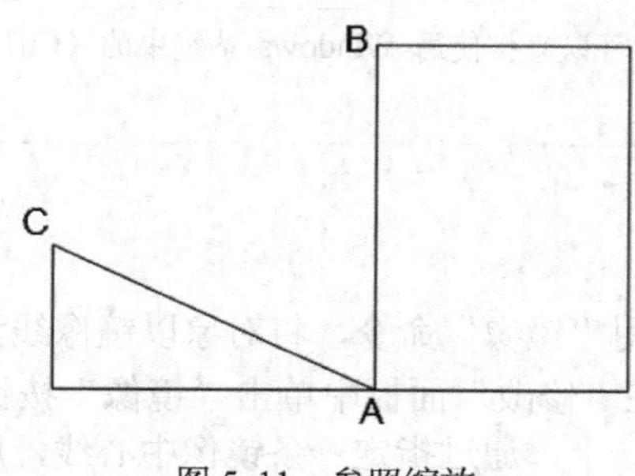

图 5-11　参照缩放

5.4 图形复制类命令

在绘制图形时，如果要绘制几个完全相同的对象，通常更快捷、简便的方法是，在绘制了第一个对象后，再用图形复制类命令生成与已有图形对象具有相同性质的图形对象。这种图形复制类命令包括复制、镜像、偏移、阵列等命令。

5.4.1 复制

在 AutoCAD 中，用户可以使用“复制”命令，在指定方向上按指定距离创建与原有对象相同的图形。选择菜单“修改”→“复制”命令，或单击“修改”面板中的“复制”按钮，即可复制已有对象的副本，并放置到指定的位置。执行该命令时，首先需要选择对象，然后指定位移的基点和位移矢量（相对于基点的方向和大小）。

【例 5-4】 将如图 5-12 所示图形中左侧的小圆复制到右侧大圆的中心位置。

本例练习“复制”命令的操作方法，具体操作步骤如下。

单击“修改”面板中的“复制”按钮，命令行提示：

```
选择对象:                                          //选择小圆
当前设置:  复制模式 = 多个
指定基点或 [位移(D)/模式(O)] <位移>:                //选择小圆圆心点
指定第二个点或 <使用第一个点作为位移>:              //选择大圆圆心点
指定第二个点或 [退出(E)/放弃(U)] <退出>:            //按〈Enter〉键
```

效果如图 5-13 所示。

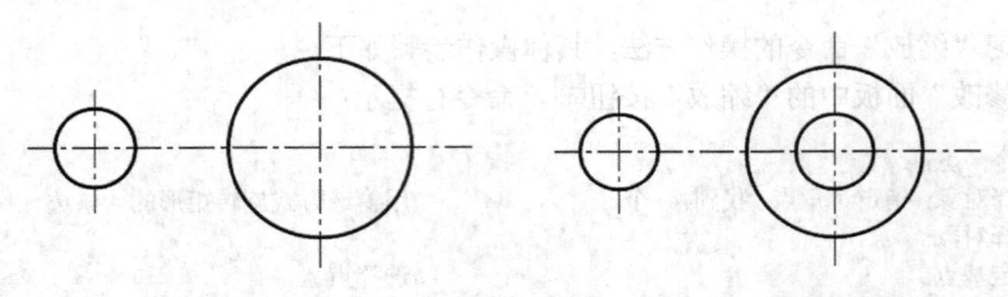

图 5-12　图形　　　　　　图 5-13　图形复制

使用“复制”命令还可以同时创建多个副本。在“指定第二个点或[退出(E)/放弃(U)<退出>:”提示下，通过连续指定位移的第二点来创建该对象的其他副本，直到按〈Enter〉键结束。

📖 提示：AutoCAD 中的图形对象可以直接使用 Windows 系统中的〈Ctrl+C〉和〈Ctrl+V〉组合键进行复制粘贴。

5.4.2 镜像

在 AutoCAD 中，可以使用“镜像”命令，将对象以镜像线为对称轴进行复制。选择菜单“修改”→“镜像”命令，或在“修改”面板中单击“镜像”按钮即可。通常在绘制一个对称图形时，可以先绘制图形的一半，通过指定一条镜像中心线，用镜像的方法来创建图形的另外一部分，这样可以快速地绘制所需要的图形。

执行该命令时，可以生成与所选对象对称的图形，即镜像操作。在镜像对象时需要指出对称轴线，轴线是任意方向的，所选对象将根据该轴线进行对称，并且可选择删除或保留源对象。

【例 5-5】 将如图 5-14a 所示图形，经过镜像命令，得到如图 5-14c 所示的图形。

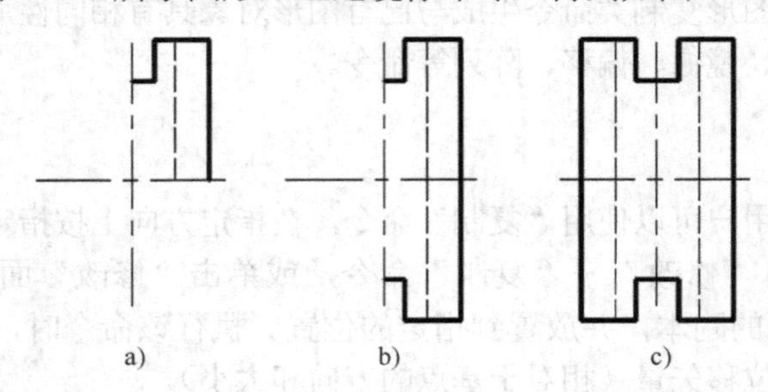

图 5-14　图形镜像

本例练习“镜像”命令的操作方法，具体操作步骤如下。

单击“修改”面板中的“镜像”按钮，命令行提示：

```
选择对象:                                   //选择图 5-14a 需要镜像的对象
指定镜像线的第一点:                          //选择水平中心线上一点
指定镜像线的第二点:                          //选择水平中心线上第二点
要删除源对象吗？[是(Y)/否(N)] <N>:           //按〈Enter〉键，结果如图 5-14b 所示
命令: MIRROR                                //按〈Enter〉键重复镜像命令
选择对象:                                   //选择如图 5-14b 所示需要镜像的对象
```

指定镜像线的第一点:　　　　　　　　　　　　//选择垂直中心线上一点
指定镜像线的第二点:　　　　　　　　　　　　//选择垂直中心线上第二点
要删除源对象吗？[是(Y)/否(N)] <N>:　　　　　//按〈Enter〉键

5.4.3　偏移

在 AutoCAD 中，用户可以使用“偏移”命令，对指定的直线、圆弧、圆等对象作同心偏移复制，对于直线而言，其圆心为无穷远，因此是平行复制。在实际应用中，常利用“偏移”命令的特性创建平行线或等距离分布图形。

选择菜单“修改”→“偏移”命令，或在“修改”面板中单击“偏移”按钮，其命令行提示：

指定偏移距离或 [通过(T)/删除(E)/图层(L)] <通过>:

默认情况下，需要指定偏移距离，再选择要偏移复制的对象，然后指定偏移方向，以复制对象。偏移曲线对象所生成的新对象是变大或变小，这取决于将其放置在源对象的哪一边。例如，将一个圆的偏移对象放置在圆的外面，将生成一个更大的同心圆；若向圆的内部偏移，将生成一个小的同心圆。

【例 5-6】 如图 5-15a 所示的圆半径为 30，采用“偏移”命令，在其内部绘一个 $R15$ 的同心圆，外部绘一个通过 A 直线的右端点的同心圆。

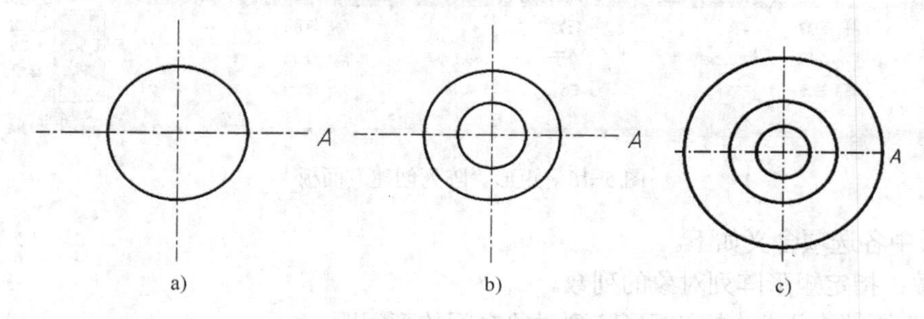

图 5-15　偏移图形

本例练习“偏移”命令的操作方法，具体操作步骤如下。
单击“修改”面板中的“偏移”按钮，命令行提示：

指定偏移距离或[通过(T)/删除(E)/图层(L)]〈通过〉：15
选择要偏移的对象或[退出(E)/放弃(U)]〈退出〉:　　　　　　　//选择 R30 的圆
指定要偏移的那一侧上的点或[退出(E)/多个(M)/放弃(U)]〈退出〉：　//单击圆内任一点

屏幕显示如图 5-15b 所示。单击“偏移”按钮，命令行提示：

指定偏移距离或[通过(T)/删除(E)/图层(L)]〈15.000〉：t //切换到“通过”选项，按〈Enter〉键
选择要偏移的对象或[退出(E)/放弃(U)]〈退出〉:　　　　//选择 R30 的圆
指定通过点或 [退出(E)/多个(M)/放弃(U)] <退出>:　　　//单击点 A

屏幕显示如图 5-15c 所示。
对不同图形执行偏移命令，会有不同结果：
偏移圆弧时，新圆弧的长度要发生变化，但新旧圆弧的中心角相同。

对直线、构造线、射线偏移时，实际上是将它们进行平行复制。

对圆或椭圆执行偏移命令，圆心不变，但圆半径或椭圆的长、短轴会发生变化。

偏移样条曲线时，其长度和起始点要调整，使新样条曲线的各个端点均位于旧样条曲线相应端点处的法线方向上。

说明：“偏移”命令通常只能选择一个图形要素。

5.4.4 阵列

在 AutoCAD 中，通过“阵列”命令可以一次将选择的对象复制多个并按一定规律排列。阵列复制出的全部对象并不是一个整体，可对其中的每个对象进行单独编辑。阵列操作又分为矩形阵列、路径阵列和环形阵列。

选择菜单“修改”→“阵列”命令，或在“修改”面板中单击“矩形阵列”按钮、“路径阵列”按钮或者“环形阵列”按钮，都可以打开各自的“阵列创建”面板，用户可以在该面板中设置方式重复制对象。

1．矩形阵列复制

矩形阵列是指多个相同的结构按行、列的方式进行有序排列。单击“矩形阵列”按钮，选择要阵列的对象，打开如图 5-16 所示的矩形“阵列创建”面板。

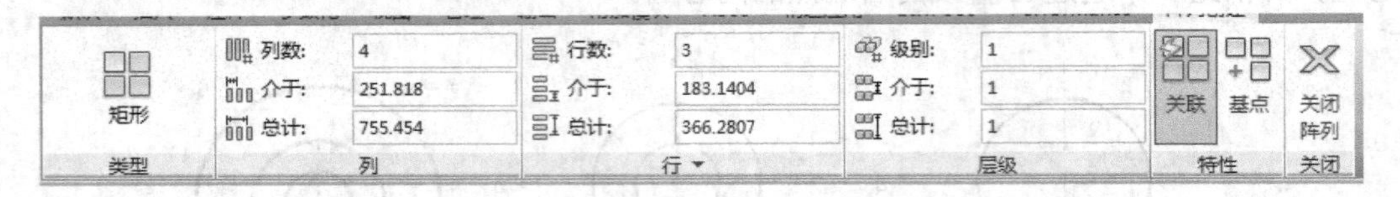

图 5-16　矩形“阵列创建”面板

该面板中各选项含义如下。

- 列数：指定矩形阵列对象的列数。
- “列”下“介于”：指定矩形阵列对象之间的列间距。
- “列”下“总计”：指定第一列到最后一列之间的总距离。
- 行数：指定矩形阵列对象的行数。
- “行”下“介于”：指定矩形阵列对象之间的行间距。
- “行”下“总计”：指定第一行到最后一行之间的总距离。
- 级别：指定（三维阵列的）层数。在二维绘图中一般不用修改此选项。
- “层级”下“介于”：指定矩形阵列对象之间的层间距。
- “层级”下“总计”：指定第一层到最后一层之间的总距离。
- 关联：指定阵列中的对象是关联的还是独立的。如果是关联的，则包含单个阵列对象中的阵列项目，类似于块。使用关联阵列，可以通过编辑特性和源对象在整个阵列中快速传递更改。如果不关联，则创建的阵列项目作为独立对象，更改一个项目不影响其他项目。
- 基点：指定用于在阵列中放置对象的基点。

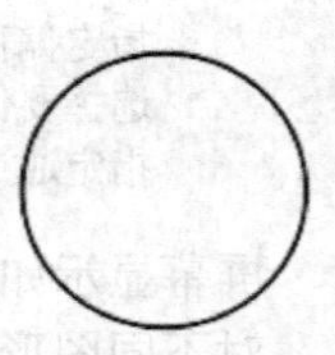

图 5-17　圆

【例 5-7】 采用矩形阵列命令，将如图 5-17 所示的 $R5$ 圆复制为 3 行 4 列的图形，行间距和列间距均为 20。

单击“修改”面板中的“矩形阵列”按钮，命令行提示：

```
命令: _arrayrect
选择对象: 找到 1 个                    //选择 R5 的圆
选择对象:                              //按〈Enter〉键
```

此时打开如图 5-18 所示的“阵列创建”面板，在“阵列创建”面板中分别输入列数为 4，列间距为 20，行数为 3，行间距为 20，选择“关联”，单击“关闭阵列”命令，则结果如图 5-19 所示。

类型	列		行		层级		特性		关闭
矩形	列数:	4	行数:	3	级别:	1	关联	基点	关闭阵列
	介于:	20	介于:	20	介于:	1			
	总计:	60	总计:	40	总计:	1			

图 5-18　矩形“阵列创建”面板

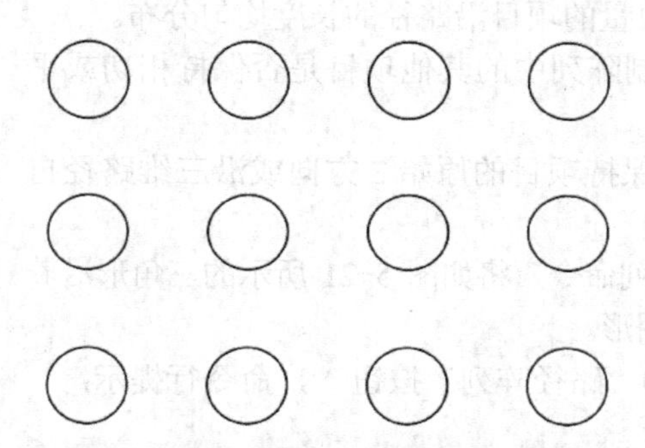

图 5-19　矩形阵列复制对象

2．路径阵列复制

路径阵列是沿路径或部分路径均匀分布对象，路径可以是直线、多段线、样条曲线、螺旋、圆弧、圆或椭圆。单击“路径阵列”按钮，选择要阵列的对象和路径，打开如图 5-20 所示的“路径阵列创建”面板。

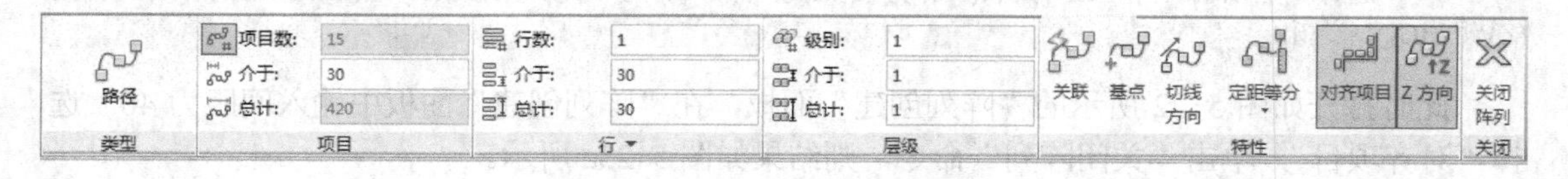

图 5-20　路径“阵列创建”面板

该面板中各选项含义如下。

- 项目数：指定路径阵列对象的数目，允许从路径的曲线长度和项目间距自动计算项目数。
- “项目”下“介于”：指定路径阵列对象之间的间距。
- “项目”下“总计”：指定第一个到最后一个之间的总距离。
- 行数：指定路径阵列对象的行数。
- “行”下“介于”：指定路径阵列对象之间的行间距。

● “行”下“总计”：指定第一行到最后一行之间的总距离。
● 级别：指定（三维阵列的）层数。在二维绘图中一般不用修改此选项。
● “层数”下“介于”：指定路径阵列对象之间的层间距。
● “层数”下“总计”：指定第一层到最后一层之间的总距离。
● 关联：指定阵列中的对象是关联的还是独立的。如果是关联，则包含单个阵列对象中的阵列项目，类似于块。使用关联阵列，可以通过编辑特性和源对象在整个阵列中快速传递更改。如果不关联，则创建阵列项目作为独立对象。更改一个项目不影响其他项目。
● 基点：指定用于在阵列中放置对象的基点。
● 切线方向：指定相对于路径曲线的第一个项目的位置。允许指定与路径曲线的起始方向平行的两个点
● 定距等分：编辑路径时或通过夹点或“特性”选项板编辑项目数时，保持当前项目间距。
● 定数等分：将指定数量的项目沿路径的长度均匀分布。
● 对齐项目：设置控制阵列中的其他项目是否保持相切或平行方向。
● Z 方向：控制是否保持项目的原始 Z 方向或沿三维路径自然倾斜。

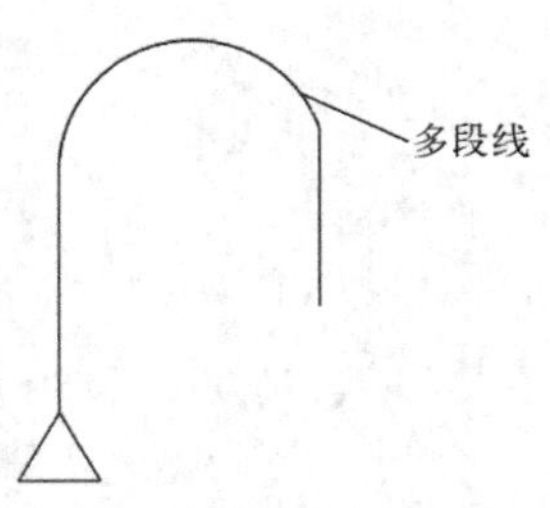

图 5-21　源对象和路径

【例 5-8】 采用路径阵列命令，将如图 5-21 所示的三角形沿着多段线复制为间距为 40 的图形。

单击“修改”面板中的“路径阵列”按钮，命令行提示：

```
命令: _arraypath
选择对象: 找到 1 个                          //选择三角形的一条边
选择对象: 找到 1 个，总计 2 个               //选择三角形的第二条边
选择对象: 找到 1 个，总计 3 个               //选择三角形的第三条边
选择对象:                                    //按〈Enter〉键，结束选择对象
类型 = 路径  关联 = 否
选择路径曲线:                                //选择多段线
选择夹点以编辑阵列或 [关联(AS)/方法(M)/基点(B)/切向(T)/项目(I)/行(R)/层(L)/对齐项目(A)/z 方向(Z)/退出(X)] <退出>:
```

此时打开如图 5-22 所示的“阵列创建”面板，在“阵列创建”面板中输入间距为 40，选择“对齐项目”，单击“关闭阵列”命令，则结果如图 5-23a 所示。

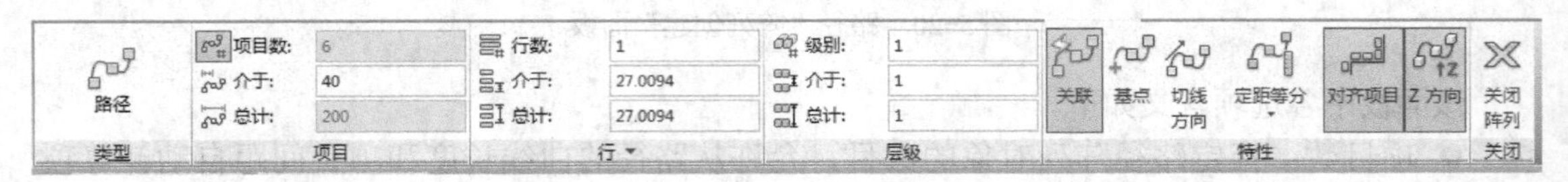

图 5-22　路径“阵列创建”面板

如果取消“对齐项目”选项，则结果如图 5-23b 所示。

3. 环形阵列复制

环形阵列是指将所选的对象绕某个中心点进行旋转，然后生成一个环形结构的图形。单

击“环形阵列”按钮，选择要阵列的对象和阵列中心点，打开如图 5-24 所示的环形“阵列创建”面板。

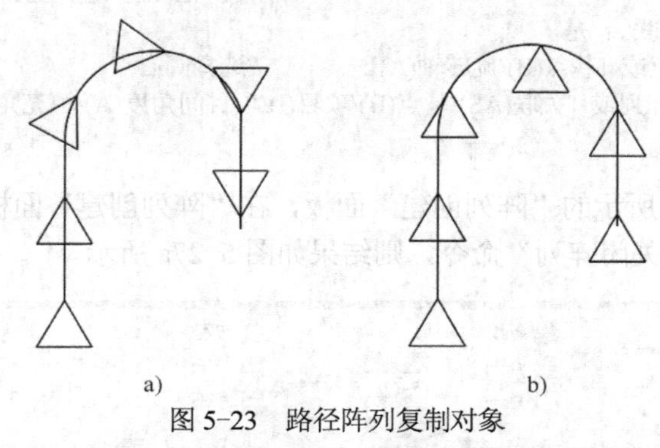

图 5-23　路径阵列复制对象

a) 选中对齐项目　b) 取消对齐项目

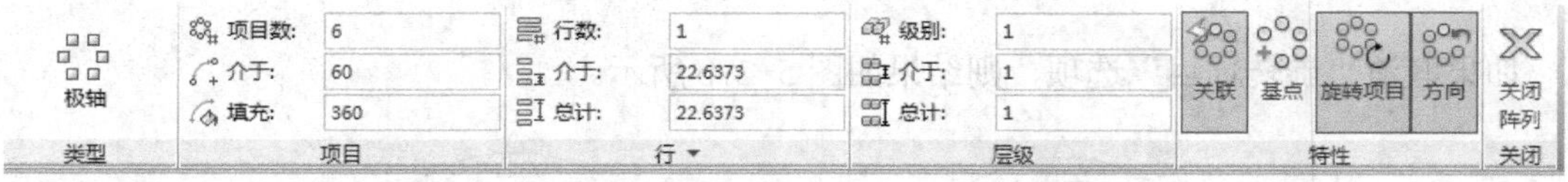

极轴　项目数: 6　介于: 60　填充: 360　行数: 1　介于: 22.6373　总计: 22.6373　级别: 1　介于: 1　总计: 1　关联　基点　旋转项目　方向　关闭阵列

类型　项目　行　层级　特性　关闭

图 5-24　环形“阵列创建”面板

该面板中各选项含义如下。

- 项目数：指定环形阵列对象的数目。
- “项目”下“介于”：指定环形阵列两相邻对象之间的角度。
- “填充”：指定第一项到最后一项之间的总角度。
- 行数：指定环形阵列对象的行数。
- “行”下“介于”：指定环形阵列对象之间的行间距。
- “行”下“总计”：指定第一行到最后一行之间的总距离。
- 级别：指定（三维阵列的）层数。在二维绘图中一般不用修改此选项。
- “层级”下“介于”：指定环形阵列对象之间的层间距。
- “层级”下“总计”：指定第一层到最后一层之间的总距离。
- 关联：指定阵列中的对象是关联的还是独立的。如果是关联，则包含单个阵列对象中的阵列项目，类似于块。使用关联阵列，可以通过编辑特性和源对象在整个阵列中快速传递更改。如果不是关联，则创建阵列项目作为独立对象。更改一个项目不影响其他项目。
- 基点：指定用于在阵列中放置对象的基点。
- 旋转项目：控制在阵列项时是否旋转项目。
- 方向：控制是否创建顺时针或逆时针阵列。

【例 5-9】 采用环形阵列命令，将如图 5-25 所示的三角形沿着圆周复制为角度为 60° 的图形。

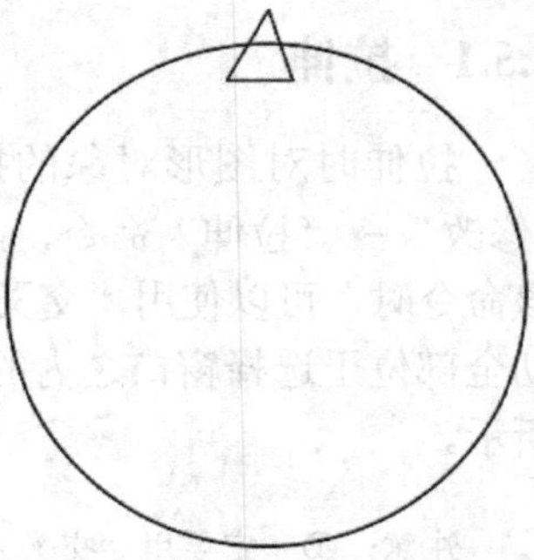

图 5-25　源对象和路径

单击“修改”面板中的“环形阵列”按钮，命令行提示：

```
命令: _arraypolar
选择对象: 指定对角点: 找到 3 个                        //选择三角形的三条边
选择对象:                                             //按〈Enter〉键，结束选择对象
类型 = 极轴   关联 = 是
指定阵列的中心点或 [基点(B)/旋转轴(A)]:                  //选择圆心点
选择夹点以编辑阵列或 [关联(AS)/基点(B)/项目(I)/项目间角度(A)/填充角度(F)/行(ROW)/层(L)/旋转
项目(ROT)/退出(X)] <退出>:
```

此时打开如图 5-26 所示的“阵列创建”面板，在“阵列创建”面板中输入角度为 60，选择“旋转项目”，单击“关闭阵列”命令，则结果如图 5-27a 所示。

类型	项目		行		层级		特性	关闭
极轴	项目数:	6	行数:	1	级别:	1	关联 基点 旋转项目 方向	关闭阵列
	介于:	60	介于:	22.6373	介于:	1		
	填充:	360	总计:	22.6373	总计:	1		

图 5-26　极轴“阵列创建”面板

如果取消“旋转项目”选项，则结果如图 5-27b 所示。

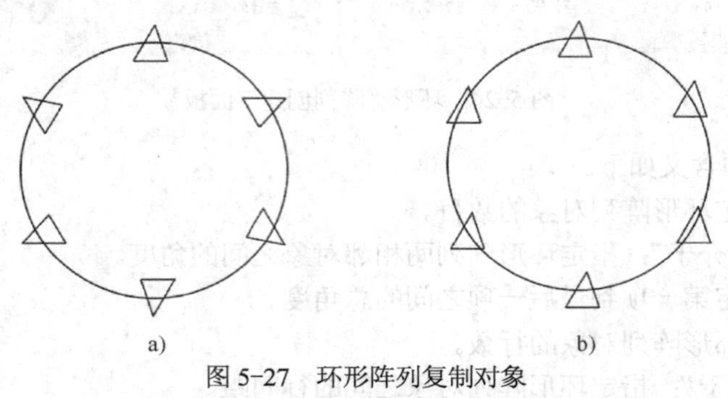

图 5-27　环形阵列复制对象

a) 选中“旋转项目”　b) 取消“旋转项目”

5.5　图形几何编辑命令

本节讲解对图形的一些几何编辑操作命令，其中包括拉伸、修剪、延伸、打断、倒角、圆角和分解图形等。

5.5.1　拉伸

拉伸时对图形对象的拉伸、缩短和移动，可以直接对图形的形状进行改变。选择菜单“修改”→“拉伸”命令，或在“修改”面板中单击“拉伸”按钮，就可以拉伸对象。执行该命令时，可以使用“交叉窗口”方式选择对象，然后依次指定位移基点和位移矢量，将会移动全部位于选择窗口之内的对象，而拉伸（或压缩）与选择窗口边界相交的对象，如图 5-28 所示。

注意：①一定要用“交叉方式”选择要拉伸的对象；②“拉伸”实质上是将交叉方式中矩形选择框中框取的端点按基点到目的点的距离和方向进行移动，矩形选择框外的端点不动，从而实现拉伸或压缩。若

预拉伸或压缩的实体端点均被选择在矩形选择框中，即执行的是与“移动”命令一样的平移操作；③圆、椭圆、文本等实体对象因没有端点，不能实现拉伸或压缩。

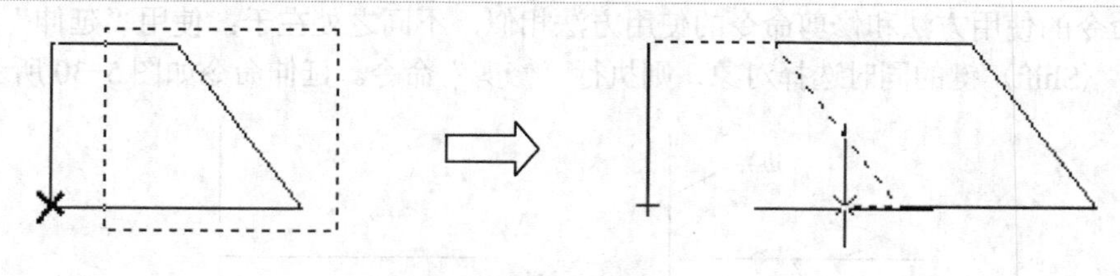

图 5-28　拉伸命令

5.5.2　修剪

绘制好大概的图形后，通常要将一些不需要的线段修剪掉，使图线精确地终止于由指定边界定义的边界。“修剪”命令可以将对象按指定的边界进行修剪。在 AutoCAD 2017 中选择菜单“修改”→“修剪”命令，或在“修改”面板中单击“修剪”按钮，可以以某一对象为剪切边修剪其他对象。

执行“修剪”命令的时候，首先要选择剪切边界，然后选择被修剪对象。默认情况下，选择要修剪的对象（即选择被剪边），系统将以剪切边为界，将被剪切对象上位于拾取点一侧的部分剪切掉。如果按下〈Shift〉键，同时选择与修剪边不相交的对象，修剪边将变为延伸边界，将选择的对象延伸至与修剪边界相交。

在 AutoCAD 中，可以作为剪切边的对象有直线、圆弧、圆、椭圆或椭圆弧、多段线、样条曲线、构造线、射线以及文字等，剪切边也可以同时作为被剪边。

【例 5-10】 采用修剪命令，将如图 5-29a 所示的图形修剪为如图 5-29b 所示的图形。

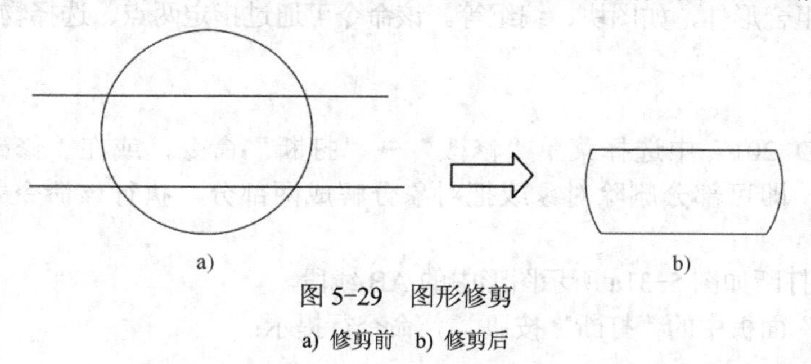

图 5-29　图形修剪

a) 修剪前　b) 修剪后

单击“修改”面板中的“修剪”按钮，命令行提示：

```
命令: _trim
当前设置:投影=UCS，边=无
选择剪切边...
选择对象或 <全部选择>:                    //按〈Enter〉键，选择全部作为剪切边
选择要修剪的对象，或按住 Shift 键选择要延伸的对象，或[栏选(F)/窗交(C)/投影(P)/边(E)/删除(R)/
放弃(U)]:                                 //依次选择要修剪的对象
```

5.5.3　延伸

“延伸”命令可以将未闭合的直线、圆弧等图形对象延伸到一个边界对象，使其与边界

相交。在 AutoCAD 2017 中选择菜单“修改”→“延伸”命令，或在“修改”面板中单击“延伸”按钮--/|，可以延长指定的对象与另一对象相交或外观相交。

延伸命令的使用方法和修剪命令的使用方法相似，不同之处在于：使用“延伸”命令时，如果在按下〈Shift〉键的同时选择对象，则执行“修剪”命令。延伸命令如图 5-30 所示。

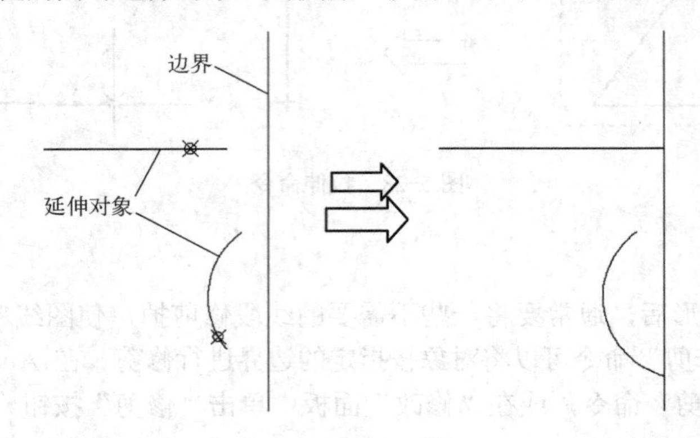

图 5-30　延伸对象

5.5.4 打断

打断命令也是一个比较实用的图形编辑命令，利用该命令可以将一个图形对象打断为两个对象，对象之间可以具有间隙，也可以没有间隙。打断方式有两种：一种是“打断”（BREAK）命令，它可部分删除对象或把对象分解成两部分；另外一种是“打断于点”命令，它可以将对象在一点处断开成两个对象。使用“打断”命令时，被分离的线段只能是单独的线条，不能是任何组合形体，如图块、编组等。该命令可通过指定两点、选择物体后再指定两点这两种方式断开。

1. 打断对象

在 AutoCAD 2017 中选择菜单“修改”→“打断”命令，或在“修改”面板中单击“打断”按钮□，即可部分删除对象或把对象分解成两部分。执行该命令并选择需要打断的对象。

【例 5-11】 打断如图 5-31a 所示图形中的 AB 线段。

单击“修改”面板中的“打断”按钮□，命令行提示：

```
选择对象:                                  //选择直线上的 A 点
指定第二个打断点 或 [第一点(F)]:            //选择直线上的 B 点
```

结果如图 5-31b 所示。

2. 打断于点

在“修改”面板中单击“打断于点”按钮□，可以将对象在一点处断开成两个对象。执行该命令时，需要选择要被打断的对象，然后指定打断点，即可从该点打断对象。

【例 5-12】 将如图 5-32a 所示图形中的线段断开。

本例练习“打断于点”命令的操作方法，具体操作步骤如下。

单击“修改”面板中的“打断于点”按钮□，命令行提示：

```
选择对象:                                  //选择需要打断的直线
```

```
指定第二个打断点 或 [第一点(F)]: _f                //选择第一个打断点
指定第一个打断点:                                  //在选中的直线上单击第一个打断点
指定第二个打断点: @
```

结果如图 5-32b 所示。

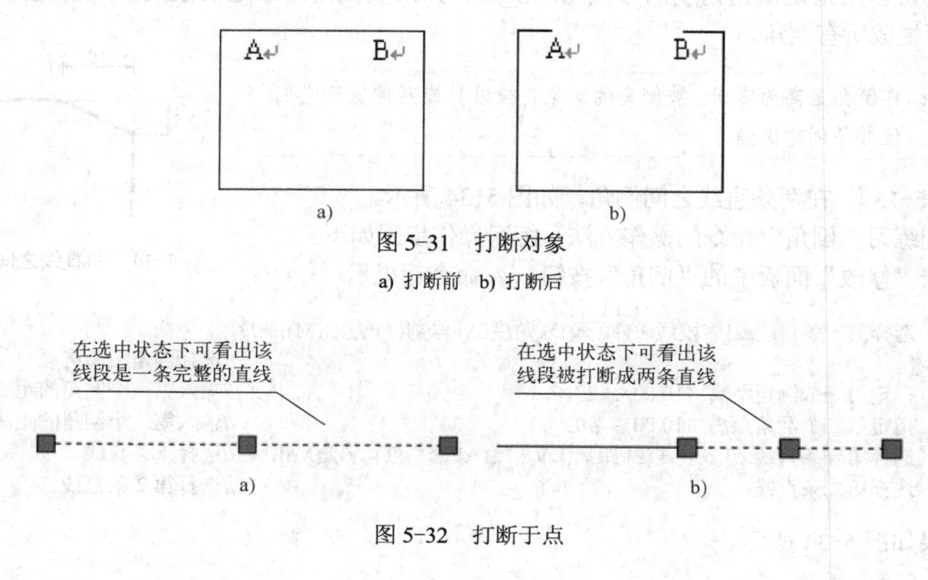

图 5-31　打断对象

a) 打断前　b) 打断后

图 5-32　打断于点

📖 注意：对圆和椭圆执行此命令时，从第一点逆时针到第二点的圆弧部分消失。

5.5.5　倒角

“倒角”特征更多地考虑了零件的工艺性，使零件避免出现尖锐的棱角。在机械制图中，倒角是较为常见的一种结构表现形式。在 AutoCAD 2017 中选择菜单“修改”→“倒角”命令，或在“修改”面板中单击“倒角”按钮，即可为对象绘制倒角。

倒角命令的选项比较多，如图 5-33 所示，各选项含义如下。

```
命令: _chamfer
("修剪"模式) 当前倒角距离 1 = 0.0000, 距离 2 = 0.0000
选择第一条直线或 [放弃(U)/多段线(P)/距离(D)/角度(A)/修剪(T)/方式(E)/多个(M)]:
```

图 5-33　倒角命令的提示行

- 选择第一条直线：定义倒角所需两条边中的第一条边。
- 多段线（P）：在二维多短线的直线边之间倒棱角，当线段长于倒角距离时，则不作倒角。
- 距离（D）：设置倒角距离。
- 角度（A）：用角度法确定倒角参数。后续提示：指定第一条直线的倒角长度：指定第一条直线的倒角角度。
- 修剪（T）：选择修剪模式后续提示：输入修剪模式选项[修剪（T）/不修剪（N）]。如改为不修剪（N），则倒棱角时将保留原线段，既不修剪，也不延伸。
- 方式（E）：选定倒棱角的方法，即选距离或角度方法，后续提示：输入修剪方法[距离

（D）/角度（A）]。

● 多个（M）：选择此项可连续为多个线段倒棱角，最后按〈Enter〉键确认退出。

最常用的是首先选择距离选项，分别指定倒角的两个距离值，然后选择要倒角的两条线即可，也可以用指定倒角角度的方式绘制倒角。如果被倒角对象是多段线，只需选择一次对象，即可生成所有倒角。

📖 注意：在倒角距离为零时，被倒角的对象将被修剪或延伸直到它们相交，但并不创建倒角。

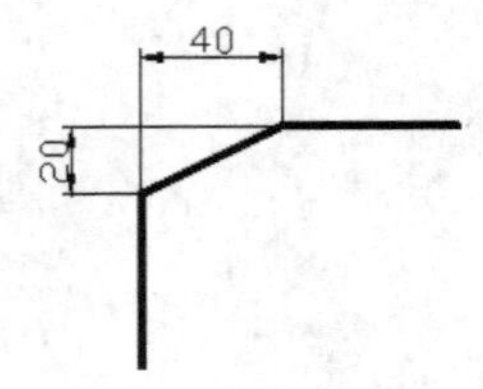

图 5-34　两直线之间倒角

【例 5-13】 在两条直线之间倒角，如图 5-34 所示。

本例练习“倒角”命令的操作方法，练习操作步骤如下。

单击“修改”面板中的“倒角”按钮，命令行提示：

```
选择第一条直线或[多段线(P)/距离(D)/角度(A)/修剪(T)/方法(M)]：D↙
                                                        //选择倒角距离选项
指定第一个倒角距离〈10.00〉：20↙                         //输入第一个倒角的距离
指定第二个倒角距离〈10.00〉：40↙                         //输入第二个倒角的距离
选择第一条直线或[多段线(P)/距离(D)/角度(A)/修剪(T)/方法(M)]：  //选择 1 条直线
选择第二条直线：                                          //选择第 2 条直线
```

结果如图 5-34 所示。

5.5.6 圆角

“圆角”使用与对象相切并且具有指定半径的圆弧连接两个对象。在 AutoCAD 2017 中选择菜单“修改”→“圆角”命令，或在“修改”面板中单击“圆角”按钮，即可对对象用圆弧倒圆角。

倒圆角的方法与倒角的方法相似，在命令行中，选择“半径（R）”选项，设置圆角的半径大小即可。如果将圆角半径设置为 0，那么被圆角的对象将被修剪或延伸直到它们相交，但并不创建圆弧。

【例 5-14】 在两条直线之间做 R10 的圆角。

本例练习“圆角”命令的操作方法，具体操作步骤如下。

单击“修改”面板中的“圆角”按钮，命令行提示：

```
选择第一个对象或 [放弃(U)/多段线(P)/半径(R)/修剪(T)/多个(M)]: r
                                        //选择设置圆角半径选项
指定圆角半径 <0.0000>: 10               //设定圆角半径为 10
选择第一个对象或 [放弃(U)/多段线(P)/半径(R)/修剪(T)/多个(M)]:
                                        //单击第一条直线
选择第二个对象，或按住〈Shift〉键选择要应用角点的对象:
                                        //单击第二条直线
```

R10

图 5-35　圆角命令

结果如图 5-35 所示。

📖 注意：圆角半径是倒圆角的主要参数，半径不当（一般太大），不能完成倒圆角的操作；通过选项设置有关参数，参数设置后将作为新的倒圆角的参数，但是绘制平行线间倒角时，半径参数不起作用。

5.5.7　分解

在 AutoCAD 2017 中，对于矩形（使用矩形命令绘制的）、块等由多个对象编组成的组合对象，如果需要对单个成员进行编辑，就需要先将它分解开。选择菜单“修改”→“分解”命令，或在“修改”面板中单击“分解”按钮，选择需要分解的对象后按〈Enter〉键，即可分解图形并结束该命令。如对一个矩形进行分解，如图 5-36 所示。

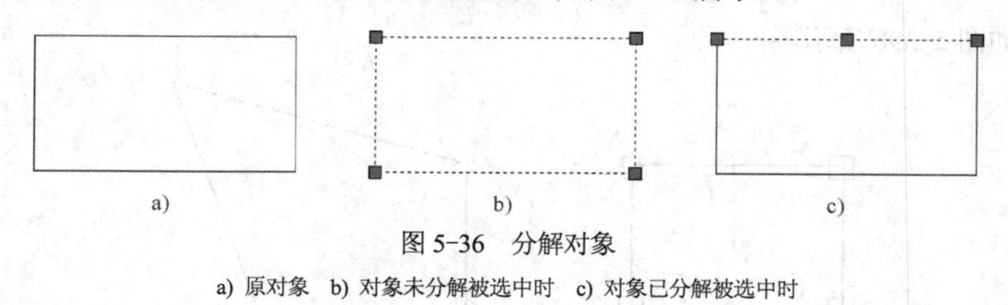

图 5-36　分解对象

a) 原对象　b) 对象未分解被选中时　c) 对象已分解被选中时

5.6　夹点编辑

夹点是指对象上的控制点。默认情况下，AutoCAD 的夹点编辑方式是开启的，当用户在无命令状态下选择实体后，实体上将出现若干蓝色方框，这些方框称为“夹点”，如图 5-37 所示。将十字光标靠近方框并单击鼠标左键，夹点编辑模式被激活变成红色，此时，AutoCAD 自动进入“拉伸”编辑方式，连续按〈Enter〉键，可以执行拉伸、移动、旋转、缩放或镜像等操作，夹点可以将命令和对象选择结合起来，从而提高编辑速度。

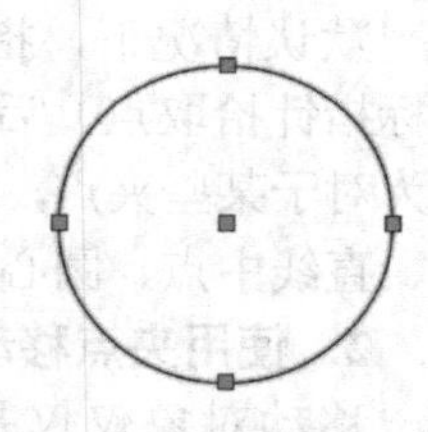

图 5-37　夹点

5.6.1　夹点选项设置

选择菜单“工具”→“选项”命令，在打开的“选项”对话框中单击“选择集”选项卡，在该选项卡中可对夹点的开/关状态、是否在图块中启用夹点、选择及未选择夹点的颜色、夹点的大小等状态进行设置，如图 5-38 所示。夹点各选项的含义详见第 2 章。

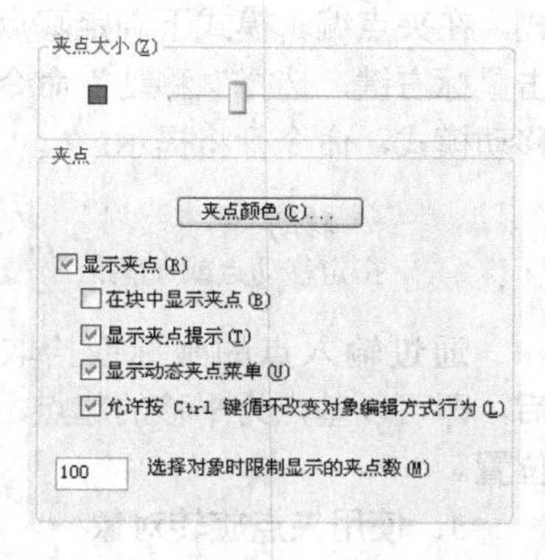

图 5-38　夹点设置

5.6.2　夹点编辑实体

采用夹点命令编辑对象时的步骤如下。

❶ 直接单击对象出现蓝色夹点。

❷ 选择相应命令或右击，在快捷菜单中选择编辑命令。

❸ 再单击一夹点其变为红色（温点）。右击在快捷菜单中选择相应命令；单击夹点按住左键可拉伸或移动对象。

❹ 按两次〈Esc〉键消除夹点（或单击“撤销”按钮）。

1．使用夹点拉伸对象

在 AutoCAD 中，夹点是一种集成的编辑模式，提供了一种方便快捷的编辑操作途径。在不执行任何命令的情况下选择对象，显示其夹点，然后单击其中一个夹点作为拉伸的基点，如用夹点拉伸模式拉伸如图 5-39a 所示的图形，命令行提示：

```
命令：//将光标压在矩形上，单击鼠标左键，则矩形四角出现蓝色方块
命令：//在“A”点单击鼠标左键，将其变成红实心块
**拉伸**
指定拉伸点或[基点(B)/复制(C)/放弃(U)/退出(X)]：@20,20
```

结果如图 5-39b 所示。

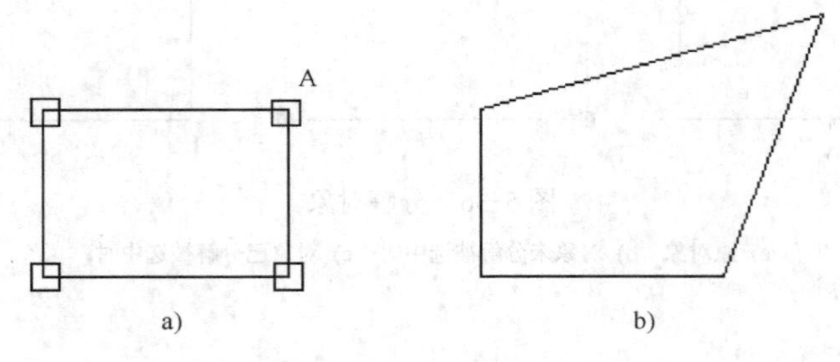

图 5-39　夹点拉伸模式

默认情况下，指定拉伸点（可以通过输入点的坐标或者直接用鼠标指针拾取点）后，AutoCAD 将把对象拉伸或移动到新的位置。因为对于某些夹点，移动时只能移动对象而不能拉伸对象，如文字、块、直线中点、圆心、椭圆中心和点对象上的夹点。

2．使用夹点移动对象

移动对象仅仅是位置上的平移，对象的方向和大小并不会改变。要精确地移动对象，可使用捕捉模式、坐标、夹点和对象捕捉模式。在夹点编辑模式下确定基点后，在命令行提示下输入 MO，或单击鼠标右键，选择”移动”命令（如图 5-40 所示的快捷菜单），进入移动模式，命令行将提示：

```
** 移动 **
指定移动点或 [基点(B)/复制(C)/放弃(U)/退出(X)]:
```

通过输入点的坐标或拾取点的方式来确定平移对象的目的点后，即可以基点为平移的起点，以目的点为终点将所选对象平移到新位置。

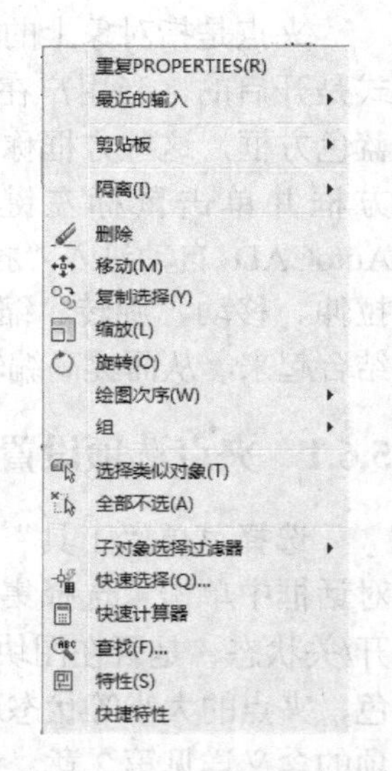

图 5-40　快捷菜单

3．使用夹点旋转对象

在夹点编辑模式下，确定基点后，在命令行提示下输入“RO”，或单击鼠标右键进入旋转模式，命令行提示：

```
** 旋转 **
指定旋转角度或 [基点(B)/复制(C)/放弃(U)/参照(R)/退出(X)]:
```

默认情况下，输入旋转的角度值后或通过拖动方式确定旋转角度后，即可将对象绕基点旋转指定的角度。也可以选择“参照”选项，以参照方式旋转对象，这与“旋转”命令中的“对照”选项功能相同。

4．使用夹点缩放对象

在夹点编辑模式下确定基点后，在命令行提示下输入 SC，或单击鼠标右键进入缩放模式，命令行提示：

```
** 比例缩放 **
指定比例因子或 [基点(B)/复制(C)/放弃(U)/参照(R)/退出(X)]:
```

默认情况下，当确定了缩放的比例因子后，AutoCAD 将相对于基点进行缩放对象操作。当比例因子>1 时放大对象；当 0<比例因子<1 时缩小对象。

5．使用夹点镜像对象

与“镜像”命令的功能类似，镜像操作后将删除原对象。在夹点编辑模式下确定基点后，在命令行提示下输入 MI，或单击鼠标右键进入镜像模式，命令行提示：

```
** 镜像 **
指定第二点或 [基点(B)/复制(C)/放弃(U)/退出(X)]:
```

指定镜像线上的第 2 个点后，AutoCAD 将以基点作为镜像线上的第 1 点，新指定的点为镜像线上的第 2 个点，将对象进行镜像操作并删除原对象。

5.7 编辑对象特性

对于每个 AutoCAD 的对象都有一定的特性，例如直线具有长度、端点，圆具有圆心和半径。这些由用户定义的对象尺寸和位置的特性称为几何属性。除几何属性外，每个对象还有诸如颜色、线型、所在层、线型比例和厚度等其他一些特性，这些特性称为对象属性。为了方便用户编辑图形，AutoCAD 提供了一些命令用于查看和修改对象的几何特性和对象属性。

5.7.1 特性

1. 打开“特性”选项板

选择菜单“修改”→“特性”命令，打开“特性”选项板，如图 5-41 所示。

“特性”选项板是一个形式简单的表格式对话框，表格中的内容即为所选对象的特性，根据所选对象的不同，表格中的内容也将不同。选项板左上方文本框中显示了所选对象的类型名，如果没有选择对象时，列表框中显示“无选择”，对话框将显示图形整体属性；如果选择一个对象，显示该对象的名称；如果选择多个或全部对象，显示“全部（数字）”。

选项板右上方的 3 个按钮分别是“切换 PICKADD 系统变量的值”“选择对象”“快速选择”，单击它们可以进行相应的操作。

选项板下部是对象的特性表，可分别将特性按字母顺序和按分类排列。表格左边是特性的名称，右边显示该项的当前值或状态。对表中每个特性，可以通过单击特性栏进行修改，非常方便。当需要修改对象的某一属性时，单击列表框左边的特性名称，使其增亮。然后视情况用以下方式来修改该特性值。

- 在该项右边的编辑框中输入一个新值。
- 单击该项右边的▲按钮，从弹出的下拉列表中选择一个值。
- 单击该项右边的子对话框“浏览”按钮，在弹出的子对话框中修改有关特性值。
- 如果是与点坐标有关的特性，还可以单击右边的“拾取点”按钮，然后在绘图区直接拾取点来改变坐标值。

2．固定或隐藏特性窗口

“特性”选项板默认处于浮动状态。在“特性”选项板的标题栏上右击，将弹出一个快捷菜单，如图 5-42 所示。用户可通过该快捷菜单确定是否隐藏选项板、是否在选项板内显示特性的说明部分以及是否将选项板锁定在主窗口中。

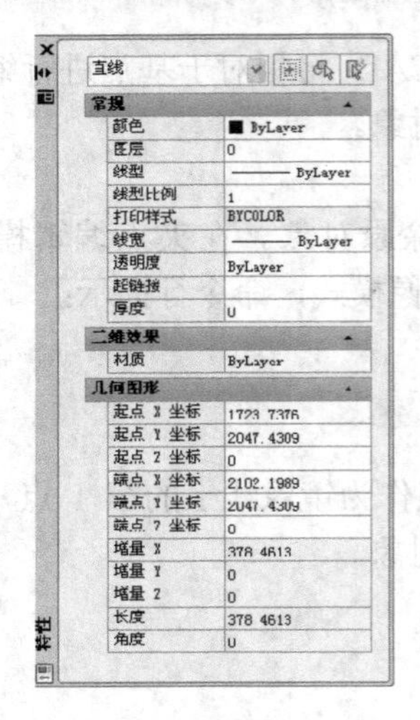

图 5-41 “特性”选项板

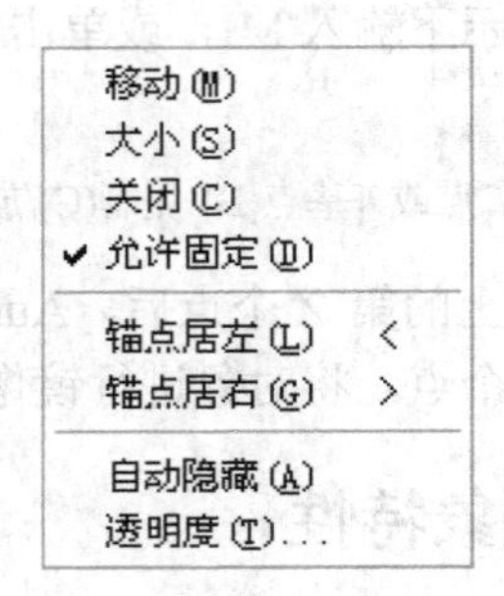

图 5-42 “特性”选项板的快捷菜单

【例 5-15】 通过“特性”命令功能，将如图 5-43a 所示的 R30 的圆改为 R50，并将其放置在细实线图层上。

本例练习“特性”命令的操作方法，具体操作步骤如下。

❶ 调出“特性”选项板，如图 5-43b 所示。

❷ 单击特性对话框中的“基本”卷展栏，在“图层”栏中选择“细实线”选项。

❸ 单击特性对话框中的“几何图形”卷展栏，在“半径”栏中将当前的 30 改为 50。

❹ 单击对象特性对话框中的左上角的按钮，退出“特性”对话框。

结果如图 5-43c 所示。

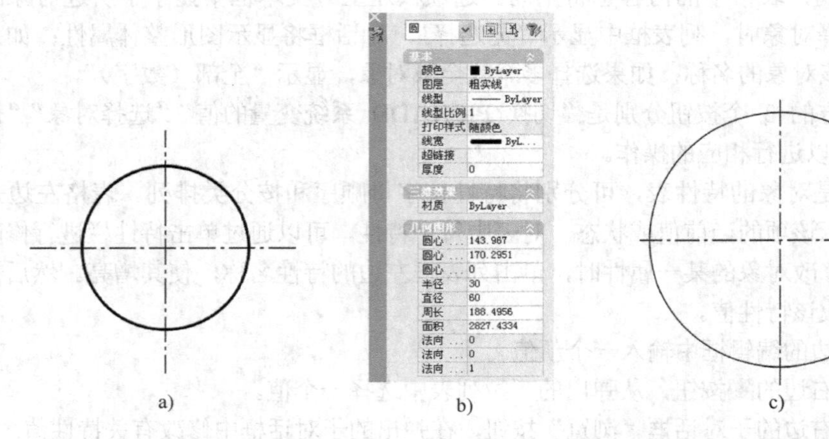

图 5-43 用对象特性修改图形

5.7.2 特性匹配

特性匹配命令的功能用于将源实体对象的特性复制给一个或多个目的对象，使目的对象的特性与源实体的特性部分或完全一致。可以复制的特性一般有图层、颜色、线型、线宽等，还可以复制标注样式、文字样式和填充图案，因此这种功能特性称为“特性刷”。

“特性匹配”命令常使用以下两种启动方式。

- 选择菜单“修改”→“特性匹配”命令。
- 单击“特性”面板上的“特性匹配”按钮。

【例 5-16】 用“特性匹配”命令，将如图 5-44a 所示的源对象的线型和颜色匹配到如图 5-44b 所示的目标对象上。

本例练习“特性匹配”命令的操作方法，具体操作步骤如下。

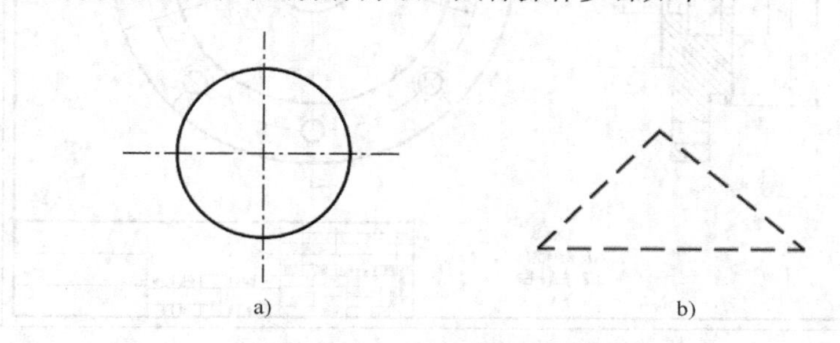

图 5-44 用特性匹配修改图形

单击标准面板上的“特性匹配”按钮，命令行提示：

```
选择源对象:                    //选择图 5-44a 中的对象圆
当前活动设置: 颜色 图层 线型 线型比例 线宽 厚度 打印样式 标注 文字 填充图案 多段线 视口 表格材质 阴影显示 多重引线
选择目标对象或 [设置(S)]:       //选择图 5-44b 中的一条直线
选择目标对象或 [设置(S)]:       //选择图 5-44b 中的第二条直线
选择目标对象或 [设置(S)]:       //选择图 5-44b 中的第三条直线按〈Enter〉键
```

结果如图 5-45 所示。

如果用户只需要复制部分特性，可以通过命令中的“设置（S）”选项进行选择，如图 5-46 所示。按自己的要求修改特性设置后，关闭对话框，命令行中会重新显示当前有效设置。

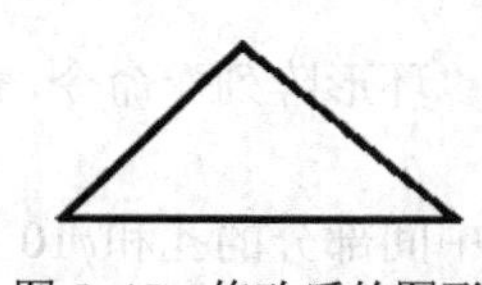

图 5-45 修改后的图形

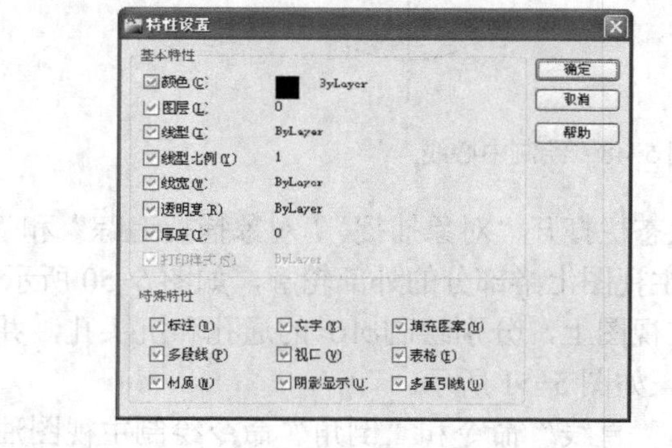

图 5-46 “特性设置”对话框

5.8 综合实例：绘制油封盖

【例 5-17】 利用绘图命令和图形编辑命令绘制如图 5-47 所示的油封盖。

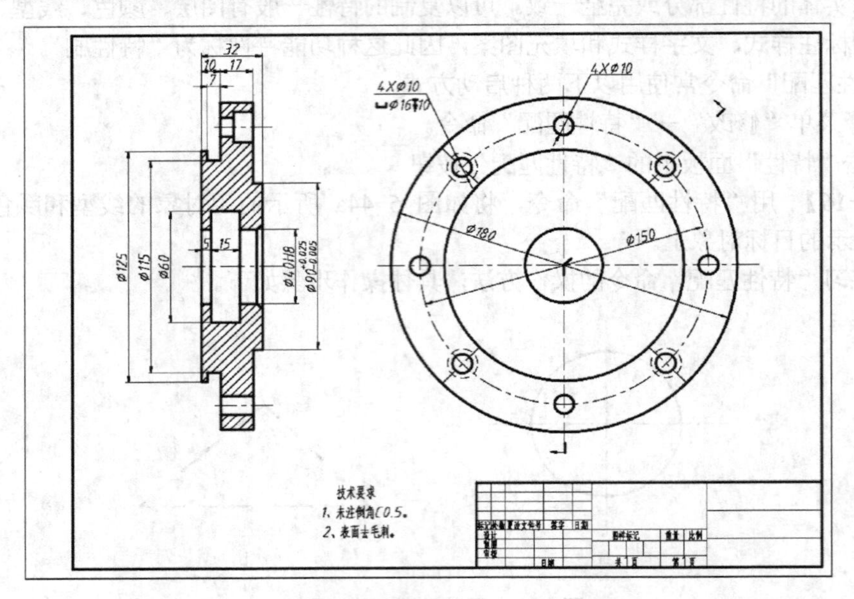

图 5-47　油封盖

❶ 打开第 2 章课后练习建立的 A3 样板图。

❷ 将中心线图层切换到当前图层，绘制中心线，如图 5-48 所示。

❸ 将粗实线图层切换到当前图层，绘制油封盖的左视图同心圆ϕ40，ϕ125 和ϕ180，如图 5-49 所示。

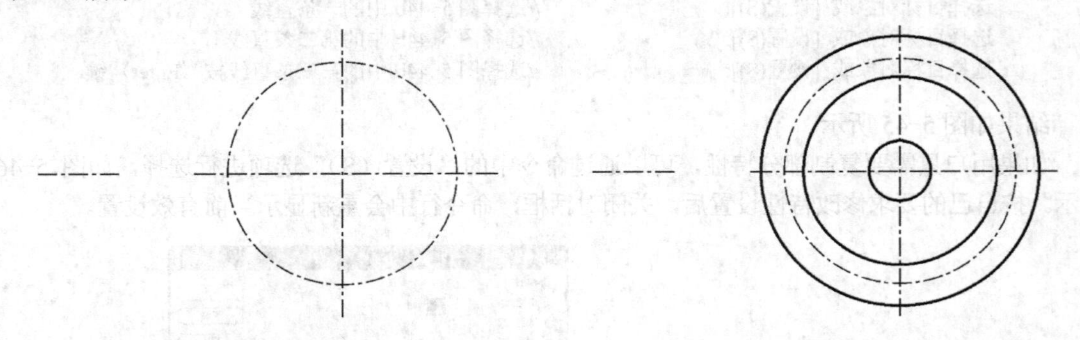

图 5-48　绘制中心线　　　　图 5-49　绘制左视图同心圆

❹ 在状态栏打开“对象捕捉”“对象捕捉追踪”和“极轴追踪”命令，利用“直线”命令绘制油封盖主视图上半部分的外部轮廓，如图 5-50 所示。

❺ 在左视图上，分别绘制ϕ10 的通孔和沉头孔，并利用“环形阵列”命令，将其沿圆周阵列为 4 个，如图 5-51 所示。

❻ 利用“直线”命令和“倒角”命令绘制主视图油封盖中间部分的孔和ϕ10 的沉头孔，如图 5-51 所示。

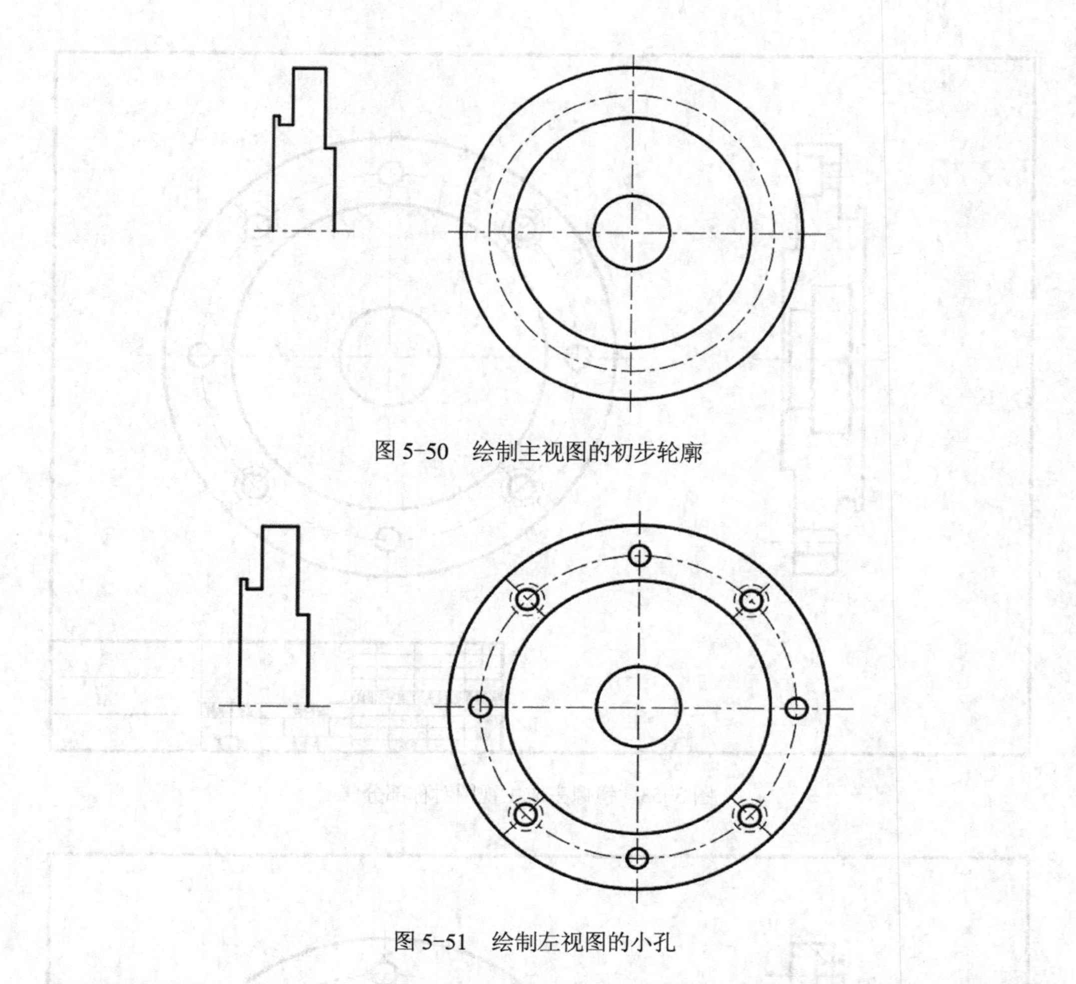

图 5-50　绘制主视图的初步轮廓

图 5-51　绘制左视图的小孔

❼ 利用“镜像”命令，完成主视图下半部分的图形绘制，并将沉头孔修改为通孔，如图 5-53 所示。

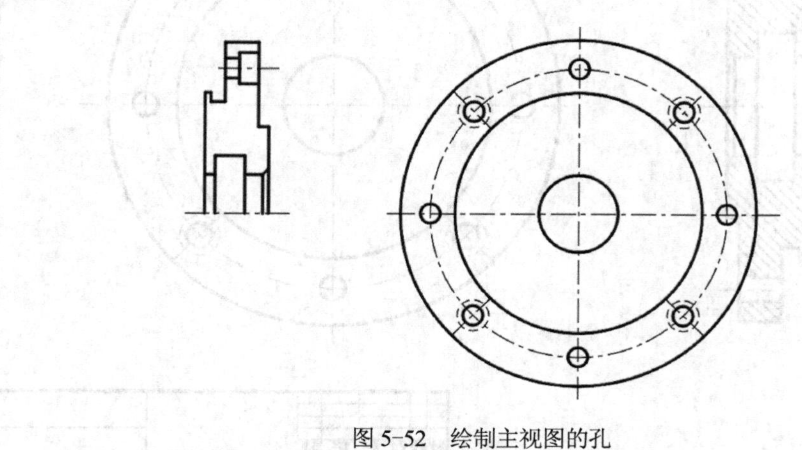

图 5-52　绘制主视图的孔

❽ 将填充图层切换到当前图层，利用“图案填充”命令，完成主视图的剖面线绘制，如图 5-54 所示。

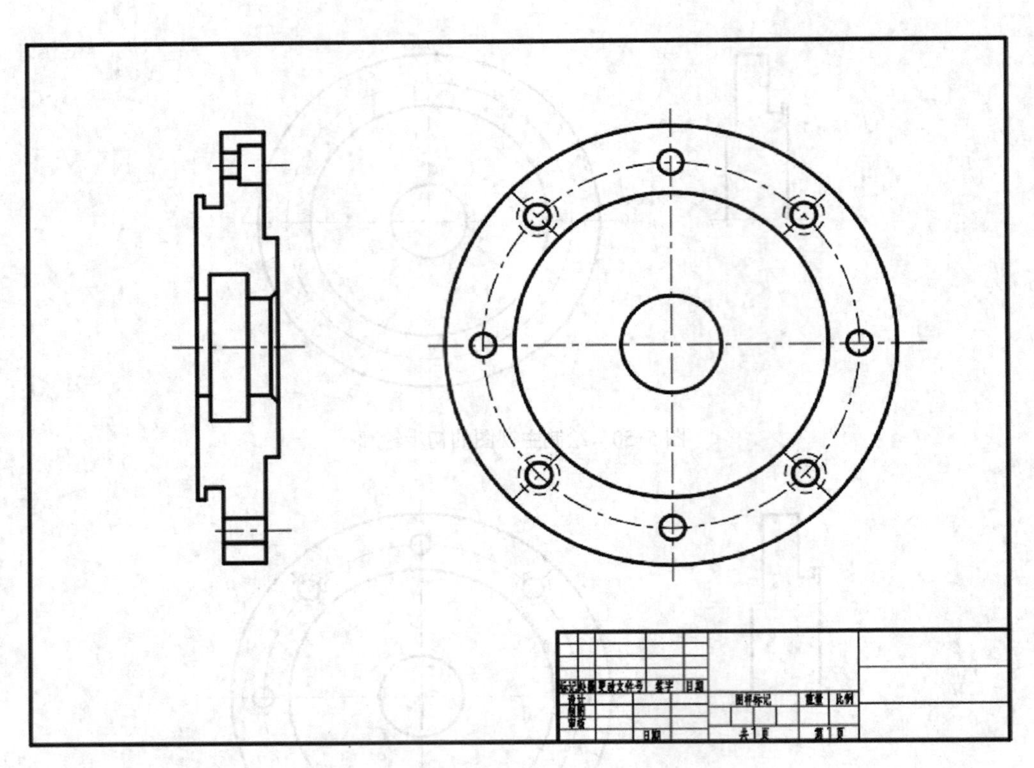

图 5-53　镜像完成主视图对称部分

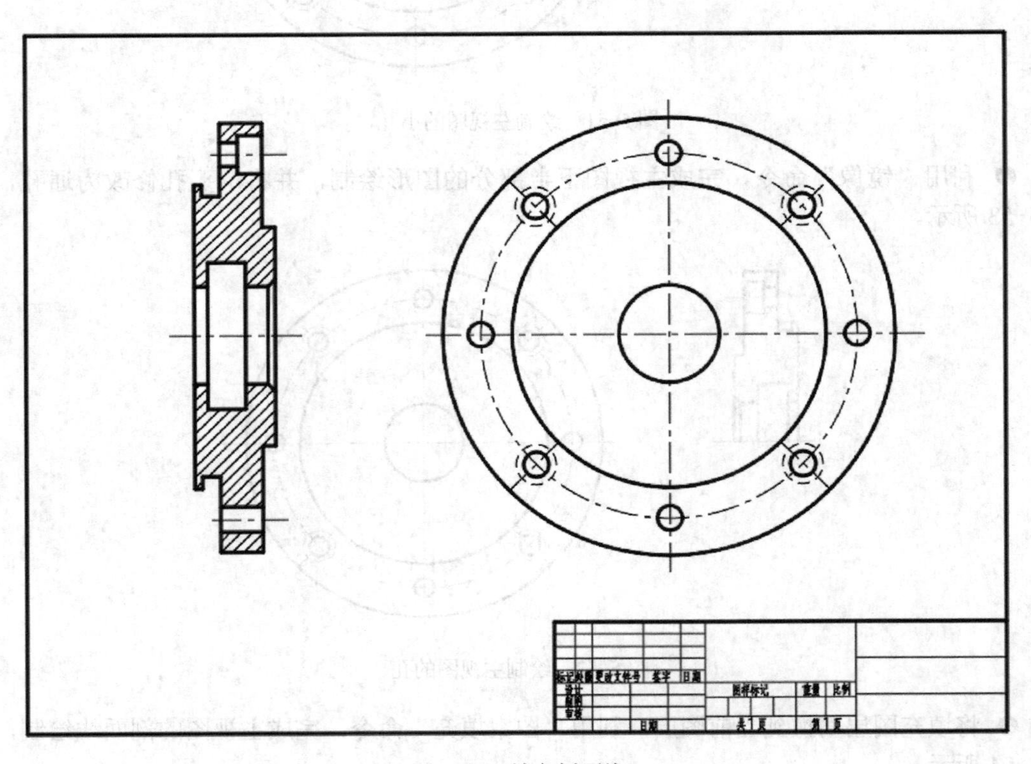

图 5-54　填充剖面线

5.9 课后练习

绘制如图 5-55 所示图形。

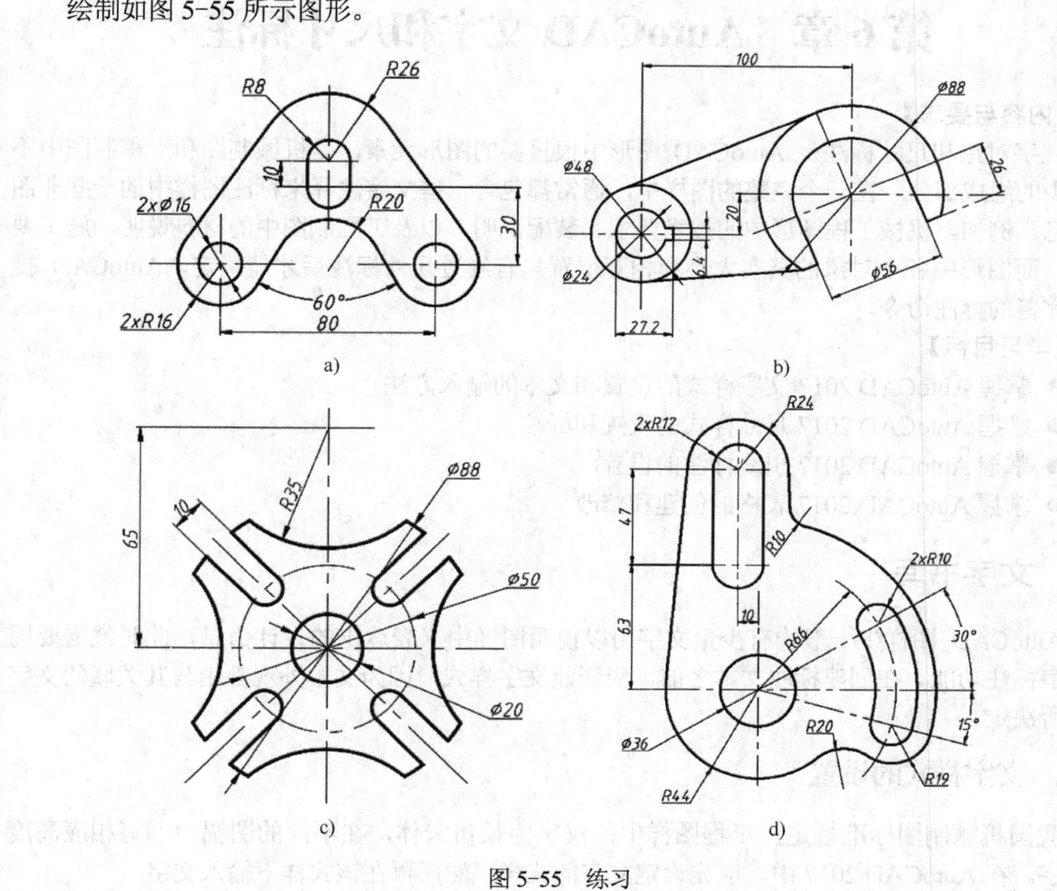

图 5-55 练习

第 6 章　AutoCAD 文字和尺寸标注

【内容与要求】

文字对象和尺寸标注是 AutoCAD 图形中很重要的图形元素，是机械制图和工程制图中不可缺少的组成部分。在一个完整的图样中，通常都包含一些文字注释来标注图样中的一些非图形信息。例如，机械工程图形中的技术要求、装配说明，以及工程制图中的材料说明、施工要求等。而图形中各个对象的真实大小和相互位置只有经过尺寸标注后才能确定，AutoCAD 提供了完善的标注命令。

【学习目标】

- 掌握 AutoCAD 2017 文字样式的设置和文本的输入方法
- 掌握 AutoCAD 2017 尺寸样式的设置和标注
- 掌握 AutoCAD 2017 引线标注的设置
- 掌握 AutoCAD 2017 表格的创建和修改

6.1　文字书写

AutoCAD 图样中一般均有少量文字用以说明图样中未表达出的设计信息，此时就需要用到文字标注功能。在创建标注文本之前，应新建文字样式，因为文本外观都由与其关联的文字样式所决定。

6.1.1　文字样式的设置

我国机械制图标准规定，工程图样中的汉字为长仿宋体，在不同的图幅中书写相应高度的文字。在 AutoCAD 2017 中，应先设定文字的式样，然后再在该式样下输入文字。

选择菜单“格式”→“文字样式”命令，或单击“注释”面板中的“文字样式”按钮，打开如图 6-1 所示的“文字样式”对话框，各选项含义如下。

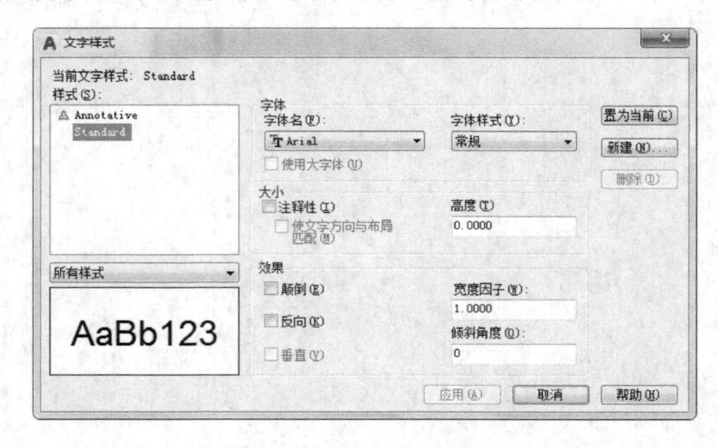

图 6-1　“文字样式”对话框

● “样式”列表框：列表框中列有当前已定义的文字样式，用户可以从中选择对应的样式作为当前样式或进行样式修改。AutoCAD 默认的分别为“Standard”和“Annotative”两个文字样式，其中文字样式“Annotative”是注释性文字样式（样式名前有图标 ）。当前文字样式为“Standard”，这是 AutoCAD 提供的默认标注样式。

● 样式列表过滤器：位于“样式”列表框下方的下拉列表框是样式列表过滤器，用于确定将在“样式”列表框中显示哪些文字样式。列表中有“所有样式”和“正在使用的样式”两种选择。

● AutoCAD 预览框：动态显示出与所设置或选择的文字样式对应的文字标注预览效果。

● “字体”选项组：确定文字样式采用的字体。如果选中了“使用大字体”复选框，可以分别确定 SHX 字体和大字体。SHX 字体是通过形文件定义的字体（形文件是 AutoCAD 用于定义字体或符号库的文件，其源文件的扩展名是.SHP。扩展名为.SHX 的形文件是编译后的文件）。大字体用来指定亚洲语言（包括简、繁体汉语、日语、韩语等）使用的大字体文件。

● “大小”选项组：指定文字的高度，可以直接在“高度”文本框中输入高度值。如果将文字高度设为 0，那么当使用 DTEXT 命令时，AutoCAD 会提示“指定高度:”，即要求用户设定文字的高度。如果在“高度”文本框中输入了具体的高度值，AutoCAD 将按此高度标注文字，用 DTEXT 命令标注文字时不再提示“指定高度:”。“大小”选项组中的“注释性”复选框用于确定所定义的文字样式是否为注释性文字样式。

● “效果”选项组：该选项组用于确定文字样式的某些特征。

“颠倒”复选框：确定是否将文字颠倒标注，其效果如图 6-2 所示。

“反向”复选框：确定是否将文字反向标注。如图 6-3 所示为反向标注的文字。

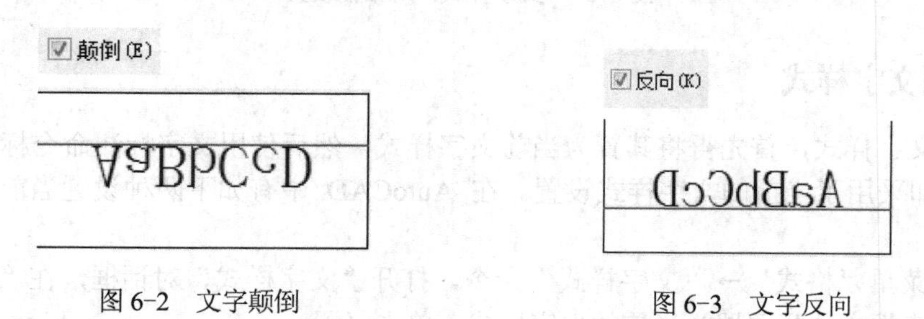

图 6-2　文字颠倒　　图 6-3　文字反向

“垂直”复选框：确定是否将文字垂直标注。

“宽度因子”文本框：确定文字字符的宽度比例因子，即宽高比。当宽度比例因子=1 时，表示按系统定义的宽高比标注文字；当宽度比例因子<1 时，字会变窄；当宽度比例因子>1 时，字变宽。

“倾斜角度”文本框：确定文字的倾斜角度。角度为 0 时字不倾斜；角度为正值时字向右倾斜；为负值时字向左倾斜。

● “置为当前”按钮：将在“样式”列表框中选中的样式置为当前按钮。

系统默认文字样式的名称为“Standard”，它使用的字体文件为“txt.shx”，不符合我国机械制图国标，需重新设置。在 AutoCAD 中提供了符合我国制图标准的中文字体“gbcbig.shx”，以及符合我国制图标准的英文字体“gbenor.shx”（用于标注直体）和“gbeitc.shx”（用于标注斜体)。

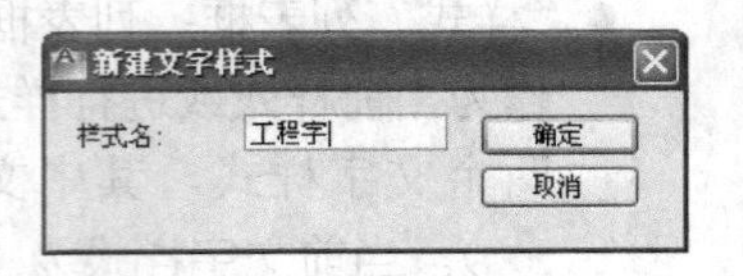

图 6-4 “新建文字样式”对话框

在如图 6-1 所示的“文字样式”对话框中单击“新建”按钮，弹出“新建文字样式”对话框，如图 6-4 所示，输入“工程字”作为新文字样式的名称。返回“文字样式”对话框后，在“SHX 字体”下拉列表中选择“gbeitc.shx”；选中“使用大字体”复选框，在“大字体”下拉列表中选择“gbcbig.shx”，如图 6-5 所示设置。如果在“SHX 字体”下拉列表中选择“gbenor.shx”，则写出来的英文字体是直体。单击“应用”按钮后关闭对话框，当前的文字式样即为“工程字”。

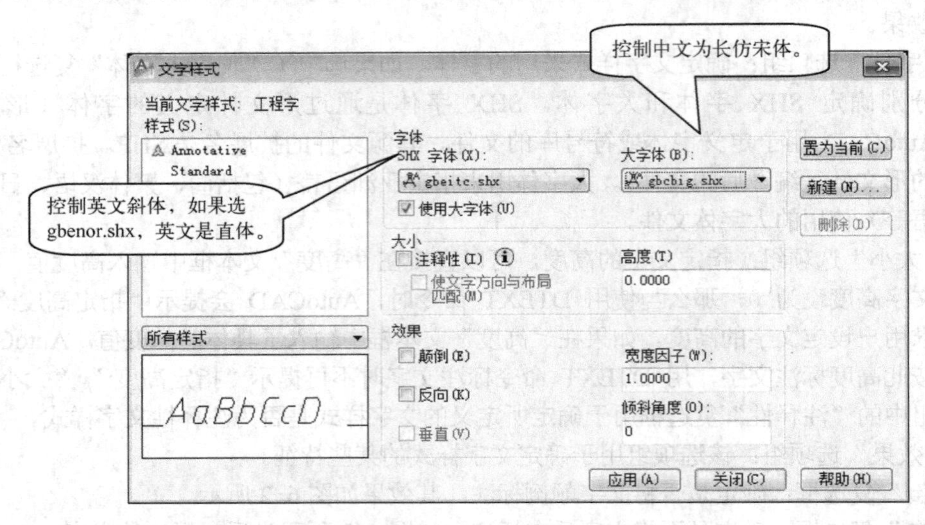

图 6-5 “文字样式”对话框设置

6.1.2 应用文字样式

要应用文字样式，首先得将其置为当前文字样式，然后使用文字标注命令标注文字，所标注的文字即采用了当前的文字样式设置。在 AutoCAD 中有如下两种设置当前文字样式的方法：

- 选择菜单“格式”→“文字样式”命令，打开“文字样式”对话框，在“样式名”下拉列表框中选择要置为当前的文字样式，单击“置为当前”按钮，然后单击“关闭”按钮。
- 利用 AutoCAD“注释”面板中的“文字样式控制”下拉列表框选择要置为当前的文字，可以方便地将某一文字样式设为当前样式，如图 6-6 所示。

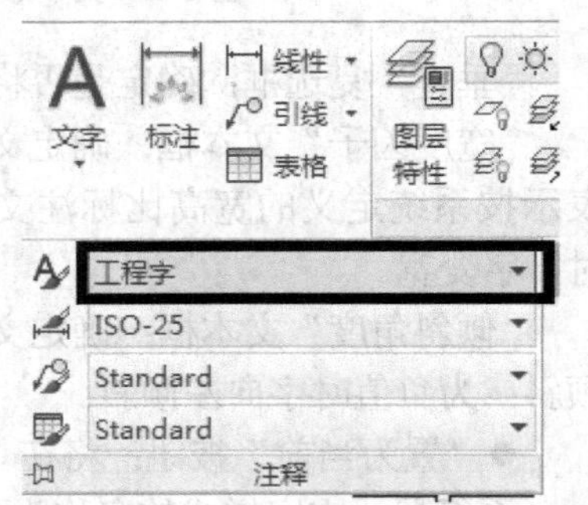

图 6-6 通过“注释”面板设置当前文字样式

6.1.3 文本的输入方法

AutoCAD 提供了两种文字输入方式：单行输入与多行输入。单行输入是指输入的每一行文字都被看作一个单独的实体对象，输入几行就生成几个实体对象。多行输入是指不管输入几行文字，系统都把它们作为一个实体对象来处理。

1. 单行文字

选择菜单“绘图”→“文字”→“单行文字”命令，或者单击“单行文字”按钮A|，命令行提示：

```
命令: _text
当前文字样式: “工程字”   文字高度: 3.5000   注释性: 否   对正: 左
指定文字的起点 或 [对正(J)/样式(S)]:              //指定文字的起点
指定文字的旋转角度 <0>:↙                          //指定文字的旋转角度为 0
Text:                                             //输入文字
```

📖 提示：使用“单行文字”命令标注的文本，每行文字都是独立的对象，可以单独进行定位、调整格式等编辑操作。

2. 多行文字

如果输入的文字较多，用多行文字输入命令较方便。多行文字作为一个整体，可以进行移动、旋转、删除等多种编辑操作。

要输入如图 6-7 所示的文字，选择菜单“绘图”→“文字”→“多行文字”命令，或单击“注释”面板中的“多行文字”按钮A，用户在系统提示下在绘图窗口区确定多行文字窗口的第一角点和第二角点后，弹出多行文字编辑器，如图 6-8 所示。在对话框中输入文字，并可对文字进行编辑。它可以输入不同字体、不同高度、不同颜色的多个段落的文字；也可以输入特殊字符，在符号选项中有角度、正负号、直径等符号；可将分数处理成斜排和水平两种形式；也可输入尺寸的上下偏差，比如先输入“+0.030^-0.076”，然后将其选中，“文字格式”面板上的按钮 $\frac{b}{a}$ 随即变亮，单击该按钮后文字就变成上下偏差的形式。

未注圆角R2

Ø50±0.025

Ø60f8($^{-0.030}_{-0.076}$)

60° 2/3 $\frac{4}{5}$

图 6-7 多行文字输入

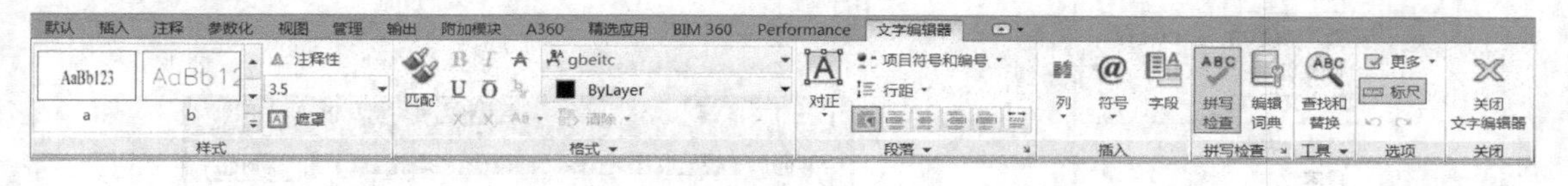

图 6-8 文字编辑器

在输入框中单击鼠标右键，弹出如图 6-9 所示的快捷菜单，在该快捷菜单中选择相应的选项也可对文字的各参数进行设置。

3. 特殊字符

在书写文本和文本注释中，经常要输入一些特殊字符，如度数符号、直径符号等。这些特殊字符不能直接从键盘输入，可以通过以下方式输入。

（1）控制码输入法

在 AutoCAD 中这些特殊符号有专门的控制码，在标注文字时，只要输入符号的控制码，即可将该符号输入到图形中。这些特殊符号的控制码及表现形式如表 6-1 所示。

在表 6-1 中，控制码都是由两个百分号（%）和一个字母组成，在输入过程中，并不显示特殊字符，只有按〈Enter〉键后，控制码才变成相应的字符。

表 6-1　特殊字符的控制码

特殊字符	控制码	特殊字符	控制码
± 正负号	%%P	Ø 直径	%%C
‾ 上画线	%%O	° 度号	%%D
_ 下画线	%%U	% 百分号	%%%

【例 6-1】 用单行文字输入 Φ32　45°　±0.001　80%　cad。

本例练习“单行文字”命令的操作方法，练习操作步骤如下。

选择“单行文字”命令，命令行提示：

```
命令: _text
当前文字样式: “工程字”　文字高度: 3.5000　注释性: 否　对正: 左
指定文字的起点 或 [对正(J)/样式(S)]:　　　//指定文字的起点
指定文字的旋转角度 <0>:↙　　　　　　　//指定文字的旋转角度为零
输入文字:　%%c32　45%%d　%%p0.001　80%%%　%%ucad
输入文字: ↙
```

（2）应用“多行文字编辑器”对话框输入特殊字符

在多行文字中输入特殊符号的方法有如下几种。

- 在文字输入框内输入符号的代码。
- 在文字输入框内单击鼠标右键，在弹出的快捷菜单中选择“符号”→“其他”命令，打开如图 6-10 所示的“字符映射表”窗口，通过该窗口也可在多行文字中插入特殊符号。

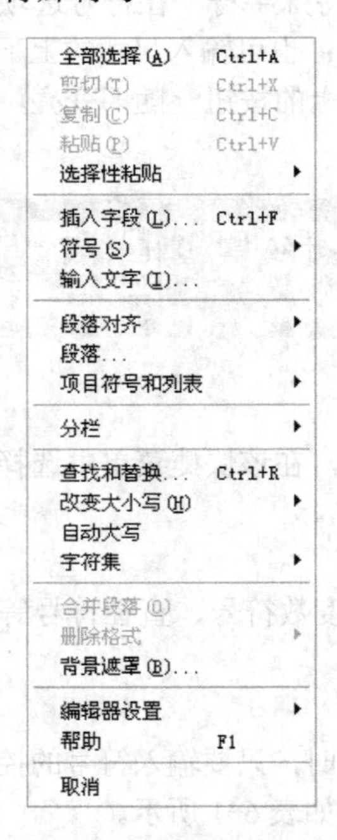

图 6-9　快捷菜单

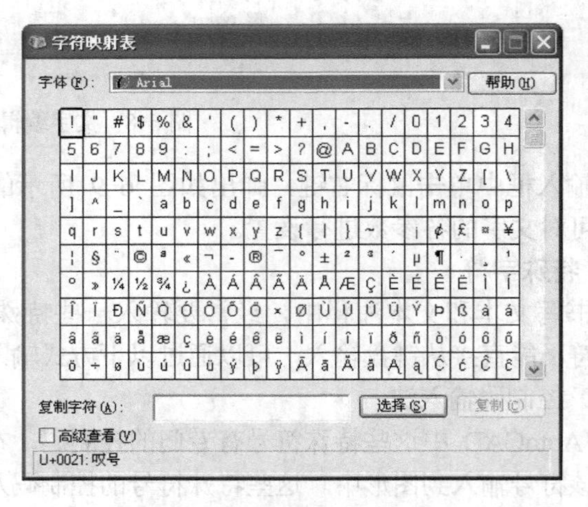

图 6-10 “字符映射表”窗口

6.1.4 文本的编辑

使用文字编辑命令可以很方便地修改文字或编辑文字的属性，常用的文本编辑方式如下。

- 选择菜单“修改”→“对象”→“文字”→“编辑”命令，单击所要编辑的文字。
- 双击文本。

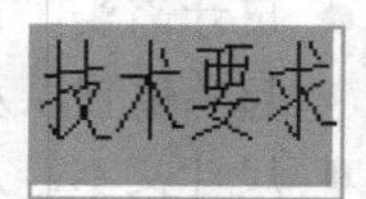

图 6-11 单行文本编辑

若用户选取的是单行文本时，系统将打开文字框，用户可在该文字框中修改文本内容，如图 6-11 所示；若用户选取的是多行文本时，系统将打开“文字编辑器”，如图 6-12 所示，在对话框中修改文字。

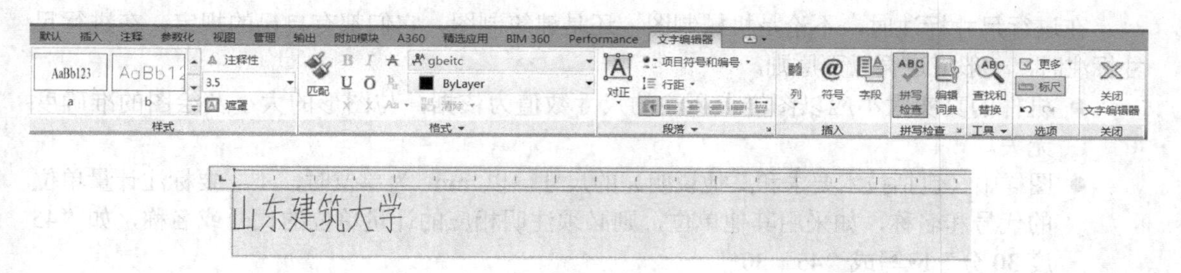

图 6-12 文字编辑器

6.2 尺寸标注

在图形设计中，尺寸标注是绘图设计工作中的一项重要内容，因为绘制图形的根本目的是反映对象的形状，而图形中各个对象的真实大小和相互位置只有经过尺寸标注后才能确定。AutoCAD 包含了一套完整的尺寸标注命令和实用程序，用户使用它们足以完成图样中要求的尺寸标注。用户在进行尺寸标注之前，必须了解 AutoCAD 尺寸标注的组成、标注样式的创建和设置方法。本节将介绍尺寸标注命令的使用方法。

6.2.1 尺寸标注基础

在机械制图或其他工程绘图中，一个完整的尺寸标注应由标注文字、尺寸线、尺寸界线、尺寸线的端点符号及起点等组成，如图 6-13 所示。

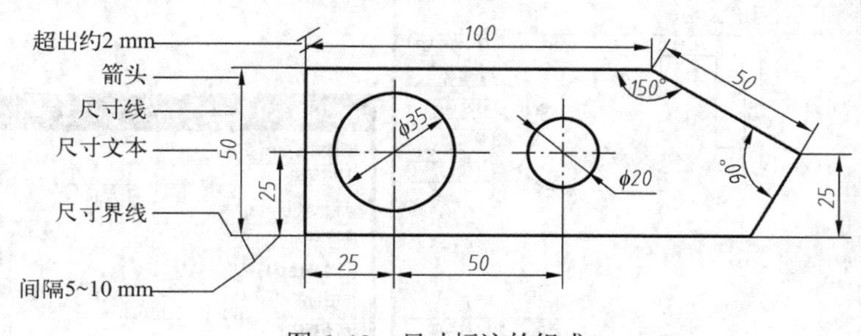

图 6-13 尺寸标注的组成

- 尺寸线：尺寸线一般由一条两端带箭头的线段组成，有时也可能是两条带单箭头的线段。角度标注时，尺寸线是一条两端带箭头的圆弧。

- 尺寸界线：尺寸界线通常出现在标注对象的两端，用来表示尺寸线的开始和结束。尺寸界线一般从标注定义点引出，超出尺寸线一定距离，将尺寸线标注在图形之外。在复杂图形的标注中，可以利用中心线或者图形的轮廓线来代替尺寸界线。
- 尺寸箭头：尺寸箭头通常出现在尺寸线与尺寸界线的两个交点上，用来表示尺寸线的起始位置以及尺寸线相对于图形实体的位置。
- 尺寸文本：尺寸文本是用来说明两个尺寸界线之间的距离或角度。尺寸文本可以是基本尺寸，也可以是极限尺寸或者带公差的尺寸。需要注意的是，尺寸文本所显示的数据不一定就是两个尺寸界线之间的实际距离，这是由于标注尺寸时可能使用了尺寸标注比例。尺寸文本不可被任何图线通过，当无法避免时，必须将该图线断开。

在进行尺寸标注时，不论是机械制图，还是建筑制图，它们都有自己的规定，在进行尺寸标注时，一般应遵循以下原则。

- 机件的真实大小应以图样上所注的尺寸数值为依据，与图形的大小及绘图的准确度无关。
- 图样中（包括技术要求和其他说明）的尺寸，以 mm 为单位时，不需要标注计量单位的代号和名称，如采用其他单位，则必须注明相应的计量单位的代号或名称，如“45 度 30 分”应写成“45° 30′”。
- 图样中所标注的尺寸为该图样所示机件的最后完工尺寸，否则应另加说明。
- 机件的每一尺寸一般只标注一次，并应标注在反映该结构最清楚的图形上。

6.2.2 设置尺寸标注样式

在 AutoCAD 中，使用“标注样式”可以设置标注的格式和外观。要创建标注样式，选择菜单“格式”→“标注样式”命令，或单击“默认”→“注释”面板中的“标注样式”按钮 ，打开“标注样式管理器”对话框，单击“新建”按钮，在打开的“创建新标注样式”对话框中即可创建新标注样式，如图 6-14 所示。

📖 说明：AutoCAD 属于通用绘图软件，其默认标注格式并不和我国国家标准一致，在绘图前应按照我国国家标准进行标注样式的设置。

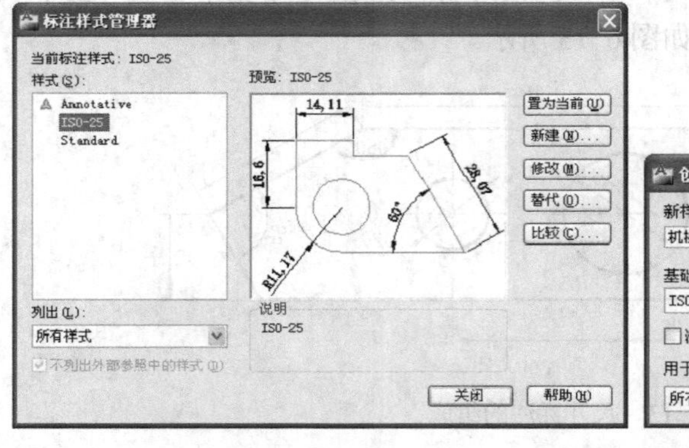

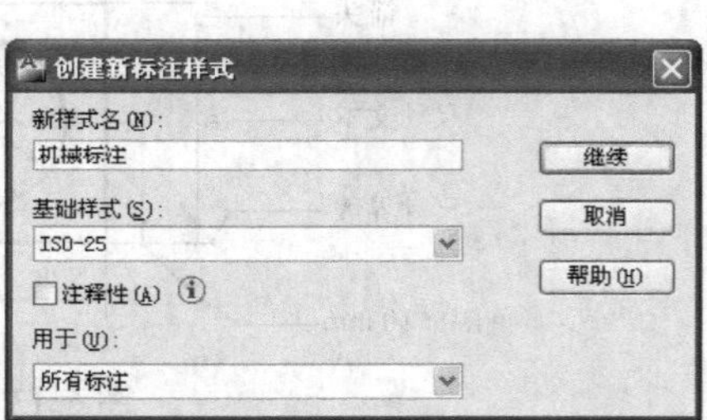

图 6-14 “标注样式管理器”对话框

单击“继续”按钮，进入新尺寸式样“新建标注样式：基本样式”对话框，如图 6-15 所示。该对话框共有 7 个选项卡，可依次作如下设置。

1.“线”选项卡

该选项卡包括“尺寸线”和“延伸线”两个选项组，如图 6-15 所示。

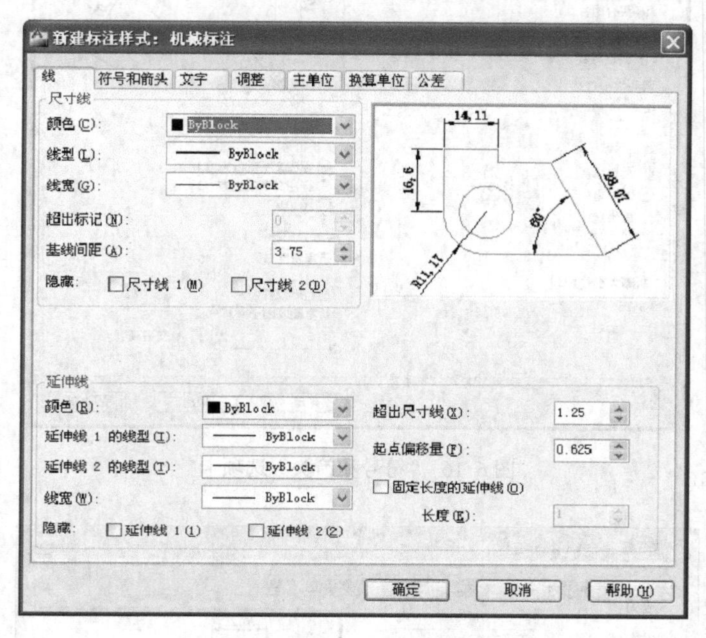

图 6-15 “线”选项卡

1）“尺寸线”选项组：尺寸线的“颜色”和“线宽”设为随层（Bylayer），基线标注的各尺寸线间的距离“基线间距”设为 7，不选中“尺寸线 1”和“尺寸线 2”前复选框，即不进行隐藏。

2）“延伸线”选项组：延长线的“颜色”和“线宽”设为随层（Bylayer），尺寸界限超出尺寸线的长度“超出尺寸线”设为 2～3，尺寸界限离轮廓线的“起点偏移量”设为 0，不选中“延伸线 1”和“延伸线 2”复选框，即不进行抑制。

2.“符号和箭头”选项卡

该选项卡包括“箭头”“圆心标记”“折断标注”“弧长符号”“半径折弯标注”和“线性折弯标注”6 个选项组，如图 6-16 所示。

1）“箭头”选项组：“箭头大小”设为 3.5，箭头形式不变。

2）“圆心标记”选项组：类型选为“无”，即不标注圆心，其他不变。

3.“文字”选项卡

该选项卡包括“文字外观”“文字位置”和“文字对齐”3 个选项组，如图 6-17 所示。

1）“文字外观”选项组：文字样式选为“工程字”，“文字颜色”设为随层（Bylayer），“文字高度”设为 3.5。

2）“文字位置”选项组：选用默认值，即垂直方向设为文字在尺寸线的上方，水平方向设为文字在尺寸线的中间，尺寸文字偏离尺寸线的距离设置为 0.625，如图 6-17 所示。

3）“文字对齐”选项组：选用默认值，文字始终与尺寸线平行。

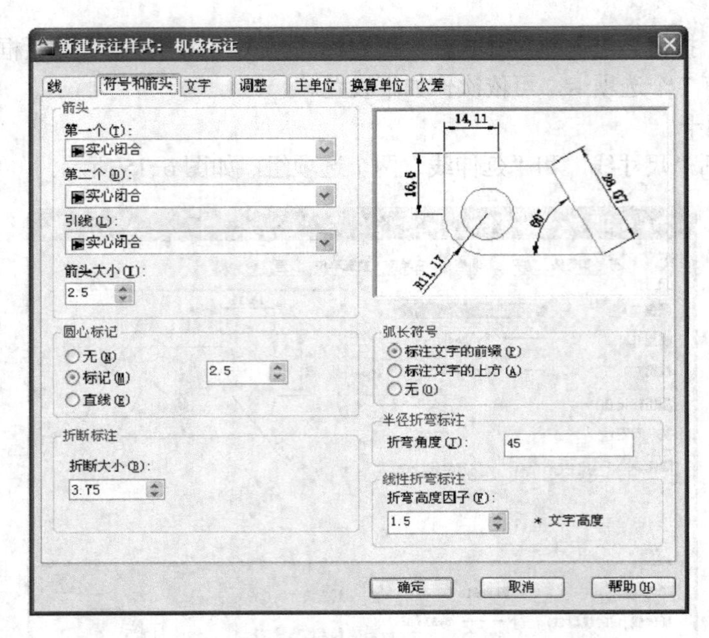

图 6-16 “符号和箭头”选项卡

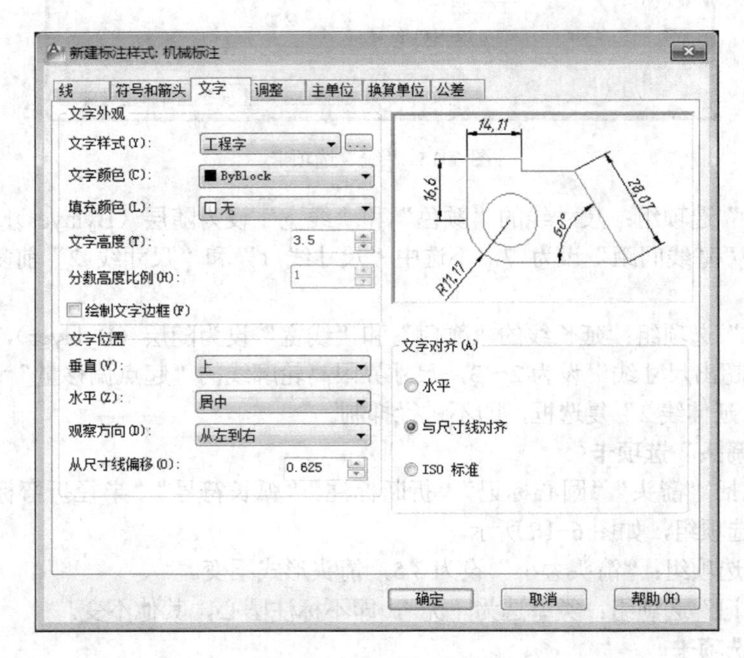

图 6-17 “文字”选项卡

4.“调整”选项卡

该选项卡主要分为“调整选项”“文字位置”“标注特征比例”和“优化”4 个选项组，如图 6-18 所示。

1）“调整”选项组：如图 6-18 所示，选用默认设置，即当尺寸界线之间的空间狭小时，自动按最佳效果选择文字或箭头放在尺寸界线之间。

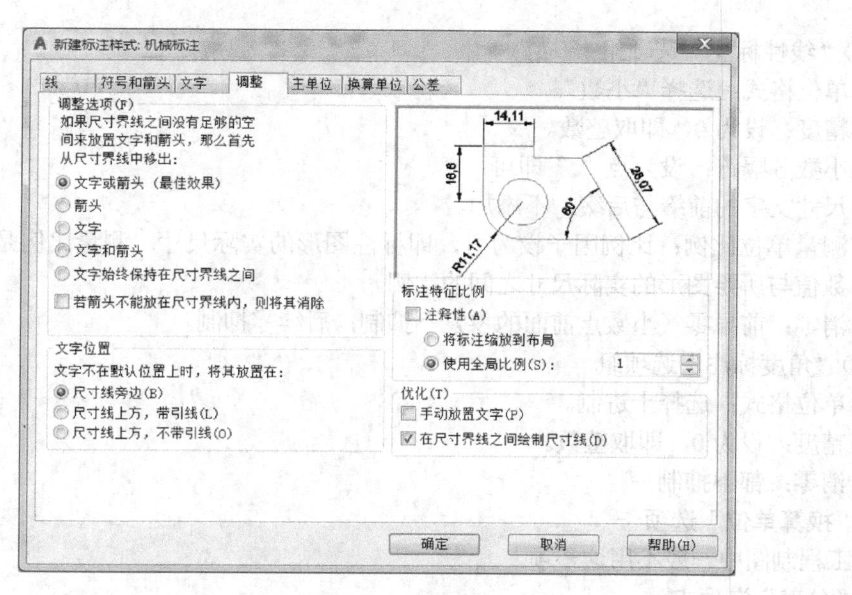

图 6-18 “调整”选项卡

2）“文字位置”选项组：选用默认设置，即当尺寸文字不是放在默认位置时，将其放在尺寸线旁边。

3）“标注特征比例”选项组：选用默认设置，即全局比例（Overall sacle）设为 1，全局比例不影响尺寸的数值，只影响尺寸数字、箭头等要素的大小。

4）“优化”选项组：选择第二项，强制在尺寸界限之间画尺寸线。

5.“主单位”选项卡

该选项卡主要包括“线性标注”和“角度标注”两个选项组，如图 6-19 所示。

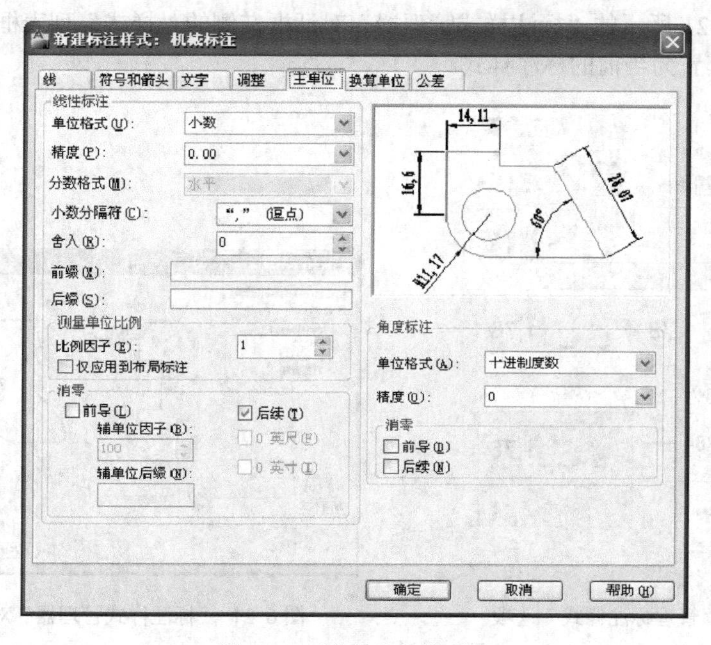

图 6-19 “主单位”选项卡

（1）“线性标注”选项组

- 单位格式：选择“小数”。
- 精度：设为 0，即取整数。
- 小数分隔符：设为点“.”即可。
- 尺寸文字的前缀与后缀：不添加。
- 测量单位比例：比例因子设为 1，即标注图形的实际尺寸。测量比例是指标注的尺寸数值与所绘图形的实际尺寸之间的比例。
- 消零：前导零（小数点前面的零）不抑制，后续零抑制。

（2）“角度标注”选项组

- 单位格式：选择十进制。
- 精度：设为 0，即取整数。
- 消零：都不抑制。

6.“换算单位”选项卡

在工程制图中一般不用这一项。

7.“公差”选项卡

暂时设置为不标注公差。

当所有的设置完成后，返回“标注样式管理器”对话框。

6.2.3 将标注样式设置为当前

若要使用创建“机械标注”样式进行尺寸标注，首先需将该标注样式置为当前，然后才能采用该样式所设置的参数进行尺寸标注。有如下几种方法将标注样式置为当前。

- 在如图 6-20 所示的“注释”面板“管理标注样式”下拉列表框中选择“机械标注”，将其置为当前的标注样式。
- 在如图 6-21 所示的“标注样式管理器”对话框左侧的“样式”列表框中双击“机械标注”，将其置为当前的标注样式。

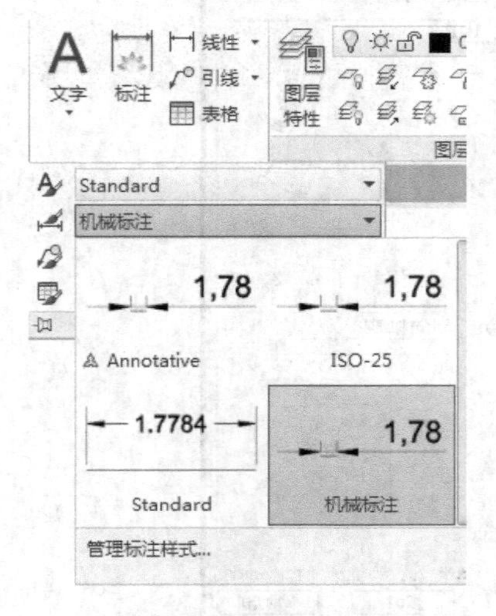

图 6-20 “管理标注样式”选项

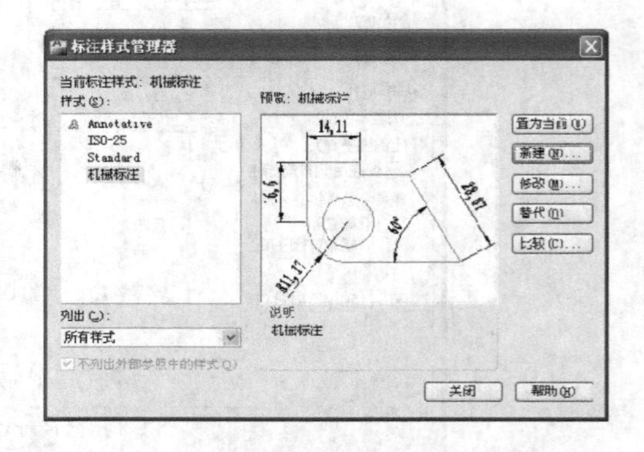

图 6-21 “标注样式管理器”对话框

- 在如图 6-21 所示的“标注样式管理器”对话框。左侧的“样式”列表中选中“机械标注”，使之变蓝，再单击“置为当前”按钮，最后关闭对话框即可。
- 在“标注样式管理器”对话框左侧的“样式”列表框中的“机械标注”样式上单击鼠标右键，在弹出的快捷菜单中选择“置为当前”命令。

6.2.4 修改和删除尺寸标注样式

设置尺寸标注样式后，可修改其参数设置，还可将不需要的标注样式删除。

1. 修改尺寸标注样式

修改尺寸标注样式的方法是在“标注样式管理器”对话框中，选择要修改的标注样式名称，单击“修改”按钮，在打开的如图 6-22 所示的“修改标注样式”对话框中即可修改标注样式，该对话框的设置方法与“新建标注样式”对话框相同，用户可参照前面所讲的内容进行操作。

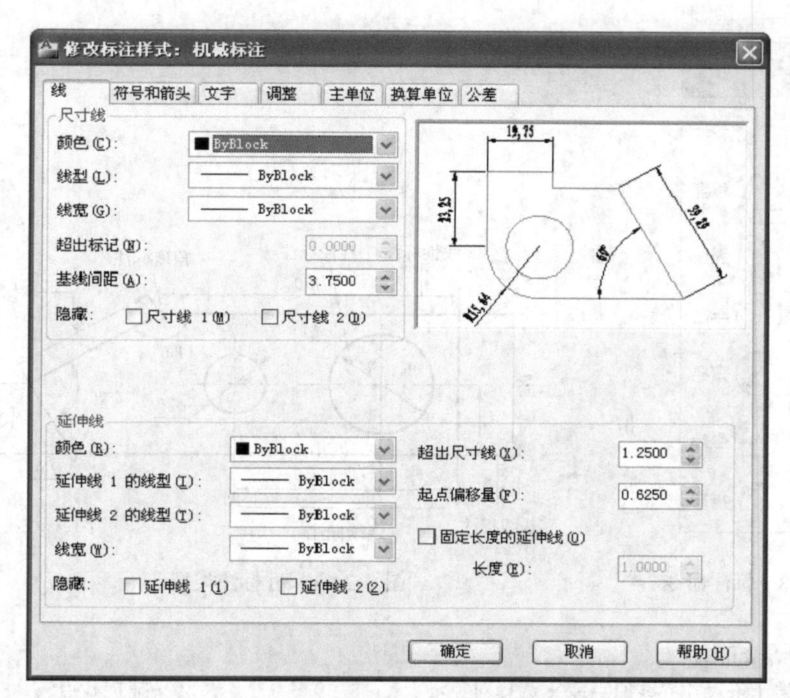

图 6-22 “修改标注样式”对话框

2. 删除尺寸标注样式

如不再需要某个标注样式，可在“标注样式管理器”对话框左侧的“样式”列表中需删除的标注样式上单击鼠标右键，在弹出的快捷菜单中选择“删除”命令。

> 注意：不能被删除当前尺寸标注样式。

6.2.5 尺寸标注类型

AutoCAD 提供了众多的尺寸标注命令，可以标注长度、半径、直径、尺寸公差、几何公差、倒角、序号等。这些命令可以从命令行输入，也可以从下拉菜单激活，最方便的是从“注释”面板中（如图 6-23 所示）单击相关按钮，使用它们可以进行角度、直径、半径、线性、对齐、连续、圆心及基线等标注，如图 6-24 所示。

1．线性标注

线性尺寸标注命令可以标注水平、垂直方向上的尺寸。选择菜单“标注”→“线性”命令，或在“注释”面板中单击“线性”按钮，可创建用于标注两个点之间的水平或竖直距离测量值，并通过指定点或选择一个对象来实现。

在工程图样中，经常要绘制和标注对称图形，如图 6-25 所示，可以建立一个专门的标注式样——“抑制式样”，它与“基本式样”的设置基本相同，仅需要修改如图 6-15 所示的“线”选项卡，在“尺寸线”区域勾选复选框“尺寸线 2”，在“延长线”区域勾选复选框“延长线 2”。设置好“抑制式样”后，执行线性标注命令，命令行提示：

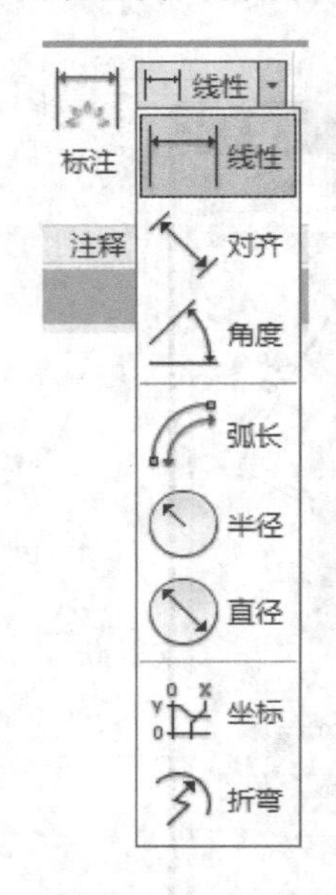

图 6-23　标注命令

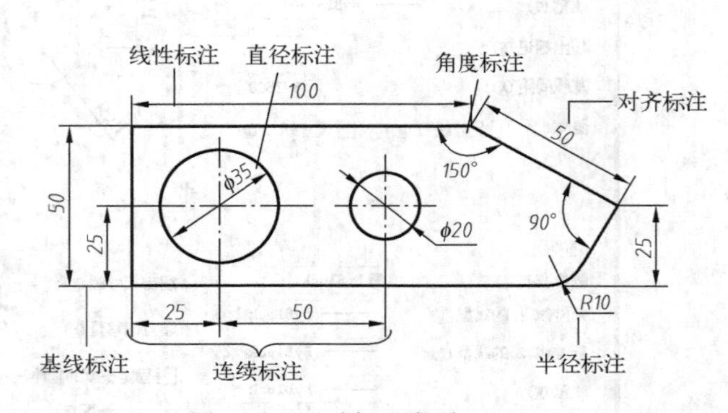

图 6-24　尺寸标注类型

```
命令: _dimlinear
指定第一条尺寸界线原点或 <选择对象>:                    //捕捉 d 点
指定第二条尺寸界线原点:                                 //捕捉 e 点
指定尺寸线位置或[多行文字(M)/文字(T)/角度(A)/水平(H)/垂直(V)/旋转(R)]:t
                                                        //准备修改尺寸数值
输入标注文字 <25>: 50
```

最后拖动光标确定尺寸的位置按〈Enter〉键即可。

2．对齐标注

对齐标注是线性标注尺寸的一种特殊形式。在对直线段进行标注时，如果该直线的倾斜角度未知，那么使用线性标注方法将无法得到准确的测量结果，这时可以使用对齐标注。选择菜单“标注”→“对齐”命令，或在“注释”面板中单击“对齐”按钮，可以对对象进行对齐标注。

【例 6-2】 标注如图 6-26 所示的对齐尺寸。

单击“对齐”按钮，命令行提示：

指定第 1 条尺寸界线起点或〈选择对象〉: //指定第 1 条尺寸界线起点
指定第 2 条尺寸界线起点: //指定第 2 条尺寸界线起点
指定尺寸线位置或[多行文字(M)/文字(T)/角度(A)/水平(H)/垂直(V)/旋转(R)]: //指定尺寸位置或选项

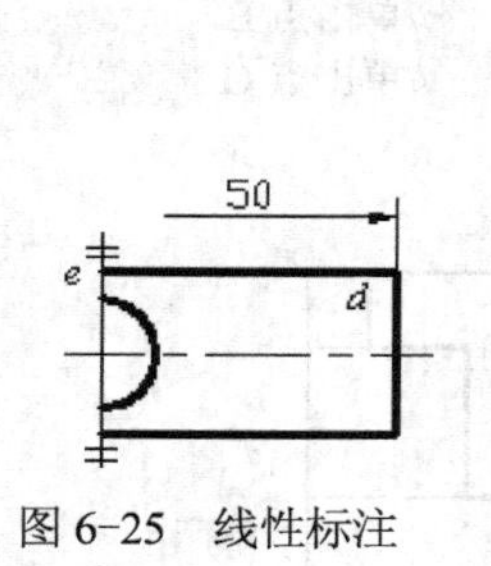

图 6-25 线性标注

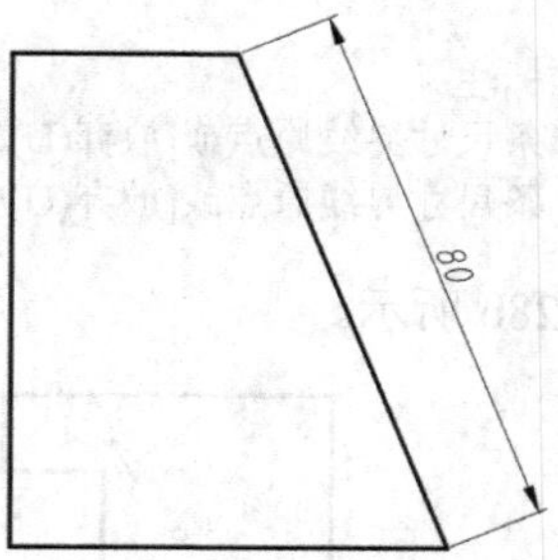

图 6-26 对齐标注

3. 基线标注

基线标注可以创建一系列由相同的标注原点测量出来的标注，即并列尺寸，这种方式经常用于机械设计或建筑设计中。选择菜单“标注”→“基线”命令，即可进行基线标注。在进行基线标注之前必须先创建（或选择）一个线性、坐标或角度标注作为基准标注，然后执行基线标注命令。

【例 6-3】 使用“基线标注”命令标注如图 6-27a 所示图形中 AB、AC 线段的尺寸。

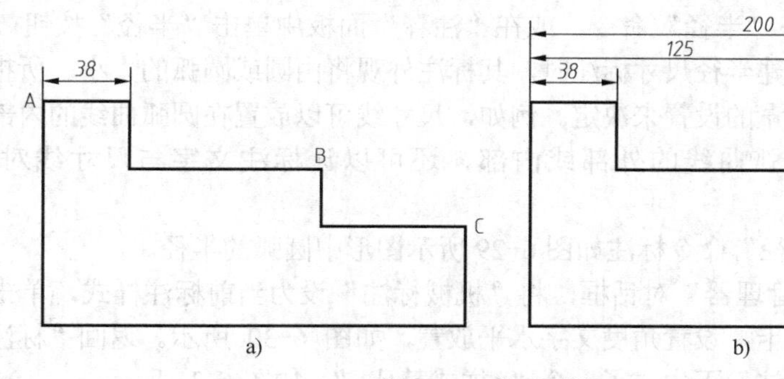

图 6-27 基线标注

选择菜单“标注”→“基线”命令，命令行提示：

选择基准标注: //单击大小为 38 的尺寸线
指定第二条尺寸界线原点或[放弃(U)/选择(S)]〈选择〉: //单击点 B
指定第二条尺寸界线原点或[放弃(U)/选择(S)]〈选择〉: //单击点 C

结果如图 6-27b 所示。

提示：基线标注的两条尺寸线之间的距离可以在“标注样式管理器”对话框中的“线”选项卡中设置“基线间距”值。

4. 连续标注

选择菜单“标注”→“连续”命令，可以创建一系列端对端放置的串列尺寸，每个连续标注都从前一个标注的第二个尺寸界线处开始。

在进行连续标注之前，必须先创建（或选择）一个线性、坐标或角度标注作为基准标注，以确定连续标注所需要的前一尺寸标注的尺寸界线，然后执行“连续标注”命令。

【例 6-4】 使用“连续”命令标注如图 6-28a 所示图形中 AB 和 BC 线段的尺寸。

选择菜单“标注”→“连续”命令，命令行提示：

选择基准标注：	//单击大小为 20 的尺寸线
指定第二条尺寸界线原点或[放弃(U)/选择(S)]〈选择〉：	//单击点 B
指定第二条尺寸界线原点或[放弃(U)/选择(S)]〈选择〉：	//单击点 C

结果如图 6-28b 所示。

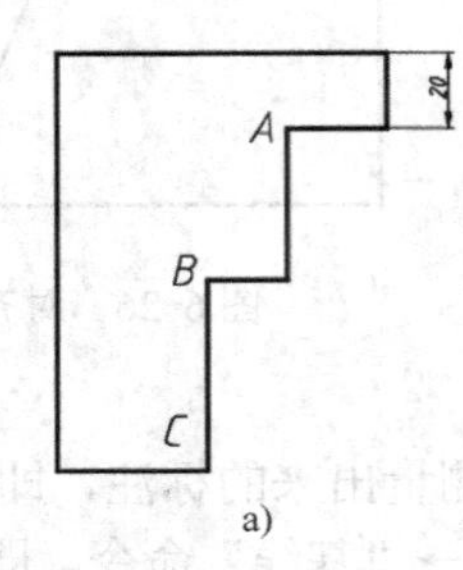

a)

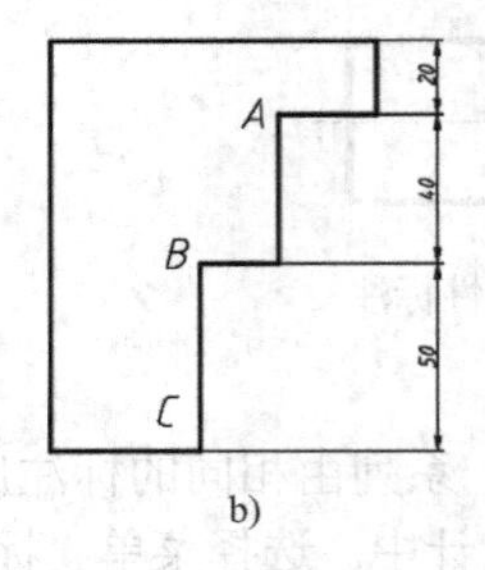

b)

图 6-28　连续标注

5. 径向标注

（1）半径标注

选择菜单“标注”→“半径”命令，或在“注释”面板中单击“半径”按钮，可以标注圆和圆弧的半径。在创建半径尺寸标注时，其标注外观将由圆或圆弧的大小、所指定的尺寸线的位置以及各种系统变量的设置来决定。例如，尺寸线可以放置在圆弧曲线的内部或外部，标注文字可以放置在圆弧曲线的外部或内部，还可以让标注文字与尺寸线对齐或水平放置。

【例 6-5】 使用“半径”命令标注如图 6-29 所示图形中圆弧的半径。

❶ 打开“标注样式管理器”对话框，将“机械标注”设为当前标注样式，单击“替代”按钮，选择“文字”选项卡，设置角度文字水平放置，如图 6-30 所示。返回“标注样式管理器”对话框，在“机械标注”下生成了一个“<样式替代>”，如图 6-31 所示。

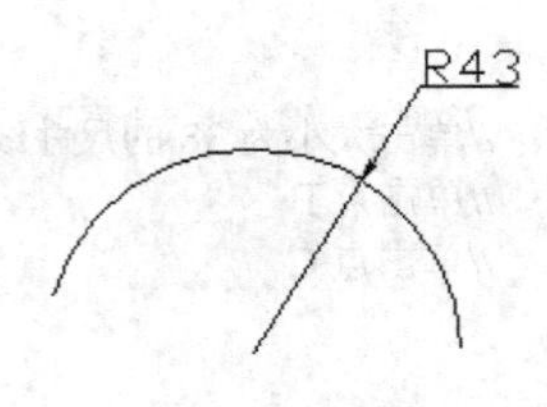

图 6-29　半径标注

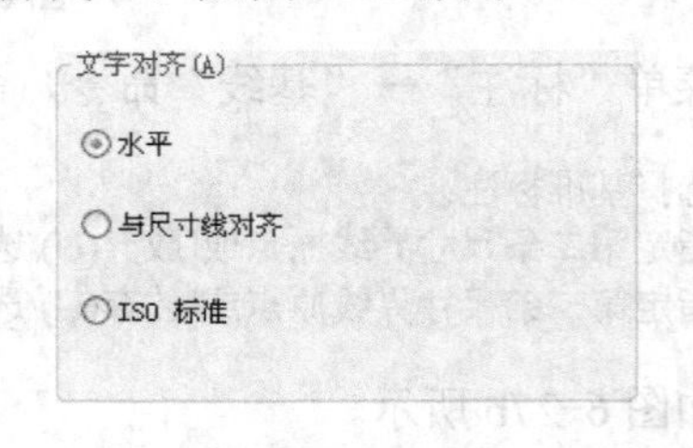

图 6-30　文字对齐方式

❷ 单击“半径”按钮，命令行提示：

选择圆弧或圆： //选取被标注的圆弧或圆
指定尺寸的位置或[多行文字(M)/文字(T)/角度(A)]： //移动鼠标指定尺寸的位置或选项

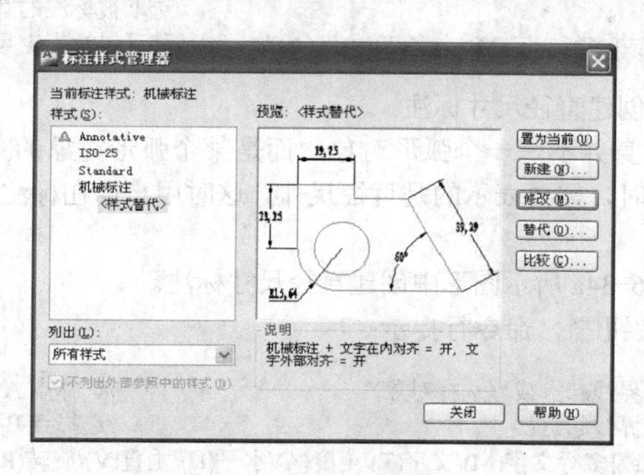

图 6-31 标注样式管理器

提示：“样式替代”是一个临时式样，当要切换到其他标注式样时，替代子式样即被删除，但用它所标注的尺寸不受任何影响。

当指定了尺寸线的位置后，系统将按实际测量值标注出圆或圆弧的半径。也可以利用“多行文字(M)”“文字(T)”或“角度(A)”选项，确定尺寸文字或尺寸文字的旋转角度。其中，当通过“多行文字(M)”“文字(T)”选项重新确定尺寸文字时，只有给输入的尺寸文字加前缀 R，才能使标出的半径尺寸有半径符号 R，否则没有该符号。

（2）直径标注

选择菜单“标注”→“直径”命令，或在“注释”面板中单击“直径”按钮⊘，可以标注圆和圆弧的直径。

【例 6-6】 使用“直径”命令标注如图 6-32 所示图形中圆的直径。

❶ 打开“标注样式管理器”对话框，将“机械标注”设为当前，单击“新建”按钮，新建“直径标注”样式，选择“调整”选项卡，如图 6-33 所示，选中“文字和箭头”单选按钮，单击“确定”按钮，将“直径标注”样式置为当前。

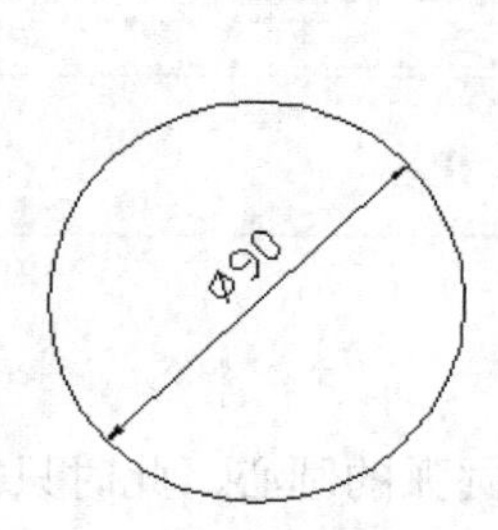

图 6-32 直径标注

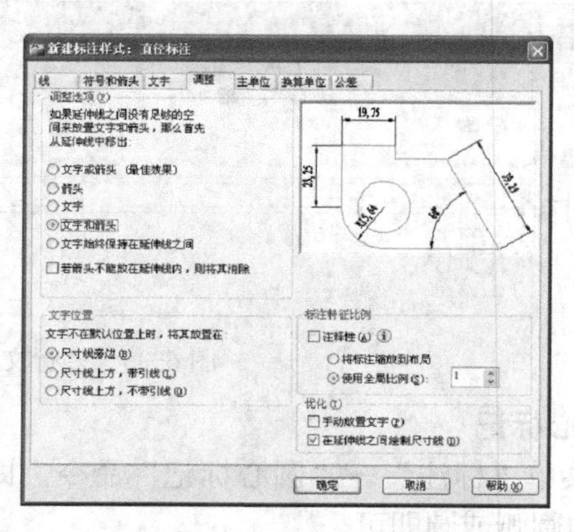

图 6-33 “调整”选项卡

❷ 单击“直径标注”按钮⃠，命令行提示：

```
选择圆弧或圆：                                          //选取被标注的圆弧或圆
指定尺寸的位置或[多行文字(M)/文字(T)/角度(A)]：         //移动鼠标指定尺寸的位置或选项
```

（3）在非圆视图上创建直径尺寸标注

非圆视图的图形本身并不是一个弧形对象，而是某个弧形对象的主视图、剖视图或其他视图。在对其进行标注时，需要表示的是直径尺寸，这时用户需在标注文本前添加 Ø 符号，如 Ø50。

【例 6-7】 在如图 6-34a 所示图形中创建直径尺寸标注。

❶ 单击“线性”按钮⎴，命令行提示：

```
指定第一条尺寸界线起点或〈选择对象〉：                              //选择点 A
指定第二条尺寸界线起点：                                            //选择点 B
指定尺寸线位置或[多行文字(M)/文字(T)/角度(A)/水平(H)/垂直(V)/旋转(R)]：M↙
```

结果如图 6-34b 所示。

❷ 打开文字编辑器控制面板，如图 6-35 所示，在 50 的前面，单击鼠标右键，选择“符号”→“直径”，单击确定。命令行提示：

```
指定尺寸线位置或[多行文字(M)/文字(T)/角度(A)/水平(H)/垂直(V)/旋转(R)]：
                                                                    //移动鼠标指定尺寸的位置
标注文字 = 50
```

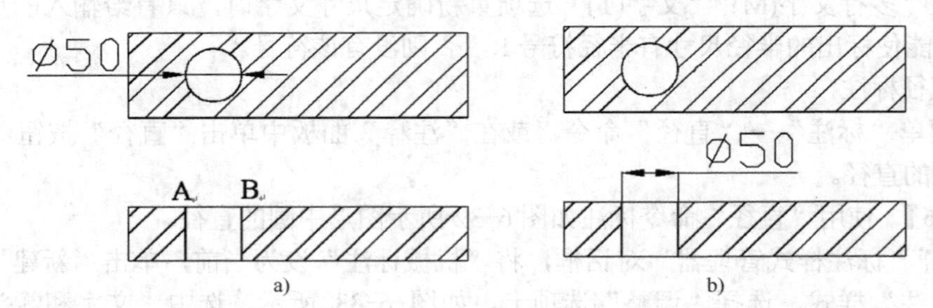

图 6-34 在非圆视图上创建直径尺寸标注

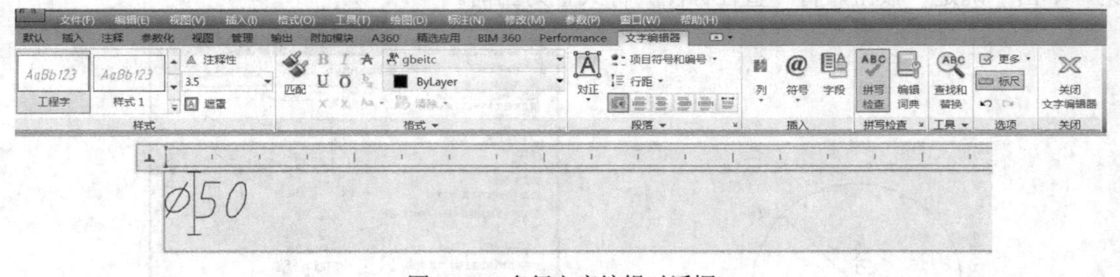

图 6-35 多行文字编辑对话框

6．圆心标记

选择菜单“标注”→“圆心标记”命令，即可标注圆和圆弧的圆心，此时只需要选择待标注圆心的圆弧或圆即可。

标注的是圆心标记还是中心线（见图 6-36）应该与“尺寸标注样式管理器”的“圆心标

记”选项设置一致，可以参考前面“设置尺寸样式”的内容。

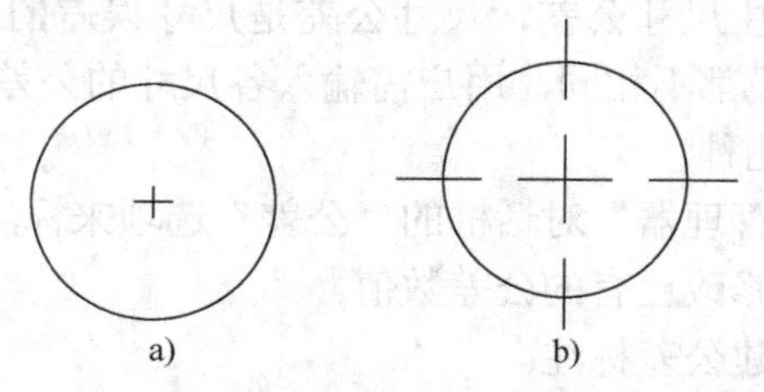

图 6-36　绘制圆心标记

a) 圆心标记　b) 中心线

7. 角度标注

选择菜单“标注”→“角度”命令，或在“注释”面板中单击“角度”按钮，可以测量圆和圆弧的角度（见图 6-37）、两条不平行直线间的角度（见图 6-38），或者三点间的角度。

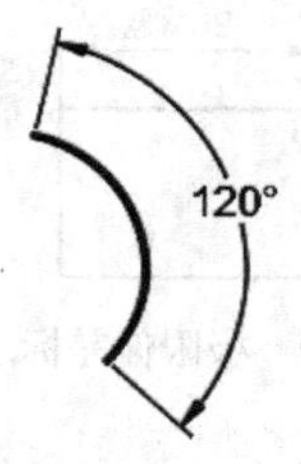

图 6-37　标注圆弧角度

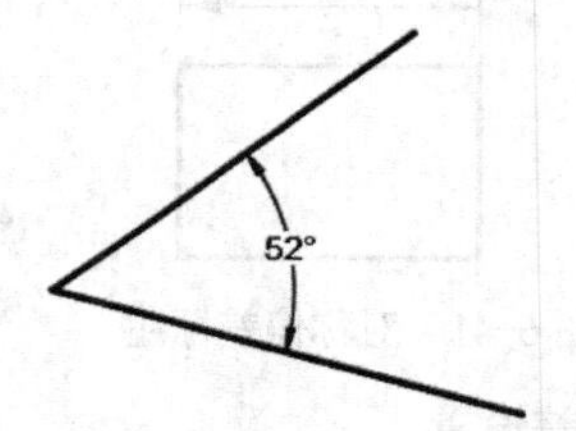

图 6-38　标注两条直线之间的夹角

【例 6-8】 在如图 6-39 所示的图形中，以点 A 为顶点，以点 B 和 C 为端点，标注三点角度。

单击“角度”按钮，命令行提示：

```
DIMANGULAR
选择圆弧、圆、直线或 <指定顶点>:                     //按〈Enter〉键，切换到顶点选项
指定角的顶点:                                        //选择点 A
指定角的第一个端点:                                  //选择点 B
指定角的第二个端点:                                  //选择点 C
指定标注弧线位置或 [多行文字(M)/文字(T)/角度(A)/象限点(Q)]:
                                                     //移动鼠标指定尺寸的位置
标注文字 = 51
```

结果如图 6-40 所示。

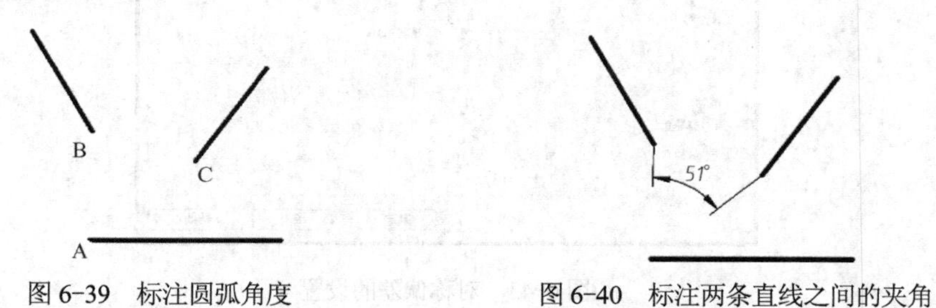

图 6-39　标注圆弧角度　　图 6-40　标注两条直线之间的夹角

8. 尺寸公差标注

工程图样中经常需要标注尺寸公差，尺寸公差是尺寸误差的允许变动范围。在一张工程图样中，各尺寸的公差值一般都不相同，用户需输入各尺寸的公差数值。用来标注尺寸公差的方法有很多，常用的有以下几种。

- 通过设置“标注样式管理器”对话框的“公差”选项来标注。
- 通过“特性”对话框修改已有的公差数值。
- 通过“多行文字”创建公差标注。

（1）通过设置“标注样式管理器”对话框标注公差

在“标注样式管理器”对话框中，将“机械标注”设为当前，单击 “新建”按钮，弹出“创建新标注样式”对话框中，输入样式名，进入“新建标注样式”对话框，单击 “公差”选项卡。在 “公差格式”选项组的“方式”下拉列表中选择公差标注的方式：对称、极限偏差、极限尺寸、基本尺寸。其中，如图 6-41 所示的对称偏差标注和如图 6-42 所示的极限偏差标注最为常用，现分别说明它们的设置方法。

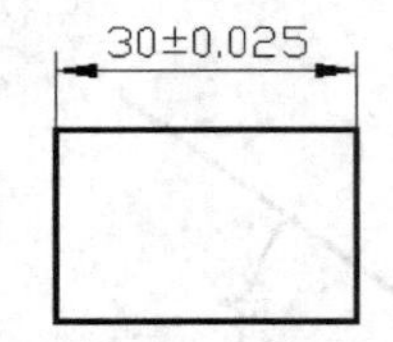

图 6-41　对称偏差标注

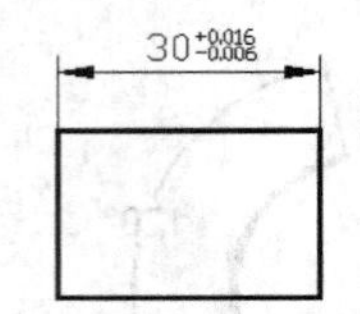

图 6-42　极限偏差标注

1）对称偏差设置。

新建“对称偏差”样式。如图 6-43 所示，在“公差格式”选项组，将“方式”选为“对称”，“精度”设为“0.000”，“上偏差”输入“0.025”（根据实际情况而变化），公差字高与尺寸数字的“高度比例”设为“1”，“垂直位置”设为“中”，“消零”等选项设为默认值。确定后返回“标注样式管理器”对话框，会发现在“式样”下生成了一个“对称偏差”式样，关闭对话框后，执行线性标注命令即可。

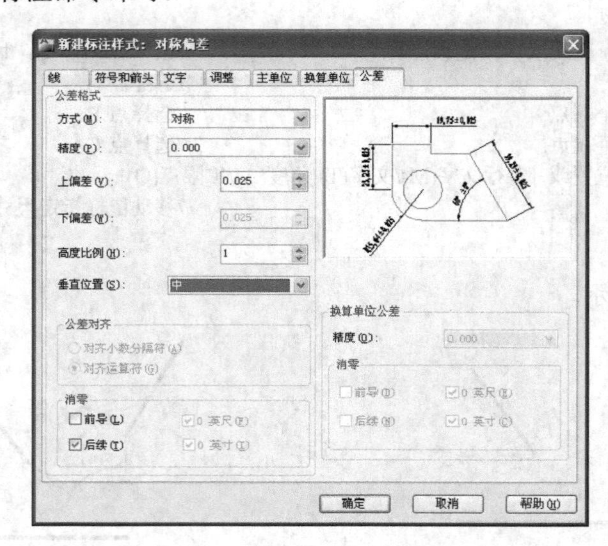

图 6-43　对称偏差的设置

2）极限偏差设置。

新建“极限偏差”样式。如图 6-44 所示“方式”选为“极限偏差”，“精度”设为“0.000”，“上偏差”输入“0.016”、“下偏差”输入“0.006”（根据实际情况而变化），公差字高与尺寸数字的“高度比例”设为“0.67”，“垂直位置”设为“中”，其余选项设为默认值。确定后退出对话框，执行线性标注命令即可。

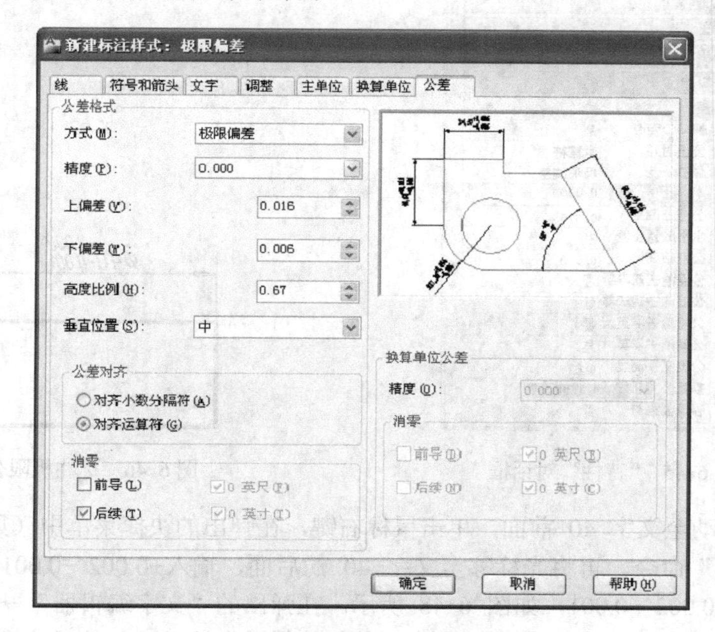

图 6-44 极限偏差的设置

📖 注意：AutoCAD 系统默认设置上偏差为正值，下偏差为负值，输入的数值自动带正负符号。若再输入正负符号，则系统会根据“负负得正”的数学原则显示数值的符号。

（2）通过“特性”对话框标注公差

另外，在标注不同公差时，每次都要调出“标注样式管理器”对话框是十分烦琐的。用户可以先建立一种对称偏差和极限偏差，在标注其他偏差值尺寸时，可以通过“特性”对话框，选择“公差”，分别修改上偏差和下偏差的数值，如图 6-45 所示。

（3）通过“多行文字”创建公差标注

利用“多行文字”功能可以非常方便地创建极限公差和对称公差的尺寸标注，下面可以通过一个具体的实例来讲解这种方法的操作过程。

【例 6-9】 标注如图 6-46 所示的极限公差。

❶ 在“注释”面板中单击“线性”按钮⊢⊣，命令行提示：

```
命令: _dimlinear
指定第一个尺寸界线原点或 <选择对象>:                    //选择点 A
指定第二条尺寸界线原点:                                 //选择点 B
指定尺寸线位置或
[多行文字(M)/文字(T)/角度(A)/水平(H)/垂直(V)/旋转(R)]: m↙          //切换到多行文字选项
```

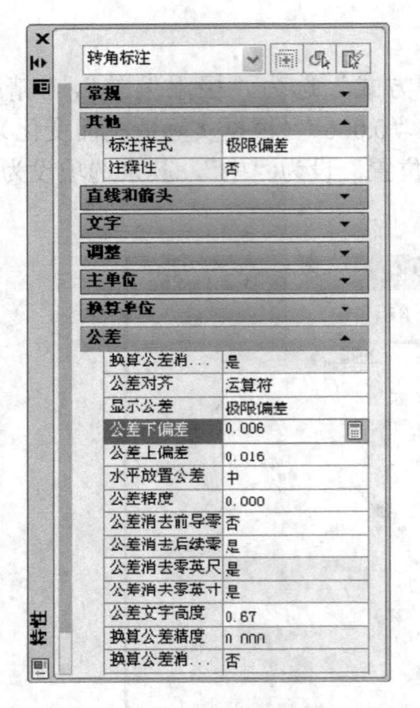

图 6-45 “特性”对话框

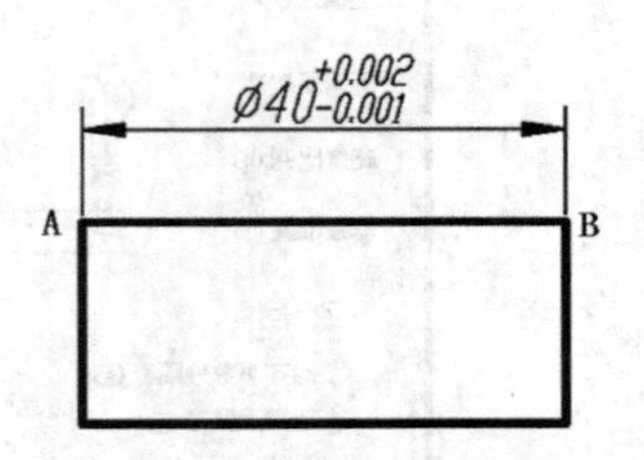

图 6-46 标注极限公差

❷ 将光标移动至文字 40 前面，单击鼠标右键，在弹出的快捷菜单中（见图 6-47）选择“符号”→“直径”命令，再将光标移至文字 40 的后面，输入+0.002^-0.001，按住鼠标左键选中输入的文字+0.002^-0.001，如图 6-48 所示。在弹出的“文字编辑器”→”格式”面板中单击“堆叠”按钮，如图 6-49 所示，单击“关闭编辑器”按钮，移动尺寸线至合适的位置单击鼠标左键，结果如图 6-46 所示。

图 6-47 快捷菜单

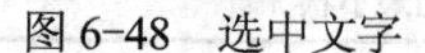

图 6-48　选中文字

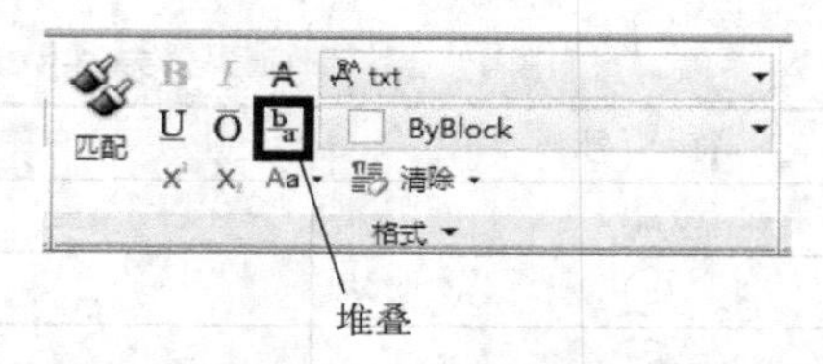

图 6-49　“格式”面板中的“堆叠”按钮

9．几何公差标注

零件图经常需要标注几何公差，几何公差是零件构成要素的几何形状及要素的实际位置对理想形状或理想位置的允许变动量。几何公差包括形状公差、方向公差、位置公差和跳动公差。形状公差包括直线度公差、平面度公差、圆度公差、圆柱度公差、线轮廓度公差和面轮廓度公差。方向公差包括平行度公差、垂直度公差、倾斜度公差、线轮廓度公差和面轮廓度公差。位置公差包括位置度公差、同心度公差、同轴度公差、对称度公差、线轮廓度公差和面轮廓度公差。跳动公差包括圆跳动公差和全跳动公差。各种几何公差符号，如表 6-2 所示。

表 6-2　几何公差符号

公差类型	几何特征	符号	公差类型	几何特征	符号
形状公差	直线度	—	位置公差	位置度	⌖
	平面度	▱		同心度（用于中心点）	◎
	圆度	○		同轴度（用于轴线）	◎
	圆柱度	⌭		对称度	⌯
	线轮廓度	⌒		线轮廓度	⌒
	面轮廓度	⌓		面轮廓度	⌓
方向公差	平行度	//	跳动公差	圆跳动	↗
	垂直度	⊥		全跳动	⌰
	倾斜度	∠			
	线轮廓度	⌒			
	面轮廓度	⌓			

（1）几何公差的组成

在 AutoCAD 中，用户可以通过特征控制框来显示几何公差信息，如图形的形状、轮廓、方向、位置和跳动的偏差等，如图 6-50 所示。

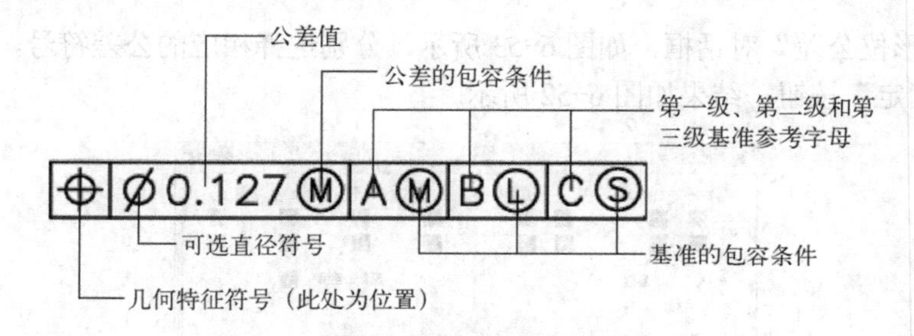

图 6-50　几何公差的组成

在图 6-50 中，A Ⓜ B Ⓛ C Ⓢ 为基准的包容条件，其含义如表 6-3 所示。

表 6-3　基准的包容条件

符　号	含　义
Ⓜ	材料的一般状况
Ⓛ	材料的最大状况
Ⓢ	材料的最小状况

（2）标注几何公差

选择菜单“标注”→“公差”命令，或在“注释”面板中单击“公差”按钮，打开“形位公差”对话框，可以设置公差的符号、值及基准等参数，如图 6-51 所示。

【例 6-10】 标注如图 6-52 所示的带引线的几何公差。

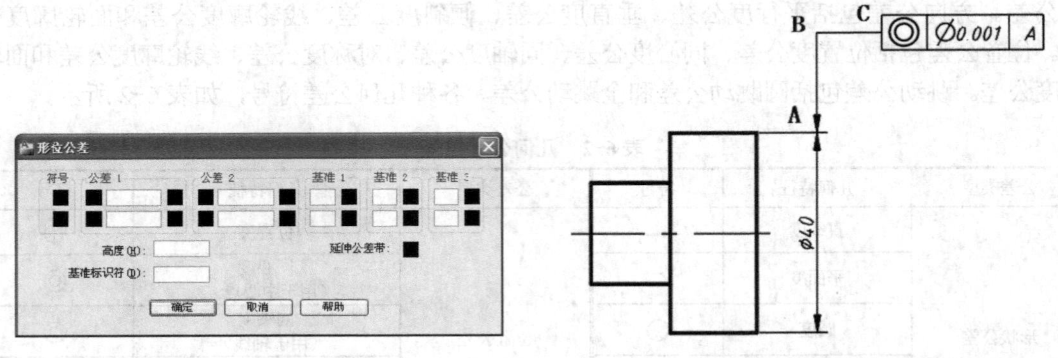

图 6-51　“形位公差”对话框

图 6-52　带引线的几何公差标注

方法一：使用“LEADER”命令。

❶ 在命令行输入“LEADER”，按〈Enter〉键，命令行提示：

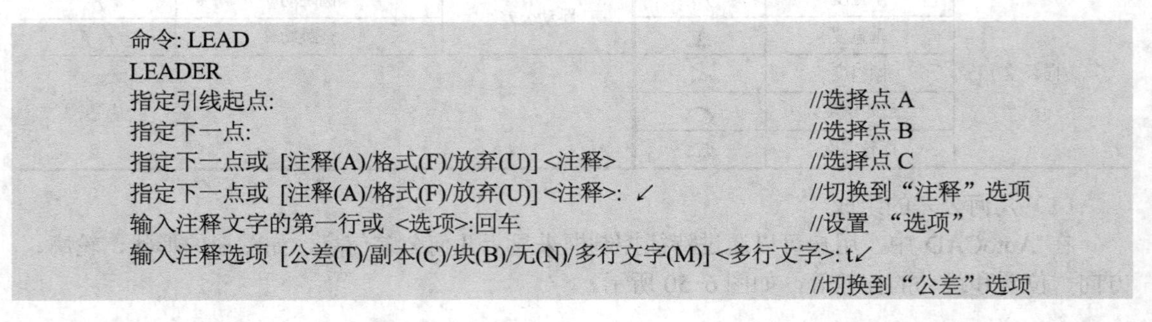

```
命令: LEAD
LEADER
指定引线起点:                                                   //选择点 A
指定下一点:                                                     //选择点 B
指定下一点或 [注释(A)/格式(F)/放弃(U)] <注释>                    //选择点 C
指定下一点或 [注释(A)/格式(F)/放弃(U)] <注释>: ↙                 //切换到“注释”选项
输入注释文字的第一行或 <选项>:回车                               //设置 “选项”
输入注释选项 [公差(T)/副本(C)/块(B)/无(N)/多行文字(M)] <多行文字>: t↙
                                                                //切换到“公差”选项
```

❷ 弹出“形位公差”对话框，如图 6-53 所示，分别选择相应的公差符号，并输入相应的数值，单击“确定”按钮，结果如图 6-52 所示。

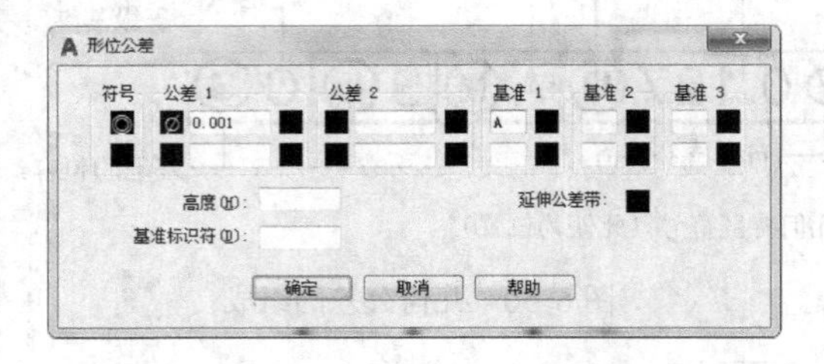

图 6-53　“形位公差”对话框

方法二：使用“QLEADER”命令。

❶ 在命令行输入“QLEADER”，按〈Enter〉键，命令行提示：

```
命令: QLEADER
指定第一个引线点或 [设置(S)] <设置>:                    //切换到“设置”选项
```

❷ 弹出“引线设置”对话框，如图 6-54 所示。在对话框的“注释”选项卡的“注释类型”选项组中选择“公差”单选按钮；在“引线和箭头”选项卡的 “引线”选项组中选择“直线”单选按钮，从“箭头”下拉列表框中选择“实心闭合”，从“角度约束”选项组的“第一段”下拉列表框中选择“任意角度”，从“第二段”下拉列表框中选择“水平”，如图 6-54 所示。

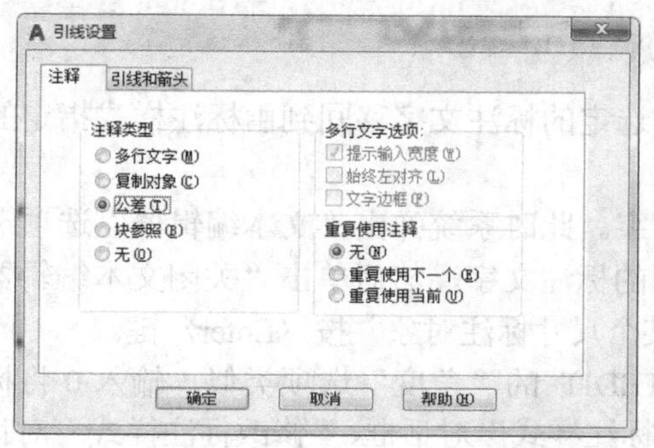

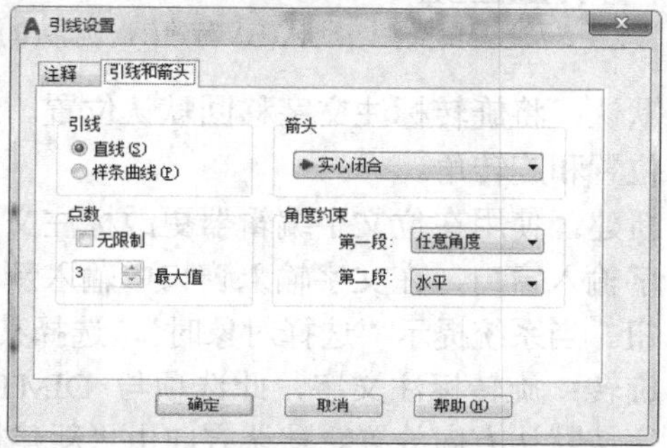

图 6-54 “引线设置”对话框

❸ 单击“确定”按钮，命令行提示：

```
指定第一个引线点或 [设置(S)] <设置>:                    //选择点 A
指定下一点:                                            //选择点 B
指定下一点:                                            //选择点 C
```

❹ 弹出“形位公差”对话框，如图 6-53 所示，选择相应的公差符号，并输入相应的数值，单击“确定”按钮，结果如图 6-52 所示。

6.2.6 编辑尺寸标注

在 AutoCAD 中，用户可以通过拉伸、剪切等编辑命令以及夹点编辑功能对图形对象和与其相关的尺寸标注同时进行修改，另外 AutoCAD 还提供了尺寸标注编辑命令对标注的文字及形式进行编辑。

1．调整标注文字位置

在命令行输入 DIMTEDIT，用户可以修改指定的尺寸标注文字的位置，可以移动或旋转其标注文字，重新定位尺寸线和文字位置。执行该命令后，选取需要修改的尺寸，命令行提示：

```
命令: DIMTEDIT
选择标注:                                  //选择尺寸标注
为标注文字指定新位置或 [左对齐(L)/右对齐(R)/居中(C)/默认(H)/角度(A)]:
```

● 为标注文字指定新位置：确定尺寸文字的新位置，为默认项。用户可以通过拖曳鼠标的方式确定尺寸文字的新位置，确定后单击鼠标左键即可。

- 左对齐：这个选项仅对非角度标注起作用，用于确定将尺寸文字沿尺寸线左对齐。
- 右对齐：这个选项仅对非角度标注起作用，用于确定将尺寸文字沿尺寸线右对齐。
- 居中：该选项用于将尺寸文字放在尺寸线的中间位置。
- 默认：该选项用于按默认位置、默认方向放置尺寸文字。
- 角度：角度选项可以使尺寸文字旋转一定的角度。

2. 编辑标注对象

在命令行输入“DIMEDIT”，可以对指定的尺寸标注进行编辑。执行该命令后，选取需要修改的尺寸，命令行提示：

```
命令: DIMEDIT
输入标注编辑类型 [默认(H)/新建(N)/旋转(R)/倾斜(O)] <默认>:
```

- 默认：将旋转标注文字移回默认位置。选定的标注文字移回到由标注样式指定的默认位置和旋转角。
- 新建：使用在位文字编辑器更改标注文字。此时系统弹出“文本编辑器”选项卡和文字输入窗口，在文字输入窗口中输入新的标注文字，然后单击“关闭文本编辑器”按钮。当系统提示“选择对象时”，选择某个尺寸标注对象并按〈Enter〉键。
- 旋转：旋转标注文字，此选项与 DIMTEDIT 的“角度”选项类似。输入 0 将标注文字按默认方向放置。默认方向由“新建标注样式”对话框、“修改标注样式”对话框和“替代当前样式”对话框中的“文字”选项卡上的“垂直”和“水平”文字进行设置。
- 倾斜：当尺寸界线与图形的其他要素冲突时，“倾斜”选项将很有用处。倾斜角从 UCS 的 X 轴进行测量。

3. 标注更新

在创建尺寸标注过程中，若发现某个尺寸标注不符合要求，可采用替代标注样式的方式修改尺寸标注的相关变量，然后通过“标注更新”按钮，使要修改的尺寸标注按所设置的尺寸样式进行更新。

选择菜单“标注”→“更新”命令，或单击“注释”面板中的“标注更新”按钮，可以调用更新标注命令。

4. 编辑尺寸标注属性

修改尺寸标注属性除了更新标注，也可在绘图区中选择要修改属性的尺寸标注，然后选择菜单“修改”→“特性”命令，打开如图 6-55 所示的“特性”选项板，在其中可修改尺寸标注的各个参数，如箭头大小、尺寸线线宽、尺寸线范围等。

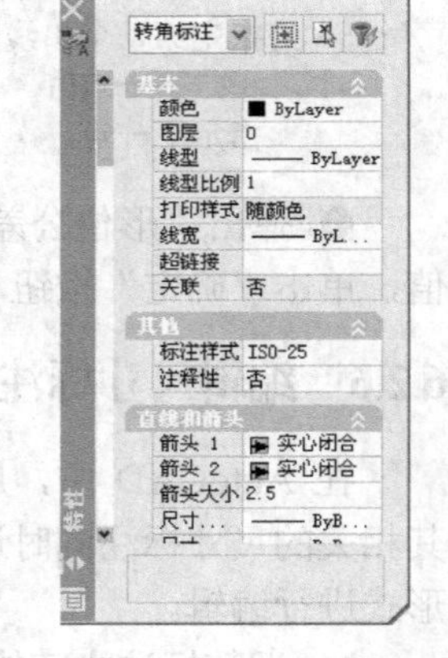

图 6-55 “特性”选项板

6.3 引线标注

在 AutoCAD 的“标注”菜单中提供了一个实用的“多重引线”命令，其相应的英文命令为“MLEADER”，对应的工具按钮为“注释”面板中的“引线”按钮。

多重引线是具有多个选项的引线对象，引线对象是一条线或样条曲线，其一端带有箭头，另一端带有多行文字对象或块。在某些情况下，有一条短水平线（又称为基线）将文字或块和特征控制框连接到引线上，如图 6-56 所示。

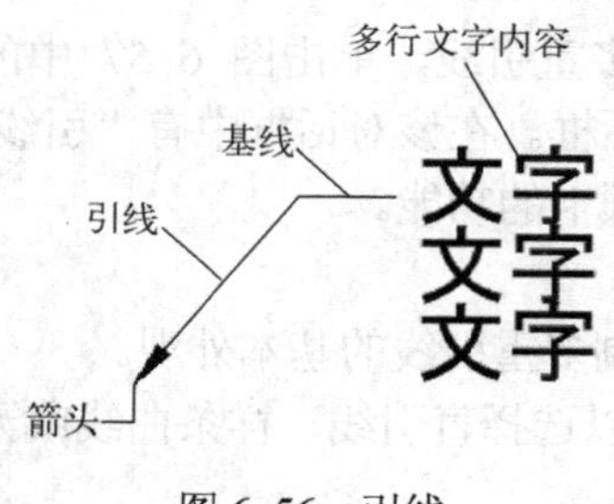

图 6-56　引线

基线和引线与多行文字对象或块关联，因此当重定位基线时，内容和引线将随其移动。

6.3.1　多重引线样式设置

单击“注释”面板上的“多重引线样式”按钮，弹出“多重引线样式管理器”对话框，如图 6-57 所示。通过该对话框，用户可以设置当前多重引线样式，以及创建、修改和删除多重引线样式。

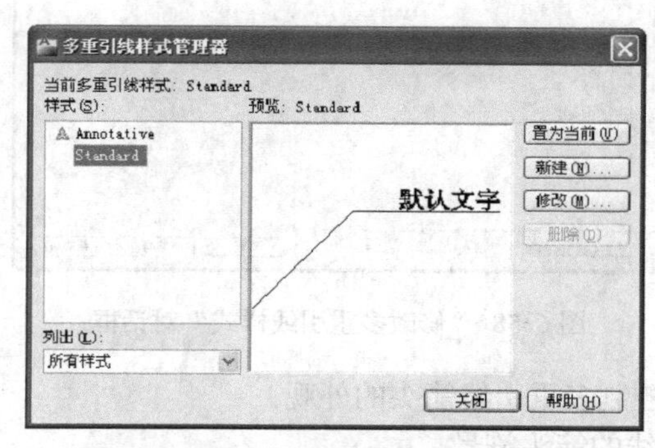

图 6-57　“多重引线样式管理器”对话框

下面分别介绍对话框中各主要项的功能。

- 当前多重引线样式：显示应用于所创建的多重引线的多重引线样式的名称。默认的多重引线样式为 Standard。
- 样式：显示多重引线列表。当前样式被亮显。
- 列出：控制“样式”列表的内容。单击“所有样式”，可显示图形中可用的所有多重引线样式。单击“正在使用的样式”，仅显示被当前图形中的多重引线参照的多重引线样式。
- 预览：显示“样式”列表格中选定样式的预览图像。
- “置为当前”按钮：单击此按钮，将“样式”列表中选定的多重引线样式设置为当前样式。所有新的多重引线都将使用此多重引线样式进行创建。
- “新建”按钮：单击此按钮，显示“创建新多重引线样式”对话框，从中可以定义新多重引线样式。
- “修改”按钮：单击此按钮，显示“修改多重引线样式”对话框，从中可以修改多重引线样式。
- “删除”按钮：单击此按钮，删除“样式”列表中选定的多重引线样式。不能删除图形中正在使用的样式。

在对话框中可以创建和修改多重引线，单击图 6-57 中的“修改”按钮，打开如图 6-58 所示的“修改多重引线样式”对话框。在该对话框中有“引线格式”“引线结构”和“内容”3 个选项卡，下面分别介绍这些选项卡的功能。

1.“引线格式”选项卡

1）“常规”选项组：用来控制多重引线的基本外观。

- 类型：确定引线类型，可以选择直引线、样条曲线或无引线。
- 颜色：确定引线的颜色。
- 线型：确定引线的线型。
- 线宽：确定引线的线宽。

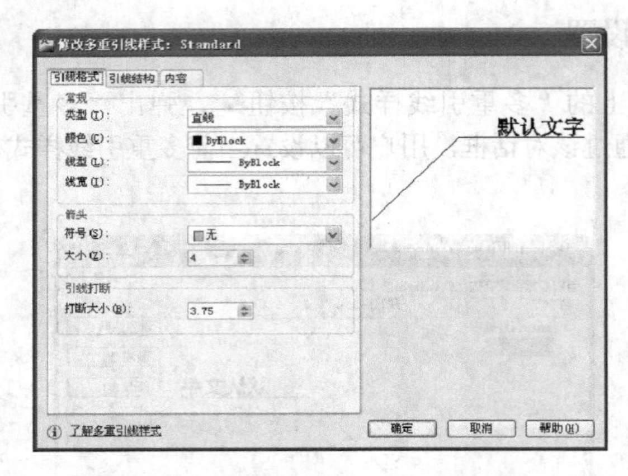

图 6-58 “修改多重引线样式”对话框

2）“箭头”选项组：控制多重引线箭头的外观。

- 符号：设置多重引线的箭头符号。
- 大小：显示和设置箭头的大小。

3）“引线打断”选项组：控制将折断标注添加到多重引线时使用的设置。

打断大小：显示和设置选择多重引线后用于 DIMBREAK 命令的折断大小。

2.“引线结构”选项卡

“引线结构”选项卡如图 6-59 所示。

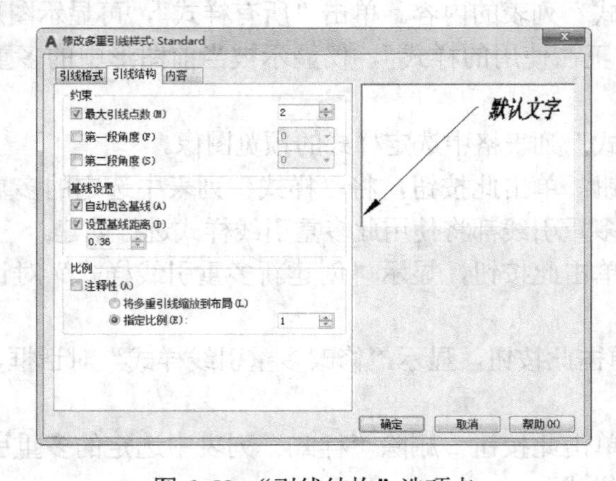

图 6-59 “引线结构”选项卡

1）“约束”选项组：控制多重引线的约束。

- 最大引线点数：指定引线的最大点数。
- 第一段角度：指定引线中的第一个点的角度。
- 第二段角度：指定多重引线基线中的第二个点的角度。

2）“基线设置”选项组：控制多重引线的基线设置。

- 自动包含基线：将水平基线附着到多重引线内容。
- 设置基线距离：为多重引线基线确定固定距离。

3）“比例”选项组：控制多重引线的缩放。

- 注释性：指定多重引线为注释性。单击信息图标以了解有关注释性对象的详细信息。如果多重引线非注释性，则以下选项可用。
- 将多重引线缩放到布局：根据模型空间视口和图纸空间视口中的缩放比例确定多重引线的比例因子。
- 指定比例：指定多重引线的缩放比例。

3.“内容”选项卡

“内容”选项卡如图 6-60 所示。

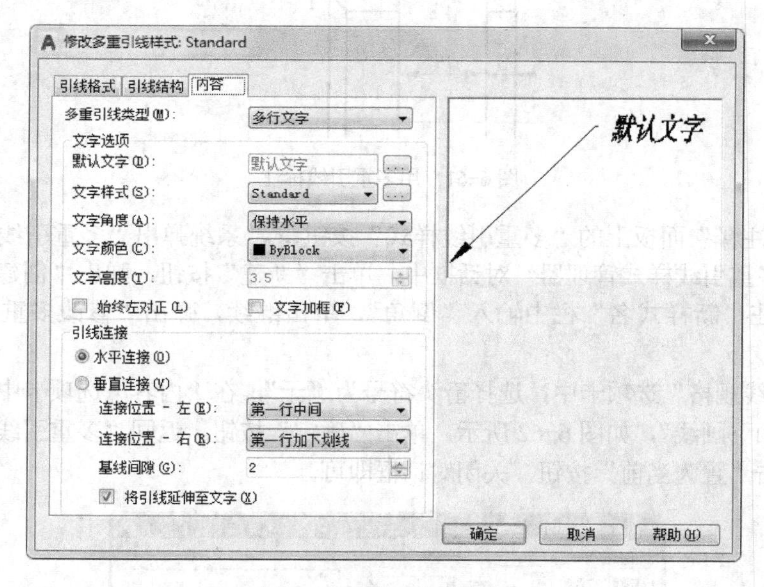

图 6-60 “内容”选项卡

1）“多重引线类型”选项组：确定多重引线是包含文字还是包含块。如果多重引线包含多行文字，则下列选项可用。

2）“文字选项”选项组：控制多重引线文字的外观。

- 默认文字：为多重引线内容设置默认文字。单击“浏览”按钮 将启动多行文字在位编辑器。
- 文字样式：指定属性文字的预定义样式。显示当前加载的文字样式。可以加载或创建新的文字样式。
- 文字角度：指定多重引线文字的旋转角度。

- 文字颜色：指定多重引线文字的颜色。
- 文字高度：指定多重引线文字的高度。
- 始终左对齐：指定多重引线文字始终左对齐。
- “文字加框”复选框：使用文本框对多重引线文字内容加框。

3）“引线连接”选项组：控制多重引线的引线连接设置。

- 连接位置-左：控制文字位于引线左侧时基线连接到多重引线文字的方式。
- 连接位置-右：控制文字位于引线右侧时基线连接到多重引线文字的方式。
- 基线间隙：指定基线和多重引线文字之间的距离。

6.3.2 多重引线标注

下面通过具体的实例操作讲述多重引线命令的标注。

【例 6-11】 用多重引线命令标注如图 6-61 所示的倒角尺寸。

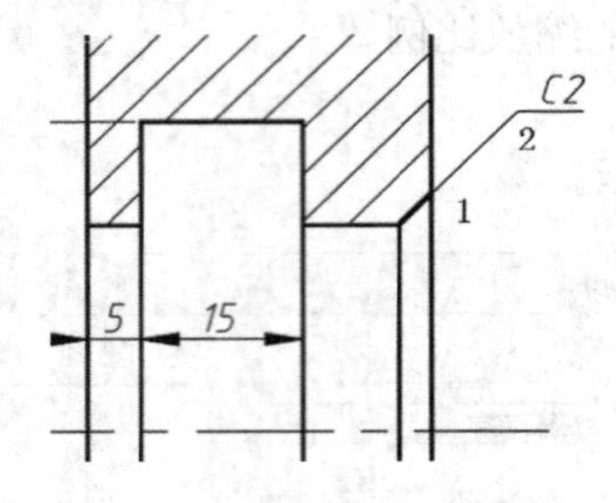

图 6-61 用多重引线标注

❶ 单击“注释”面板上的“多重引线样式”按钮，系统弹出“多重引线样式管理器”对话框。在“多重引线样式管理器”对话框中，单击“新建”按钮，弹出“创建新多重引线样式”对话框，在“新样式名”栏中输入“倒角”，单击继续，弹出“修改多重引线样式：倒角”对话框。

❷ 在“引线规格”选项卡中，选择箭头符号为“无”，在“内容”选项卡中，引线连接选择“最后一行加下画线”，如图 6-62 所示，单击“确定”按钮。返回“多重引线样式管理器”对话框，再单击“置为当前”按钮，关闭对话框即可。

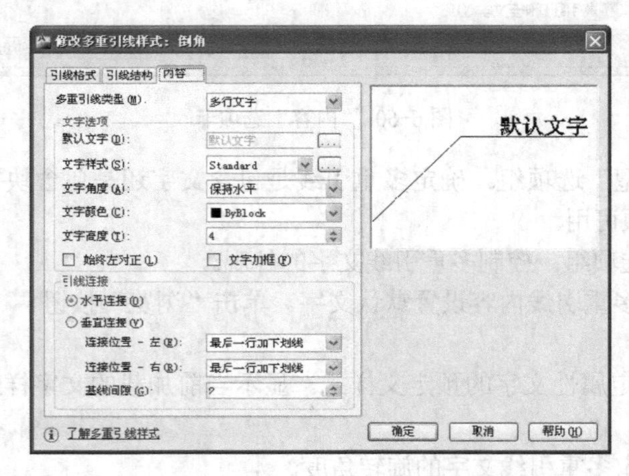

图 6-62 “修改多重引线标注”对话框

❸ 单击“注释”面板中的“引线”按钮，命令行提示：

```
命令: _mleader
指定引线箭头的位置或 [引线基线优先(L)/内容优先(C)/选项(O)] <内容优先>:   //选择点 1
指定引线基线的位置:                                                      //选择点 2
```

❹ 打开多行文字编辑对话框，输入 *C*2，单击确定，如图 6-61 所示。

6.4 表格

AutoCAD 2017 提供了自动创建表格的功能，这是一个非常实用的功能，其应用非常广泛，利用该功能可以创建机械图中的零件明细栏、尺寸参数说明表等。

6.4.1 表格样式

表格样式具有很多性质参数，它决定了一个表格的外观，控制着表格中的字体、颜色以及文本大小等特性。系统提供了“Standard”为其默认样式，用户可以根据绘图环境的需要重新定义新的表格样式。

1. “表格样式”对话框

选择菜单“格式”→“表格样式”命令，或单击“默认”→“注释”面板中的“表格样式”按钮，系统弹出“表格样式”对话框，如图 6-63 所示。

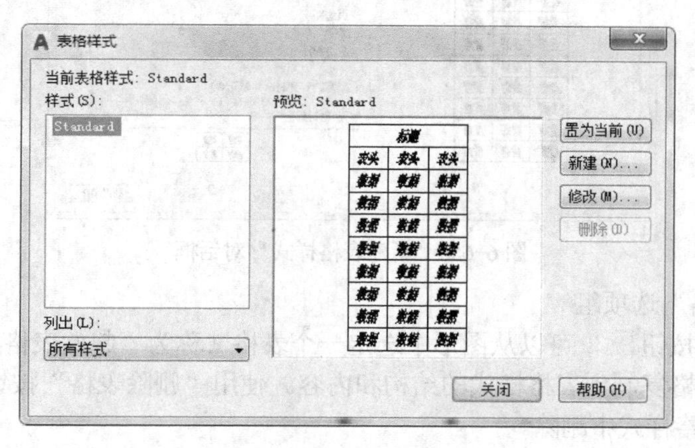

图 6-63 “表格样式”对话框

- 样式：显示表格样式。
- 列出：控制“样式”列表框显示的内容。
- “置为当前”按钮：单击此按钮，“样式”列表框中选择的表格样式将被设置为当前表格样式。
- “新建”按钮：单击此按钮，弹出“创建新的表格样式”对话框。
- “修改”按钮：单击此按钮，将弹出“修改表格样式”对话框（同“新建表格样式”对话框），可以对“样式”列表框中所选择的表格样式进行修改。
- “删除”按钮：单击此按钮，将把“样式”列表框中所选择的表格样式删除，但是不能删除默认的 Standard 表格样式。

2. 新建表格样式

单击“新建”按钮，弹出“创建新的表格样式”对话框，如图 6-64 所示。

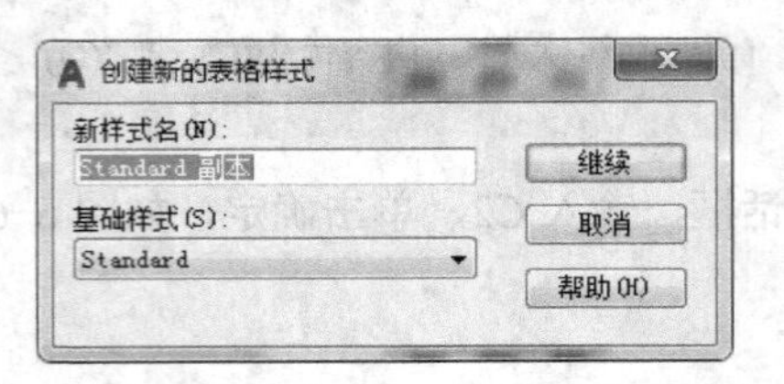

图 6-64 “创建新的表格样式”对话框

基础样式：基于现有的表格样式指定新表格样式。

在“新样式名”文本框中输入新建表格样式的名称，选择“基础样式”类型，单击“继续”按钮，然后将弹出“新建表格样式”对话框，如图 6-65 所示。

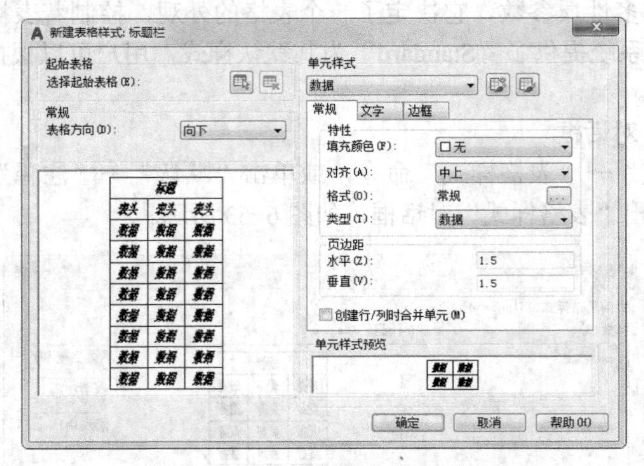

图 6-65 “新建表格样式”对话框

(1)“起始表格”选项组

单击“选择”按钮，可以从图形中选定一个表格（称为“起始表格”），选择表格后，可以指定要从该表格复制到表格样式的结构和内容。使用“删除表格”按钮，可以将该表格的格式从当前表格样式中删除。

(2) 表格方向

- “向下”，将创建由上而下读取的表格，标题行（标题）和列标题行（表头）位于表格的顶部。
- “向上”，将创建由下而上读取的表格，标题行（标题）和列标题行（表头）位于表格的底部。

(3)“单元样式”选项组

可以从下拉列表中选择单元样式的类型，包括数据、表头和标题。用户可以在下拉列表中“创建新单元样式”和“管理单元样式”，也可以单击右侧的“创建新单元样式”和“管理单元样式”按钮。

1)“常规”选项卡。

- 填充颜色：指定单元的背景色。默认值为“无”。

- 对齐：设置表格单元中文字（字符）的对齐方式。
- 格式：为表格中的“标题”“表头”“数据”单元设置格式，默认为“常规”。单击右侧的选择按钮，将弹出“表格单元格式”对话框，如图 6-66 所示，从中可以进一步定义格式选项。

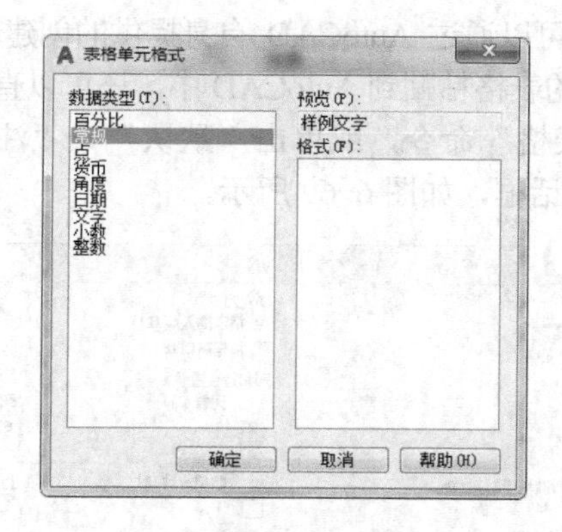

图 6-66 “表格单元格式”对话框

- 水平：设置单元中的文字（字符）与左右单元边界之间的距离。
- 垂直：设置单元中的文字（字符）与上下单元边界之间的距离。
- 创建行/列时合并单元：将使用当前单元样式创建的所有新行或新列合并为一个单元。可以使用此选项在表格的顶部创建标题行。

2）“文字”选项卡：如图 6-67 所示，可以设置与文字相关的参数。

- 文字样式：列出图形中的所有文字样式。单击右侧的选择按钮，将显示“文字样式”对话框，从中可以创建新的文字样式。
- 文字高度：设置文字高度。
- 文字颜色：设置文字颜色。
- 文字角度：设置文字角度。

3）“边框”选项卡：如图 6-68 所示，可以设置与边框相关的参数。

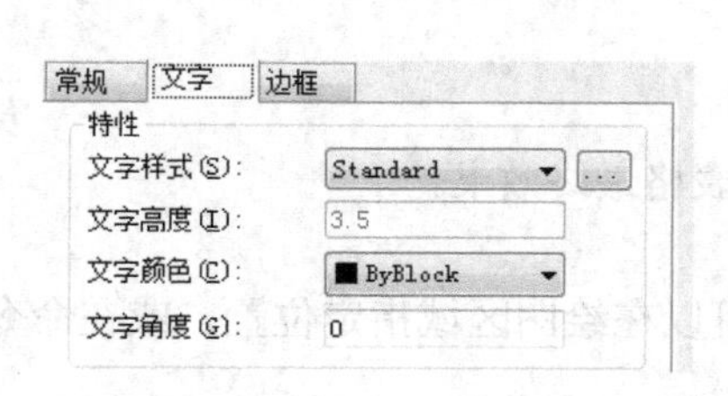

图 6-67 “文字”选项卡

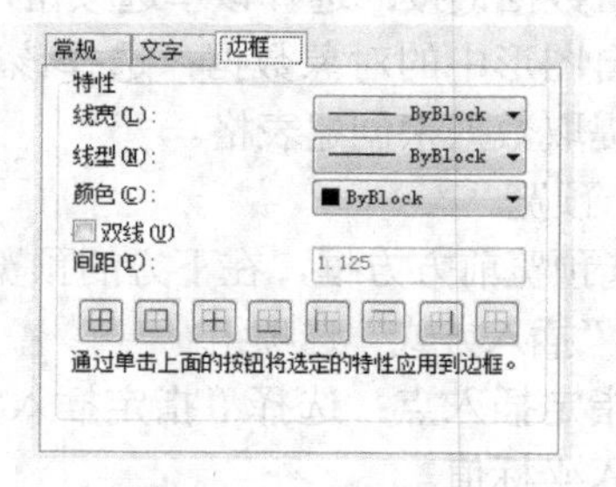

图 6-68 “边框”选项卡

- 线宽：单击下拉按钮，用于指定边界的线宽。
- 线型：单击下拉按钮，用于指定边界的线型。
- 颜色：单击下拉按钮，用于指定边界的颜色。
- 双线：将表格边界显示为双线。
- 间距：指定双线边界的间距。

- 边界按钮：一共有 8 个按钮，通过单击边界按钮，可以将选定的特性应用到边框，控制单元边界的外观。

6.4.2 创建表格

表格的创建有多种方法，可以通过 AutoCAD 自身提供的创建表格功能进行创建，也可以将“Excel”或“Word”软件制作的表格粘贴到 AutoCAD 中，还可以直接从外部导入表格对象。

选择菜单“绘图”→“表格”命令，或单击“默认”→“注释”面板中的“表格”按钮 ▦，系统弹出“插入表格”对话框，如图 6-69 所示。

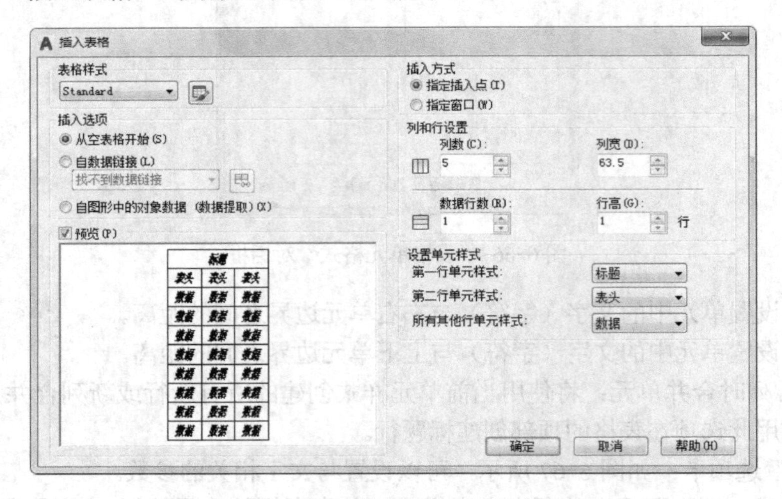

图 6-69 “插入表格”对话框

（1）“表格样式”选项组

在这个选项中，可以选择定义过的表格样式。

（2）“插入选项”选项组

- 从空表格开始：可以插入一个空的表格。
- 自数据链接：选择该单选按钮，可以从外部的电子表中提取数据，创建表格。
- 自图形中的对象数据：选择该单选按钮，则可以从可输出到表格或外部文件的图形中提取数据来创建表格。

（3）预览

勾选预览前方方框，在下方的预览框中将显示表格最终效果。

（4）“插入方式”选项组

- 指定插入点：选择“指定插入点”选项，可以在绘图区域指定位置，或在命令行中输入坐标值。
- 指定窗口：选择“指定窗口”选项，可以在绘图区域任意指定第一点，拖动鼠标，指定表格的列数、数据行数、列宽、行高等。

（5）“列和行设置”选项组

- 列数：在其下的文本框中设置表格的列数。
- 列宽：在其下的文本框中设置表格的列宽。
- 行数：在其下的文本框中设置表格的行数。

● 行高：在其下的文本框中设置表格的行高。

（6）“设置单元样式”选项组

● 第一行单元样式：设置第一行单元样式为“标题”“表头”“数据”中的任意一个。
● 第二行单元样式：设置第二行单元样式为“标题”“表头”“数据”中的任意一个。
● 所有其他行单元样式：设置其他行单元样式为“标题”“表头”“数据”中的任意一个。

6.4.3 编辑表格

工作的任务不同，对表格的具体要求也会不同。通过对表格样式进行新建、或者修改，用户可以对表格方向，单元格的常规特性、单元格内文字使用的文字样式，以及表格的边框类型等一系列内容进行设置，从而建立符合自己工作要求的表格。

下面通过一个具体的实例来说明编辑表格的一般方法。

【例 6-12】 创建如图 6-70 所示的标题栏。

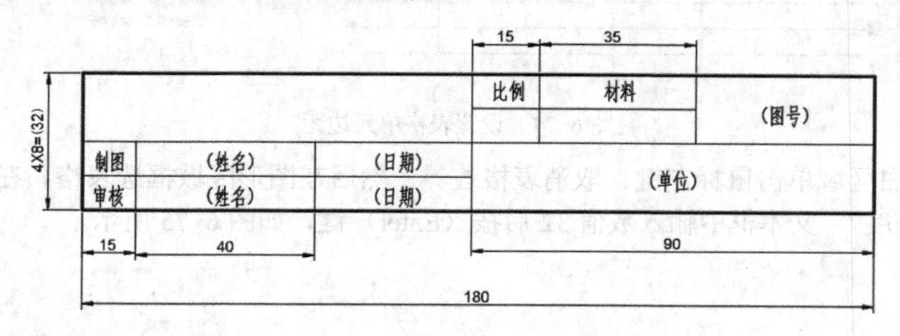

图 6-70　标题栏

❶ 单击“默认”→“注释”面板中的“表格”按钮，创建如图 6-71 所示的表格，并在标题行的表格区域中单击选中标题行，按住〈Shift〉键选取第二行，此时最上面两行显示夹点，如图 6-71 所示。

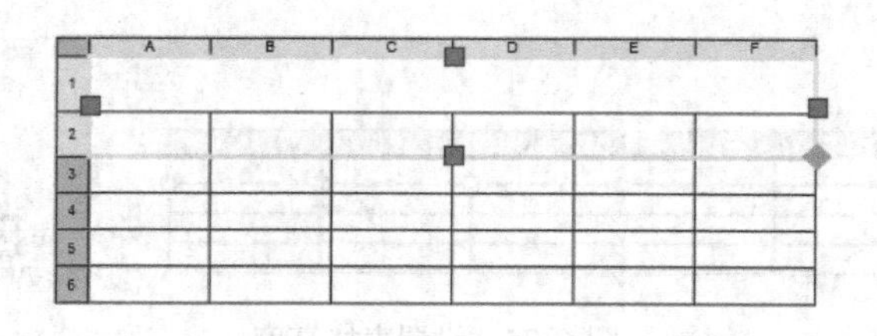

图 6-71　插入表格

❷ 在选中的区域数字上单击鼠标右键，从弹出的快捷菜单中选择“删除行”命令，如图 6-72 所示，删除最上面的两行。按〈Esc〉键退出表格，结果如图 6-73 所示。

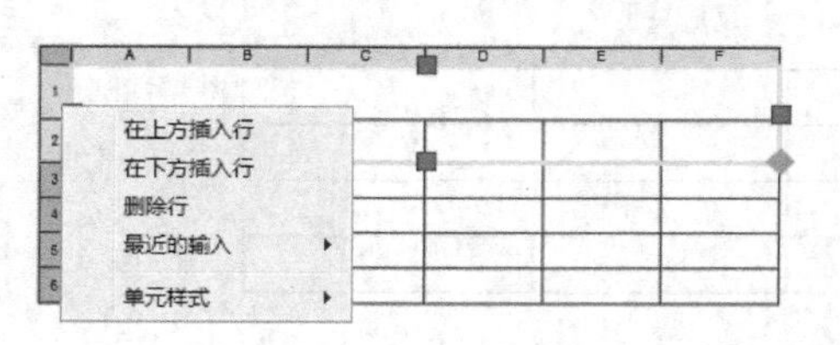

图 6-72　快捷菜单

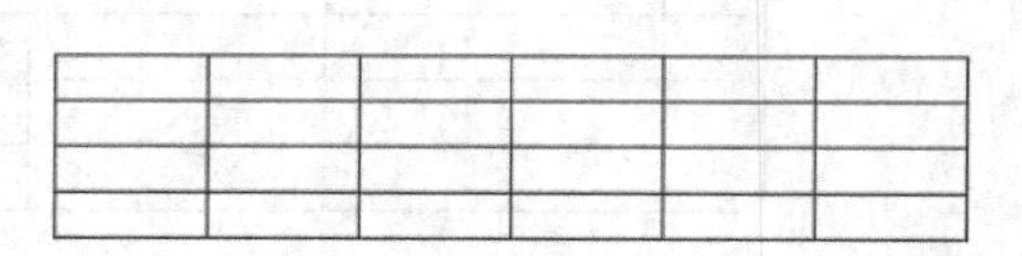

图 6-73　删除最上面的两行表格

❸ 双击表格，系统弹出“特性”窗口，选取表格边界（单击表格的左上角区域，如图 6-74 所示）后，在“水平单元边距”文本框和“垂直单元边距”文本框中均输入数值 0.5。

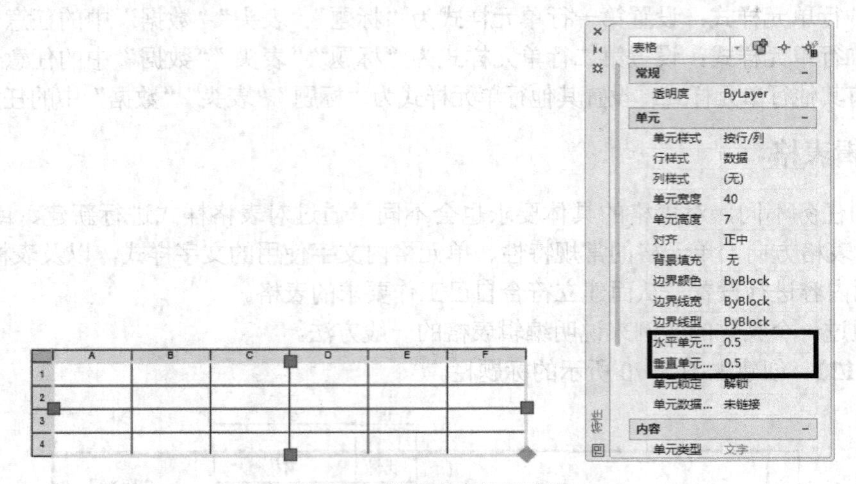

图 6-74　设置表格单元边距

❹ 在空白区域单击鼠标左键，取消表格边界，然后在图形区域框选表格，在“特性”窗口的“表格高度” 文本框中输入数值 32 后按〈Enter〉键，如图 6-75 所示。

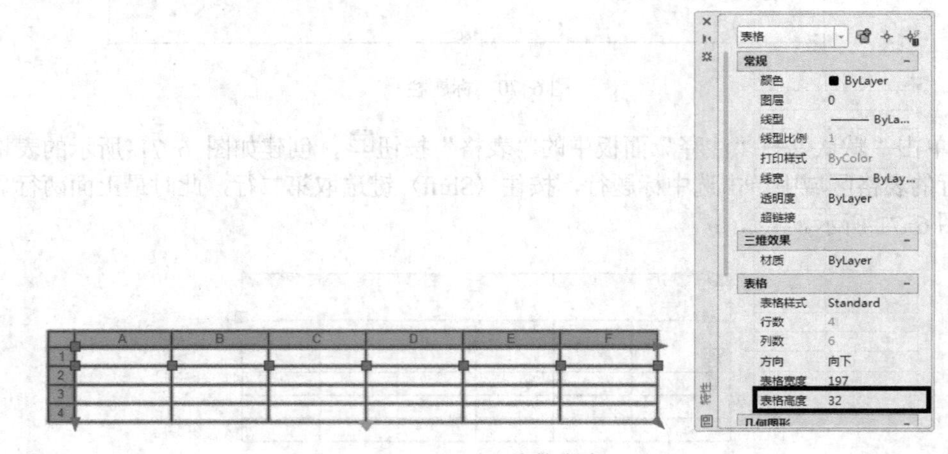

图 6-75　设置表格高度

❺ 选取第一列的任意一个单元，在“特性”窗口的“单元宽度”文本框中输入数值 15 后按〈Esc〉键，采用同样的方法，完成其余列宽的修改，从左至右列宽依次为 40，35，15，35，40，结果如图 6-76 所示。

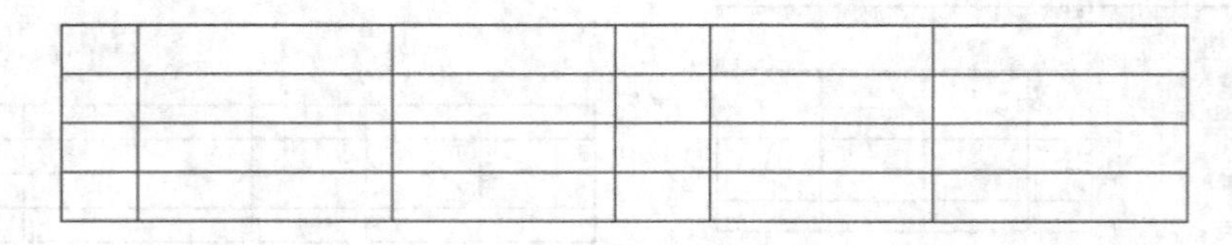

图 6-76　修改列宽

❻ 按住〈Shift〉键不放，依次选取需要合并的单元，单击鼠标右键，在弹出的快捷菜单中选择“合并”→“全部”命令，如图 6-77 所示。

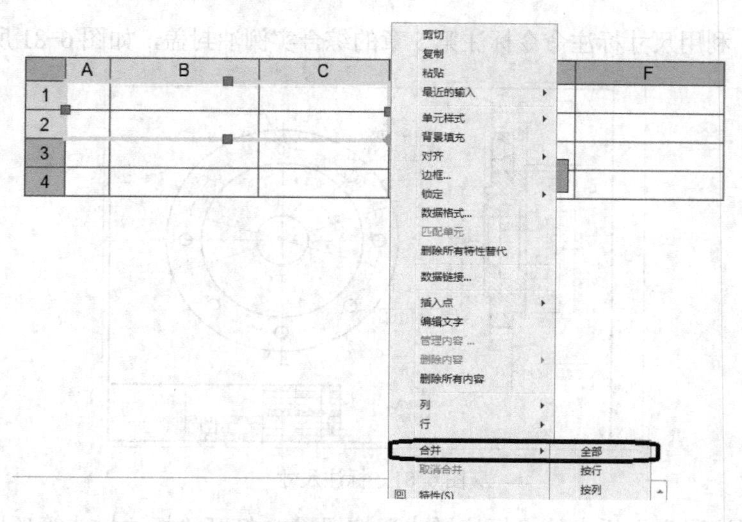

图 6-77　快捷菜单

❼ 采用同样的方法，将需要合并的单元格依次合并，结果如图 6-78 所示。

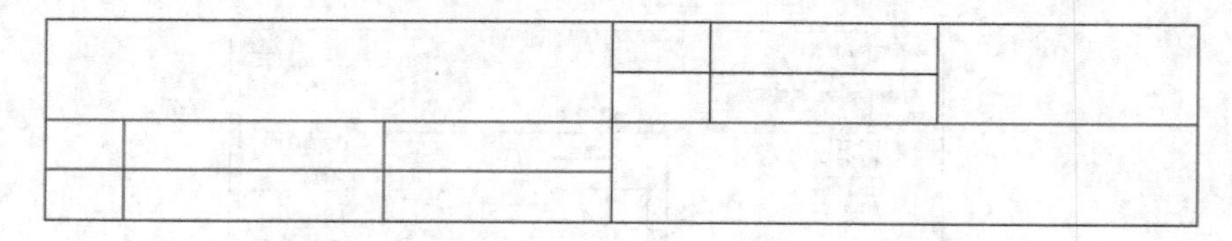

图6-78　合并单元格

❽ 单击“默认”→“注释”面板中的“文字”按钮 A，输入相应的文字，结果如图 6-79 所示。单击“默认”→“修改”面板中的“分解”按钮，分解表格。

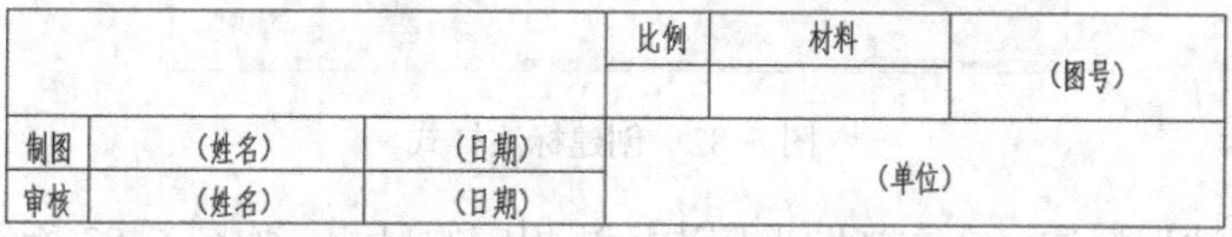

			比例	材料	(图号)
制图	(姓名)	(日期)	(单位)		
审核	(姓名)	(日期)			

图 6-79　输入文字

❾ 采用“夹点”命令，将标题栏中最外侧的线条所在图层切换至“轮廓线层”，其他线条为“细实线”图层，结果如图 6-80 所示。

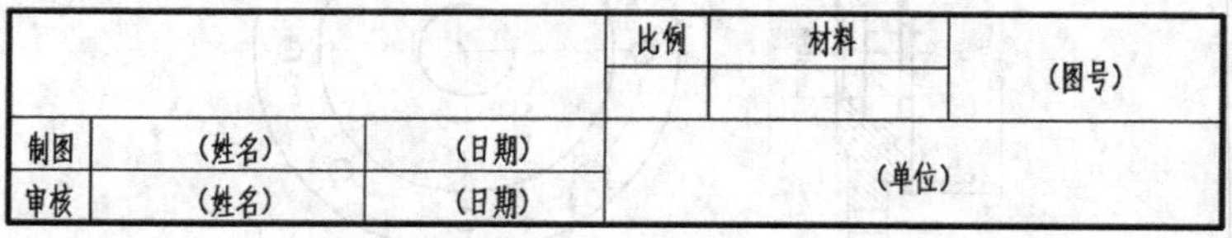

			比例	材料	(图号)
制图	(姓名)	(日期)	(单位)		
审核	(姓名)	(日期)			

图 6-80　切换图层

6.5 综合实例：标注油封盖

【例 6-13】 利用尺寸标注命令标注第 5 章的综合实例油封盖，如图 6-81 所示。

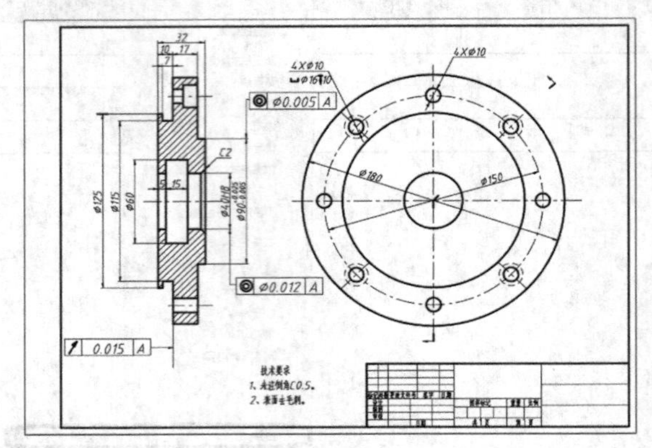

图 6-81　标注尺寸

❶ 单击”“注释”面板中的“标注样式”按钮，打开“标注样式管理器”对话框，分别创建“机械标注”“直径标注”和“半径标注”3 种标注样式，如图 6-82 所示，并将“机械标注”样式设置为当前标注样式。

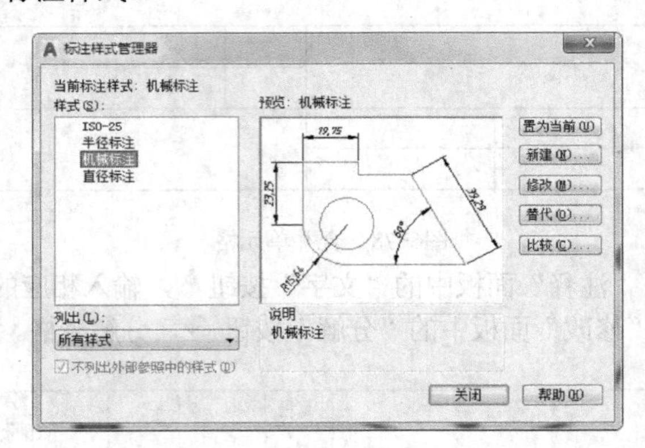

图 6-82　创建标注样式

❷ 采用“线性”标注，在主视图上依次标注相应的尺寸，如图 6-83 所示。

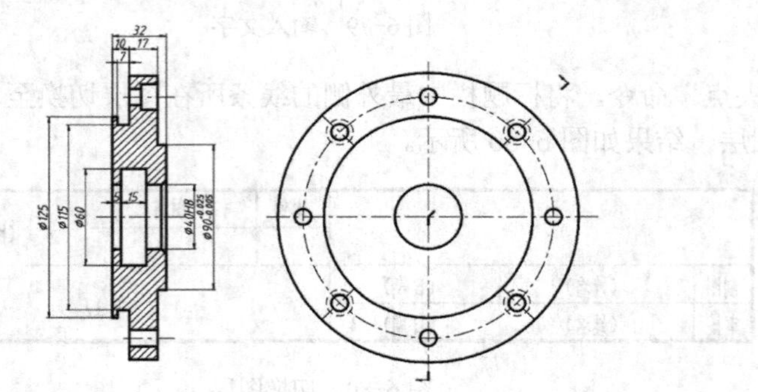

图 6-83　线性标注

❸ 将“直径标注”样式设置为当前标注样式，采用“直径”标注，在左视图上依次标注相应的尺寸，如图 6-84 所示。

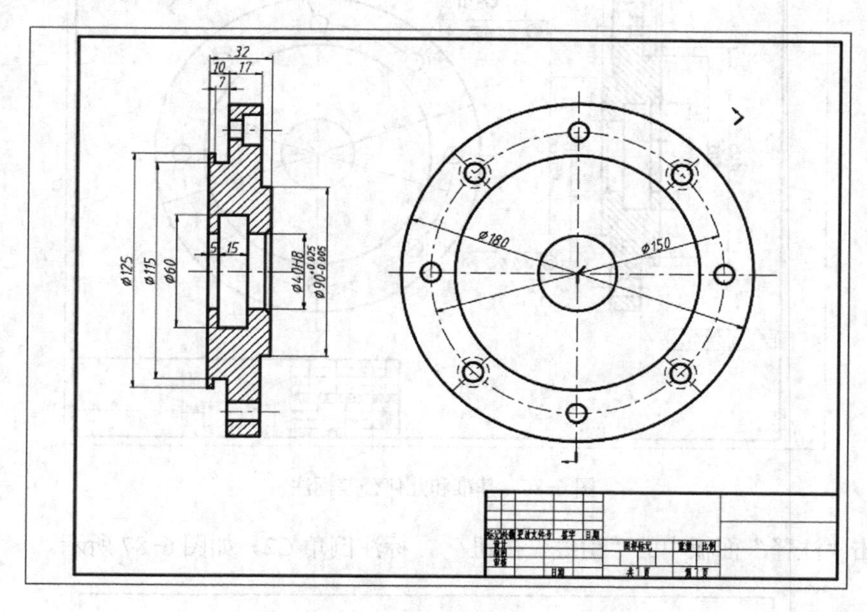

图 6-84　直径标注

❹ 将“半径标注”样式设置为当前标注样式，采用直径标注，在左视图上依次标注通孔和沉头孔相应的尺寸，如图 6-85 所示。

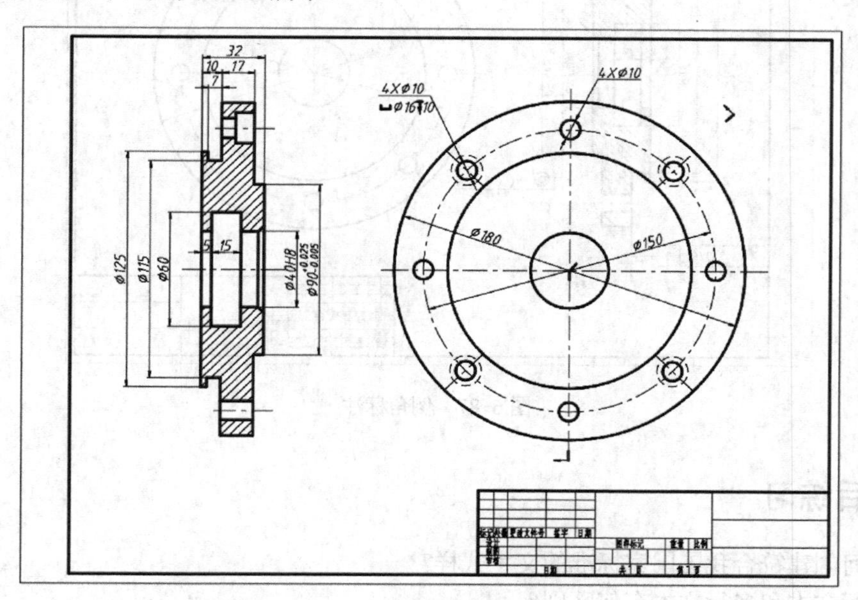

图 6-85　通孔和沉头孔标注

❺ 标注基准（具体的绘制方法将在第 7 章中讲解），采用“Qleader”命令，标注几何公差，如图 6-86 所示。

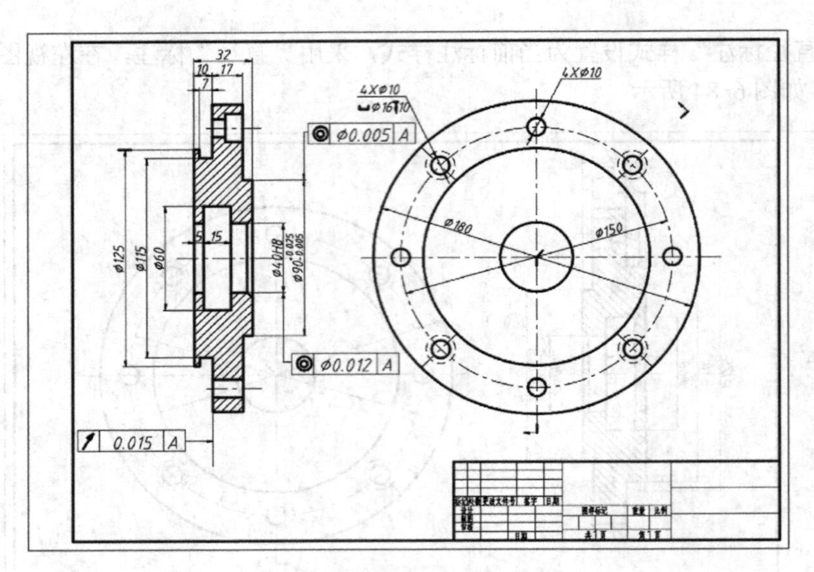

图 6-86　基准和几何公差标注

❻ 单击“注释”面板中的“引线”按钮，标注倒角 *C*2，如图 6-87 所示。

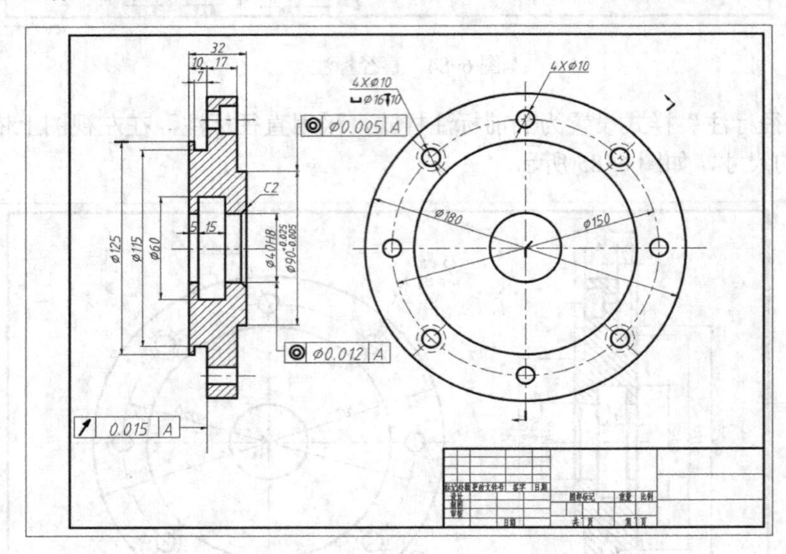

图 6-87　倒角标注

6.6　课后练习

1）如何创建符合我国国家标准的文字式样?

2）单行文本和多行文本有何区别?

3）如何创建符合我国国家标准的尺寸标注式样?

4）如何标注和编辑各种形式的尺寸公差？如何标注几何公差？

第 7 章　AutoCAD 的实用工具

【内容与要求】

在绘制图形时，如果图形中有大量相同或相似的内容，或者所绘制的图形与已有的图形文件相同，则可以把要重复绘制的图形创建成图块，或是通过 AutoCAD 设计中心浏览、查找、预览、使用和管理 AutoCAD 图形、块、外部参照等不同的资源文件。通过图块和设计中心可以帮助用户绘制零件图和装配图。

【学习目标】

- 掌握 AutoCAD 2017 图块的建立与应用
- 掌握 AutoCAD 2017 设计中心的应用
- 掌握图纸打印输出的步骤与方法
- 灵活应用工具选项板提高绘图速度

7.1　建立样板图

在新建工程图时，用户总要进行大量的设置工作，包括图层、线型、颜色设置、文字样式设置、标注样式设置等，如果每次新建图样时，都要如此设置确实很麻烦。为了提高绘图效率，使图样标准化，应该创建个人样板图，当要绘制图样时，只需调用样板图即可。

AutoCAD 中提供了许多样板图，但都不符合我国的国家标准。要建立一张 A3 幅面的样板图，步骤如下。

7.1.1　设置图纸幅面

单击“标准”工具栏上的“新建”按钮，就会出现“选择样板”对话框，选择 acadiso.dwt 样板，如图 7-1 所示，单击“打开”按钮。

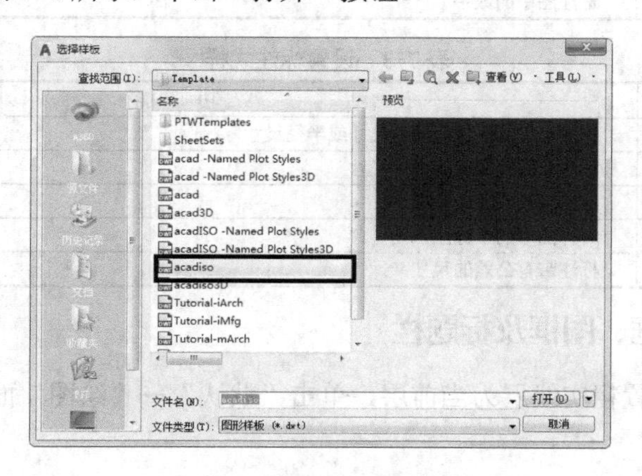

图 7-1　“选择样板”对话框

单击“默认”→“绘图”面板上的“矩形”按钮，命令行提示：

```
命令: _rectang
指定第一个角点或 [倒角(C)/标高(E)/圆角(F)/厚度(T)/宽度(W)]: 0,0
指定另一个角点或 [面积(A)/尺寸(D)/旋转(R)]: 420,297
单击下拉菜单“格式”→“绘图界限”命令，命令提示行为：
命令: '_limits 重新设置模型空间界限:
指定左下角点或 [开(ON)/关(OFF)] <0.0000,0.0000>:↙
                                        //指定绘图界限的左下角点坐标
指定右上角点 <420.0000,297.0000>:↙          //指定绘图界限的右上角点坐标
命令:回车
'LIMITS
重新设置模型空间界限: ↙
指定左下角点或 [开(ON)/关(OFF)] <0.0000,0.0000>: on        //打开绘图界限
```

单击“导航栏”上的 “范围缩放”按钮，这时 A3 图纸幅面全屏显示。

7.1.2 设置图层、文本式样、标注式样

❶ 设置图层。建立如表 7-1 所示的图层，详细步骤可以参见第 2 章内容。

❷ 设置文本式样。设置如表 7-2 所示的文本式样，详细步骤可以参见第 6 章内容。

❸ 设置标注式样。设置如表 7-3 所示的标注式样，详细步骤可以参见第 6 章内容。

表 7-1 设置图层

图层名	功　能	颜　色	线　型	线宽/mm
粗实线	绘制可见轮廓线	黑	Continuous	0.5
细实线	绘制尺寸线	绿	Continuous	0.25
细点画线	绘制对称中心线、轴线等	红	CENTER	0.25
虚线	绘制不可见轮廓线	蓝	DASHED	0.25
剖面线	填充剖面区域	绿	Continuous	0.25

表 7-2 设置文本式样

式 样 名 称	功　能	字　体
工程字	标注图中的文字说明内容	Gbcbig.shx
工程字	标注斜体文字	Gbeitc.shx
数字式样	标注图中的数字	Gbenor.shx

表 7-3 设置标注式样

式 样 名 称	功　能
基本式样	标注水平或竖直型长度尺寸或半径尺寸
非圆式样	标注非圆视图上的直径尺寸
直径样式	标注直径尺寸
抑制式样	对称图形的半标注
公差式样	标注带有公差的尺寸

7.1.3 绘制图纸边框、图框及标题栏

❶ 绘制图框。设置粗实线层为当前层，单击“默认”→“绘图”面板上的“矩形”按钮，命令行提示：

```
命令: _rectang
指定第一个角点或 [倒角(C)/标高(E)/圆角(F)/厚度(T)/宽度(W)]: 25,5
指定另一个角点或 [面积(A)/尺寸(D)/旋转(R)]: @390,287
```

❷ 绘制标题栏。按标题栏的国家标准绘制（见图 7-2）。绘制标题栏时，详细步骤可以参见“6.4 表格”内容完成。绘制完成后填写框内的文字，如图 7-3 所示。

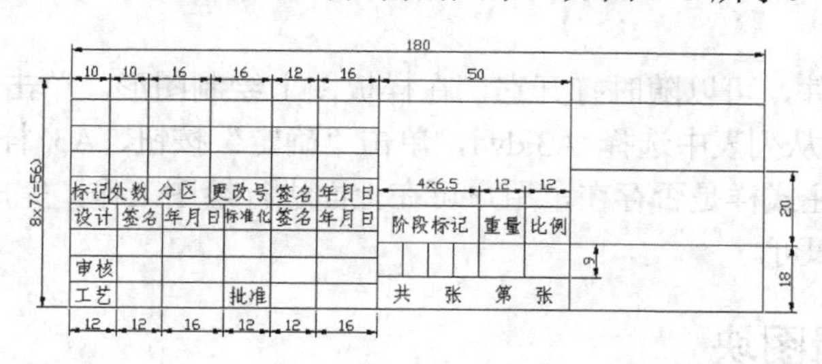

图 7-2 绘制标题栏

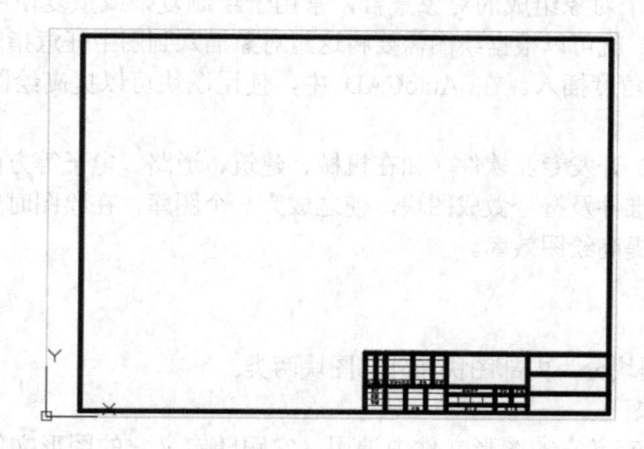

图 7-3 绘制边框和标题栏

7.1.4 建立样板图文件

建立样板图文件，将完成的各种设置的图形文件以“*.dwt”保存。单击“保存”按钮 ，在弹出的“图形另存为”对话框中，将“文件类型”栏的文件扩展名设置为“*. dwt”，文件名为 A3，如图 7-4 所示。

单击“保存”按钮，退出该对话框，弹出“样板选项”对话框，如图 7-5 所示，在“说明”栏中输入“A3 样板图”。单击“确定”按钮退出对话框，完成样板图的保存。

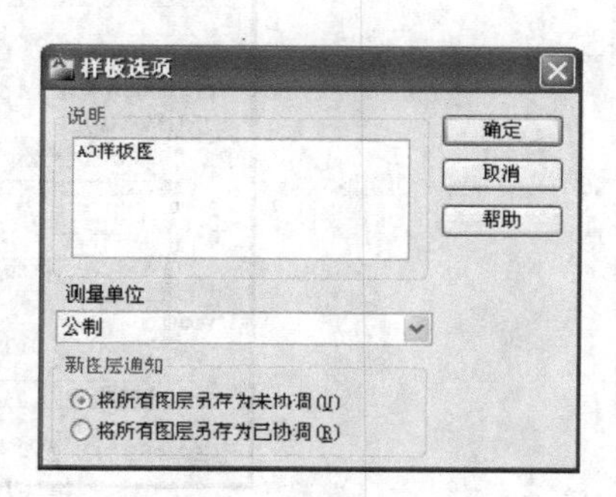

图 7-4 “图形另存为”对话框

图 7-5 “样板选项”对话框

用同样的方法，可以建立A0、A1、A2、A4的样板文件。

7.1.5　调用样板图

建好的样板图文件，可以随时打开它，在样板图上绘制图形。单击新建文件按钮，显示“选择样板”对话框。从列表中选择 A3.dwt，单击“确定”按钮，A3 样板图即被打开。检查一下建立的图层和标注式样是否存在，用户可在上面进行绘图工作，完成后，以“*.dwg”文件类型保存图形文件即可。

7.2　创建与编辑图块

图块是一个或多个对象组成的对象集合，常用于绘制复杂或重复使用较多的图形。一旦一组对象组合成图块，就可以根据绘图需要将这组对象插入到图中任意指定位置，而且还可以按不同的比例和旋转角度插入。在 AutoCAD 中，使用图块可以提高绘图速度，节省存储空间，便于修改图形。

在利用 AutoCAD 开发专业软件（如在机械、建筑、道路、电子等方面）时，可将一些经常使用的常用件、标准件及符号做成图块，使之成为一个图库，在绘图时以便随时调用，这样会减小重复性工作，提高绘图效率。

7.2.1　创建图块

AutoCAD中的图块分为内部图块和外部图块两类。

1．创建内部图块

内部图块只能在定义它的图形文件中调用，它跟随定义它的图形文件一同保存在图形文件内部，而不能插入到其他图形中。

创建内部图块的方法有如下几种。

- 单击“默认”→“块”面板上的“创建块”按钮。
- 选择菜单“绘图”→“块”→“创建”命令。
- 在命令行输入BLOCK命令。

执行“创建块”命令后，打开如图 7-6 所示的“块定义”对话框，在该对话框中指定相应的参数后即可创建一个内部图块。

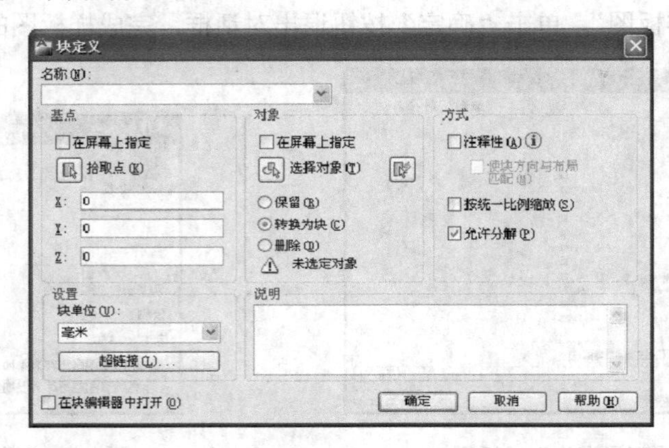

图7-6　“块定义”对话框

对话框中的各项含义如下。

（1）“名称”文本框

在该框中输入块名。单击右边的下拉按钮，显示已定义的块。

（2）“基点”选项组

指定块的插入基点。用户可以直接在 X、Y、Z 三个文本框中输入基点坐标位置；如果单击“拾取点”按钮，则切换到绘图窗口并提示指定插入基点，在绘图区中指定一点作为新建块的插入基点，然后返回到“块定义”对话框，此时刚指定的基点坐标值显示在 X、Y、Z 三个文本框中。

（3）“对象”选项组

指定组成块的对象。单击“选择对象”按钮，返回绘图状态并提示“选择对象：”，在此提示下选择所需的对象。选取完毕，按〈Enter〉键返回对话框。

- 保留：定义块后保留原对象。
- 转换为块：将当前图形中所选对象转换为块。
- 删除：定义块后绘图区删除组成块的对象。

（4）“方式”选项组

指定块的行为。

- 注释性：指定块为 annotative。
- 使块方向与布局匹配：指定在图纸空间视口中块参照的方向与布局的方向匹配。如果未选择“注释性”选项，则该选项不可用。
- 按统一比例缩放：指定块参照是否按统一比例缩放。
- 允许分解：指定块参照是否可以分解。

（5）“设置”选项组

选择插入单位。单击右边的下拉按钮，根据需要选择单位，也可指定无单位。

（6）“说明”选项组

用于输入块文字描述信息。

2．创建外部图块文件

外部图块又称外部图块文件，它是以文件的形式保存在计算机中。当定义好外部图块文件后，定义它的图形文件中不会包含该外部图块，也就是外部图块与定义它的图块文件之间没有任何关联。用户可根据外部图块特有的功能，随时将其调用到其他图形文件中。

外部图块与内部图块的区别是，创建的图块作为独立文件保存，可以插入到任何图形中，并可以对图块进行打开和编辑。

在命令行输入 WBLOCK，即可创建外部块，打开如图 7-7 所示的“写块”对话框。

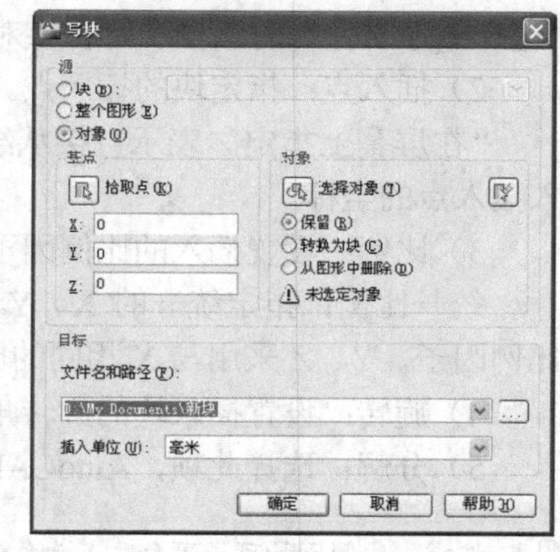

图 7-7 “写块”对话框

对话框中各项含义如下。

（1）“源”选项组

- 块：将块作为文件进行保存，可以从其后面的下拉列表框中选择定义过的块名。
- 整个图形：将整个图形作为块存盘。

- 对象：将选择的对象作为块并存盘。
- 基点：用于设置块的插入基点。其中，单击“拾取点”按钮用于切换到绘图窗口直接拾取基点。还可以在 X、Y、Z 文本框中直接输入基点的坐标值（该设置区域仅当“源”中的“对象”选项被选取时有效）。
- 选择对象：用于切换到绘图窗口直接选择对象。
- 保留、转换为块、从图形中删除：与“块定义”对话框中的含义相同。

（2）“目标”选项组

- 文件名和路径：指定图块存盘的文件名并确定保存的路径。
- 插入单位：确定图块插入时所用的单位。

7.2.2 插入图块

完成图块的定义后，用户可方便地在图形中插入所定义的图块。应注意，内部图块只能在定义该图块的图形内部插入使用，外部图块可在任何图形中插入使用。

直接插入图块的方法有如下几种。

- 单击“默认”→“块”面板上的“插入”按钮。
- 选择菜单“插入”→“块”命令。
- 在命令行输入 INSERT 命令。

执行命令后打开“插入”对话框，如图 7-8 所示，在插入图块的过程中，可指定图块的缩放比例、旋转角度等参数。

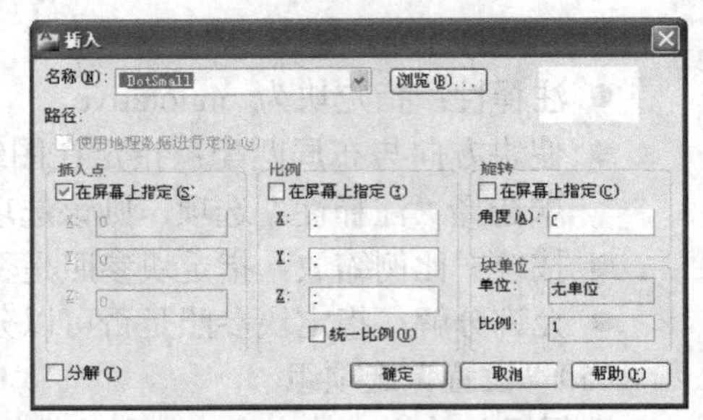

图 7-8 “插入”对话框

对话框中各项含义如下。

1）名称：在该文本框中输入要插入图块的块名。单击右边的下拉按钮，则显示已定义的块。可以从中选取要插入的图块。单击“浏览”按钮，则打开“选择图形文件”对话框，可在该对话框中选择图形文件，将所选择图形文件作为块插入。

2）插入点：指定块的插入点。

“在屏幕上指定”表示直接从绘图窗口或命令窗口指定，也可以在 X、Y、Z 文本框中输入插入点的坐标。

3）比例：设置插入的比例因子。可从绘图窗口也可从文本框中输入。

统一比例：指定统一的 X、Y、Z 比例因子。选择该选项，仅 X 文本框有效，设置 X 的比例因子，Y、Z 采用与 X 相同的比例因子。

4）旋转：设置插入块的旋转角度。可从绘图窗口也可从文本框中输入。

5）分解：选择此项，AutoCAD 在插入块的同时把块分解成单个的对象。

注意：比例因子可正可负。若为负值，其结果是插入镜像图。

7.2.3 编辑与管理块属性

在绘制建筑图形时常需要插入多个带有不同名称或附加信息的图块，如果依次对各个图块进行标注，则会浪费很多时间。为了增强图块的通用性，可以为图块附加一些文本信息，这些文本信息称作属性。在插入有属性的图块时，用户可以根据具体情况，通过属性来为图块设置不同的文本信息，这样就为绘图带来很大的方便。

1．什么是图块属性

属性是与图块相关联的文字信息。属性定义是创建属性的样板，它指定了属性的特性及插入图块时将显示的提示信息。

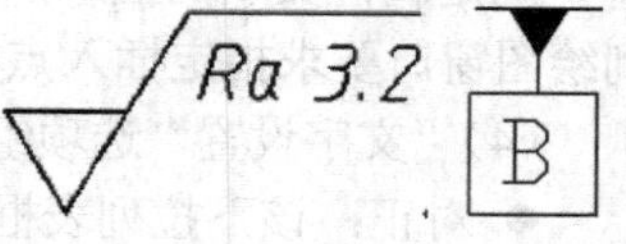

图 7-9　图块属性

如图 7-9 所示图形中，Ra3.2、B 即为图块的属性值，若要多次插入这些图块，则可将这些属性值定义给相应的图块，在插入图块时，也可为其指定相应的属性值，从而避免为图块进行多次文字标注的操作。

为图块指定属性并将属性与图块再重新定义为一个新的图块后，即可为图块指定属性值。属性必须依赖于图块存在，没有图块就没有属性。

2．定义图块属性

使用“定义图块属性”命令可为图块定义属性，在定义属性时，需要对属性的提示信息、默认值、属性值的高度、对齐方式等参数进行设置。

调用定义图块属性命令的方法有如下几种。

- 单击“默认”→“块”面板上的“定义属性”按钮。
- 选择菜单“绘图”→“块”→“定义属性”命令。
- 在命令行中输入 ATTDEF 命令。

选择菜单“绘图”→“块”→“定义属性”命令后，打开如图 7-10 所示“属性定义”对话框，在该对话框中即可为图块属性设置相应的参数。

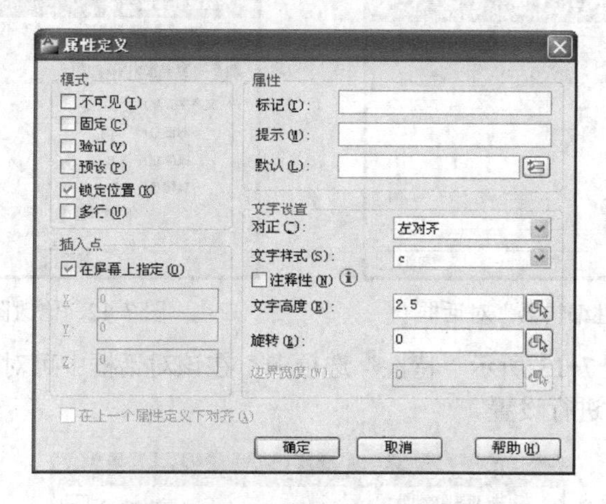

图 7-10　“属性定义”对话框

该对话框中各项含义如下。

（1）“模式”选项组

通过“不可见”“固定”“验证”等复选框可以设置属性是否可见、是否为常量、是否验证以及是否预置。

（2）“属性”选项组

- 标记：设置属性标签。
- 提示：设置属性提示。
- 默认：设置属性的默认值。

(3)“插入点”选项组

确定属性文字的插入点，选中“在屏幕上指定”，则单击“确定”按钮后，AutoCAD 切换到绘图窗口要求指定插入点的位置。也可以在 X、Y、Z 文本框内输入插入基点的坐标。

(4)“文字设置”选项组

- 对正：该下拉列表框中的选项用于设置属性文字相对于插入点的排列形式。
- 文字样式：设置属性文字的样式。
- 文字高度：设置属性文字的高度。
- 旋转：设置属性文字行的倾斜角度。
- 在上一个属性定义下对齐：表示该属性采用上一个属性的字体、字高以及倾斜角度，且与上一个属性对齐，此时“插入点”与“文字设置”均为低亮度显示。

确定了各项内容后，单击对话框中的“确定”按钮，即完成了属性定义。

3. 修改图块属性值

为图块指定相应的属性值后，若要对其进行修改，可选择菜单“修改”→“对象”→“属性”→“单个”命令，或单击“默认”→“块”面板上的“编辑属性”按钮，系统弹出如图 7-11 所示的“增强属性编辑器”对话框。

- 属性：在“值”文本框中可对图块的属性值进行修改。
- 文字选项：打开如图 7-12 所示“文字选项”选项卡，在其中可对图块属性的部分参数进行设置，如对齐方式、高度、旋转角度和宽度比例等。

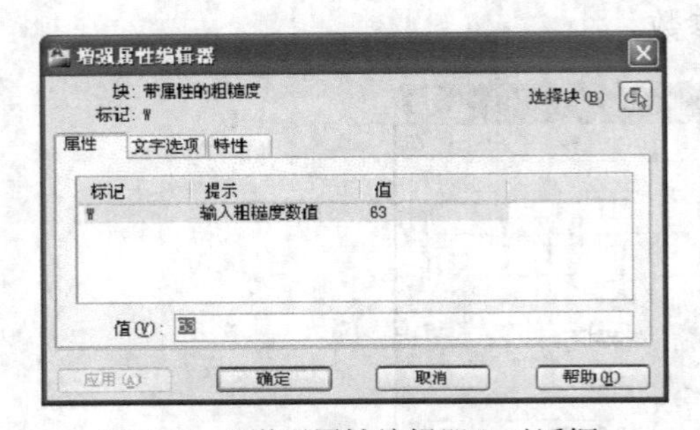

图 7-11 “增强属性编辑器”对话框

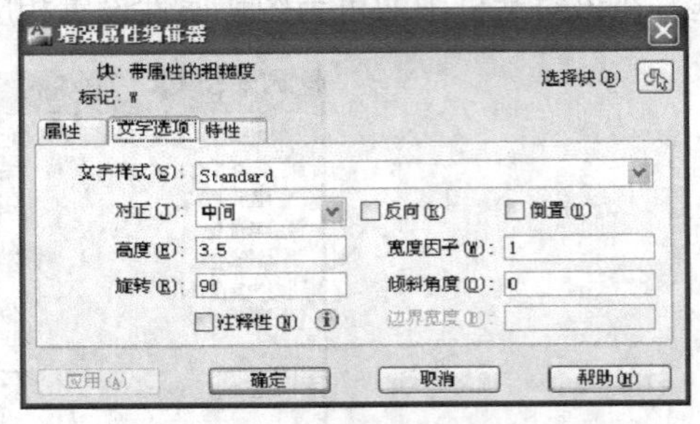

图 7-12 修改图块文字样式参数

- 特性：打开如图 7-13 所示“特性”选项卡，在该对话框中可对图块属性所在图层、线型和颜色等参数进行设置。

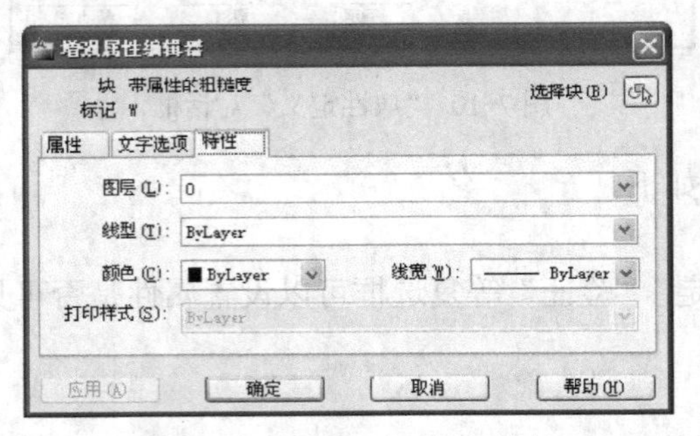

图 7-13 设置图块属性的特性

完成设置后，单击“确定”按钮即可。

【例 7-1】 创建属性为 Ra 3.2 的粗糙度符号为一个外部块，并保存。

❶ 单击“默认”→“绘图”面板上的“直线”按钮，绘制如图 7-14 所示图形。

❷ 选择菜单“绘图”→“块”→“定义属性”命令，打开“属性定义”对话框，在该对话框中为图块属性设置相应的参数，如图 7-15 所示，单击“确定”按钮。

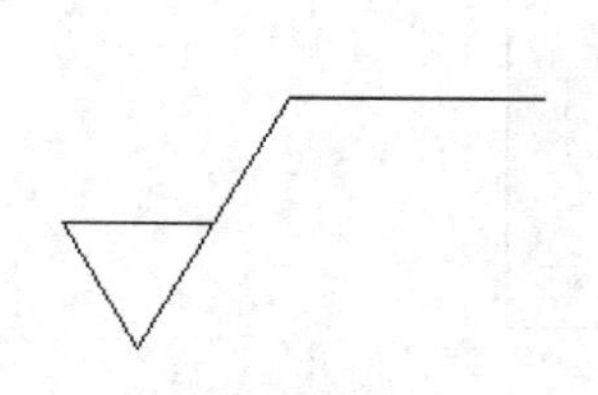

图 7-14 绘制基本符号

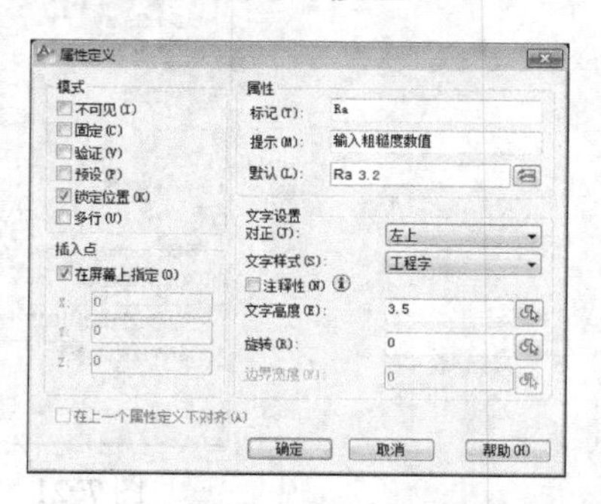

图 7-15 “属性定义”对话框

❸ 在绘图区域指定起点，如图 7-16 所示。

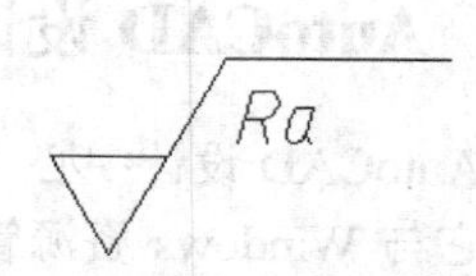

图 7-16 定义属性

❹ 单击“默认”→“块”面板上的“创建块”按钮，打开“块定义”对话框，输入如图 7-17 所示参数，单击选择对象前的按钮，用“窗选”方式选择如图 7-18 所示图形，单击鼠标右键，返回“块定义”对话框，单击“确定”按钮。

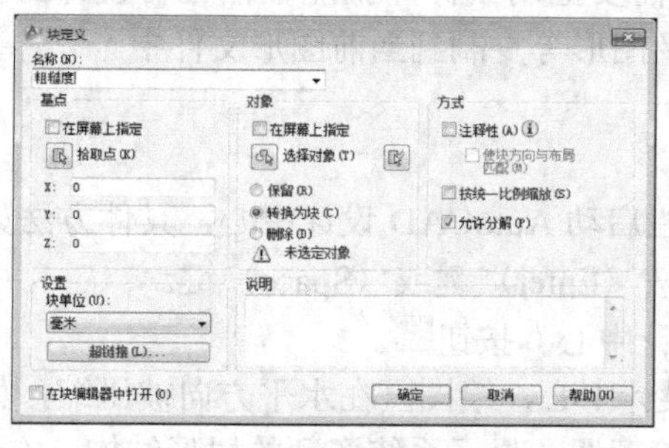

图 7-17 “块定义”对话框

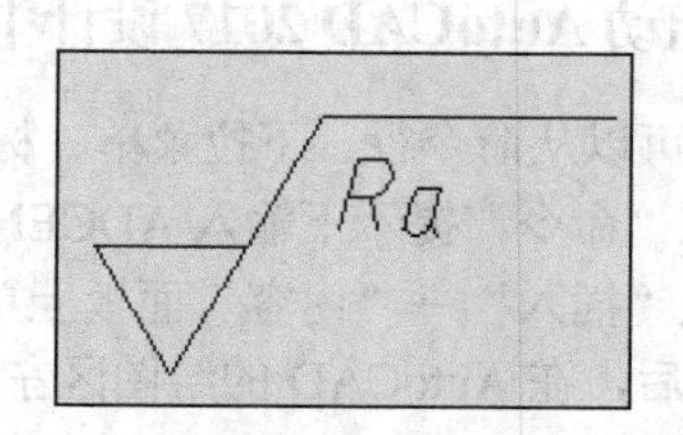

图 7-18 选择对象

❺ 根据命令行提示拾取插入基点为下角点，弹出如图 7-19 所示“编辑属性”对话框，单击“确定”按钮则返回图形界面，如图 7-20 所示。

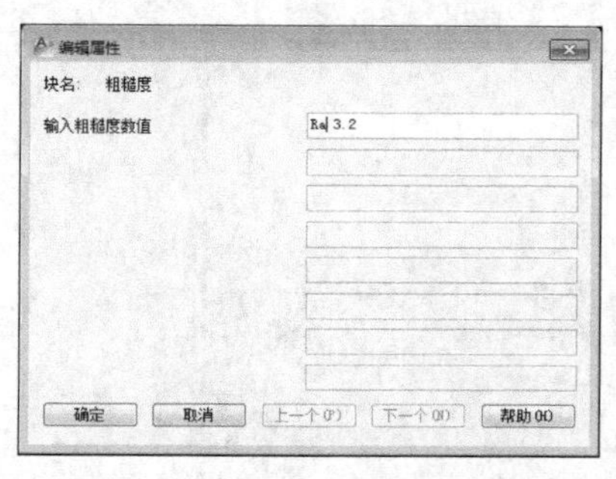

图 7-19 “编辑属性”对话框

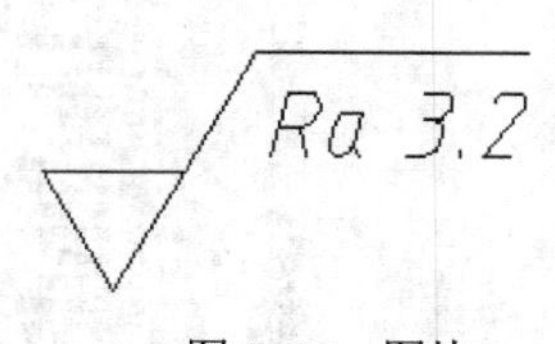

图 7-20 图块

❻ 在命令行输入 WBLOCK，打开如图 7-21 所示的“写块”对话框，选择前面创建的“带属性的粗糙度”图块，并选择保存的路径，单击“确定”按钮。

图 7-21 “写块”对话框

7.3 AutoCAD 设计中心

AutoCAD 设计中心（AutoCAD Design Center，ADC）为用户提供了一个直观且高效的工具，它与 Windows 资源管理器类似。AutoCAD 设计中心经过不断修改和完善补充，已经是一个集管理、查看和重复利用图形的多功能高效工具。利用设计中心，用户不仅可以浏览、查找、管理 AutoCAD 图形等不同资源，而且只需要拖动鼠标，就能轻松地将设计图样中的图层、图块、文字样式、标注样式、线型、布局及图形等复制到当前图形文件中。

7.3.1 启动 AutoCAD 2017 设计中心

用户可以从命令行、下拉菜单、标准工具栏启动 AutoCAD 设计中心，具体方法如下。

- 在“命令”提示下输入 ADCENTER 并按〈Enter〉键或〈Space〉键。
- 从“插入”→“内容”面板上单击“设计中心”按钮。

启动后，在 AutoCAD 的绘图区左边出现设计中心，绘图区在水平方向被压缩，如图 7-22 所示。左边框内为 AutoCAD 设计中心的资源管理器，显示系统资源的树形结构；右边框内为 AutoCAD 设计中心窗口的内容显示框，显示所浏览资源的内容。

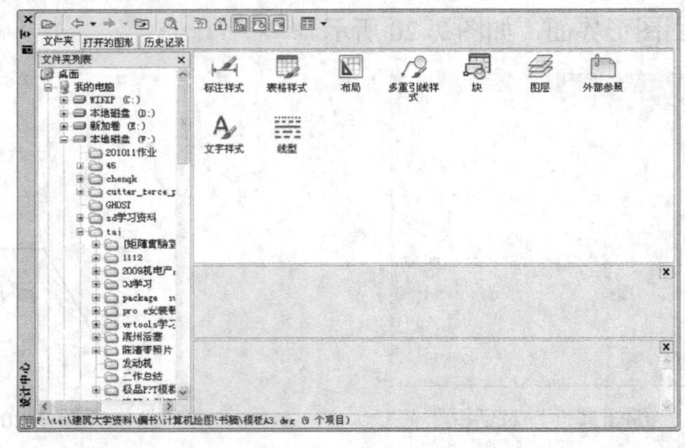

图 7-22 设计中心

7.3.2 在文件之间复制图层

利用 AutoCAD 设计中心可以将图层从一个图形文件复制到其他图形文件中。例如，在绘制新图时，可通过 AutoCAD 设计中心将已有的图层复制到新的图形文件，节省时间并保证图形间的一致性。

1．拖动图层到当前打开的图形中

可按以下步骤进行。

❶ 确认要复制图层的图形文件当前是打开的。

❷ 在内容显示框中，选择要复制的图层，如图 7-23 所示。

❸ 用鼠标左键拖动所选的图层到当前图形区，然后松开鼠标键，所选的图层就被复制到当前图形中，且图层的名称不变。

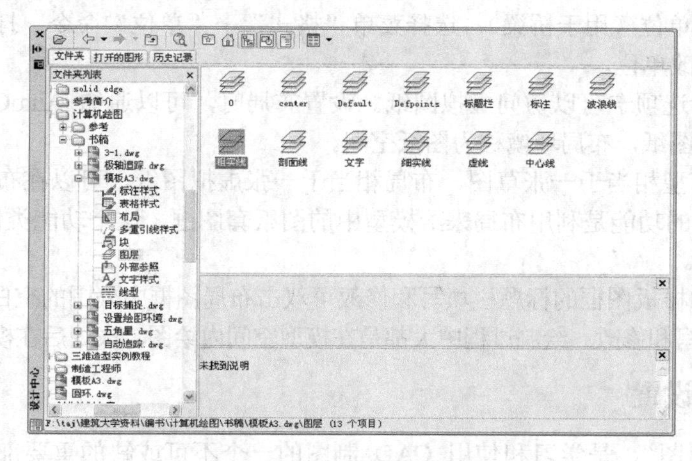

图 7-23　复制图层

2．通过剪贴板复制图层

可按以下步骤进行。

❶ 确认要复制图层的图形文件当前是打开的。

❷ 在内容显示框中，选择要复制的图层。

❸ 右击所选图层，从弹出的快捷菜单中选择 “复制”命令。

❹ 在图形区右击鼠标，打开另一个快捷菜单。

❺ 选择“剪贴板”→“粘贴”命令，则所选图层被复制到当前图形中。

7.3.3 在文件之间复制其他元素

利用 AutoCAD 设计中心可以浏览和装载需要复制的图块、标注样式、文字样式等元素，然后将图块复制到剪贴板，再利用剪贴板将图块粘贴到图形中，具体方法与复制图层类似，在这里就不详细叙述了。

7.4 打印输出

在 AutoCAD 制图中，打印环节必不可少。打印时，常遇到打印线型、背景、内容、比例和清晰度等问题，有些人一幅完整图形绘制好了之后，打印的时候不是图形不在图纸的中间，就是只打印了图形的一半，使绘制好的图形只能在计算机上观看，而不能拿到实际当中去用。因此，如何将绘制好的图形完整、正确、清晰、合理地打印出来，是非常重要的一个环节。

7.4.1 模型空间与布局空间

AutoCAD 窗口提供了两个并行的工作环境，即“模型”选项卡和“布局”选项卡。在“模型”选项卡上工作时，可以绘制主题的模型。在“布局”选项卡上，可以布置模型的多个“快照”。一个布局代表一张可以使用各种比例显示一个或多个模型视图的图纸。

默认的情况下，模型空间就像一张没有边际的纸，不会存在画不下的情况，用户可以用工具栏上的缩放工具将模型空间放大或缩小，以便将画的图形全部显示出来，这样做并没有影响画图的比例。在模型空间中，可以按 1:1 的比例绘制，还可以决定是采用英寸单位（用于支架）还是采用米单位（用于桥梁）。选择菜单“格式”→“单位”命令，打开“图形单位”对话框，就可以更改单位。

通过“布局”选项卡可以访问虚拟图纸。设置布局时，可以通知 AutoCAD 所使用图纸的尺寸。布局代表图纸，布局环境称为图纸空间。

通俗地说，模型相当于一张草图，布局相当于一张虚拟图纸，可以在布局中确定出图的公共部分，最常用的功能是利用布局来给模型中的图纸套图框，这个功能类似于 Office 软件中的页眉页脚功能。

布局空间中的样板图框的标题栏填写和修改可双击布局图框中外围的空白部分，再双击图框的标题栏即可填写和修改。绘制过程中大都是在模型空间内绘图，成图后在模型空间内打印。

7.4.2 打印样式设置

利用“布局出图”，是学习和使用 CAD 制图的一个不可或缺的重要部分。一张图画好了，能不能打印出来，或者能不能正确、漂亮地打印出来，是一件非常重要的事情。打印样式设置一般按照以下步骤进行。

❶ 选择菜单“工具”→“选项”命令，在弹出的“选项”对话框中选择“打印和发布”选项卡，选择指定要用的打印机的名称，如图 7-24 所示。

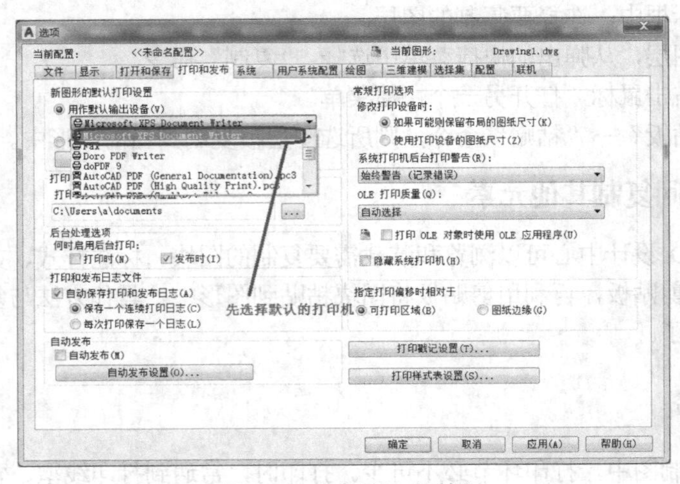

图 7-24 “选项”对话框

❷ 单击“打印样式表设置”按钮，弹出如图 7-25 所示的“打印样式表设置”对话框，选择默认的“打印样式表”。

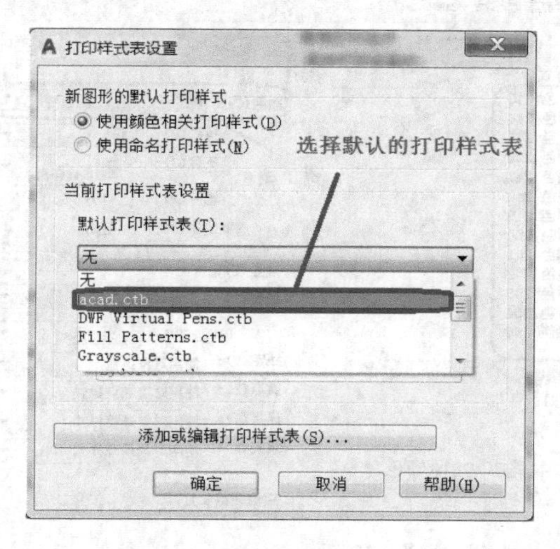

图 7-25 “打印样式表设置”对话框

“打印样式表”选好后，如果是进行彩色打印，就单击“确定”按钮即可，完成打印设置。

❸ 如果需要打印黑白的图纸，需要对选定的样式表进行设置，单击如图 7-25 所示的“添加或编辑打印样式表”按钮，系统会自动进入到样式表所在的文件夹，如图 7-26 所示。

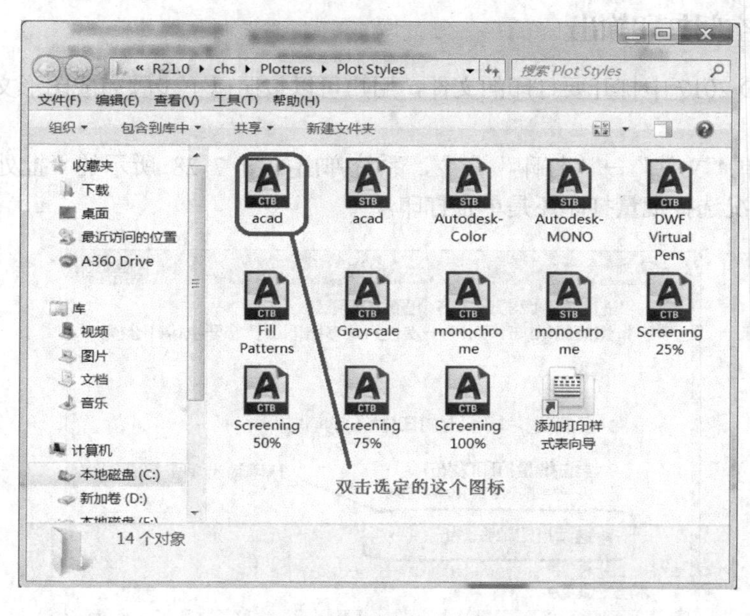

图 7-26 选择打印样式

❹ 双击选中的打印样式，弹出如图 7-27 所示的“打印样式表编辑器”对话框。在弹出的“打印样式表编辑器”中选择“表格视图”选项卡，在对话框的“打印样式”里选中全部 255 种颜色，在 “特性”→“颜色”中，选中“黑色”，单击最下面的“保存并关闭”按钮退出样

式编辑。打印的设置全部完成后，单击最下面的“确定”按钮退出。

图 7-27 “打印样式表编辑器”对话框

7.4.3 在模型空间打印输出

在 AutoCAD 2017 中打开要打印的文件，用户可以按照以下步骤完成图形文件在模型空间中的打印输出。

❶ 选择菜单“文件”→“打印”命令，系统弹出如图 7-28 所示的“批处理打印”对话框，可以根据情况选择批量打印还是单张打印。

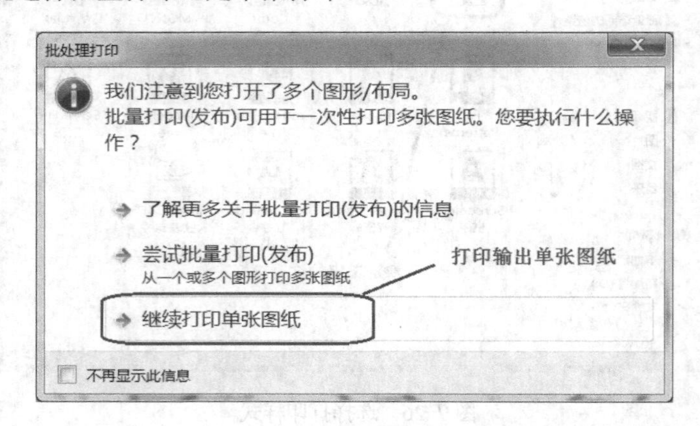

图 7-28 “批处理打印”对话框

❷ 选择“继续打印单张图纸”，弹出如图 7-29 所示的“打印-模型”对话框，在这个对话框中可以进行打印机、图纸尺寸、打印范围和图形方向等选项的设置。

❸ 在如图 7-29 所示的“打印-模型”对话框中；通过“打印机/绘图仪”选项中可以选择已有的打印机名称，如图 7-30 所示。

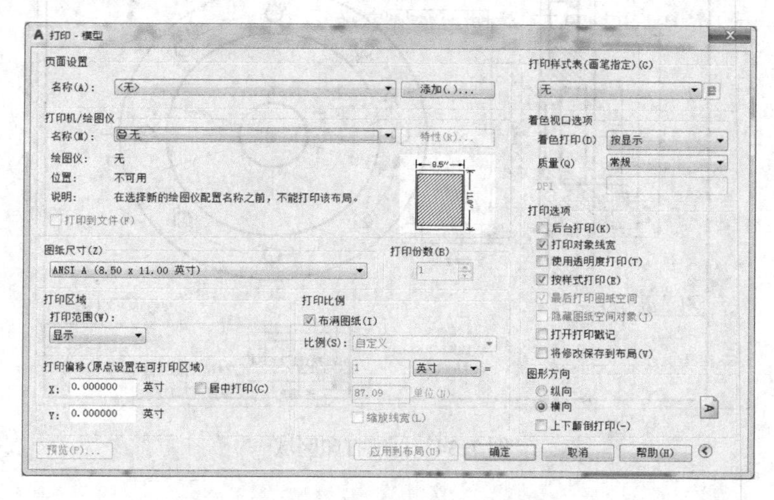

图 7-29 “打印-模型”对话框

❹ 在“图纸尺寸”选项中选择纸张大小，根据需要选择 A3 图幅，如图 7-31 所示。

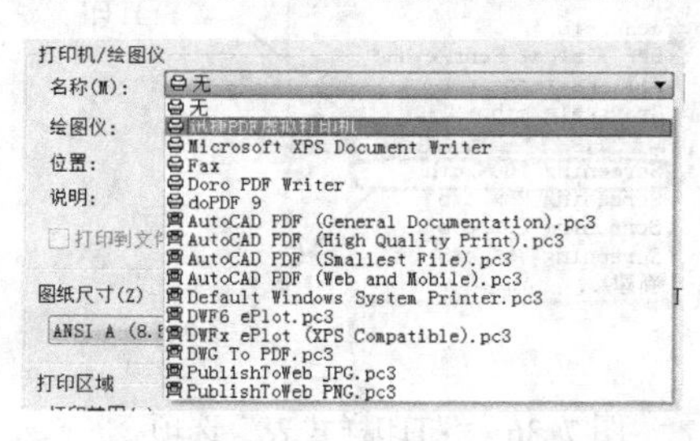

图 7-30 “打印机/绘图仪”选项

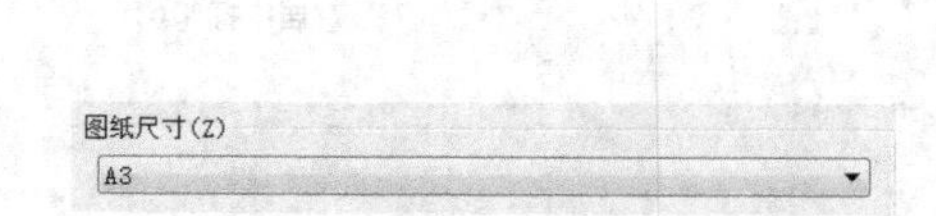

图 7-31 “图纸尺寸”选项

❺ 在“打印比例”选项中，选中“布满图纸”复选框，如图 7-32 所示。

❻ 在如图 7-33 所示的“打印范围”选项中选择“窗口”后将回到图纸，如图 7-34 所示，用框选的方法选择要打印的区域。

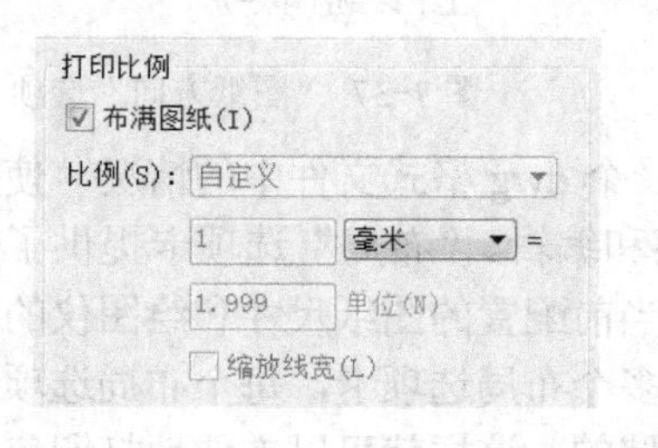

图 7-32 “打印比例”选项

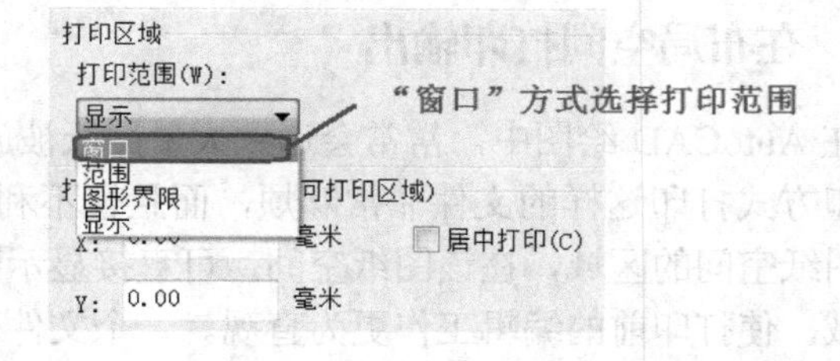

图 7-33 “打印范围”选项

❼ 在如图 7-35 所示的“打印偏移”选项中，选中“居中打印”复选框。在如图 7-36 所示的“打印样式表”选项中根据图纸要求可以选择黑白打印还是彩色打印，monochrome 样式打印为黑白图纸，screening 100%为彩色打印。

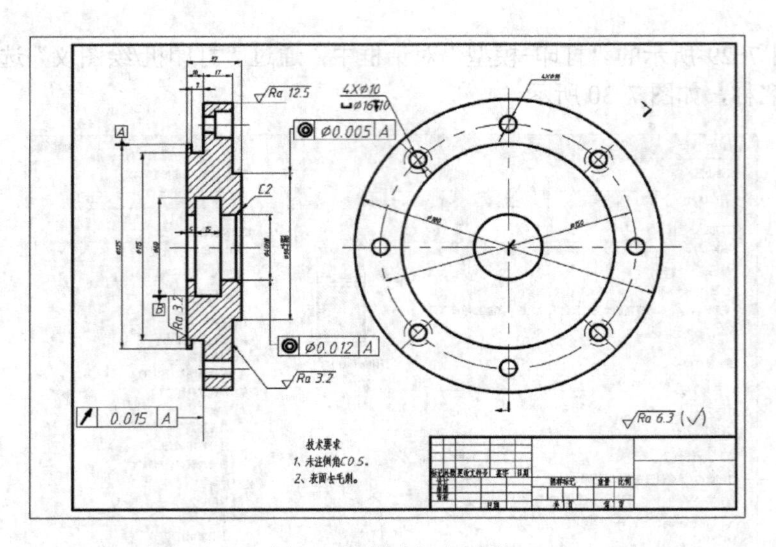

图 7-34　框选打印区域

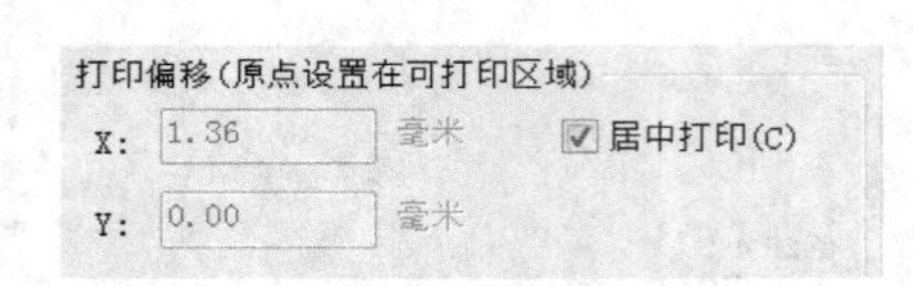

图 7-35　“打印偏移”选项

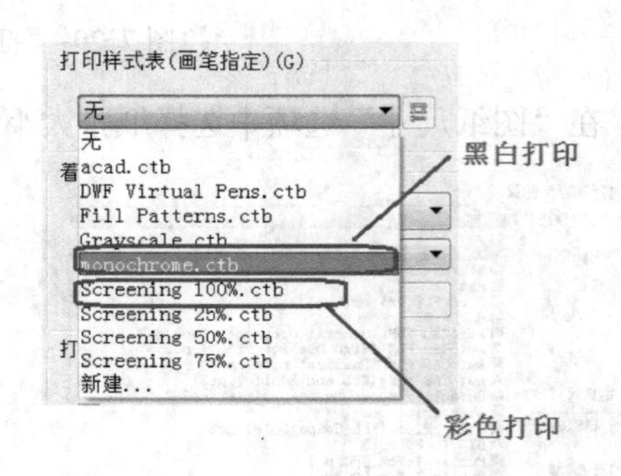

图 7-36　“打印样式表”选项

❽ 在如图 7-37 所示的“图纸方向”选项中可以根据图纸方向来选择横向和纵向打印。

❾ 全部选项设置完成以后，单击图 7-29“打印-模型”对话框中的“确定”按钮，就可以完成已选图形的模型打印。

图 7-37　“图纸方向”选项

7.4.4　在布局空间打印输出

在 AutoCAD 绘图中，常常会遇到大量图纸被放在同一个 dwg 格式文件中的情况，使用常规打印方式打印这样的文件非常麻烦，而且也不利于观察和编辑。“布局”选项卡提供了一个名为图纸空间的区域，在该图纸空间，可直接显示图纸中当前配置的图纸尺寸和绘图仪的可打印区域，使打印前的编辑工作更为直观。一个文件可包含多个布局选项卡，每个布局选项卡可单独设置打印信息，而这些打印信息是可以随文件一起存储的，这样就可以方便地打印包含多张图纸的 dwg 格式文件。具体步骤如下。

❶ 打开一个包含两张 A3 图纸的文件，如图 7-38 所示。在默认状态下，每个文件包含两个“布局”选项卡。

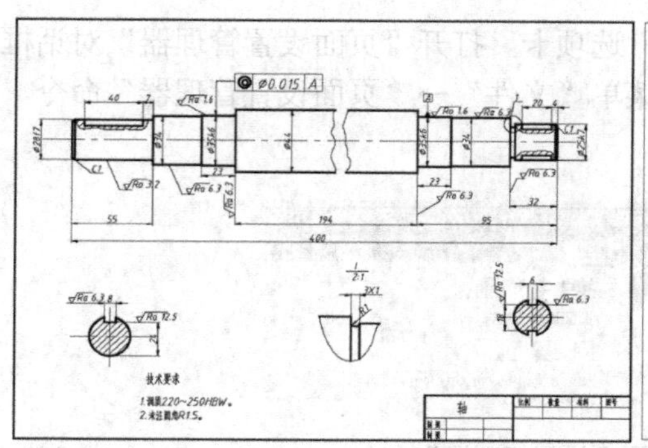
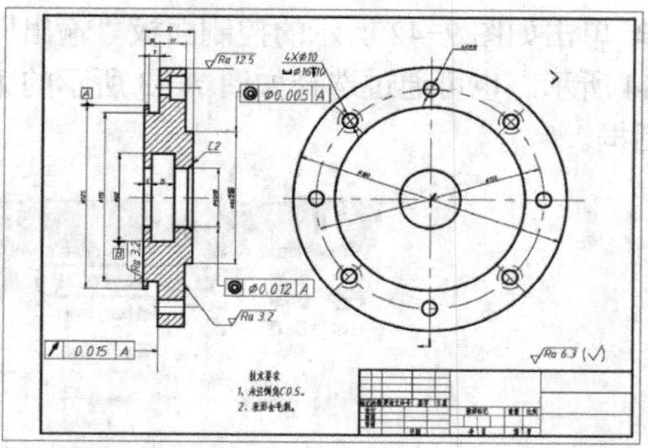

图 7-38　包含两个 A3 图幅的文件

❷ 为轴零件设置布局，将“布局 1”重命名为“轴零件”。在“布局 1”上单击鼠标右键，在弹出的快捷菜单中选择“重命名”命令，如图 7-39 所示，或者双击“布局”选项卡名称也可以进入该选项卡并为其命名。当名称“布局 1”为可编辑状态时，将其重命名为“轴零件”，结果如图 7-40 所示。

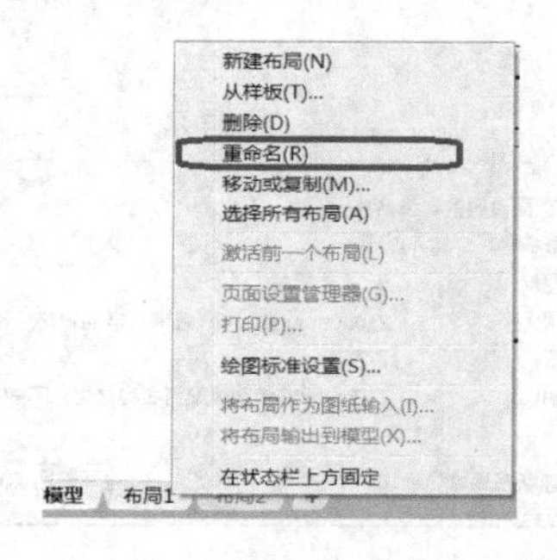

图 7-39　快捷菜单

图 7-40　重命名布局名称

❸ 单击“轴零件”选项卡，如图 7-41 所示。图中虚线部分显示为图纸当前配置的图纸尺寸和绘图仪的可打印区域。

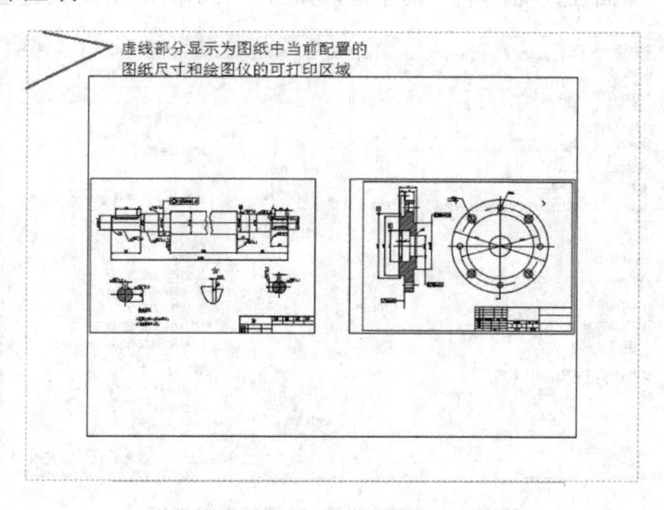

图 7-41　“轴零件”选项卡

❹ 单击如图 7-42 所示的控制面板“输出”选项卡，打开“页面设置管理器”对话框，如图 7-44 所示。也可通过选择如图 7-43 所示的菜单“文件”→“页面设置管理器”命令，打开该对话框。

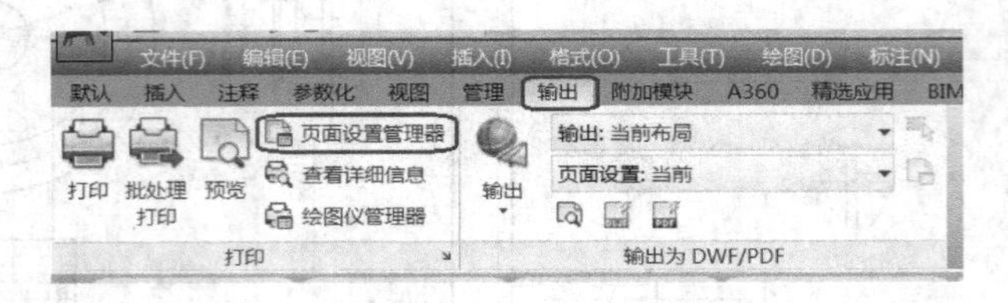

图 7-42 控制面板“页面设置管理器”命令

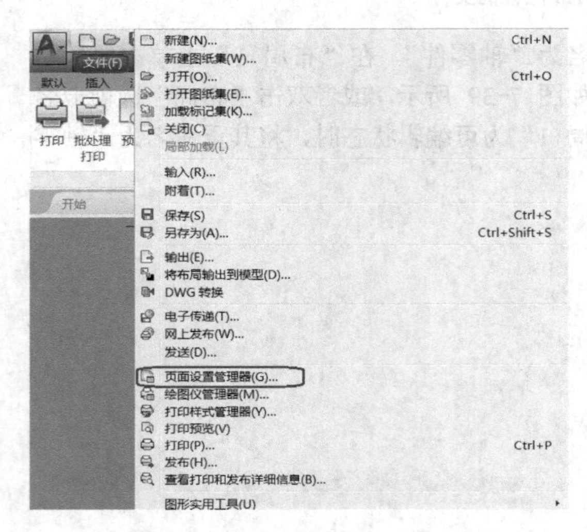

图 7-43 菜单“页面设置管理器”命令

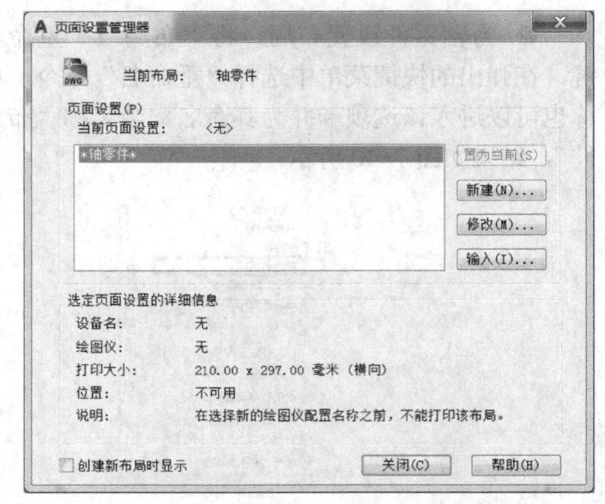

图 7-44 “页面设置管理器”对话框

❺ 在“页面设置管理器”对话框的“当前页面设置”列表框选择“轴零件”选项，然后单击“修改”按钮，打开“页面设置-轴零件”对话框，如图 7-45 所示，并对其进行设置。

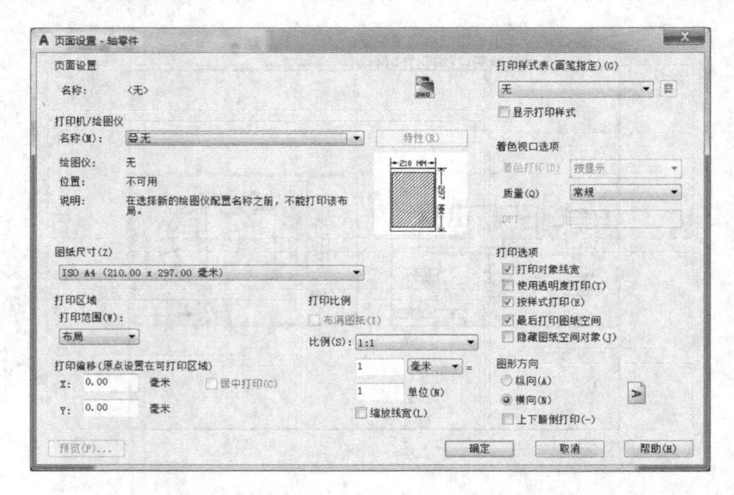

图 7-45 “页面设置-轴零件”对话框

❻ 在如图 7-45 所示对话框的“打印机/绘图仪”选项中可以选择已有的打印机名称，如图 7-46 所示。单击“名称”选项栏右侧的“特性”按钮，打开“绘图仪配置编辑器”对话框，并对其进行设置，选择“自定义特性”和“黑白”选项，如图 7-47 所示。依次单击“确定”按钮，退出相应的对话框。

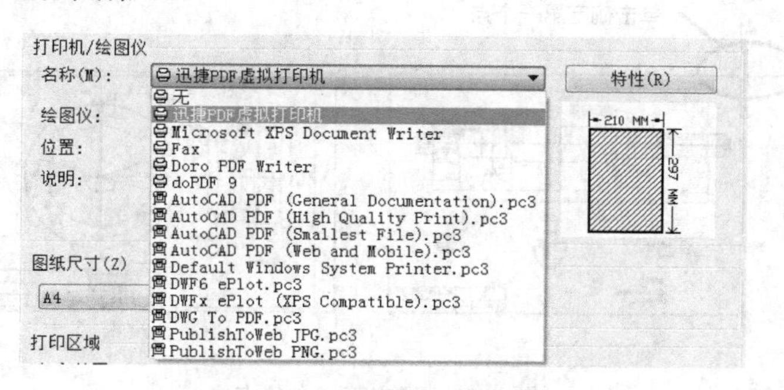

图 7-46 “打印机/绘图仪”选项

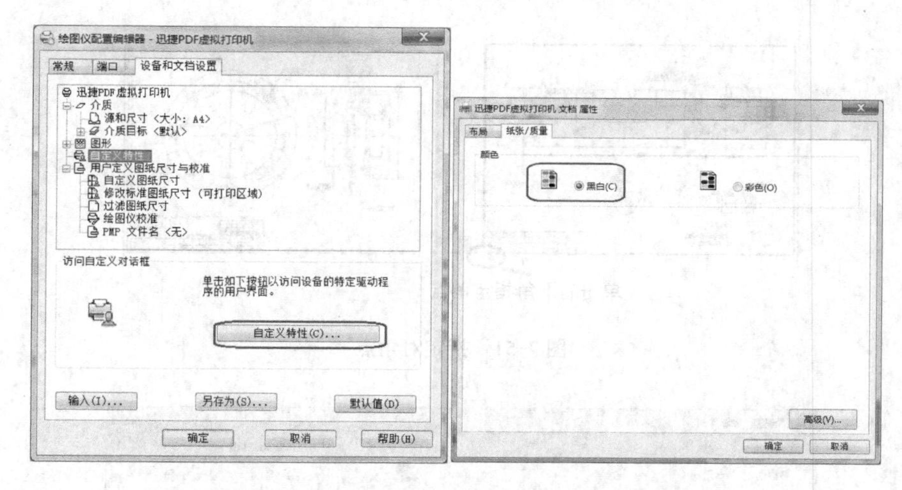

图 7-47 打印机/绘图仪设置

❼ 在“图纸尺寸”选项中选择纸张大小，根据需要选择 A3 图幅，如图 7-48 所示。在如图 7-49 所示的“打印范围”选项中选择“窗口”选项，这时会直接进入“窗口”预览模式（与模型空间有所区别）。

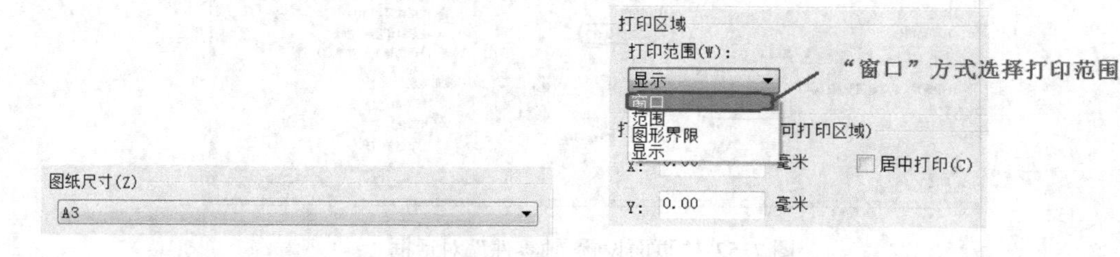

图 7-48 “图纸尺寸”选项

图 7-49 “打印范围”选项

❽ 单击轴零件图左上角的端点，指定第一个角点，如图 7-50 所示。拖曳鼠标至轴零件图

右下角，然后单击鼠标确定对角点，如图 7-51 所示，此时会自动退出“窗口”预览模式。当返回到“页面设置-轴零件”对话框后，选择“布满图纸”和“居中打印”复选框，如图 7-52 所示。

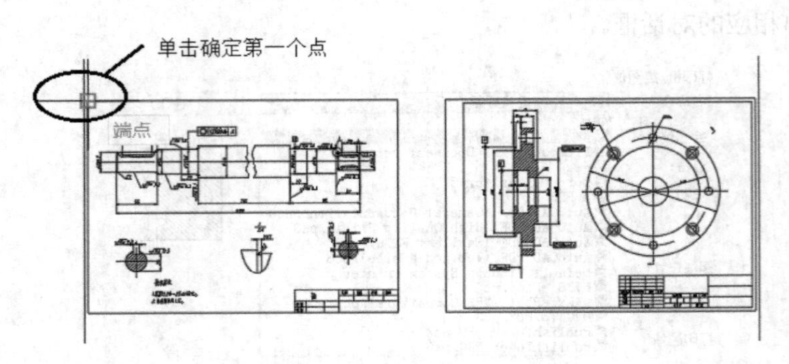

图 7-50　指定第一个角点

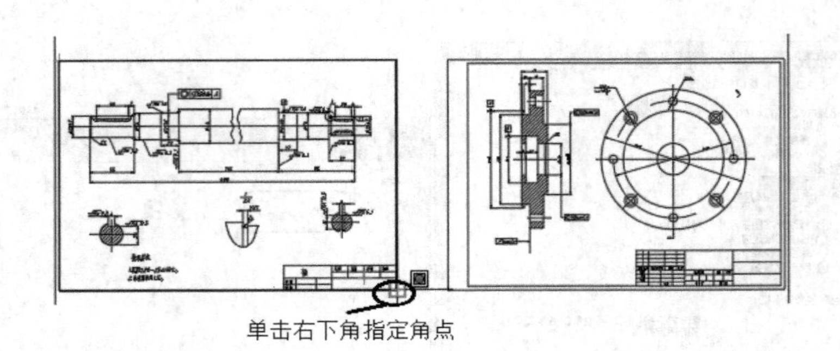

图 7-51　指定对角点

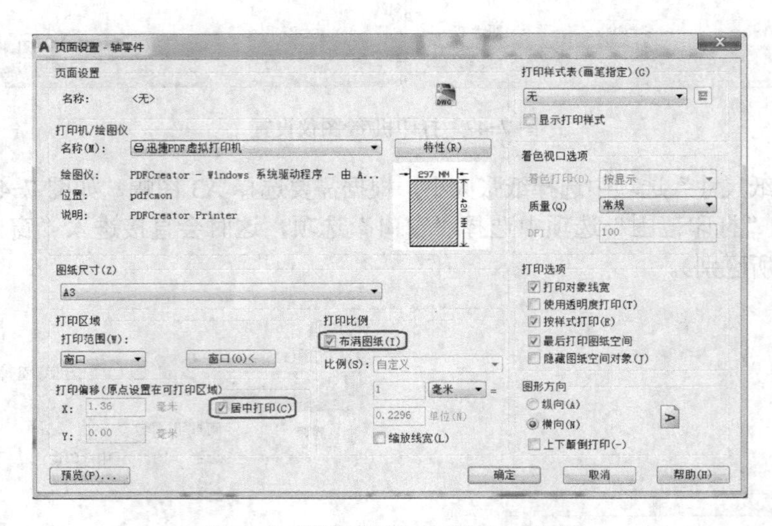

图 7-52　“页面设置-轴零件”对话框

❾ 单击“预览”按钮进入“预览”模式，如图 7-53 所示，可以看到轴零件图处于合适的打印位置，退出“预览”模式。单击“确定”按钮，退出“页面设置-轴零件”对话框，单击

“关闭”按钮，退出“页面设置管理器”对话框，“轴零件”选项卡的显示发生了改变。

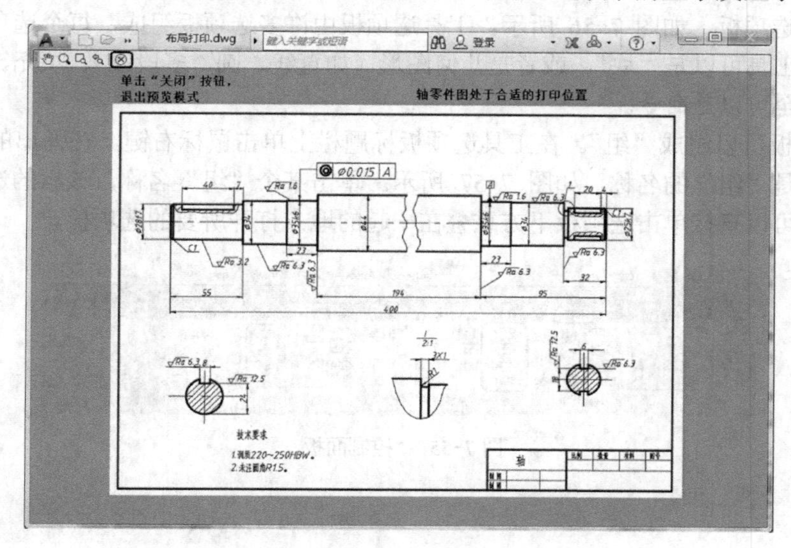

图 7-53　打印预览

❿ 在“输出”选项卡的“打印”面板内单击“打印”按钮，系统弹出如图 7-54 所示的“批处理打印”对话框，选择“继续打印单张图纸”，打开“打印”对话框，单击“确定”按钮，即可打印当前选项卡设置的内容。

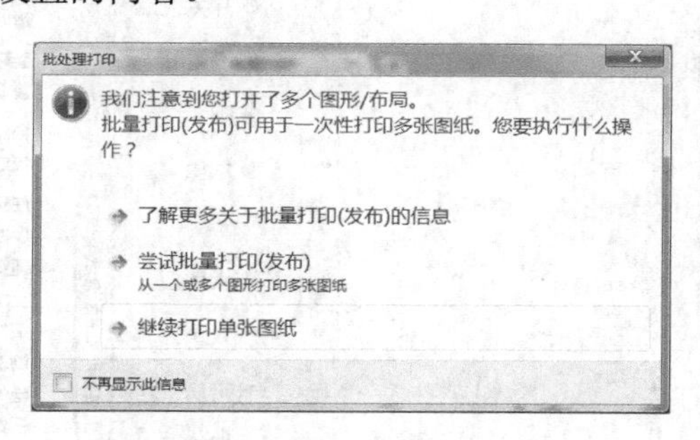

图 7-54　“批处理打印”对话框

⓫ 单击“布局 2”选项卡，然后将其名称更改为“油封盖”。重复步骤 1）～8），可以完成油封盖布局的打印。当前有“轴零件”“油封盖”两个“布局”选项卡，进入相应的选项卡，即可打印相应的图纸。

7.5　工具选项板

工具选项板是一个比设计中心更加强大的帮手，它能够将“块”图形、几何图形（如直线、圆、多段线）、填充、外部参照、光栅图像以及命令都组织到“工具”选项板里面创建成工具，以便将这些工具应用于当前正在设计的图纸。

常用于打开工具选项板命令的方法有以下 3 种。

- 单击“视图”→“选项板”面板上的“工具选项板”按钮，如图 7-55 所示。
- 选择菜单“工具”→“选项板”→“工具选项板”命令。

● 按住〈Ctrl〉键的同时按大键盘上的数字键〈3〉。

打开工具选项板，如图 7-56 所示。工具选项板由许多选项板组成，每个选项板里包含若干工具，这些工具可以是“块”，或者是几何图形（如直线、圆、多段线）、填充、外部参照、光栅图像，甚至可以是命令。

若干选项板可以组成“组”。在工具选项板标题栏上单击鼠标右键，在弹出的快捷菜单的下端列出的就是“组”的名称，如图 7-57 所示。单击某个“组”名称，该组的选项板打开并显示出来。也可以直接单击选项板下方重叠在一起的地方打开所要的选项板。

图 7-55 控制面板

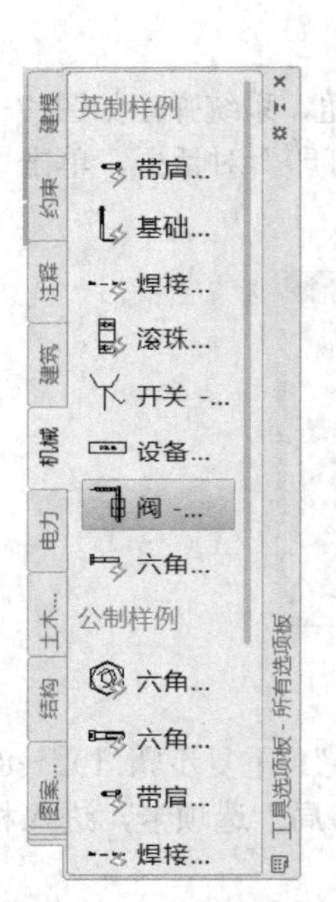

图 7-56 工具选项板

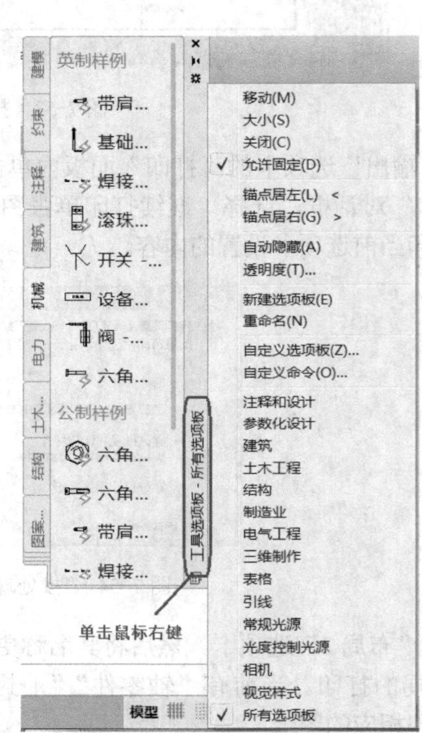

图 7-57 快捷菜单

7.5.1 将工具应用到当前图纸

用户可以将常用的块和图案填充放置在工具选项板上，当需要向图形中添加块或图案填充时，只需将其从工具选项板拖动到图形中即可。

位于工具选项板的块或图案填充称为工具，用户可以为每个工具单独设置若干个工具特性，其中包括比例、旋转和图层等。将块从工具选项板中拖动到图形中时，可以根据块中定义的单位比率和当前图形中定义的单位比率自动对块进行缩放。

将工具选项板里的工具使用到当前正在设计的图纸十分简单，单击工具选项板里的工具，命令提示行将显示相应的提示，按照提示进行操作即可。

【例 7-2】 通过工具选项板将“六角螺母-公制”插入到绘图区域中。

❶ 单击“视图”→“选项板”面板上的“工具选项板”按钮，打开工具选项板。

❷ 选择“机械”组，单击如图 7-58 所示的“六角螺母-公制”工具，此时命令行提示：

```
命令: 指定插入点或 [基点(B)/比例(S)/X/Y/Z/旋转(R)]:
```

❸ 在图纸上要插入的地方捕捉并单击，该螺母就放置在图纸上了，如图 7-59 所示。

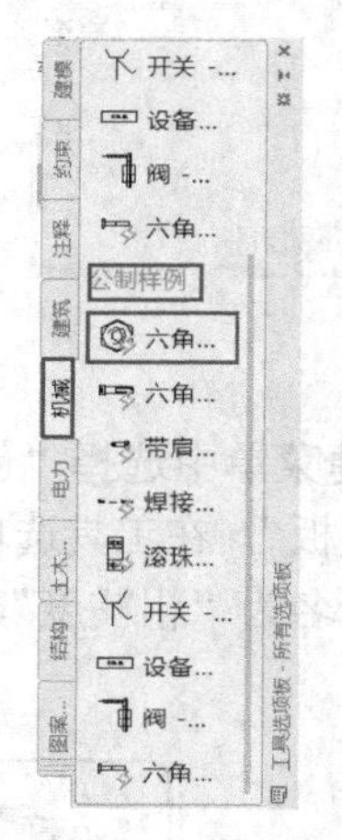

图 7-58 工具选项板

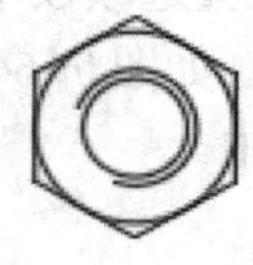

图 7-59 插入六角螺母-公制

7.5.2 利用设计中心往工具选项板中添加图块

利用设计中心往工具选项板中添加图块比较方便，不仅可以添加打开图纸中的图块，也可以添加未打开图纸的图块。下面以一个具体的实例介绍如何利用设计中心往工具选项板中添加图块。

【例 7-3】 利用设计中心将粗糙度符号添加到工具选项板中。

❶ 在“插入”→“内容”面板上单击“设计中心”按钮，在“视图”→“选项板”面板上单击“工具选项板”按钮，打开设计中心和工具选项板，分别如图 7-60 和图 7-61 所示。

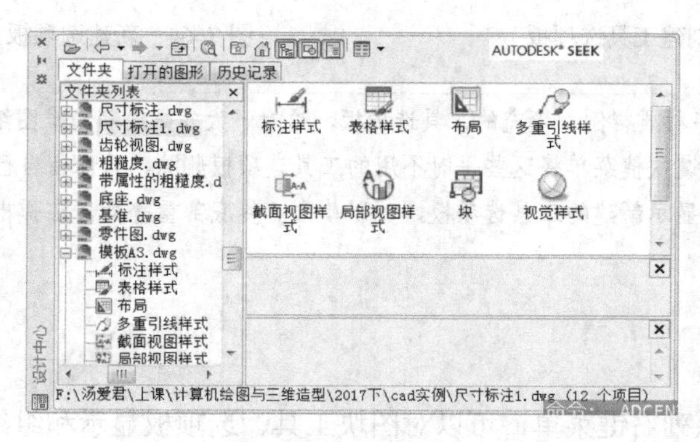

图 7-60 设计中心

图 7-61 工具选项板

❷ 在设计中心文件夹选项卡中浏览已有的 dwg\dxf 文件，选择要提取粗糙度图块的 dwg 文件，然后在右侧双击块，显示图中所有图块，如图 7-62 所示。

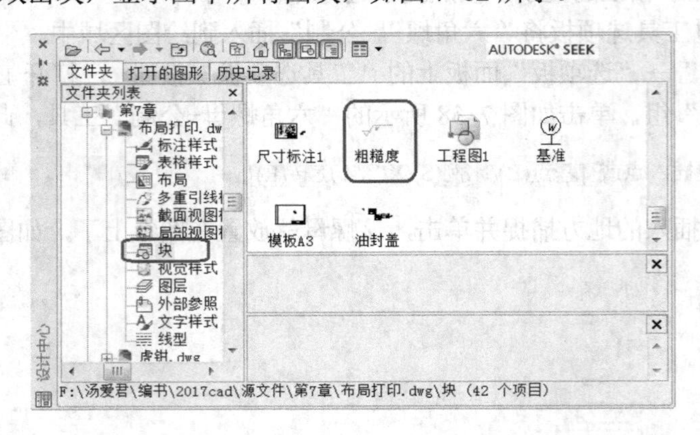

图 7-62　设计中心

❸ 在右侧粗糙度图块上单击鼠标右键，在弹出的快捷菜单中选择“创建工具选项板”命令，如图 7-63 所示，工具选项板中会增加一个“新建选项板”，在工具选项板中可以通过右键单击对标签进行重命名，如图 7-64 所示，将新建选项板命名为“粗糙度”，即可完成将粗糙度图块添加到工具选项板中。

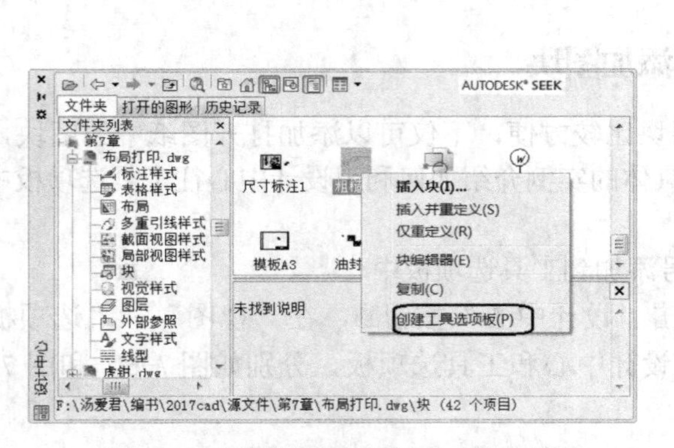

图 7-63　通过设计中心创建工具选项板

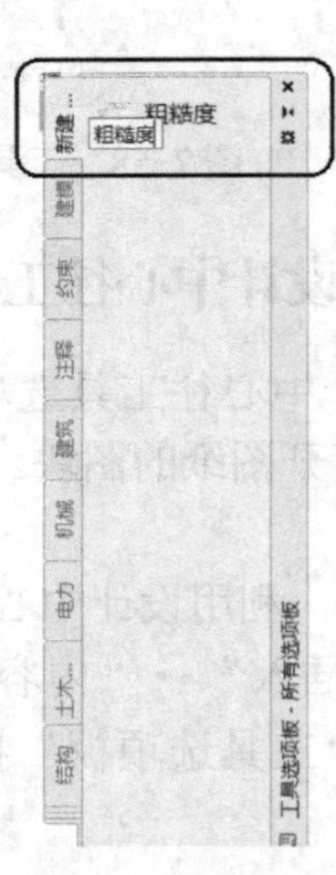

图 7-64　新建选项板

> 注意：在 AutoCAD 中提供了很多材质样例、填充的工具选项板，这对于大多数绘制二维图纸的设计人员来说没有太大用处，可以通过右键快捷菜单将这些平时不用的工具选项板删除，只保留自己常用的工具选项板。如果在默认页面中没有显示新建的工具选项板，可以单击标签底部重叠处，在弹出的列表中选择自己的工具选项版。

7.5.3　工具选项板的管理

在工具选项板中提供了一系列右键菜单，可以对图块工具、选项板显示和组织形式进行设置。

1. 自动隐藏

单击“工具选项板”标题栏上的“自动隐藏”按钮，可以改变窗口的滚动行为。当“自动隐藏”按钮状态为■时，窗口不滚动。当“自动隐藏”按钮状态为■（在图标上单击可以改变其状态）时，将鼠标移动到标题栏上，窗口会自动滚动打开，当鼠标移出窗口时，自动缩到标题栏。

2. 透明度

在“工具选项板”标题栏上单击鼠标右键，然后在弹出的快捷菜单中选择“透明度”命令，弹出“透明度”对话框，如图 7-65 所示。

在“透明度”对话框中，使用滑块调整“工具选项板”窗口的透明度级别，单击“确定”按钮，“工具选项板”窗口变为透明，下面的对象会透出来。

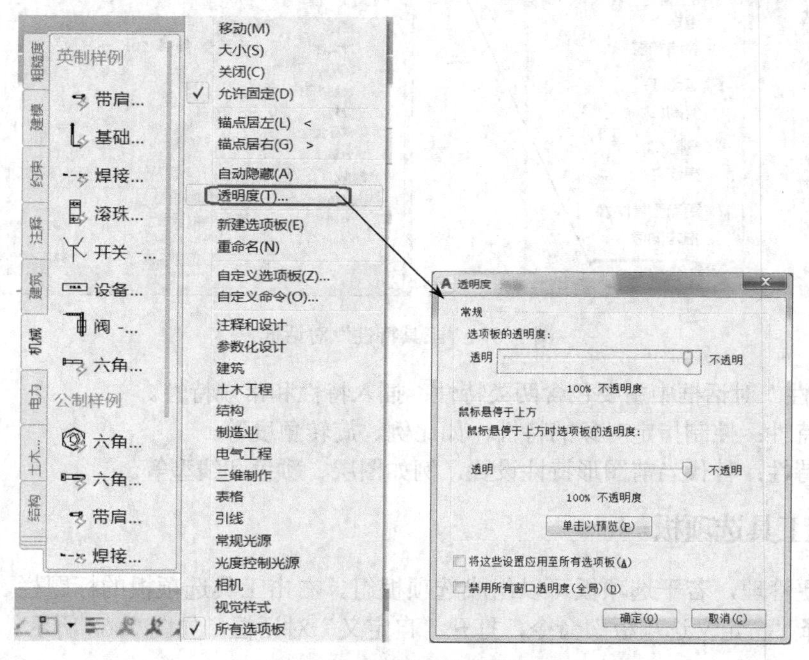

图 7-65 “透明度”对话框

3. 修改选项板的名称

在“工具选项板”中也可以修改已有选项板的名称，对已有的选项板进行重命名。在需要重命名选项板的名称上单击鼠标右键，从弹出的快捷菜单中选择“重命名选项板”命令，如图 7-66 所示，将“粗糙度”选项板修改为“常用工具”选项板。

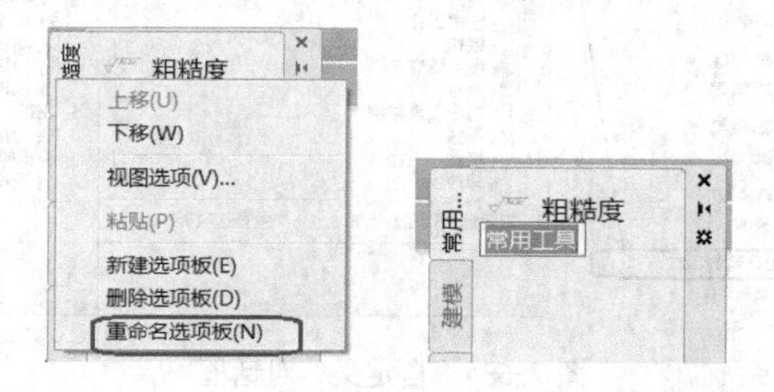

图 7-66 重命名选项板

7.5.4 控制工具特性

通过控制工具特性可以修改工具选项板上任何工具的插入特性或图案特性。例如，可以更改块的插入比例或填充图案的角度等。

要更改这些工具的特性，需要在某个工具上右击，在弹出的快捷菜单上选择“特性”命令，如图 7-67 所示，打开“工具特性”对话框，然后在该对话框中更改工具的特性。

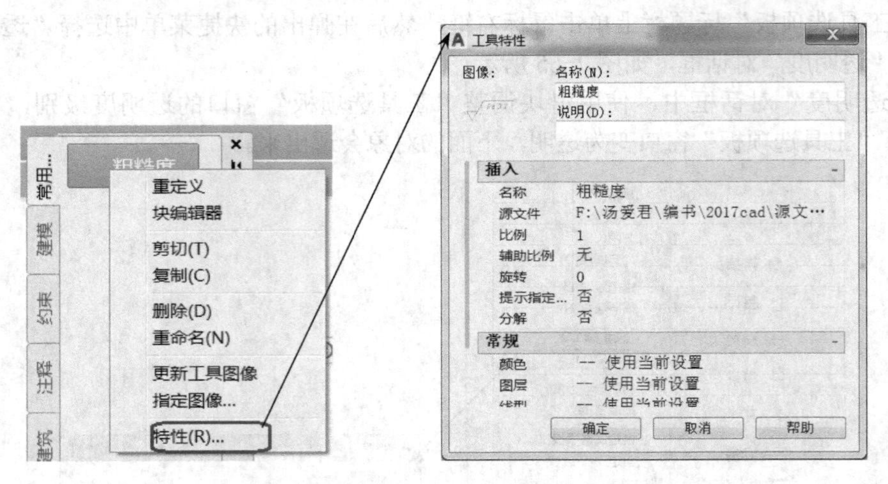

图 7-67 “工具特性”对话框

“工具特性”对话框中主要包含两类特性：插入特性和常规特性。

- 插入特性：控制指定对象的特性，如比例、旋转角度等。
- 常规特性：替代当前图形特性设置，例如图层、颜色和线型等。

7.5.5 整理工具选项板

为了方便管理，若干选项板可以组成选项板组。右击工具选项板的标题栏，在弹出的快捷菜单中选择“自定义选项板”命令，打开“自定义”对话框，如图 7-68 所示。

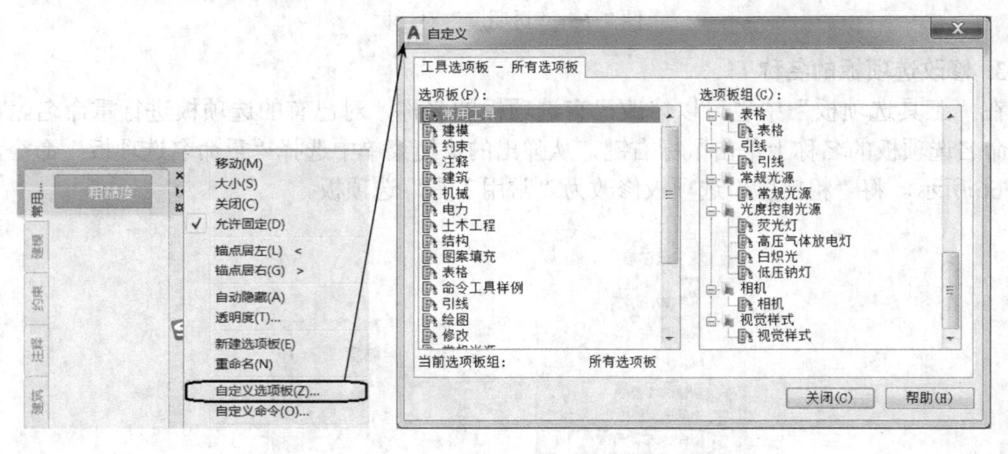

图 7-68 “自定义”对话框

“自定义”对话框的“选项板组”框里列出的是选项板组及组里包含的选项板。“选项板”框里列出的是所有的选项板。

在“选项板组”框里的空白处右击，从弹出的快捷菜单中选择“新建组”命令可以建立一个新组，如图 7-69 所示。

若将“选项板”框里的某个选项板按住鼠标左键拖到右边的某个选项板组里，即该选项板就添加进这个选项板组，如图 7-70 所示。

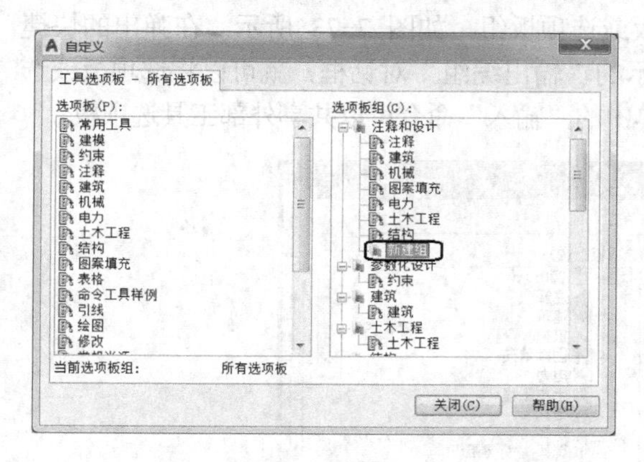

图 7-69 新建组

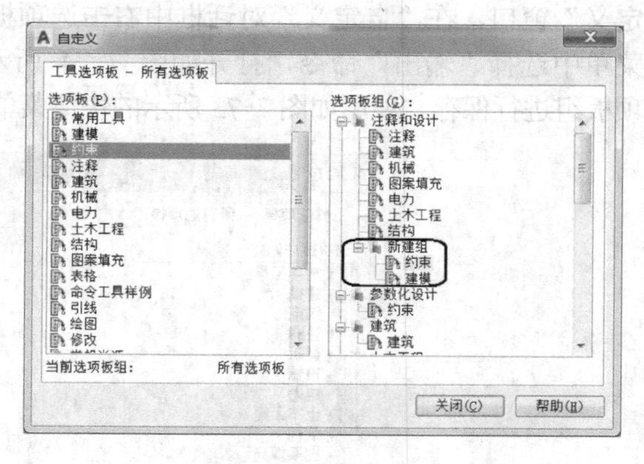

图 7-70 添加选项板

在选项板组里将某选项板拖到左边的“选项板”框即可以将该选项板从选项板组里清除；或者在“选项板组”框里右击要清除的选项板，再单击“删除”命令，也能够将该选项板从选项板组里清除，如图 7-71 所示。

还可以在“选项板组”框里将某个选项板从一个组里拖到另一个组。

要从工具选项板里删除某个选项板，那就在“自定义”窗口左边的“选项板”框里右击这个选项板，从弹出的快捷菜单中选择“删除”命令，如图 7-72 所示；也可以直接在工具选项板里右击要删除的选项板的名称，从弹出的快捷菜单中选择“删除选项板”命令。

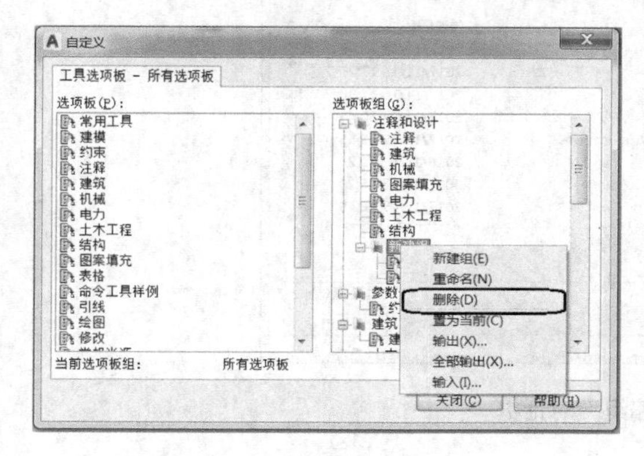

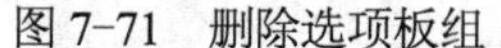

图 7-71 删除选项板组

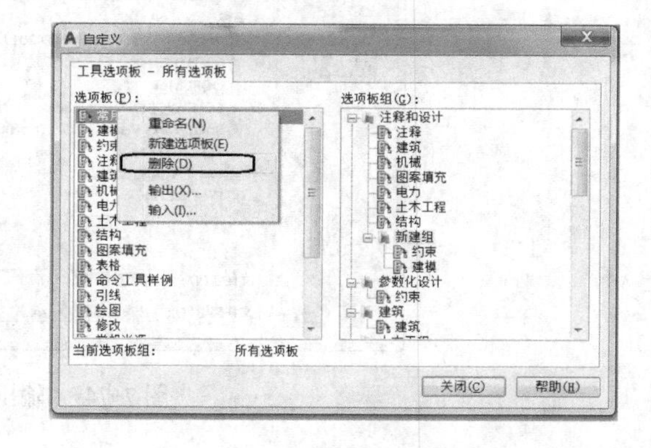

图 7-72 删除选项板

在工具选项板里直接用鼠标将工具拖到另一个选项板，或者右击某个工具从弹出的快捷菜单中选择“剪切”命令，然后到另一选项板里进行“粘贴”，都可以将工具从一个选项板搬移到另一选项板。

7.5.6 保存工具选项板

将工具选项板按照自己的爱好习惯进行了整理，就需要将它保存下来。可以通过将工具选项板输出或输入为工具选项板文件来保存和共享工具选项板，工具选项板文件的扩展名为“xpg”。

右击工具选项板的标题栏，在弹出的快捷菜单上单击“自定义选项板”命令，打开“自定义”窗口，在“自定义”对话框中右击选项板或选项板组，如图 7-73 所示，在弹出的快捷菜单中选择“输出”命令，打开如图 7-74 所示的“输出编组”对话框，就可以将选项板或选项板组进行保存。使用如图 7-73 所示的快捷菜单中的“输入”命令可以共享外部工具选项板。

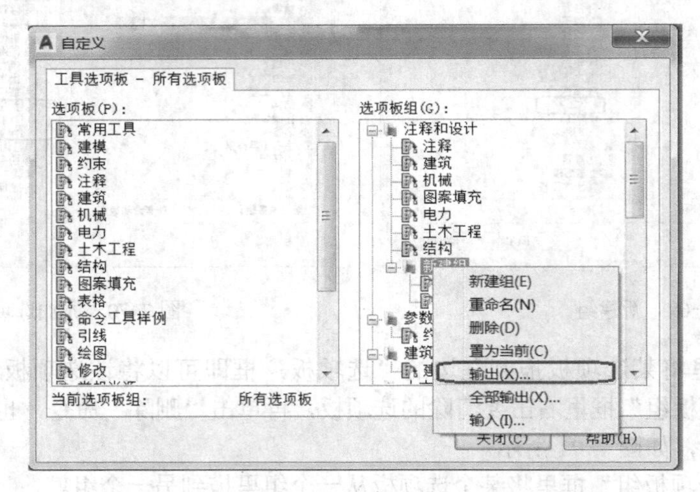

图 7-73 输出选项板组

图 7-74 “输出编组”对话框

7.6 综合实例：标注油封盖的基准符号和表面粗糙度

【例 7-4】 利用图块命令标注“5.8 综合实例：绘制油封盖”的基准符号和表面粗糙度，并打印输出。

1. 创建基准符号图块

❶ 单击“默认”→“绘图”面板上的“直线”按钮，绘制如图 7-75 所示图形。

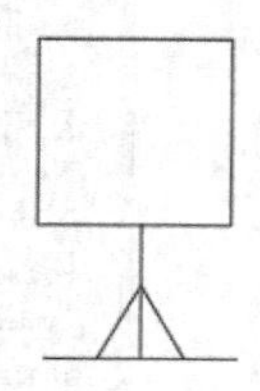

图 7-75　直线绘制图形

❷ 单击“默认”→“绘图”面板上的“图案填充”按钮，打开如图 7-76 所示的操作面板。选择“SOLID”图案，根据命令提示行，分别拾取如图 7-77 所示的三角形区域中的点，单击如图 7-76 所示的“关闭”按钮。

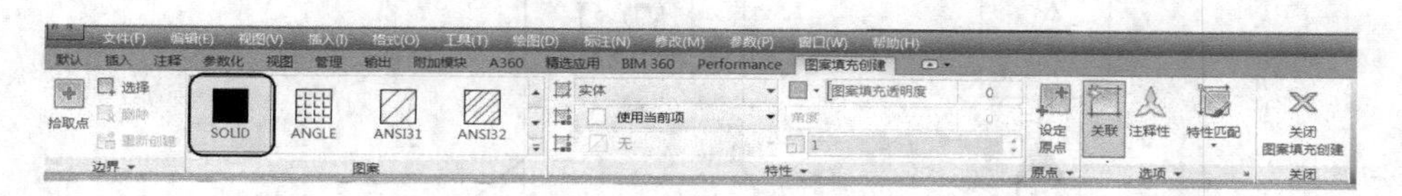

图 7-76　图案填充面板

❸ 选择菜单“绘图”→“块”→“定义属性”命令，打开“属性定义”对话框，在该对话框中为图块属性设置相应的参数，如图 7-78 所示，单击“确定”按钮。

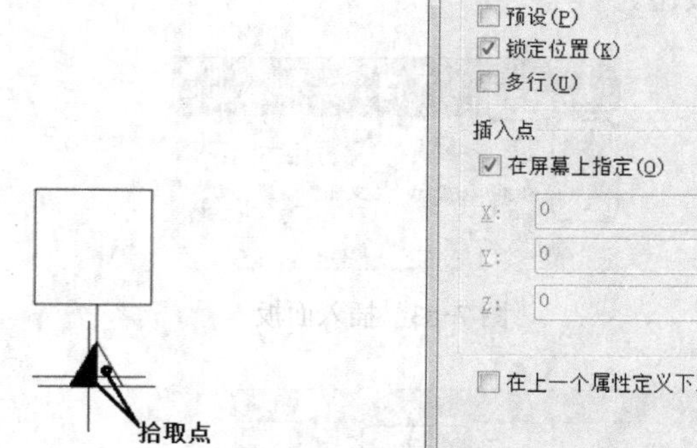

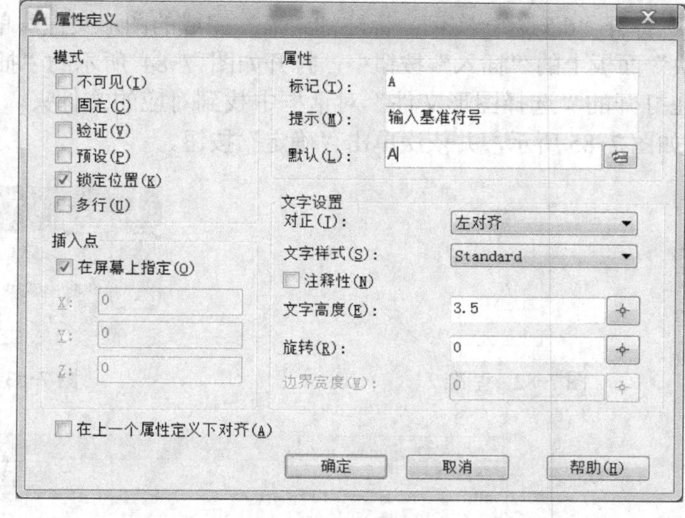

图 7-77　拾取点　　　　图 7-78　“属性定义”对话框

❹ 在绘图区域指定起点，如图 7-79 所示。

❺ 在命令行输入 WBLOCK，打开如图 7-80 所示的对话框，分别拾取图 7-81 所示的插入基点和创建为图块的对象，并选择保存的路径和文件名，单击“确定”按钮。

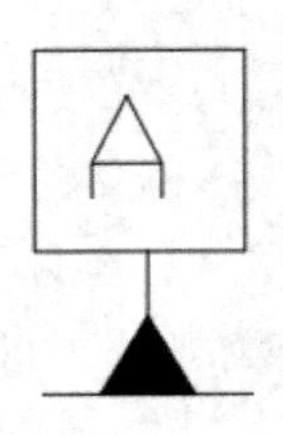

图 7-79　指定起点

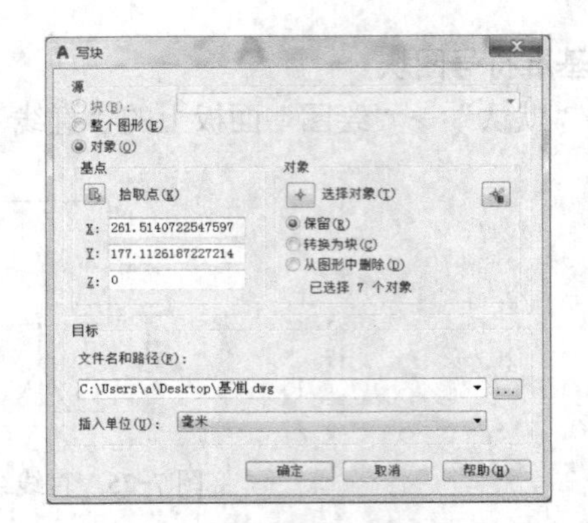

图 7-80　“写块”对话框

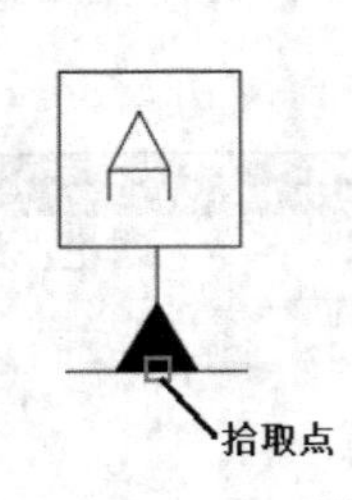

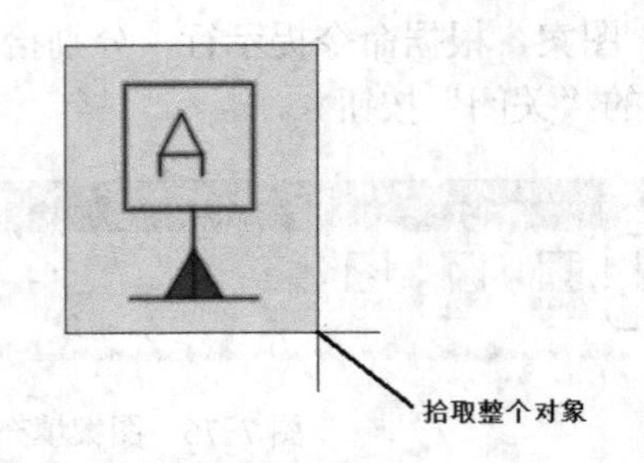

图 7-81　插入基点和创建对象

❻ 采用同样的步骤创建如图 7-82 所示的基准图块，并保存为“基准 2”。

2. 标注基准

❶ 打开“6.5 综合实例：标注油封盖”完成的图形文件，单击如图 7-83 所示的“插入”→“块”面板上的“插入”按钮，打开如图 7-84 所示的“插入”对话框，单击“浏览”按钮，在打开的“选择图形文件”对话框中找到对应的文件夹，并选择要插入的图块名称“基准”，如图 7-85 所示，并依次单击“确定”按钮。

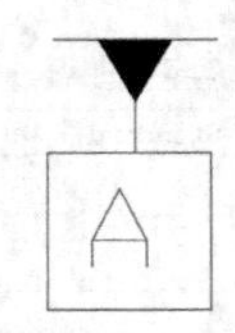

图 7-82　基准 2

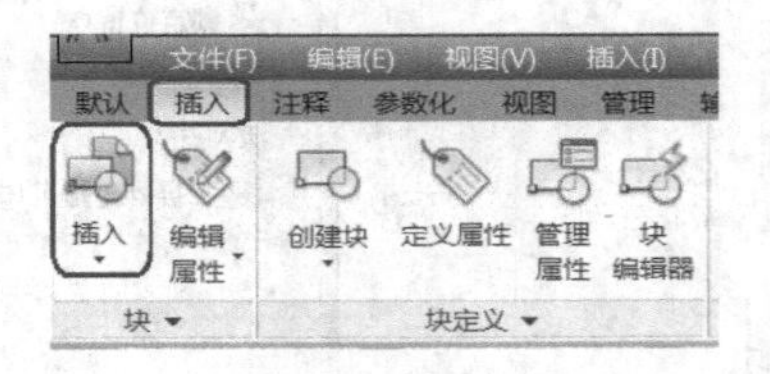

图 7-83　插入面板

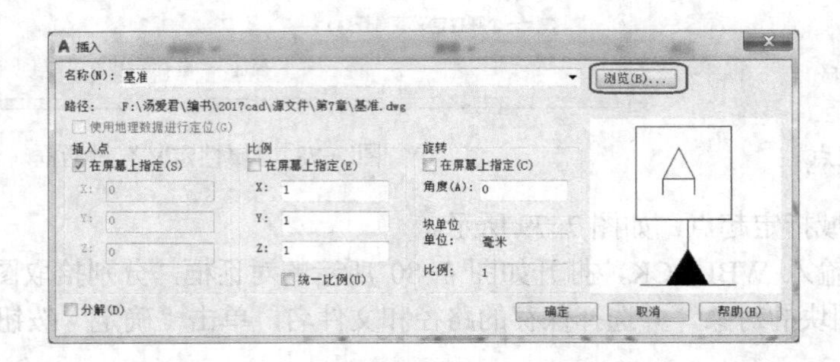

图 7-84　“插入”对话框

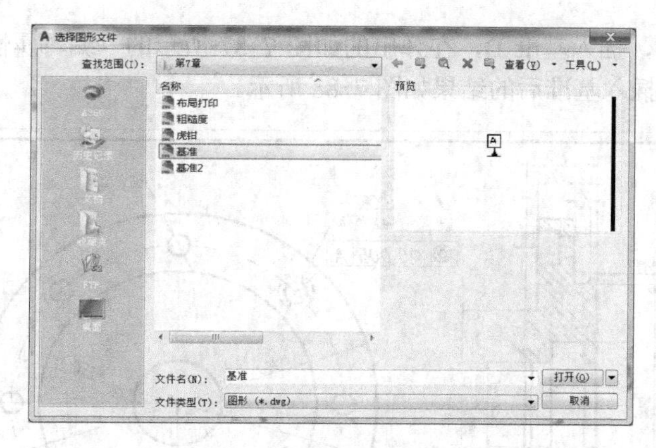

图 7-85 “选择图形文件”对话框

❷ 根据命令行提示，选择如图 7-86 所示的点为插入点，弹出如图 7-87 所示的“编辑属性”对话框，单击“确定”按钮。

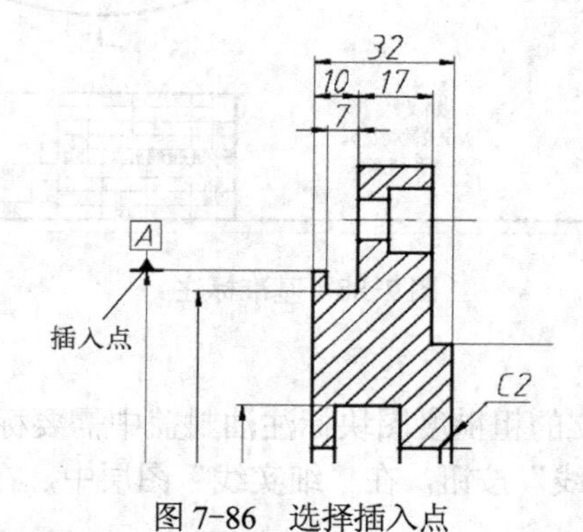

图 7-86 选择插入点

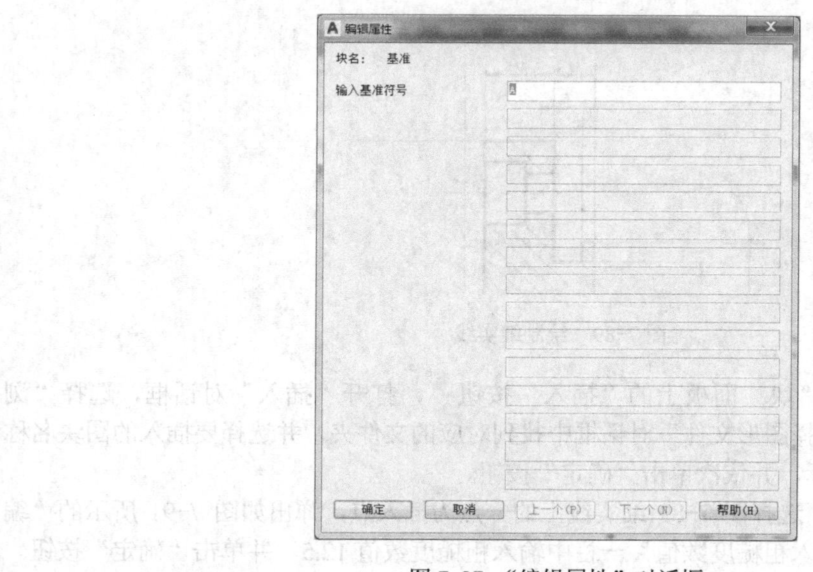

图 7-87 “编辑属性”对话框

❸ 重复步骤❶❷，插入基准 B，在弹出的如图 7-87 所示的“编辑属性”对话框中将输入基准符号改为“B”，插入基准后的结果如图 7-88 所示。

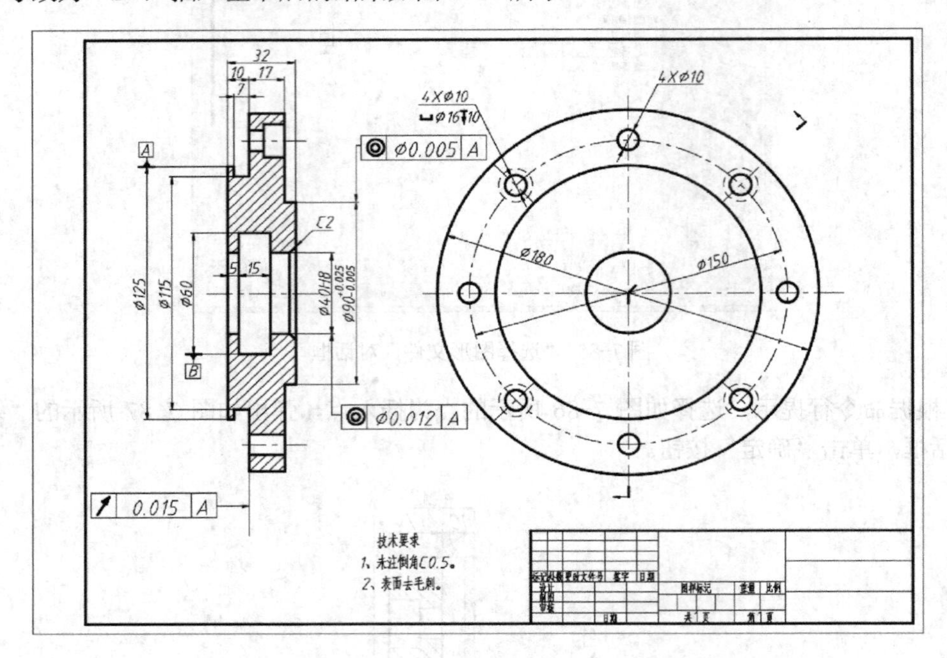

图 7-88 基准标注

3. 标注粗糙度

❶ 利用【例 7-1】中建立的粗糙度图块标注油封盖中需要标注的表面粗糙度。单击“默认”→“绘图”面板上的“直线”按钮，在“细实线”图层中，在主视图上方绘制一条直线，如图 7-89 所示。

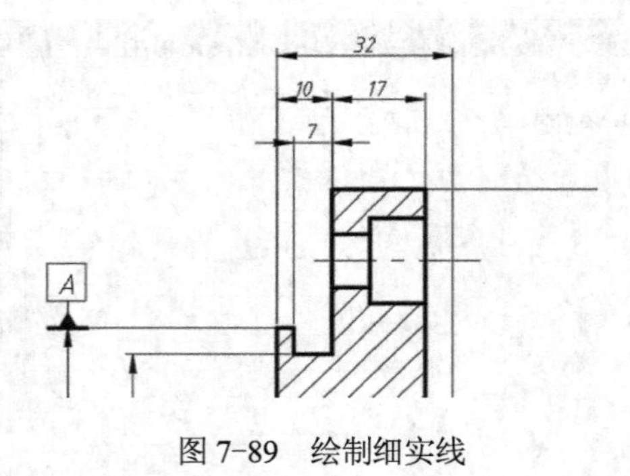

图 7-89 绘制细实线

❷ 单击“插入”→“块”面板上的“插入”按钮，打开“插入”对话框，选择“浏览”按钮，在打开的“选择图形文件”对话框中找到对应的文件夹，并选择要插入的图块名称“粗糙度”，如图 7-90 所示，并依次单击“确定”按钮。

❸ 根据命令行提示，选择图 7-89 细实线上的一点为插入点，弹出如图 7-91 所示的“编辑属性”对话框，在“输入粗糙度数值”一栏中输入粗糙度数值 12.5，并单击“确定”按钮。结果如图 7-92 所示。

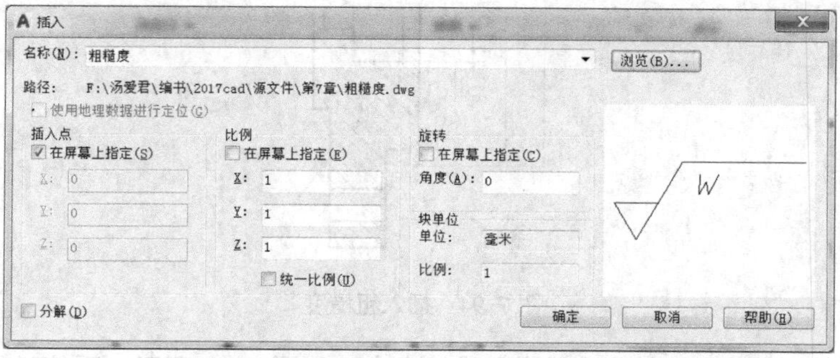

图 7-90 “插入”对话框

图 7-91 “编辑属性”对话框

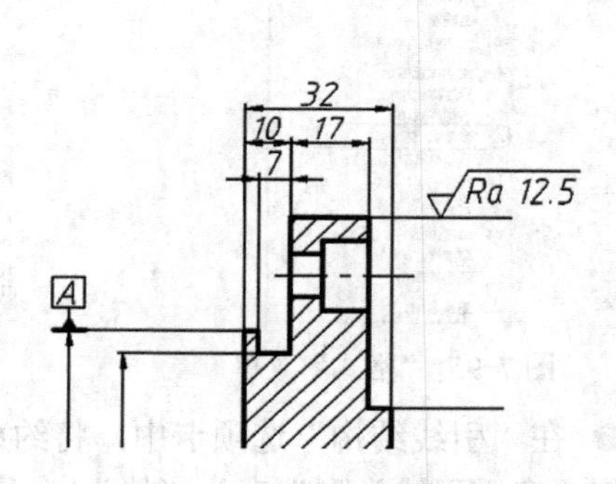

图 7-92 插入粗糙度

❹ 单击“插入”→“块”面板上的“插入”按钮，选择要插入的“粗糙度”图块，在“插入”对话框的“旋转”选项输入角度“90”，如图 7-93 所示，单击“确定”按钮。

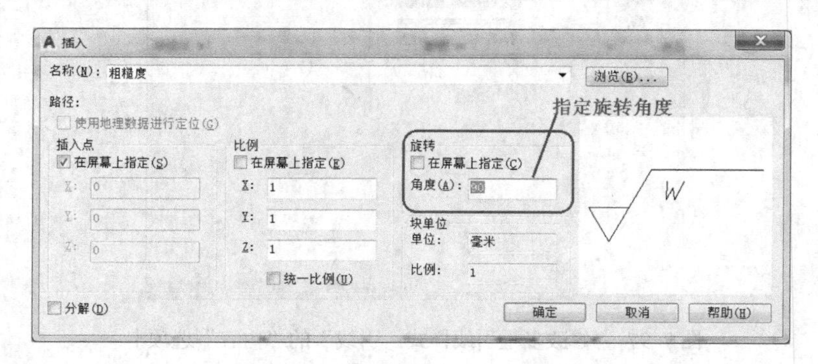

图 7-93 “插入”对话框

❺ 根据命令行提示，选择插入点，结果如图 7-94 所示。

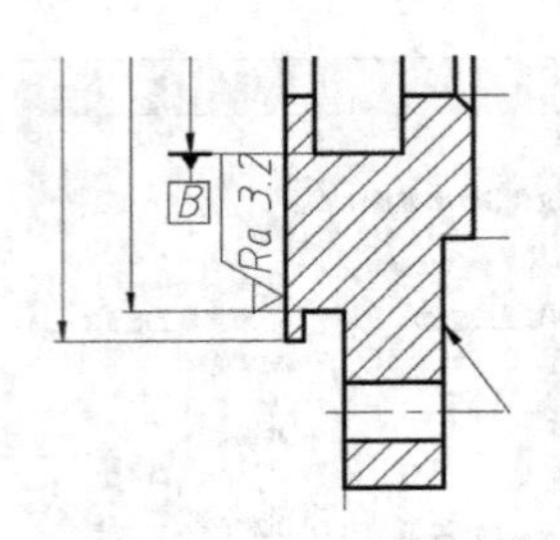

图 7-94　插入粗糙度

❻ 选择菜单“格式”→“多重引线样式”命令，如图 7-95 所示，系统弹出“多重引线样式管理器”对话框，单击“新建”按钮，弹出“创建新多重引线样式”对话框，在新样式名栏中输入“引线”，单击“继续”按钮，弹出“修改多重引线样式：引线”对话框，如图 7-96 所示。

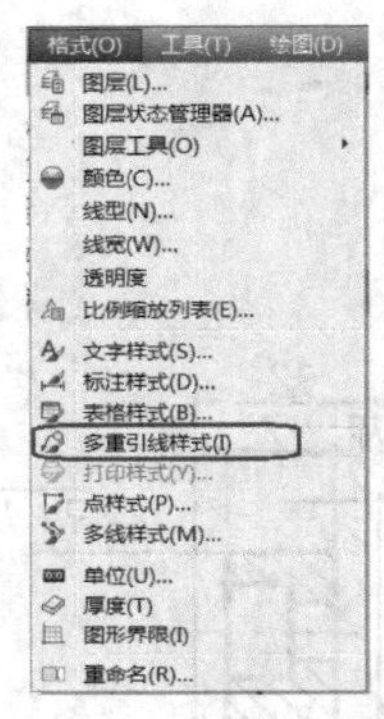

图 7-95 “格式”菜单

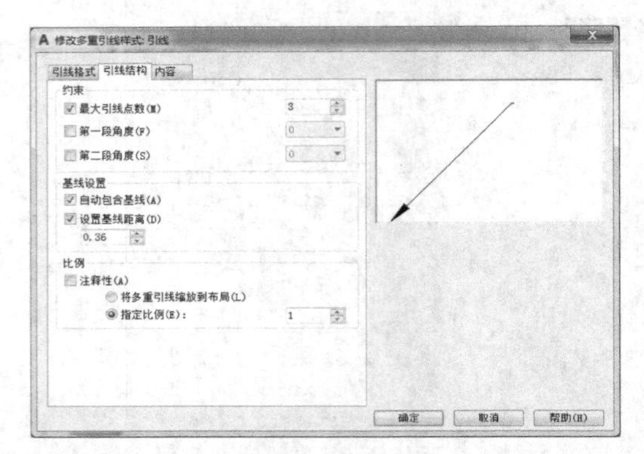

图 7-96 “修改多重引线样式：引线”对话框

❼ 在“引线结构”选项卡中，将约束的“最大引线点数”改为“3”；在“内容”选项卡中，将“多重引线类型”改为“块”，如图 7-97 所示。

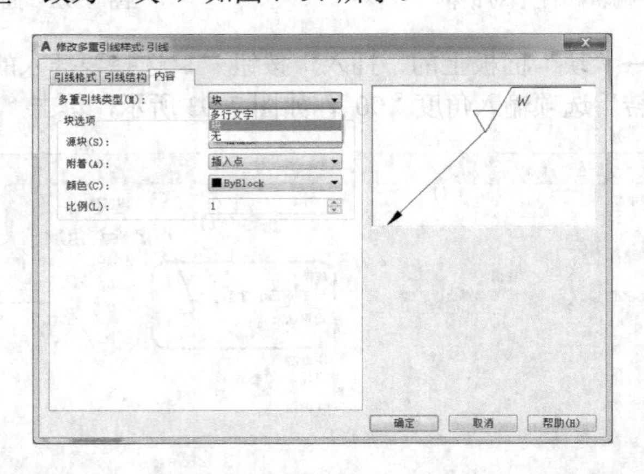

图 7-97 “修改多重引线样式：引线”的“内容”选项卡

❽ 在“源块”选项中单击右侧的下三角符号，选择“用户块”，如图 7-98 所示，弹出如图 7-99 所示的“选择自定义内容块”对话框，选择需要插入的图块“粗糙度”并单击“确定”按钮，将“引线”样式置为当前。

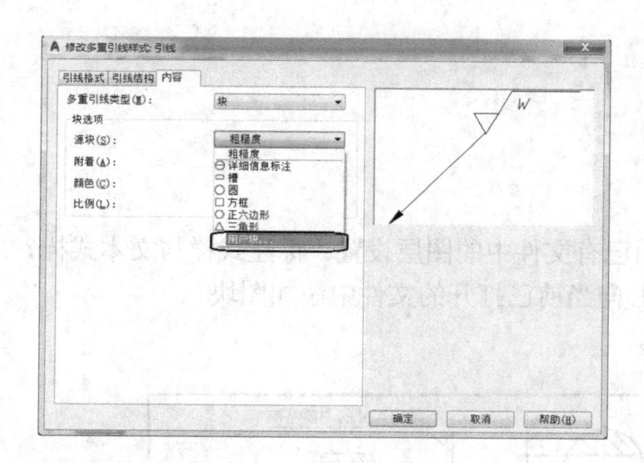

图 7-98 选择“源块”

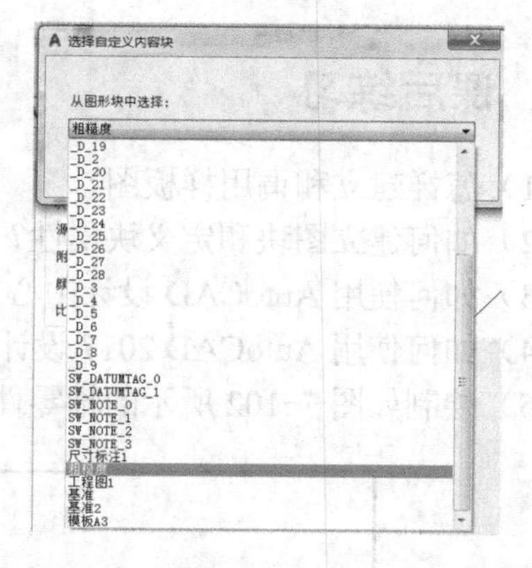

图 7-99 “选择自定义内容块”对话框

❾ 单击“注释”面板中的“引线”按钮，命令行提示：

```
命令: _mleader
指定引线箭头的位置或 [引线基线优先(L)/内容优先(C)/选项(O)] <选项>: _nea 到:
                                                    //选择如图 7-100 所示的最近点 1
指定下一点:                                          //选择如图 7-100 所示的点 2
指定引线基线的位置:                                  //选择如图 7-100 所示的点 3
```

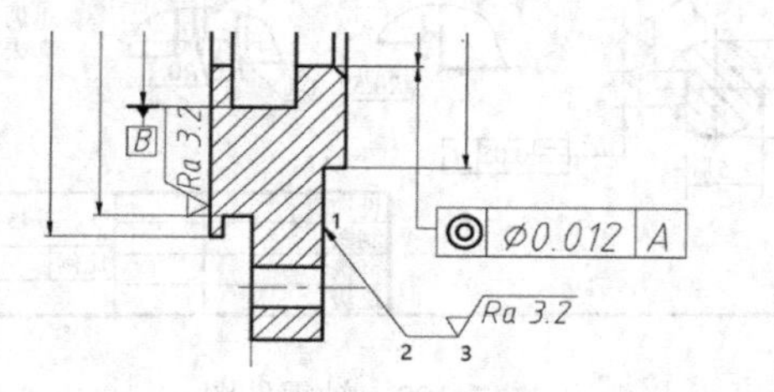

图 7-100 选择引线点

❿ 采用同样的方式在标题栏右上角插入粗糙度符号，则完成的最终结果如图 7-101 所示。

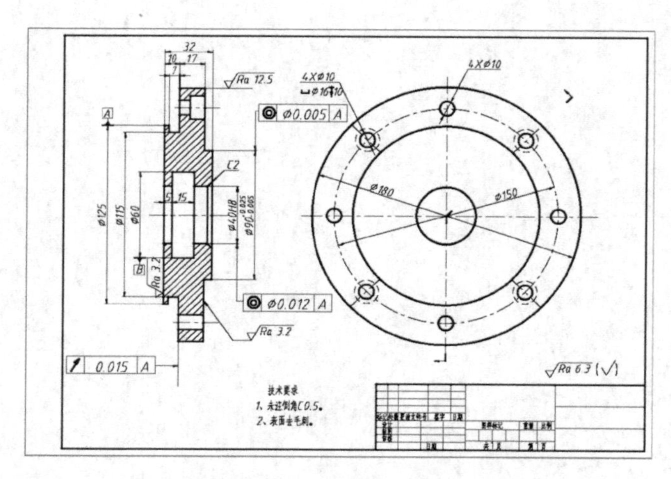

图 7-101 标注表面粗糙度

7.7 课后练习

1）怎样建立和调用样板图？

2）如何建立图块和定义块属性？

3）如何使用 AutoCAD 设计中心调用已有文件中的图层设置、标注式样与文本式样？

4）如何使用 AutoCAD 2017 设计中心向当前已打开的文件中添加图块？

5）绘制如图 7-102 所示的轴零件图。

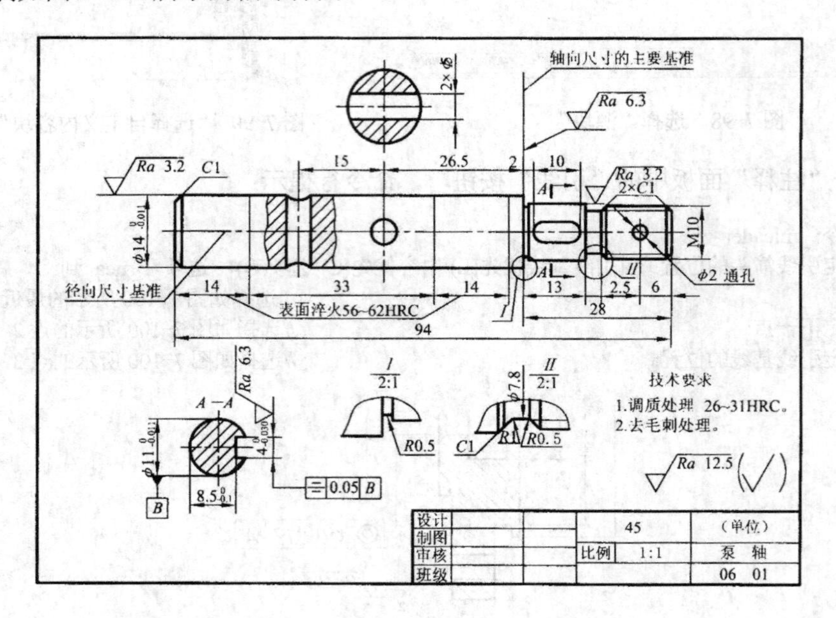

图 7-102　轴零件图

第 8 章　三维实体图形的绘制

【内容与要求】

使用 AutoCAD 不仅可以绘制二维图形，还可以进行零件或产品造型的三维实体设计等。实际上，在机械设计领域，三维图形的应用也越来越广泛。现代的很多技术都需要以三维图形作为基础。使用 AutoCAD 2017 可以很方便地建立相关的三维线条、曲面以及零件的三维造型。

【学习目标】

- 掌握 AutoCAD 2017 基本三维实体的绘制
- 掌握 AutoCAD 2017 由二维图形创建三维实体

8.1　三维建模环境设置

AutoCAD 有较强的三维绘图功能，可以用多种方法绘制三维实体，方便地进行编辑，并可以用各种角度进行三维观察。三维建模与二维制图是有所不同的。三维建模需要在三维坐标系下进行创建，也就是需要建立正确的三维空间概念。在讲解具体实例之前，首先简单介绍一下如何进入三维建模的工作空间、如何建立合适的坐标系、怎样调整观察视点的位置和角度等环境设置的知识。

8.1.1　进入三维制图的工作空间

在 AutoCAD 中进行三维建模的时候首先要进入三维空间，当需要处理不同任务时，可以随时切换到另一个工作空间。另外，可以根据实际情况和个人习惯，创建自己喜欢的工作空间，并修改默认的工作空间。切换工作空间常用的方法有以下几种。

- 使用三维制图的图样样板来创建新图形文件。
- 通过“草图与注释”切换工作空间。

1. 使用三维制图的图样样板来创建新图形文件

打开 AutoCAD 后，单击“快速访问”→“新建”按钮，弹出如图 8-1 所示的“选择样板”对话框，从样板列表中选择“acadiso3D.dwt”文件样板，单击“打开”按钮，则可以创建一个新的三维建模图形文件，其工作界面如图 8-2 所示。

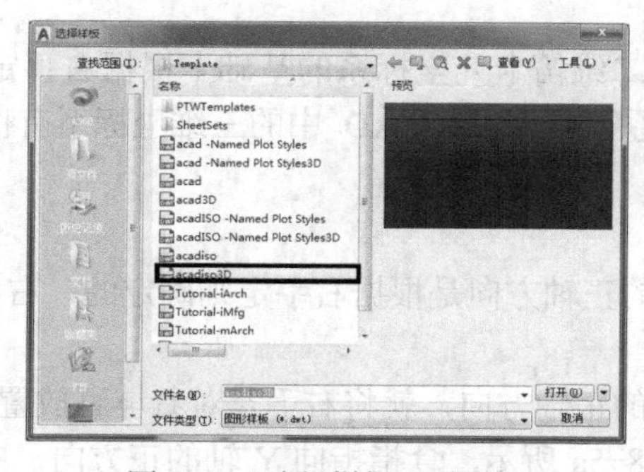

图 8-1　“选择样板”对话框

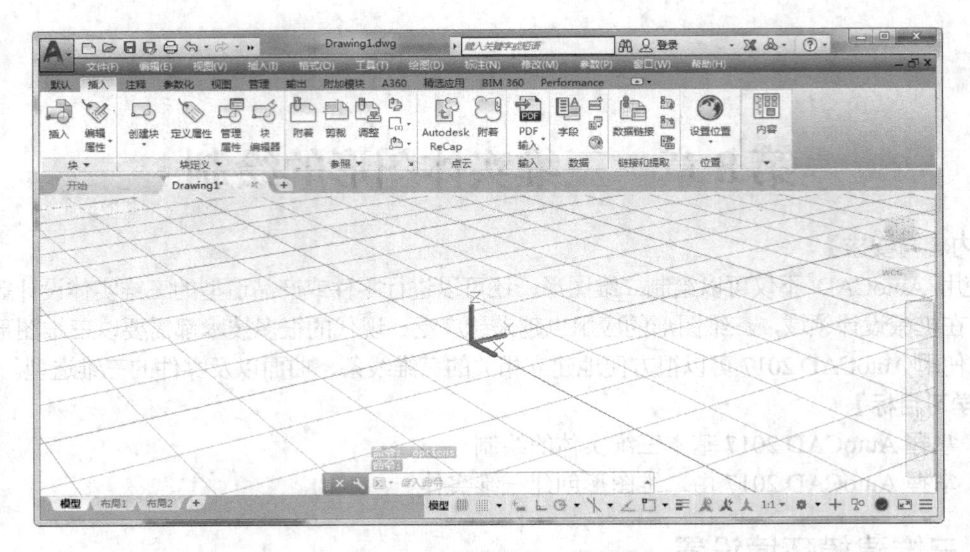

图 8-2　三维建模的工作界面

2. 通过“草图与注释”切换工作空间

从“快速访问”工具栏的“工作空间”下拉列表框中选择“三维建模”或“三维基础”工作空间选项（见图 8-3），或者单击 AutoCAD 界面中右下角“切换空间”按钮，选择三维建模（见图 8-4），可以很方便地从二维绘图切换到三维建模空间。

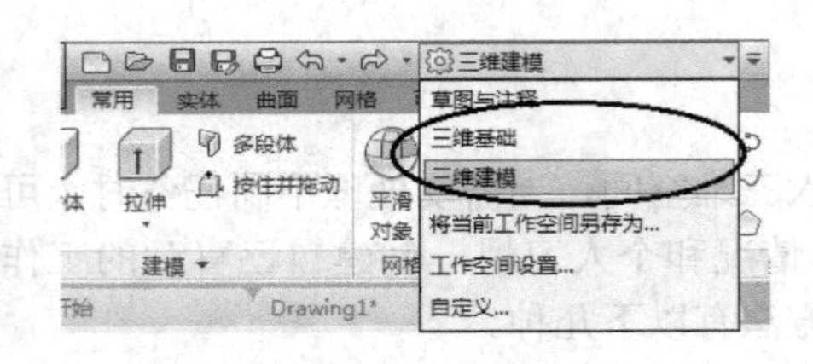

图 8-3　快速访问工具栏切换工作界面

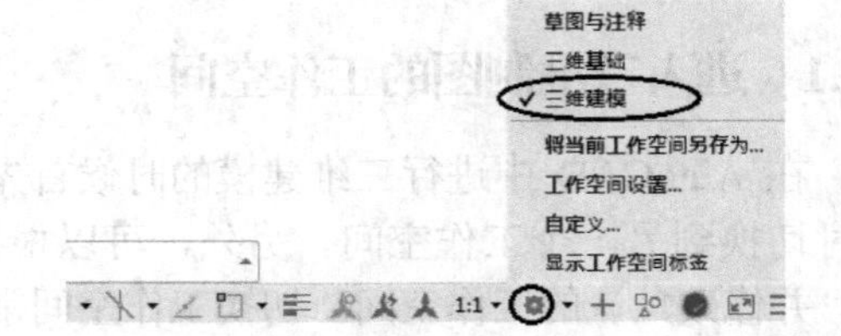

图 8-4　“切换空间”按钮切换工作空间

8.1.2　三维坐标系

在使用 AutoCAD 绘制二维图形时，通常使用的是忽略了第 3 个坐标（Z 坐标）的绝对或相对坐标系，用户坐标系的作用并不是那么突出，但是在三维绘图中，通过对用户坐标系的改变可以更方便地编辑实体。

三维笛卡儿坐标系是在二维笛卡儿坐标系的基础上根据右手定则增加第三维坐标（即 Z 轴）而形成的。同二维坐标系一样，AutoCAD 中的三维坐标系有世界坐标系（WCS）和用户坐标系（UCS）两种形式。

1. 右手定则

在三维坐标系中，Z 轴的正轴方向是根据右手定则确定的，右手定则也决定三维空间中任一坐标轴的正旋转方向。

要标注 X、Y 和 Z 轴的正轴方向，就将右手背对着屏幕放置，拇指即指向 X 轴的正方向。伸出食指和中指，如图 8-5a 所示，食指指向 Y 轴的正方向，中指所指示的方向即是 Z 轴的正方向。

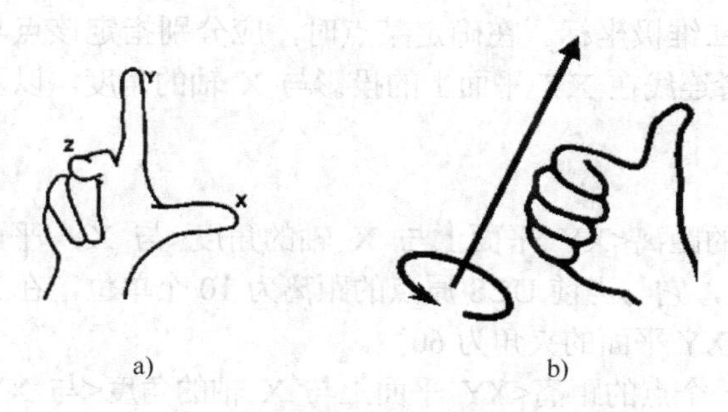

图 8-5　右手定则

要确定轴的正旋转方向，如图 8-5b 所示，用右手的大拇指指向轴的正方向，弯曲手指，那么手指所指示的方向即是轴的正旋转方向。

2. 世界坐标系（WCS）

在 AutoCAD 中，三维世界坐标系是在二维世界坐标系的基础上，根据右手定则增加 Z 轴而形成的。同二维世界坐标系一样，三维世界坐标系是其他三维坐标系的基础，不能对其重新定义。

3. 用户坐标系（UCS）

用户坐标系为坐标输入、操作平面和观察提供一种可变动的坐标系。定义一个用户坐标系即改变原点（0，0，0）的位置以及 XY 平面和 Z 轴的方向。用户可在 AutoCAD 的三维空间中任何位置定位和定向 UCS，也可随时定义、保存和复用多个用户坐标系。

8.1.3　三维坐标形式

在 AutoCAD 中提供了下列 3 种三维坐标形式。

1. 三维笛卡儿坐标

三维笛卡儿坐标（X，Y，Z）与二维笛卡儿坐标（X，Y）相似，即在 X 和 Y 值基础上增加 Z 值。同样还可以使用基于当前坐标系原点的绝对坐标值或基于上个输入点的相对坐标值。

2. 圆柱坐标

圆柱坐标与二维极坐标类似，但增加了从所要确定的点到 XY 平面的距离值。即三维点的圆柱坐标可通过该点与 UCS 原点（或前一个点）连线在 XY 平面上的投影长度，该投影与 X 轴夹角以及该点垂直于 XY 平面的 Z 值来确定。

其表示格式如下。

绝对坐标：XY 平面中与原点的距离< XY 平面上与 X 轴的角度，Z 坐标。例如，坐标“10<60，20”表示某点与原点的连线在 XY 平面上的投影长度为 10 个单位，其投影与 X 轴的夹角为 60°，在 Z 轴上的投影点的 Z 值为 20。

相对坐标：@ XY 平面中与前一点的距离< XY 平面上与 X 轴的角度，Z 坐标。例如：相对圆柱坐标“@10<45，30”表示某点与前一个输入点连线在 XY 平面上的投影长为 10 个单位，该投影与 X 轴正方向的夹角为 45°，且 Z 轴的距离为 30 个单位。

3. 球面坐标

球面坐标也类似与二维极坐标。在确定某点时，应分别指定该点与当前坐标系原点（或前一个点）的距离，二者连线在 XY 平面上的投影与 X 轴的角度，以及二者连线与 XY 平面的角度。

其表示格式如下。

绝对坐标：与原点的距离<XY 平面上与 X 轴的角度<与 XY 平面的夹角。例如，坐标“10<45<60”表示一个点，它与当前 UCS 原点的距离为 10 个单位，在 XY 平面的投影与 X 轴的夹角为 45°，该点与 XY 平面的夹角为 60°。

相对坐标：@与前一个点的距离<XY 平面上与 X 轴的角度<与 XY 平面的夹角。例如：坐标“@10<45<30”表示某点相对于前一个输入点的距离是 10，二者连线在 XY 平面上的投影与 X 轴的角度是 45°，二者连线与 XY 平面的角度为 30°。

8.1.4 三维视点

要进行三维绘图，首先要掌握观看三维视图的方法，以便在绘图过程中随时掌握绘图信息，并在调整好视图效果后进行出图。视点是指观察图形的方向，在 AutoCAD 中，用户可以使用系统本身提供的标准视图（俯视图、仰视图、前视图、后视图、右视图以及各种轴测视图）观察图形。下面介绍 5 种常用的方法：使用“命名 USC 组合框控制”命令、使用“视点预设”命令、使用“视点”命令、使用三维动态观察模式和使用 ViewCube 工具。

1. 使用“命名 USC 组合框控制”命令

在三维建模工作空间功能区单击“常用”→“坐标”→“命名 USC 组合框控制”命令中的黑色三角符号，弹出如图 8-6 所示的隐藏命令。从中可以选择“俯视”“仰视”“左视”“右视”“前视”“后视”中的一个预定义视图选项，从而指定一个视角方向来观察图形。

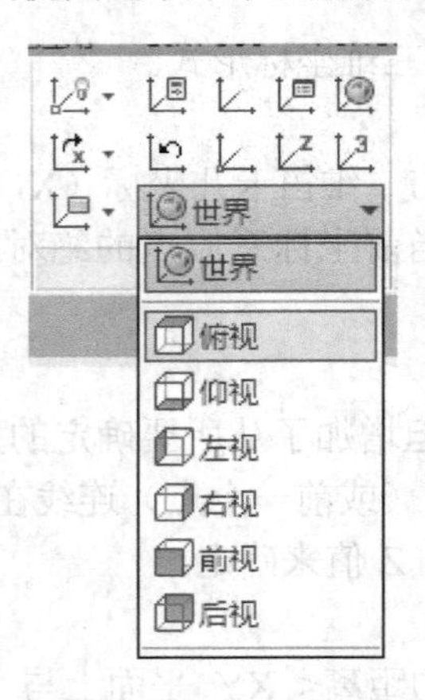

图 8-6 命名 USC 组合框控制

2. 使用“视点预设”命令

选择菜单“视图”→“三维视图”中的“视点预设”命令（见图 8-7），或在当前命令行中输入“DDVPOINT”命令，打开如图 8-8 所示的“视点预设”对话框。首先选择“绝对于 WCS”设置视图， 还是“相对于 UCS”设置视图，然后进行设置。使用视点设置视图由两个因素决定，一个是观察角度在 XY 平面上与 X 轴之间的夹角（自：X 轴进行设置）；另一个是观察角度与 XY 平面之间的角度（自：XY 平面进行设置），有这两个因素可以确定一个观察视角。如果使用“设置为平面视图”将会取观察角度在 XY 平面上与 X 轴成 270°，与 XY 平面成 90° 的视角。

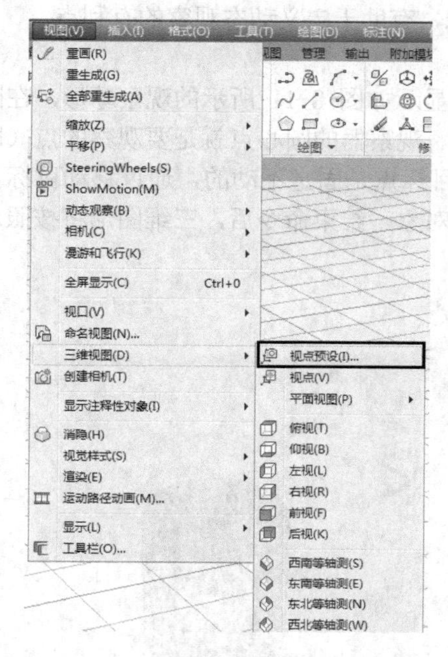

图 8-7 “视点预设”命令下拉菜单

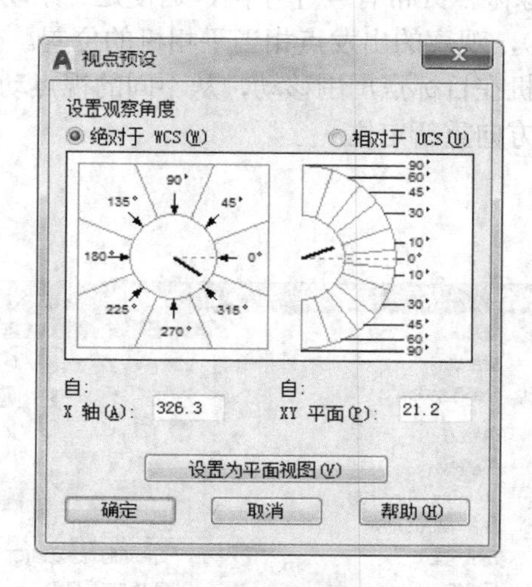

图 8-8 “视点预设”对话框

3. 使用“视点”命令

选择菜单“视图”→“三维视图”→“视点”命令，可以在模型空间中显示定义观察方向的坐标球指南针和三轴架，如图 8-9 所示，并通过相关操作为当前视口设置相对于 WCS 坐标系的视点等。移动鼠标时，坐标球中的小指针也跟着移动，三轴架的方向也随之改变，从而确定视点。坐标球的圆心表示北极（0，0，1），内环是赤道（n，n，0），外环是南极（0，0，-1）。

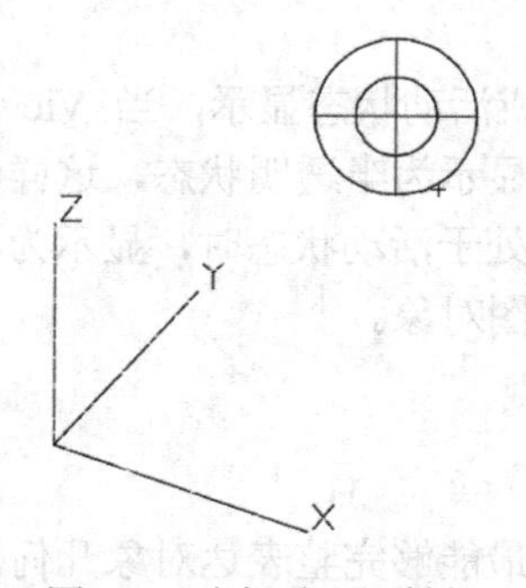

图 8-9 坐标球和三轴架

4. 使用三维动态观察模式

使用三维动态观察器可以在三维空间动态地观察三维对象。选择菜单“视图”→“动态观察”命令，展开“动态观察”级联菜单，或者单击“导航栏”中的“动态观察”按钮，可以从中选择“受约束的动态观察”“自由动态观察”和“连续动态观察”选项，如图 8-10 所示。

- 受约束的动态观察：沿 XY 平面或 Z 轴约束三维动态观察。
- 自由动态观察：在当前视口中显示一个观察球，有助于定义动态观察的有利点。
- 连续动态观察：连续地进行动态观察。

如果选择“自由动态观察”选项命令后，系统将显示如图 8-11 所示的观察球形，在圆的 4 个象限点处带有 4 个小圆，这便是三维动态观察器。观察器的圆心点就是要观察的点（即目标点），观察的出发点相当于相机的位置。查看时，目标点是固定不动的，通过移动鼠标可以使相机在目标点周围移动，从不同的视点动态的观察对象。结束命令后，三维图形将按照新的视点方向重新定位。

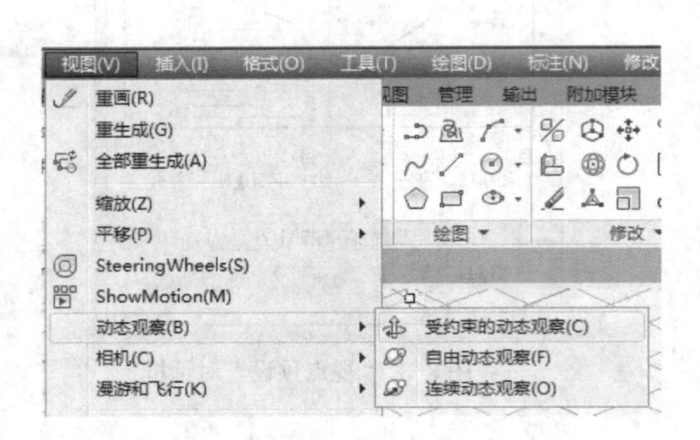

图 8-10 “动态观察”级联菜单

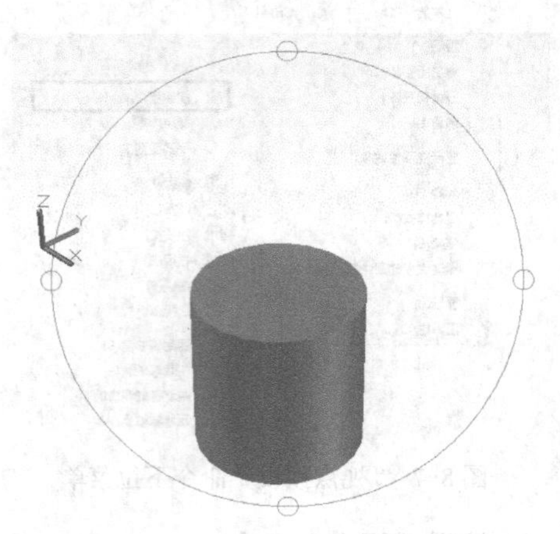

图 8-11 观察器

5. 使用 ViewCube 工具

ViewCube 工具位于“AutoCAD 三维建模”工作空间图形窗口的右上角区域，如图 8-12 所示。它是在二维模型空间或三维视觉样式中处理图形时显示的导航工具，使用此工具可以在标准视图和等轴测视图之间切换，可以很直观地调整模型的视点。

ViewCube 工具以不活动状态或活动状态显示，当 ViewCube 工具处于不活动状态时，默认情况下显示为半透明状态，这样便不会遮挡模型的视图；当 ViewCube 工具处于活动状态时，显示为不透明状态，并且可能会遮挡模型当前的视图对象。

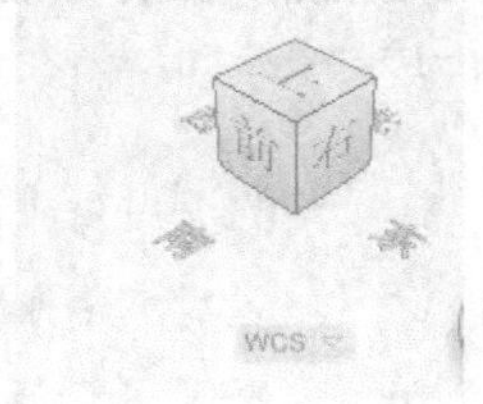

图 8-12 ViewCube 工具

8.2 创建基本三维实体

在 AutoCAD 中，三维实体是最能够完整表达对象几何形状和物体特征的空间模型，绘制三维实体已经被视为机械零件造型设计中的一项重要组成部分。在 AutoCAD 2017 中，创建基本三维实体的命令位于菜单栏的“绘图”→“建模”级联菜单中，如图 8-13 所示。创建基本实体的工具按钮位于功能区的“实体”选项卡中，如图 8-14 所示。

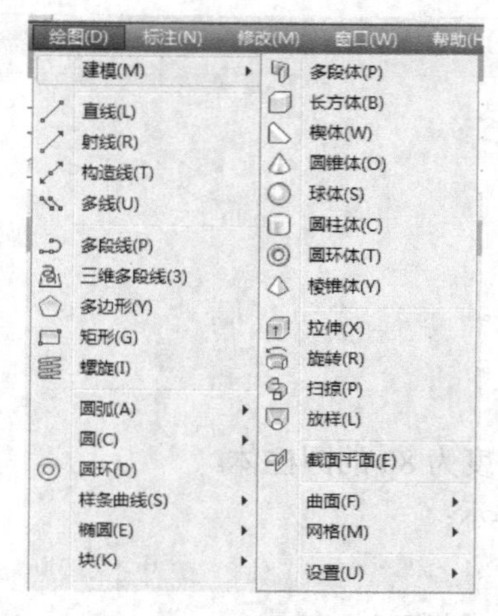

图 8-13　三维建模的菜单命令

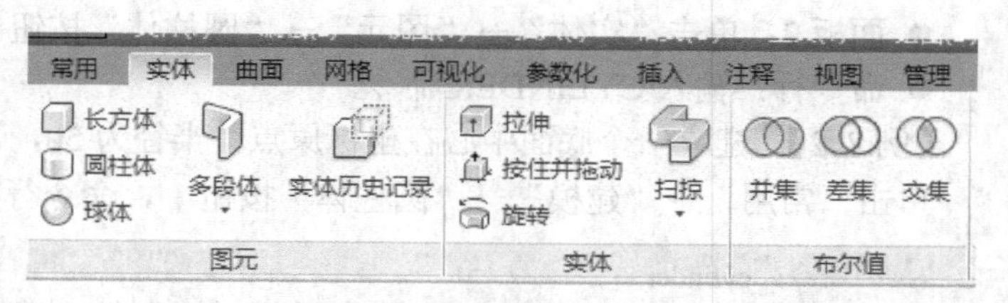

图 8-14　实体建模工具

8.2.1 长方体

用户可以采用以下几种方法来创建三维实心长方体。

- 面板 1：单击“常用”→“建模”→“长方体”按钮。
- 面板 2：单击“实体”→“图元”→“长方体”按钮。
- 命令行：输入 BOX 命令。

【例 8-1】 建立一个中心在坐标原点，长 80，宽 60，高 40 的长方体。

单击“常用”→“建模”→“长方体”按钮，命令行提示：

```
命令: _box
指定第一个角点或 [中心(C)]: c                 //切换到中心选项
指定中心: 0,0,0                               //指定长方体的中心
指定角点或 [立方体(C)/长度(L)]: l              //切换到长度选项
指定长度: 80                                  //指定长方体的长度
指定宽度: 60                                  //指定长方体的宽度
指定高度或 [两点(2P)] <767.2824>: 40           //指定长方体的高度
```

结果如图 8-15 所示。

图 8-15　长方体

📖 说明：在输入长方体长度、宽度和高度时，可以输入正值和负值。

8.2.2 圆柱体

用户可以采用以下几种方法来创建三维圆柱实体。

- 面板 1：单击“常用”→“建模”→“圆柱体”按钮。
- 面板 2：单击“实体”→“图元”→“圆柱体”按钮。
- 命令行：输入 CYLINDER 命令。

【例 8-2】 建立一个底面中心在坐标原点，半径为 50，高度为 80 的圆柱体。

单击“常用”→“建模”→“圆柱体”按钮，命令行提示：

```
命令: _cylinder
指定底面的中心点或 [三点(3P)/两点(2P)/切点、切点、半径(T)/椭圆(E)]: 0,0,0
                                                    //指定底面中心点
指定底面半径或 [直径(D)]: 50                          //指定底面半径
指定高度或 [两点(2P)/轴端点(A)] <-40.0000>: 80        //指定圆柱高度
```

结果如图 8-16 所示。

图 8-16　圆柱体

8.2.3 圆锥体

用户可以采用以下几种方法来创建三维圆锥实体。

- 面板 1：单击“常用”→“建模”→“圆锥体”按钮。
- 面板 2：单击“实体”→“图元”→“圆锥体”按钮。
- 命令行：输入 CONE 命令。

【例 8-3】 建立一个底面中心在坐标原点，底面半径为 80，顶面半径为 30，高度为 60 的圆锥体。

单击“常用”→“建模”→“圆锥体”按钮，命令行提示：

```
命令: _cone
指定底面的中心点或 [三点(3P)/两点(2P)/切点、切点、半径(T)/椭圆(E)]: 0,0,0
                                                    //指定底面中心点
指定底面半径或 [直径(D)] <40.0000>: 80                //指定底面半径
指定高度或 [两点(2P)/轴端点(A)/顶面半径(T)] <-4.0000>: t
```

```
                                                          //切换到顶面半径选项
指定顶面半径 <0.0000>: 30                                   //指定顶面半径
指定高度或 [两点(2P)/轴端点(A)] <-4.0000>: 60                //指定圆锥高度
```

结果如图 8-17 所示。

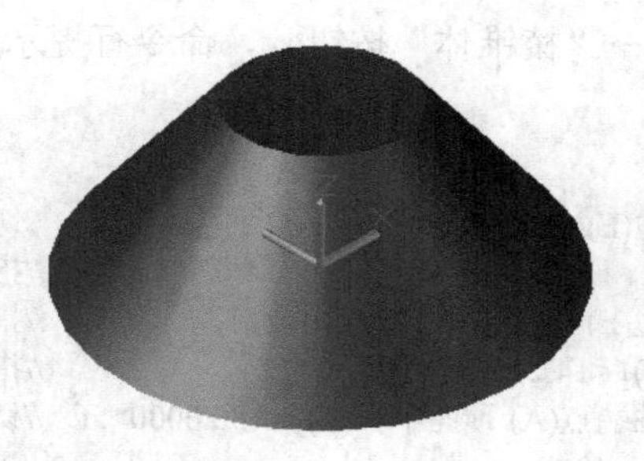

图 8-17　圆锥体

8.2.4　球体

用户可以采用以下几种方法来创建球实体。

- 面板 1：单击“常用”→“建模”→“球体”按钮。
- 面板 2：单击“实体”→“图元”→“球体”按钮。
- 命令行：输入 SPHERE 命令。

【例 8-4】 建立一个中心在坐标原点，半径为 30 的球体。

单击“常用”→“建模”→“球体”按钮，命令行提示：

```
命令: _sphere
指定中心点或 [三点(3P)/两点(2P)/切点、切点、半径(T)]: 0,0,0        //指定球的中心点
指定半径或 [直径(D)] <80.0000>: 30                                //指定球半径
```

结果如图 8-18 所示。

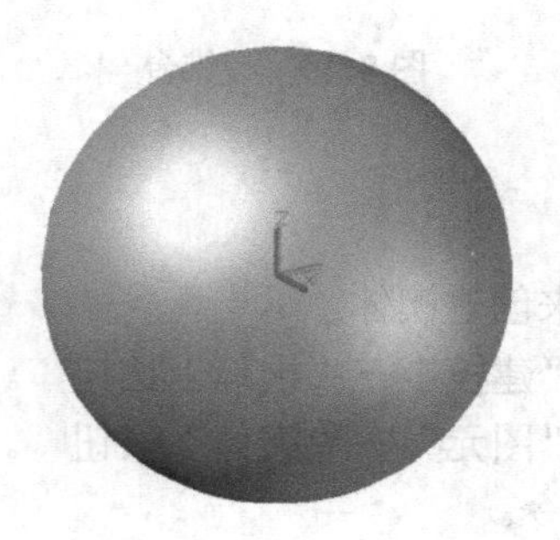

图 8-18　球体

8.2.5　棱锥体

用户可以采用以下几种方法来创建三维棱锥实体。

- 面板 1：单击“常用”→“建模”→“棱锥体”按钮。

● 面板 2：单击“实体”→“图元”→“棱锥体”按钮。
● 命令行：输入 PYRAMID 命令。

【例 8-5】 建立一个底面中心点为（10，10，10），底面半径为 100，顶面半径为 40，高度为 80，8 个侧面的棱锥台。

单击“常用”→“建模”→“棱锥体”按钮，命令行提示：

```
命令: _pyramid
 4 个侧面   外切
指定底面的中心点或 [边(E)/侧面(S)]: s                          //切换到侧面选项
输入侧面数 <4>: 8                                              //指定侧面数为 8 个
指定底面的中心点或 [边(E)/侧面(S)]: 10,10,10                    //指定底面中心点
指定底面半径或 [内接(I)] <141.4214>: 100                        //指定底面半径
指定高度或 [两点(2P)/轴端点(A)/顶面半径(T)] <-80.0000>: t        //切换到顶面半径选项
指定顶面半径 <56.5685>: 40                                     //指定顶面半径
指定高度或 [两点(2P)/轴端点(A)] <-80.0000>: 80                  //指定棱锥高度
```

结果如图 8-19 所示。

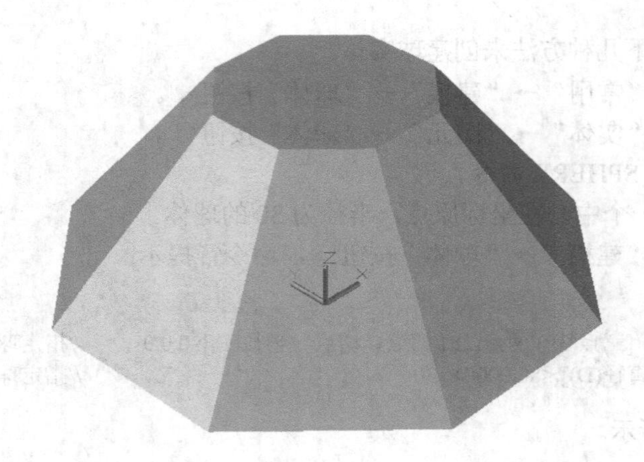

图 8-19 棱锥台

8.2.6 楔体

用户可以采用以下几种方法来创建楔体。

● 面板 1：单击“常用”→“建模”→“楔体”按钮。
● 面板 2：单击“实体”→“图元”→“楔体”按钮。
● 命令行：输入 WEDGE 命令。

【例 8-6】 建立一个底面中心点在坐标原点，长度为 80，宽度为 40，高度为 60 的楔体。

单击“常用”→“建模”→“楔体”按钮，命令行提示：

```
命令: _wedge
指定第一个角点或 [中心(C)]: c                    //切换到中心选项
指定中心: 0,0,0                                  //指定中心点
指定角点或 [立方体(C)/长度(L)]: l                 //切换到长度选项
指定长度 <80.0000>: 80                           //指定楔体长度
```

```
指定宽度 <40.0000>: 40                                    //指定楔体宽度
指定高度或 [两点(2P)] <-60.0000>: 60                       //指定楔体高度
```

结果如图 8-20 所示。

图 8-20　楔体

8.2.7　圆环体

用户可以采用以下几种方法来创建圆环体。

- 面板 1：单击“常用”→“建模”→“圆环体”按钮◎。
- 面板 2：单击“实体”→“图元”→“圆环体”按钮◎。
- 命令行：输入 TORUS 命令。

【例 8-7】 建立一个中心点在坐标原点，圆环面直径为 100，圆管直径为 20 的圆环体。

单击“常用”→“建模”→“圆环体”按钮◎，命令行提示：

```
命令: _torus
指定中心点或 [三点(3P)/两点(2P)/切点、切点、半径(T)]: 0,0,0     //指定中心点
指定半径或 [直径(D)]: d                                          //切换到直径选项
指定圆环面的直径: 100                                            //指定圆环面直径
指定圆管半径或 [两点(2P)/直径(D)]: d                              //切换到圆管直径选项
指定圆管直径: 20                                                 //指定圆管直径
```

结果如图 8-21 所示。

图 8-21　圆环体

8.2.8 多段体

多段体命令可以创建具有固定高度和宽度的直线段和曲线段的墙状对象。用户可以采用以下几种方法来创建多段体。

- 面板 1：单击“常用”→“建模”→“多段体”按钮。
- 面板 2：单击“实体”→“图元”→“多段体”按钮。
- 命令行：输入 POLYSOLID 命令。

【例 8-8】 建立如图 8-22 所示的高度为 50，宽度为 6 的多段体。

单击“常用”→“建模”→“多段体”按钮，命令行提示：

```
命令: _Polysolid 高度 = 50.0000, 宽度 = 6.0000, 对正 = 居中
指定起点或 [对象(O)/高度(H)/宽度(W)/对正(J)] <对象>: h            //切换到高度选项
指定高度 <50.0000>: 50                                          //指定高度
高度 = 50.0000, 宽度 = 6.0000, 对正 = 居中
指定起点或 [对象(O)/高度(H)/宽度(W)/对正(J)] <对象>: w            //切换到宽度选项
指定宽度 <6.0000>: 6                                            //指定宽度
高度 = 50.0000, 宽度 = 6.0000, 对正 = 居中
指定起点或 [对象(O)/高度(H)/宽度(W)/对正(J)] <对象>: 0,0,0        //指定起点
指定下一个点或 [圆弧(A)/放弃(U)]: 100                            //指定下一点
指定下一个点或 [圆弧(A)/放弃(U)]: a                              //切换到圆弧选项
指定圆弧的端点或 [闭合(C)/方向(D)/直线(L)/第二个点(S)/放弃(U)]:
指定下一个点或 [圆弧(A)/闭合(C)/放弃(U)]: 指定圆弧的端点或 [闭合(C)/方向(D)/直线(L)/第二个点
(S)/放弃(U)]: l                                                 //切换到直线选项
指定下一个点或 [圆弧(A)/闭合(C)/放弃(U)]: 100                     //指定下一点
指定下一个点或 [圆弧(A)/闭合(C)/放弃(U)]: c                       //切换到闭合选项
```

结果如图 8-22 所示。

图 8-22　多段体

8.3 由二维图形创建实体

对于一些复杂的三维实体，可以先绘制出二维图形，然后再将这些二维图形进行拉伸、旋转、扫掠和放样等操作，从而创建三维实体。

8.3.1 拉伸

“拉伸”命令可以将选择的二维图形对象沿着路径进行拉伸，或者指定拉伸实体的倾斜角

度，或者改变拉伸的方向来创建拉伸实体。用户可以采用以下几种方法来创建拉伸实体。

- 面板 1：单击“常用”→“建模”→“拉伸”按钮。
- 面板 2：单击“实体”→“实体”→“拉伸”按钮。
- 命令行：输入 EXTRUDE 命令。

【例 8-9】 创建如图 8-23 所示的拉伸实体。

❶ 利用面板“常用”→“绘图”→“矩形”按钮和“圆”按钮，以及“修改”面板中的“倒角”命令，绘制如图 8-24 所示的平面图形。

图 8-23　拉伸实体

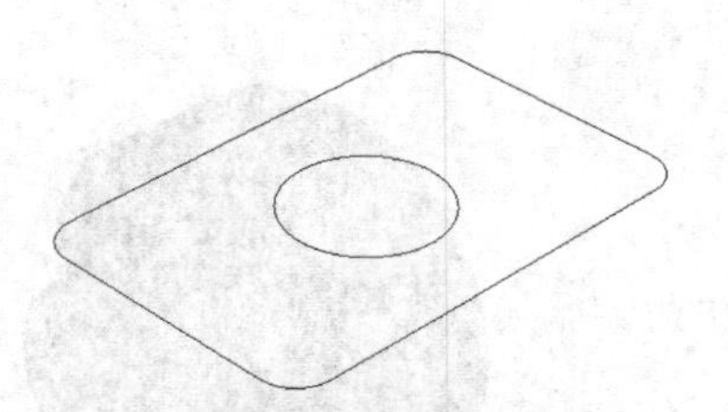

图 8-24　绘制平面图形

❷ 单击“常用”→“绘图”面板中的“面域”按钮，命令行提示：

```
命令: _region
选择对象: 指定对角点: 找到 2 个          //以窗口选择方式选择整个二维图形
选择对象: ↙
已提取 2 个环
已创建 2 个面域
```

❸ 单击“常用”→“实体编辑”面板中的“差集”按钮，命令行提示：

```
命令: _subtract 选择要从中减去的实体、曲面和面域...
选择对象: 找到 1 个                        //选择大面域
选择对象: ↙
选择要减去的实体、曲面和面域...
选择对象: 找到 1 个                        //选择小面域
选择对象: ↙
```

❹ 单击“常用”→“建模”面板中的“拉伸”按钮，命令行提示：

```
命令: _extrude
当前线框密度:  ISOLINES=4，闭合轮廓创建模式 = 实体
选择要拉伸的对象或 [模式(MO)]: _MO 闭合轮廓创建模式 [实体(SO)/曲面(SU)] <实体>: _SO
选择要拉伸的对象或 [模式(MO)]: 找到 1 个          //选择面域
选择要拉伸的对象或 [模式(MO)]: ↙
指定拉伸的高度或 [方向(D)/路径(P)/倾斜角(T)/表达式(E)]: 20
```

结果如图 8-23 所示。

8.3.2　旋转

“旋转”命令是指将草绘截面绕指定的旋转中心线转一定的角度后所创建的实体特征，它

主要用来创建具有回转性质的特征。

用户可以采用以下几种方法来创建放样实体。

- 面板 1：单击“常用”→“建模”→“旋转”按钮。
- 面板 2：单击“实体”→“实体”→“旋转”按钮。
- 命令行：输入 REVOLVE 命令。

【例 8-10】 创建如图 8-25 所示的旋转实体。

❶ 单击“常用”→“绘图”面板中的“直线”按钮，绘制如图 8-26 所示的平面图形。

图 8-25 旋转实体

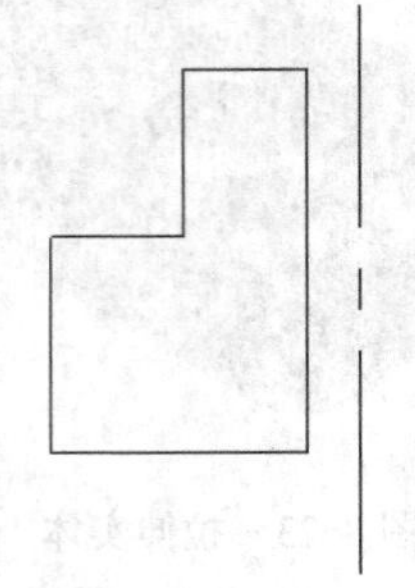

图 8-26 绘制平面图形

❷ 单击“常用”→“建模”面板中的“旋转”按钮，命令行提示：

```
命令: _revolve
当前线框密度:  ISOLINES=4，闭合轮廓创建模式 = 实体
选择要旋转的对象或 [模式(MO)]: _MO 闭合轮廓创建模式 [实体(SO)/曲面(SU)] <实体>: _SO
选择要旋转的对象或 [模式(MO)]: 指定对角点: 找到 6 个
                                        //窗口选择图 8-26 中的实线
选择要旋转的对象或 [模式(MO)]: ↙
指定轴起点或根据以下选项之一定义轴 [对象(O)/X/Y/Z] <对象>:
                                        //选择中心线的上端点
指定轴端点:                              //选择中心线的下端点
指定旋转角度或 [起点角度(ST)/反转(R)/表达式(EX)] <360>:↙
```

结果如图 8-25 所示。

8.3.3 扫掠

“扫掠”命令是截面轮廓沿着路径扫掠成实体或曲面，开放的曲线可以创建曲面，闭合的曲线既可以创建曲面，也可以创建实体（取决于指定的模式）。

用户可以采用以下几种方法来创建放样实体。

- 面板 1：单击“常用”→“建模”→“扫掠”按钮。
- 面板 2：单击“实体”→“实体”→“扫掠”按钮。
- 命令行：输入 SWEEP 或 SW 命令。

【例 8-11】 创建如图 8-27 所示的扫掠实体弹簧，底面半径为 30，顶面半径为 10，圈数为 10 圈，螺旋高度为 100，弹簧丝半径为 2。

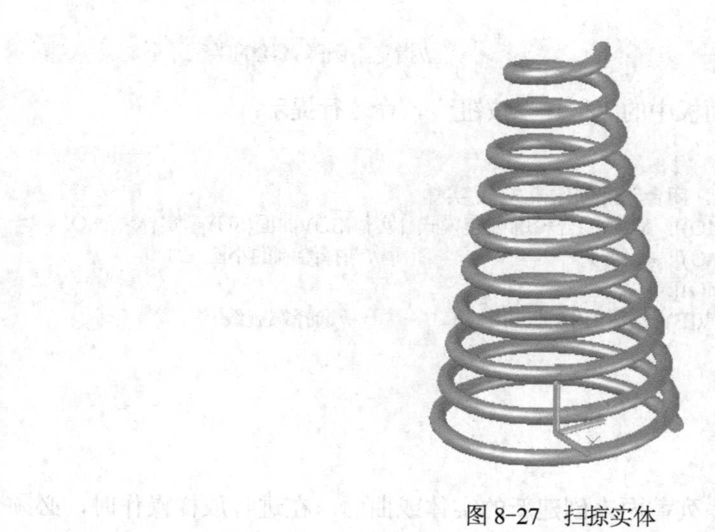

图 8-27　扫掠实体

❶ 单击“常用”→“绘图”面板中的“螺旋”按钮，绘制如图 8-28 所示的螺旋线。此时命令行提示：

```
命令: _Helix
圈数 = 3.0000        扭曲=CCW
指定底面的中心点: 0,0,0                                     //指定底面中心点
指定底面半径或 [直径(D)] <1.0000>: 30                        //指定底面半径
指定顶面半径或 [直径(D)] <30.0000>: 10                       //指定顶面半径
指定螺旋高度或 [轴端点(A)/圈数(T)/圈高(H)/扭曲(W)] <1.0000>: t      //切换到螺旋圈数选项
输入圈数 <3.0000>: 10                                       //指定螺旋圈数
指定螺旋高度或 [轴端点(A)/圈数(T)/圈高(H)/扭曲(W)] <1.0000>: 100    //指定螺旋高度
```

❷ 单击“常用”→“绘图”面板中的“圆”按钮，绘制如图 8-29 所示的小圆。此时命令行提示：

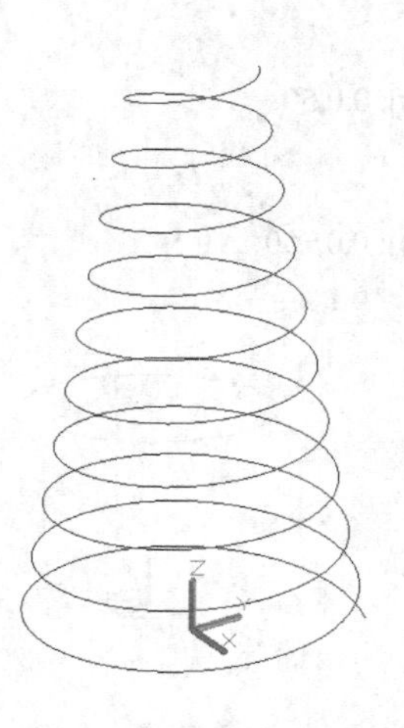

图 8-28　创建螺旋线

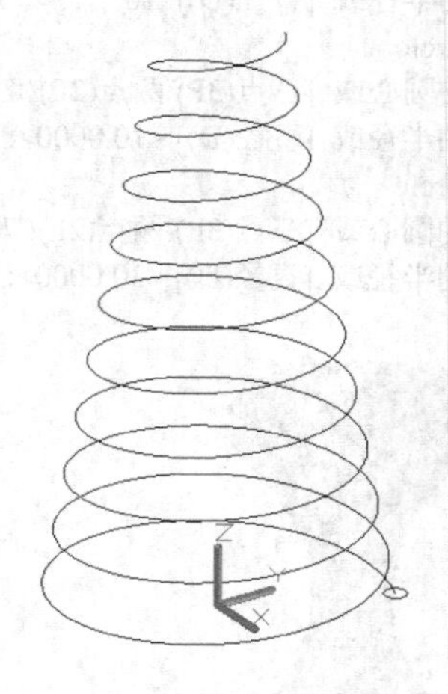

图 8-29　绘制小圆

```
命令: _circle
指定圆的圆心或 [三点(3P)/两点(2P)/切点、切点、半径(T)]:
//选择螺旋线的一个端点
```

```
指定圆的半径或 [直径(D)]: 2                                    //指定小圆弹簧丝的半径
```

❸ 单击“常用”→“建模”面板中的“扫掠”按钮，命令行提示：

```
命令: _sweep
当前线框密度:  ISOLINES=4，闭合轮廓创建模式 = 实体
选择要扫掠的对象或 [模式(MO)]: _MO 闭合轮廓创建模式 [实体(SO)/曲面(SU)] <实体>: _SO
选择要扫掠的对象或 [模式(MO)]: 找到 1 个                          //选择绘制的小圆
选择要扫掠的对象或 [模式(MO)]: ↙
选择扫掠路径或 [对齐(A)/基点(B)/比例(S)/扭曲(T)]:                    //选择螺旋线
```

结果如图 8-27 所示。

8.3.4 放样

“放样”命令是通过指定一系列截面来创建新的实体或曲面。在进行放样操作时，必须至少指定两个横截面，横截面决定了实体或曲面的形状。值得注意的是，横截面既可以是开放的，也可以是闭合的。

用户可以采用以下几种方法来创建放样实体。

- 面板 1：单击“常用”→“建模”→“放样”按钮。
- 面板 2：单击“实体”→“实体”→“放样”按钮。
- 命令行：输入 LOFT 命令。

【例 8-12】 创建如图 8-30 所示的放样实体。

❶ 单击“常用”→“绘图”面板中的“圆”命令，绘制如图 8-31 所示的 3 个圆，半径分别为 30，10，30。此时命令行提示：

```
命令: _circle
指定圆的圆心或 [三点(3P)/两点(2P)/切点、切点、半径(T)]: 0,0,0
指定圆的半径或 [直径(D)]: 10
命令: _circle
指定圆的圆心或 [三点(3P)/两点(2P)/切点、切点、半径(T)]: 0,0,50
指定圆的半径或 [直径(D)] <10.0000>: 30
命令: _circle
指定圆的圆心或 [三点(3P)/两点(2P)/切点、切点、半径(T)]: 0,0,-50
指定圆的半径或 [直径(D)] <30.0000>: 30
```

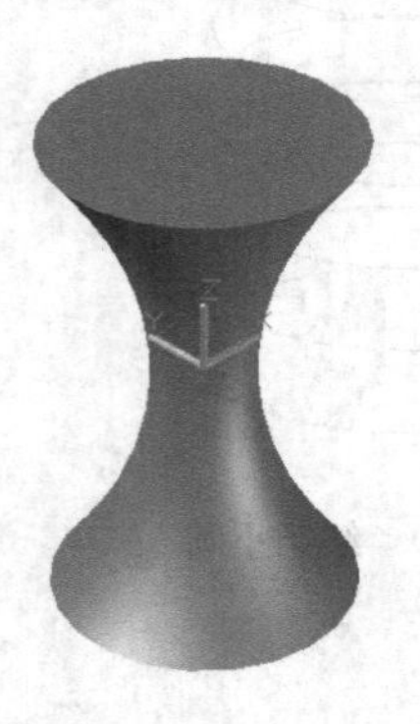

图 8-30　放样实体

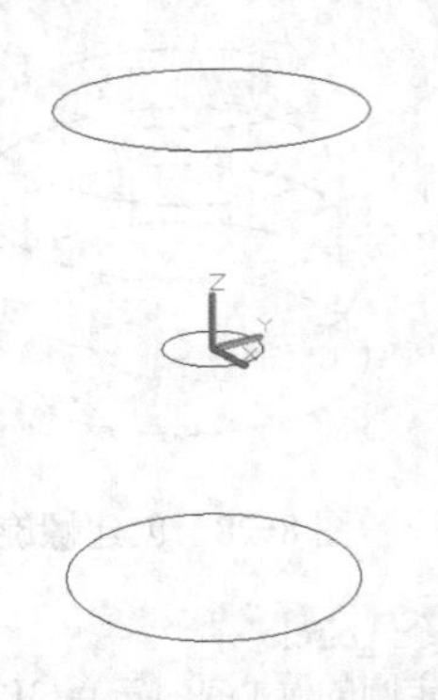

图 8-31　绘制 3 个圆

❷ 单击“常用”→“建模”面板中的“放样”按钮，命令行提示：

```
命令: _loft
当前线框密度:  ISOLINES=4，闭合轮廓创建模式 = 实体
按放样次序选择横截面或 [点(PO)/合并多条边(J)/模式(MO)]: _MO 闭合轮廓创建模式 [实体(SO)/曲面(SU)] <实体>: _SO
按放样次序选择横截面或 [点(PO)/合并多条边(J)/模式(MO)]: 找到 1 个 //选择最上面的圆
按放样次序选择横截面或 [点(PO)/合并多条边(J)/模式(MO)]: 找到 1 个，总计 2 个
                                                                //选择中间的圆
按放样次序选择横截面或 [点(PO)/合并多条边(J)/模式(MO)]: 找到 1 个，总计 3 个
                                                                //选择最下面的圆
按放样次序选择横截面或 [点(PO)/合并多条边(J)/模式(MO)]: ↙
 选中了 3 个横截面
输入选项 [导向(G)/路径(P)/仅横截面(C)/设置(S)] <仅横截面>: s          //切换到设置选项
```

系统弹出如图 8-32 所示的“放样设置”对话框，在对话框中单击“确定”按钮，结果如图 8-30 所示。

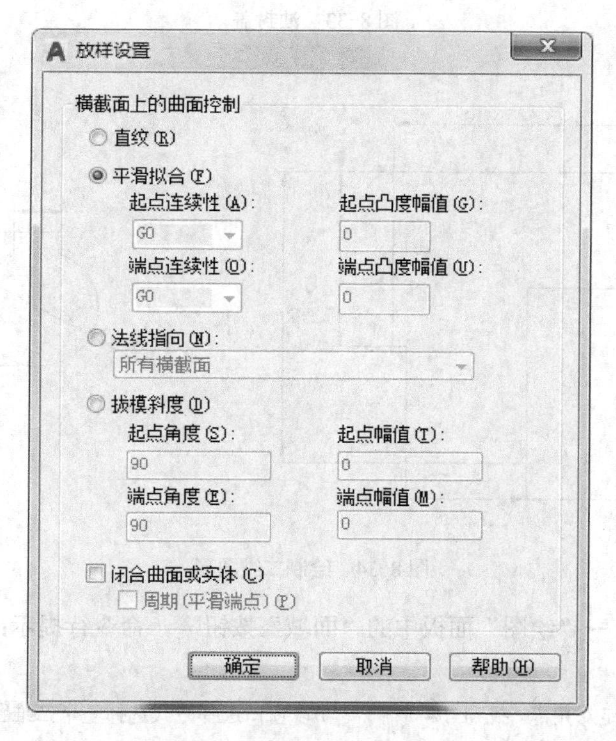

图 8-32 “放样设置”对话框

8.4 综合实例：油封盖（三维实体）

【例 8-13】 创建如图 8-33 所示油封盖的三维实体。

❶ 利用“常用”→“绘图”面板中的“直线”按钮和“圆”按钮，以及“修改”面板中的“倒角”按钮，绘制如图 8-34 所示的平面图形，图中的两处倒角尺寸为 C1.5。

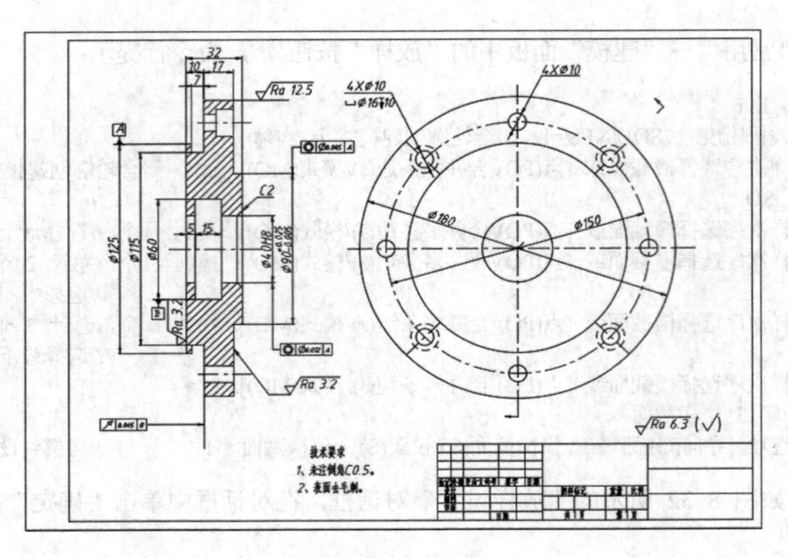

图 8-33　油封盖

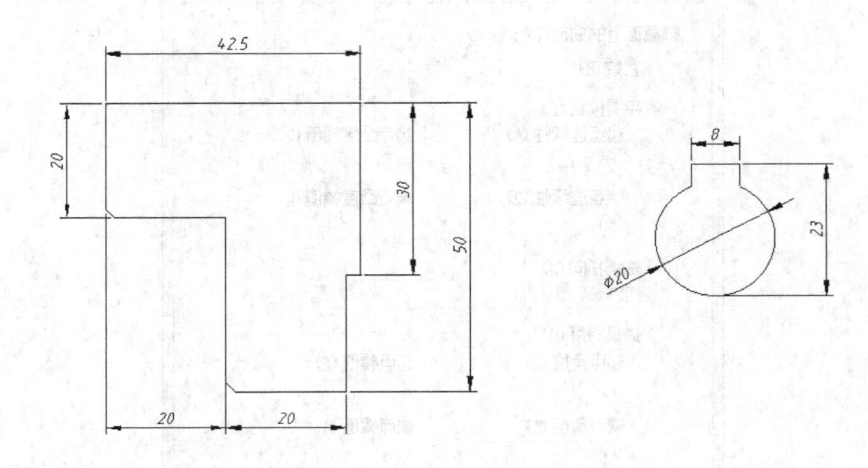

图 8-34　绘制二维图形

❷ 单击“常用”→“绘图”面板中的“面域”按钮，命令行提示：

```
命令: _region
选择对象: 指定对角点: 找到 14 个          //以窗口选择方式选择整个二维图形
选择对象: ↙
已提取 2 个环。
已创建 2 个面域。
```

❸ 单击“常用”→“建模”面板中的“旋转”按钮，命令行提示：

```
命令: _revolve
当前线框密度:  ISOLINES=4，闭合轮廓创建模式 = 实体
选择要旋转的对象或 [模式(MO)]: _MO 闭合轮廓创建模式 [实体(SO)/曲面(SU)] <实体>: _SO
选择要旋转的对象或 [模式(MO)]: 找到 1 个                  //选择图 8-35 所示的面域
```

```
选择要旋转的对象或 [模式(MO)]: ↙
指定轴起点或根据以下选项之一定义轴 [对象(O)/X/Y/Z] <对象>:
                                                        //选择图 8-35 所示的点 1
指定轴端点:                                             //选择图 8-35 所示的点 2
指定旋转角度或 [起点角度(ST)/反转(R)/表达式(EX)] <360>:↙
```

结果如图 8-36 所示。

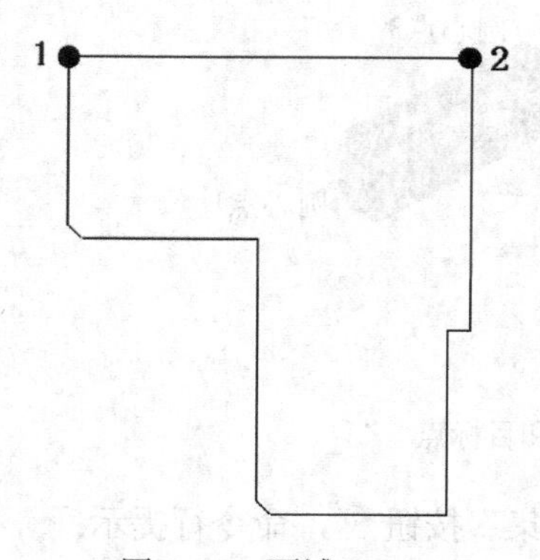

图 8-35　面域 1

图 8-36　旋转实体

❹ 单击“常用”→“建模”面板中的“拉伸”按钮，命令行提示：

```
命令: _extrude
当前线框密度:  ISOLINES=4，闭合轮廓创建模式 = 实体
选择要拉伸的对象或 [模式(MO)]: _MO 闭合轮廓创建模式 [实体(SO)/曲面(SU)] <实体>: _SO
选择要拉伸的对象或 [模式(MO)]: 找到 1 个                       //选择键槽面域
选择要拉伸的对象或 [模式(MO)]: ↙
指定拉伸的高度或 [方向(D)/路径(P)/倾斜角(T)/表达式(E)]: 52
```

结果如图 8-37 所示。

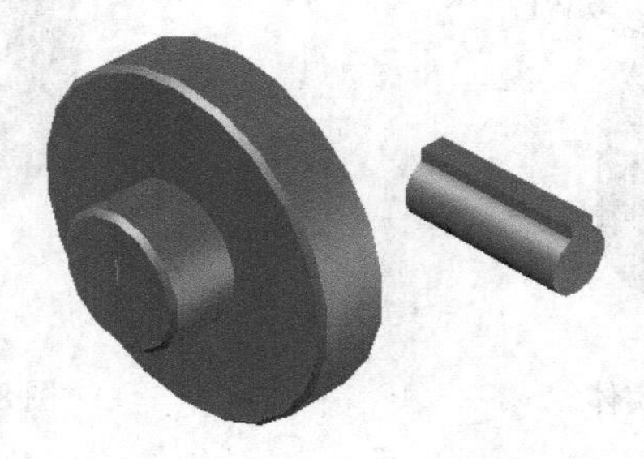

图 8-37　拉伸实体

❺ 单击“常用”→“修改”面板中的“对齐”按钮，命令行提示：

```
命令: _align
选择对象: 找到 1 个                                   //选择第❹步创建的拉伸体
选择对象: ↙
指定第一个源点:                                       //选择图 8-38 所示的圆心点 1
指定第一个目标点:                                     //选择图 8-38 所示的圆心点 2
```

```
指定第二个源点:                                          //选择图 8-38 所示的圆心点 3
指定第二个目标点:                                        //选择图 8-38 所示的圆心点 4
指定第三个源点或 <继续>:↙
是否基于对齐点缩放对象? [是(Y)/否(N)] <否>:↙
```

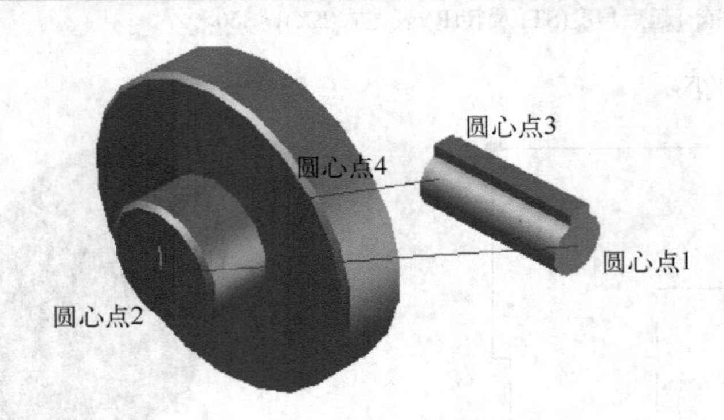

图 8-38　指定源点和目标点

❻ 单击"常用"→"实体编辑"面板中的"差集"按钮，命令行提示：

```
命令: _subtract 选择要从中减去的实体、曲面和面域...
选择对象: 找到 1 个                                  //选择图 8-39 所示的实体 1
选择对象: ↙
选择要减去的实体、曲面和面域...
选择对象: 找到 1 个                                  //选择图 8-39 所示的实体 2
选择对象: ↙
```

结果如图 8-40 所示。

图 8-39　选择差集的实体

图 8-40　实体求差集

❼ 单击"常用"→"坐标"面板中的"原点"按钮，选择如图 8-41 所示的圆心点作为 UCS 新原点。

❽ 单击"常用"→"绘图"面板中的"圆"命令，绘制一个圆心坐标为（0，40），半径为 6 的圆。单击"常用"→"建模"面板中的"拉伸"按钮，命令行提示：

```
命令: _extrude
当前线框密度:  ISOLINES=4，闭合轮廓创建模式 = 实体
选择要拉伸的对象或 [模式(MO)]: _MO 闭合轮廓创建模式 [实体(SO)/曲面(SU)] <实体>: _SO
选择要拉伸的对象或 [模式(MO)]: 找到 1 个                  //选择半径为 6 的小圆
```

```
选择要拉伸的对象或 [模式(MO)]:回车
指定拉伸的高度或 [方向(D)/路径(P)/倾斜角(T)/表达式(E)]: 50
```

结果如图 8-42 所示。

图 8-41　指定 UCS 新原点

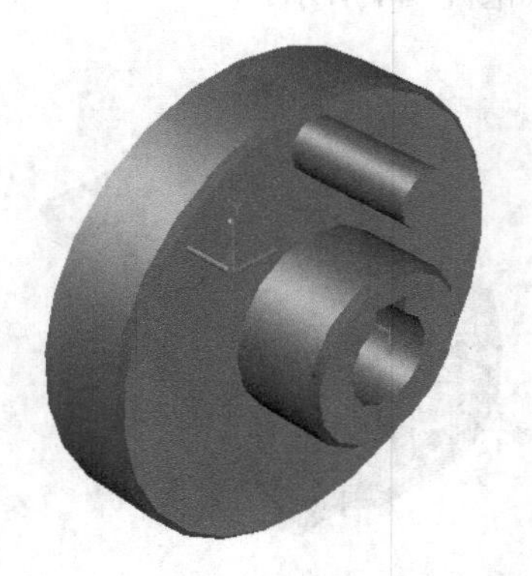

图 8-42　拉伸小圆柱体

❾ 单击“常用”→“修改”面板中的“环形阵列”按钮，命令行提示:

```
命令: _arraypolar
选择对象: 找到 1 个                                  //选择刚拉伸的小圆柱体
选择对象: ↙
类型 = 极轴  关联 = 否
指定阵列的中心点或 [基点(B)/旋转轴(A)]: a                //切换到旋转轴选项
指定旋转轴上的第一个点: 0,0,0
指定旋转轴上的第二个点: @0,0,1
选择夹点以编辑阵列或 [关联(AS)/基点(B)/项目(I)/项目间角度(A)/填充角度(F)/行(ROW)/层(L)/旋转项目(ROT)/退出(X)] <退出>: i          //切换到项目选项
输入阵列中的项目数或 [表达式(E)] <6>:
选择夹点以编辑阵列或 [关联(AS)/基点(B)/项目(I)/项目间角度(A)/填充角度(F)/行(ROW)/层(L)/旋转项目(ROT)/退出(X)] <退出>: f          //切换到填充角度选项
指定填充角度(+=逆时针、-=顺时针)或 [表达式(EX)] <360>:↙
选择夹点以编辑阵列或 [关联(AS)/基点(B)/项目(I)/项目间角度(A)/填充角度(F)/行(ROW)/层(L)/旋转项目(ROT)/退出(X)] <退出>: as          //切换到关联选项
创建关联阵列 [是(Y)/否(N)] <否>:↙
选择夹点以编辑阵列或 [关联(AS)/基点(B)/项目(I)/项目间角度(A)/填充角度(F)/行(ROW)/层(L)/旋转项目(ROT)/退出(X)] <退出>:↙
```

结果如图 8-43 所示。

❿ 单击“常用”→“实体编辑”面板中的“差集”按钮，命令行提示:

```
命令: _subtract 选择要从中减去的实体、曲面和面域...
选择对象: 找到 1 个                                  //选择最外面的旋转实体
选择对象: ↙
选择要减去的实体、曲面和面域...
选择对象: 找到 1 个                                  //选择一个小圆柱体
选择对象: 找到 1 个，总计 2 个                        //选择第二个小圆柱体
选择对象: 找到 1 个，总计 3 个                        //选择第三个小圆柱体
选择对象: 找到 1 个，总计 4 个                        //选择第四个小圆柱体
```

```
选择对象: 找到 1 个，总计 5 个                    //选择第五个小圆柱体
选择对象: 找到 1 个，总计 6 个                    //选择第六个小圆柱体
选择对象: ↙
```

结果如图 8-44 所示。

图 8-43　环形阵列小圆柱体

图 8-44　求差集的结果

8.5　课后练习

1）在 AutoCAD 中，有几种常见的观察三维图形的方法?

2）使用拉伸命令，创建如图 8-45 所示的零件实体。

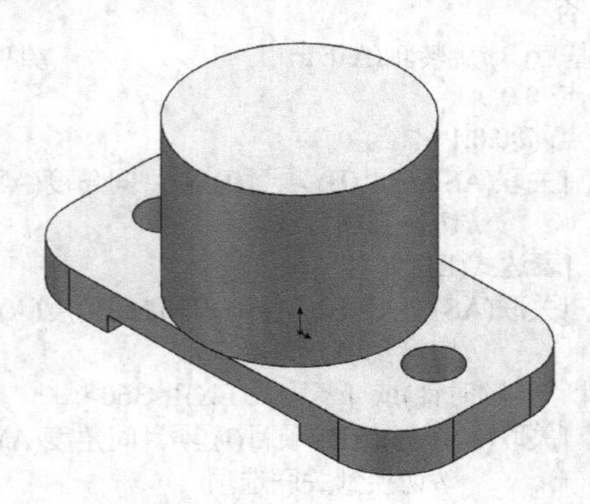

图 8-45　拉伸实体

3）使用旋转命令，创建如图 8-46 所示的零件实体。

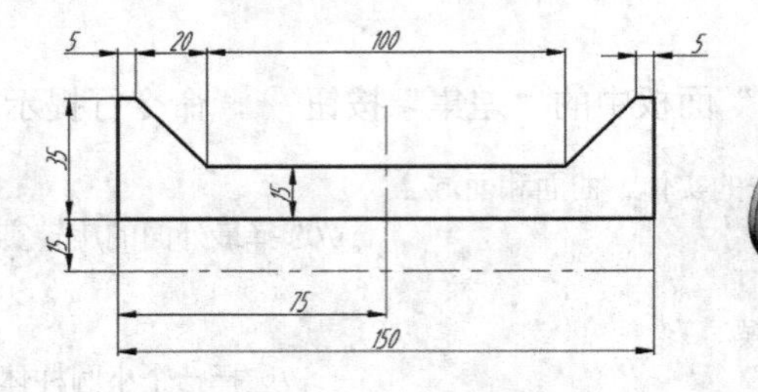

图 8-46　旋转实体

第9章 工程制图实例

【内容与要求】

用户在使用 AutoCAD 2017 绘制工程图时，仅仅掌握绘图命令的用法是远远不够的，要做到能够高效精确地绘图，还必须掌握 AutoCAD 绘制零件图和装配图的基本步骤和方法。本章将利用实例的方式具体讲解常见典型零件图和装配图的绘制流程，使读者掌握综合应用 AutoCAD 2017 图形绘制和编辑命令，精确绘制零件图和装配图的方法，对常见典型零件的绘制方法和特点有一个较为完整的认识。

【学习目标】

- 掌握 AutoCAD 2017 零件图绘制的步骤与方法
- 掌握 AutoCAD 2017 装配图绘制的步骤与方法

9.1 零件图

手工绘制零件图的最大弊端就是精度和效率的问题，尤其是绘制失误时的修改工作量是相当大的，利用 CAD 绘制零件图可以大大提高绘制图形的精度和效率，使修改编辑工作相当轻松。

表达零件的图样称为零件工作图，简称零件图，它是制造和检验零件的主要依据，是设计部门提交给生产部门的重要技术文件，也是进行技术交流的重要资料。

一张完整的零件图应包括下列基本内容。

- 一组图形。按照零件的特征，合理地选用视图、剖视、断面及其他规定画法，正确、完整、清晰地表达零件的各部分形状和结构。
- 尺寸。除了应该保证正确、完整、清晰的基本要求外，还应尽量合理，以满足零件制造和检验的需要。
- 技术要求。用规定的符号、数字和文字来说明零件在制造、检验等过程中应达到的一些技术要求，如表面粗糙度、尺寸公差、几何公差、热处理要求等。统一的技术要求一般用文字注写在标题栏上方图纸空白处。
- 标题栏。标题栏位于图纸的右下角，应填写零件的名称、材料、数量、图的比例以及设计、制图、审核人的签字、日期等各项内容。

不管以何种途径来绘制零件图，其绘制过程大致可以按以下步骤进行。

❶ 根据零件的用途、形状特点、加工方法等选取主视图和其他视图。

❷ 根据视图数量和实物大小确定适当的比例，并选择合适的图幅。

❸ 调用相应的样板图。

❹ 绘制各视图的中心线、轴线、基准线，确定各视图的基本位置，各视图之间应注意留有充分的尺寸标注余地。

❺ 由主视图开始，绘制各视图的主要轮廓线，绘制过程中注意各视图之间的投影关系。

❻ 绘制各视图的细节，如螺纹孔、销孔、倒角、圆角、剖面线等。

❼ 仔细检查各视图，标注尺寸、公差及表面粗糙度等。

❽ 填写技术要求及标题栏。

零件图千变万化，但可以将其分为几大类，例如轴类、箱体类以及板类零件等。各种零件图的绘制过程有多种方法，但也有一定的规律性。例如，当绘制对称零件（如轴、端盖等）时，可以先绘制其一半的图形，然后相对于轴线或对称线做镜像；当绘制若干行或若干列均匀排列的图形时（如螺栓孔），则可以先绘制其中的一个图形，然后利用阵列来得到其他图形；当绘制有 3 个视图的零件时，可以利用栅格显示、栅格捕捉的方式绘制，也可以利用射线按投影关系先绘制一些辅助线，再绘制零件的各个视图。

9.1.1 轴类零件图

轴一般是用来支撑传动零件和传递动力的，轴类零件的主要结构形状是回转体，如图 9-1 所示。绘制轴类零件图时，一般应按形状特征和加工位置确定主视图，轴体水平放置，与车削、磨削的加工状态一致，便于加工者看图。只用一个主视图来表示轴上各轴段长度、直径及各种结构的轴向位置，大头在左，小头在右，键槽、孔等结构朝前。

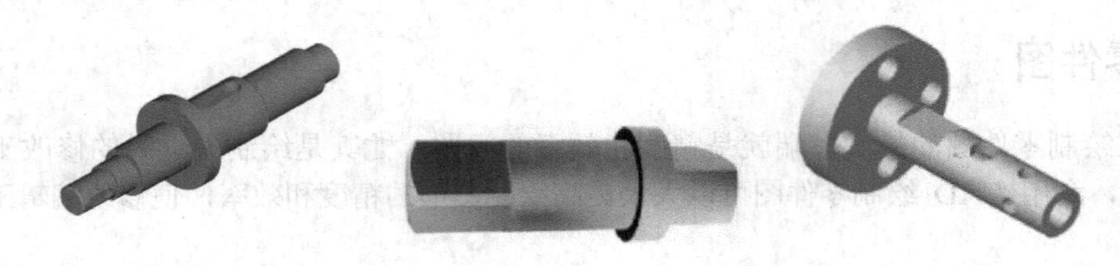

图 9-1 轴类零件

实心轴主视图以显示外形为主，局部孔、槽可采用局部剖视表达，键槽、花键、退刀槽、越程槽和中心孔等可以用断面图、剖面、局部视图和局部放大图等加以补充。对形状简单且较长的零件还可以采用折断的方法表示。实心轴没有剖开的必要；对空心轴类零件则需要剖开表达它的内部结构形状；外部结构形状简单可采用全剖视；外部较复杂则用半剖视（或局部剖视）；内部简单也可不剖或采用局部剖视。

轴类零件是机械领域很典型的零件，主视图由一系列水平线、垂直线还有键槽组成，图形相对简单，因此在绘制轴类零件的主视图时，多采用下面两种方法。

- 先用“直线”命令画出轴线和其中一个端面作为绘图基准，然后综合应用“偏移”“修剪”等编辑命令做出主视图上每一轴段的投影线。
- 使用“直线”“偏移”“修剪”等命令先绘制出主视图投影的上半部分，然后进行镜像操作即可。

除了以上两种常规画法外，还可以根据轴类零件主视图的几何特点，通过合理使用图块功能，有效提高绘图速度。特别是对轴段较多的零件，效果尤其明显。

运用上述方法之一绘制主视图以后，再绘制出轴的断面图和局部放大视图等。

下面以铣刀头的轴零件（见图 9-2）为例，讲述使用 AutoCAD 2017 绘制轴类零件图的方法与步骤。

1. 绘制主视图

❶ 根据如图 9-2 所示的尺寸和图形，确定选用 A3 图幅，打开已经建立好的 A3 样板图，

如图 9–3 所示。在建好的样板图里面，包括已经设置好的绘图单位、图形界限、图层、文字样式和标注样式等基本绘图环境。

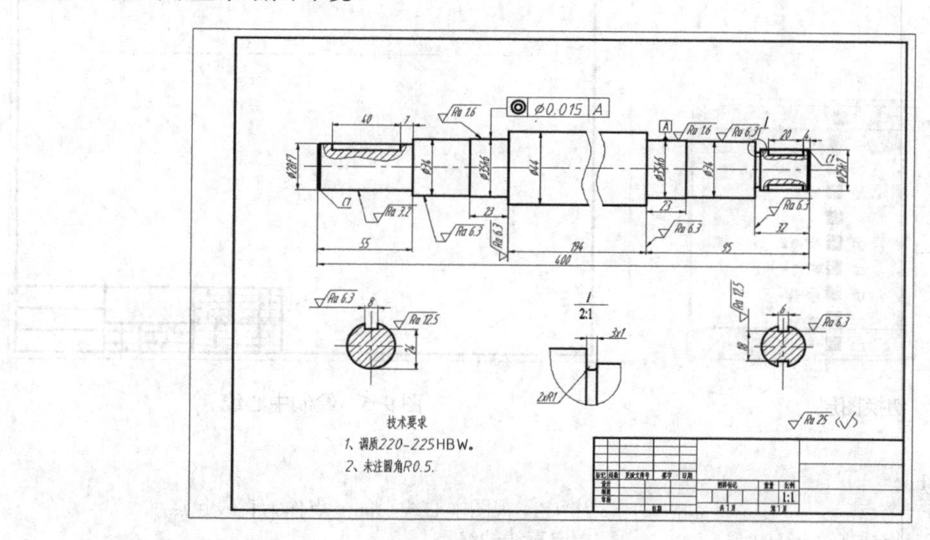

图 9–2 轴零件图

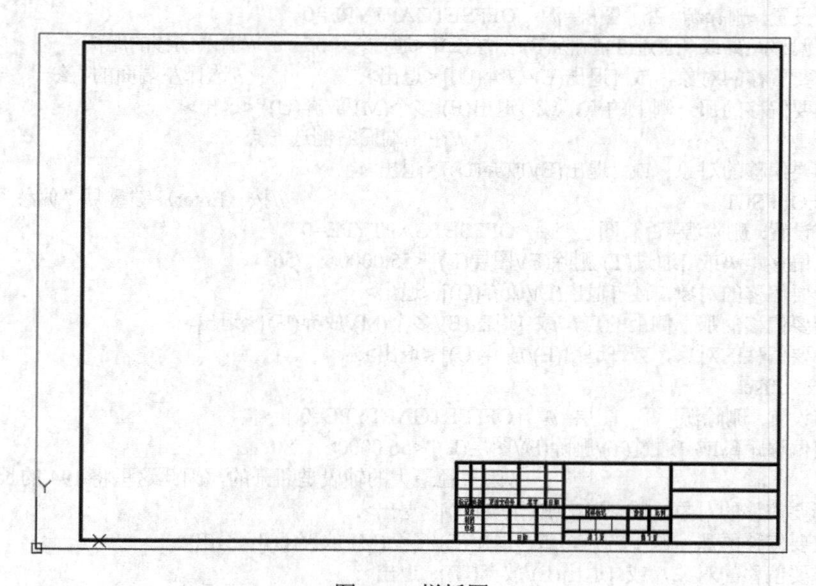
图 9–3 样板图

❷ 分析零件的结构形状和结构特点，确定零件的视图表达方式。单击面板“默认”→“图层”右侧的黑色三角形符号，如图 9–4 所示，将“中心线”图层切换到当前图层。单击“默认”→“绘图”面板中的“直线”按钮，绘制主视图中心线，如图 9–5 所示。

❸ 将粗实线图层切换到当前图层，单击“默认”→“绘图”面板中的“直线”按钮，绘制主视图最左边的端面，然后单击“默认”→“修改”面板中的“偏移”按钮，依此绘出轴的各个端面上半部分，如图 9–6 所示。命令行提示：

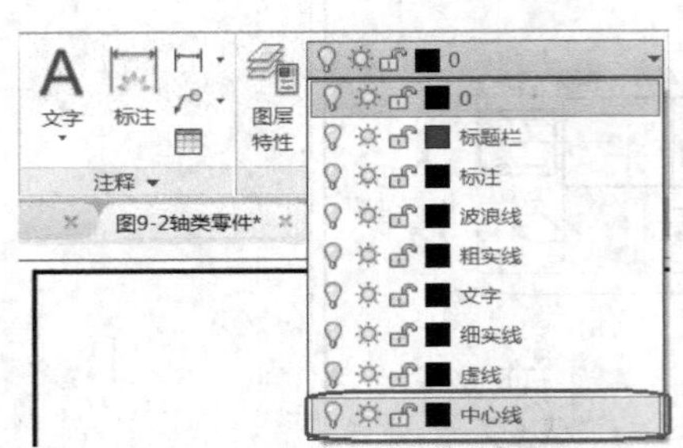

图 9-4　切换图层

图 9-5　绘制中心线

```
命令: _line
指定第一个点:                                  //指定主视图中心线上的一点作为直线起点
指定下一点或 [放弃(U)]:                        //指定直线的终点
命令: _offset
当前设置: 删除源=否　图层=源　OFFSETGAPTYPE=0
指定偏移距离或 [通过(T)/删除(E)/图层(L)] <通过>:  55      //输入偏移的距离
选择要偏移的对象，或 [退出(E)/放弃(U)] <退出>:              //选择左端面的直线
指定要偏移的那一侧上的点，或 [退出(E)/多个(M)/放弃(U)] <退出>:
                                              //在左端面右侧选一点
选择要偏移的对象，或 [退出(E)/放弃(U)] <退出>:
命令:OFFSET                                               //按〈Enter〉键重复“偏移”命令
当前设置: 删除源=否　图层=源　OFFSETGAPTYPE=0
指定偏移距离或 [通过(T)/删除(E)/图层(L)] <55.0000>:  56
选择要偏移的对象，或 [退出(E)/放弃(U)] <退出>:
指定要偏移的那一侧上的点，或 [退出(E)/多个(M)/放弃(U)] <退出>:
选择要偏移的对象，或 [退出(E)/放弃(U)] <退出>:
命令: _offset
当前设置: 删除源=否　图层=源　OFFSETGAPTYPE=0
指定偏移距离或 [通过(T)/删除(E)/图层(L)] <56.0000>:  80
                                   //因直径最大的轴段是断开的，因此这里将 194 的长度缩为 80
选择要偏移的对象，或 [退出(E)/放弃(U)] <退出>:
指定要偏移的那一侧上的点，或 [退出(E)/多个(M)/放弃(U)] <退出>:
选择要偏移的对象，或 [退出(E)/放弃(U)] <退出>:
命令:OFFSET
当前设置: 删除源=否　图层=源　OFFSETGAPTYPE=0
指定偏移距离或 [通过(T)/删除(E)/图层(L)] <80.0000>:  95
选择要偏移的对象，或 [退出(E)/放弃(U)] <退出>:
指定要偏移的那一侧上的点，或 [退出(E)/多个(M)/放弃(U)] <退出>:
选择要偏移的对象，或 [退出(E)/放弃(U)] <退出>:
命令:OFFSET
当前设置: 删除源=否　图层=源　OFFSETGAPTYPE=0
指定偏移距离或 [通过(T)/删除(E)/图层(L)] <95.0000>:  32
选择要偏移的对象，或 [退出(E)/放弃(U)] <退出>:
```

指定要偏移的那一侧上的点，或 [退出(E)/多个(M)/放弃(U)] <退出>:
选择要偏移的对象，或 [退出(E)/放弃(U)] <退出>:

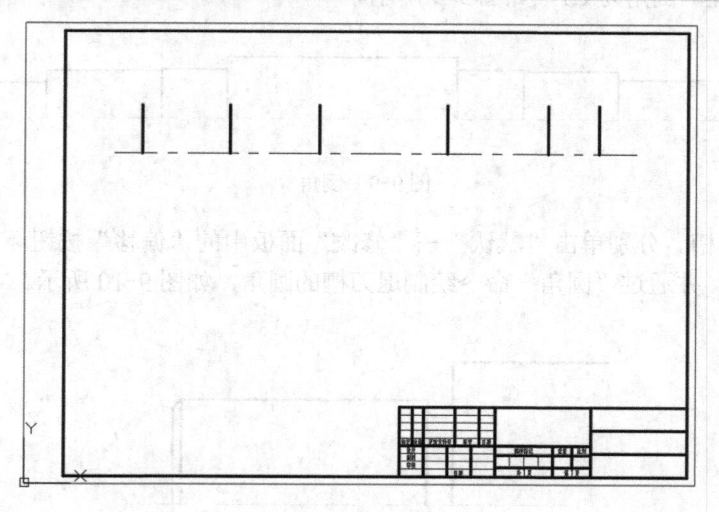

图 9-6　绘制各个端面

❹ 单击“默认”→“修改”面板中的“偏移”按钮，将主视图的中心线偏移，并通过“夹点”命令，将偏移后的中心线切换到粗实线图层上，绘出轴的各个端面上半部分轴径高度，如图 9-7 所示。

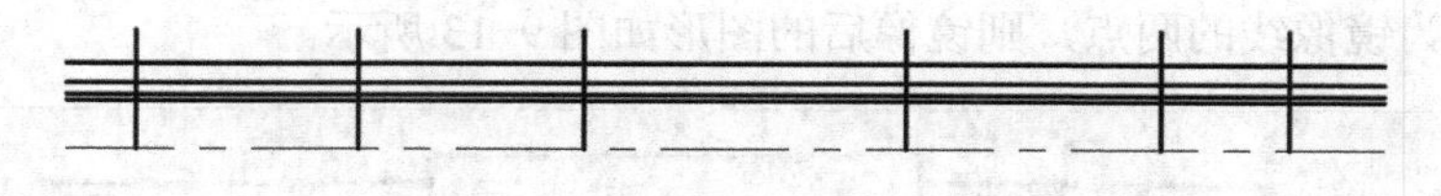

图 9-7　绘制各个端面轴径高度

❺ 分别单击“默认”→“修改”面板中的“修剪”按钮和“删除”按钮，将主视图轴的各个端面上半部分轴径高度修剪为如图 9-8 所示。初学者可以根据自己的熟练程度，一个一个地修剪。如果比较熟练，可以选择全部直线作为修剪边，分别修剪出最终的图形。

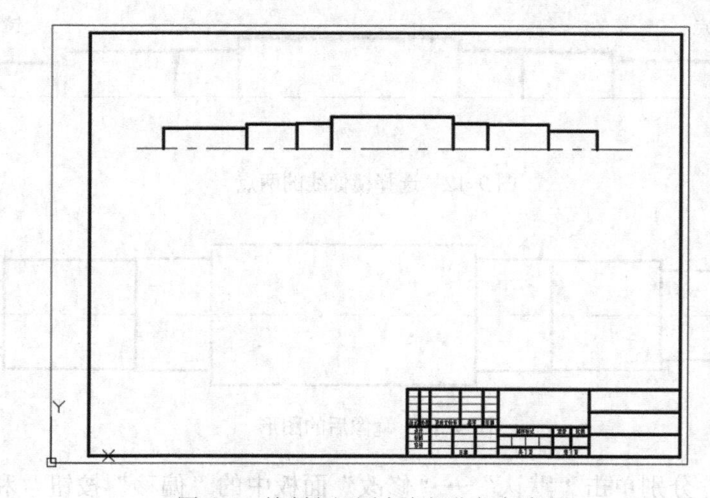

图 9-8　绘制主视图上半部分各个端面

❻ 倒角。单击“默认”→“修改”面板中的“倒角”按钮，将主视图左右轴端面上半部分进行倒角处理，倒角为 *C*1，如图 9-9 所示。

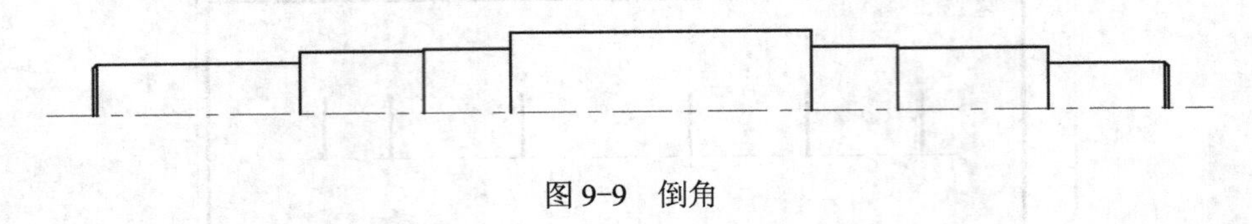

图 9-9　倒角

❼ 绘制退刀槽。分别单击“默认”→“修改”面板中的“偏移”按钮和“修剪”按钮，绘制退刀槽，并通过“圆角”命令绘制退刀槽的圆角，如图 9-10 所示。

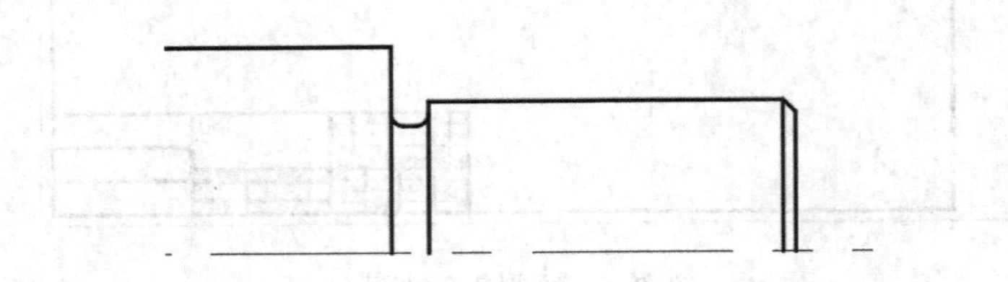

图 9-10　绘制退刀槽

❽ 镜像绘制轴下半部分。单击“默认”→“修改”面板中的“镜像”按钮，根据命令行提示，选择如图 9-11 所示矩形框内的所有直线为需要镜像的对象，选择如图 9-12 所示中心线的两个端点作为镜像线的两点，则镜像后的图形如图 9-13 所示。

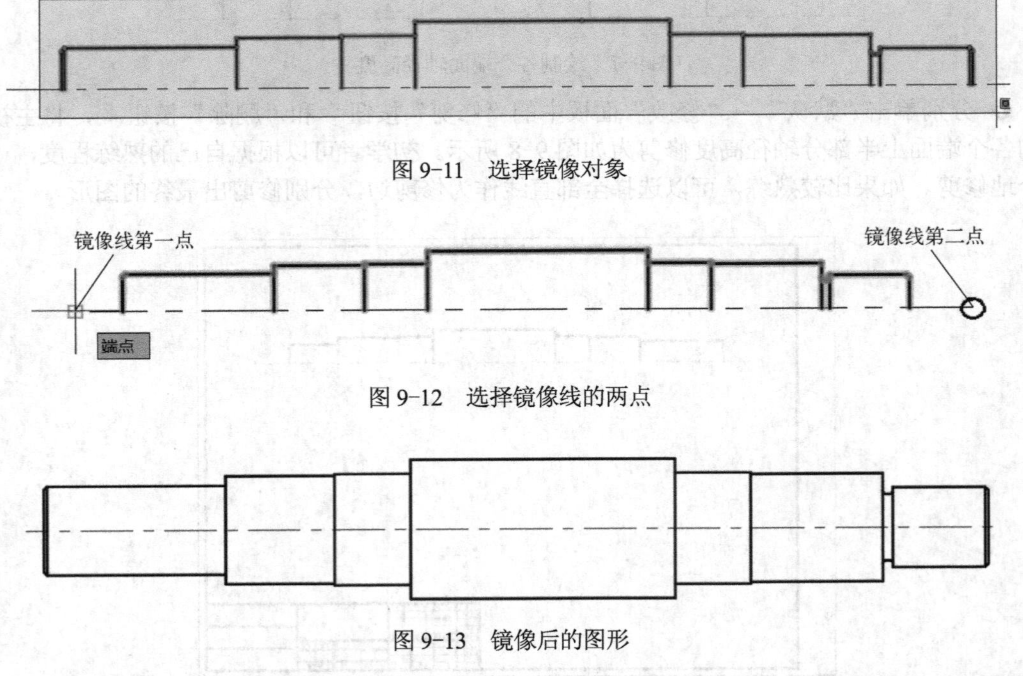

图 9-11　选择镜像对象

图 9-12　选择镜像线的两点

图 9-13　镜像后的图形

❾ 绘制键槽。分别单击“默认”→“修改”面板中的“偏移”按钮和“修剪”按钮

，绘制轴左右两端的键槽。将当前图层切换到“细实线”图层上，单击“默认”→“绘图”面板中的“样条曲线”按钮，绘制局部剖切区域，如图 9-14 所示。

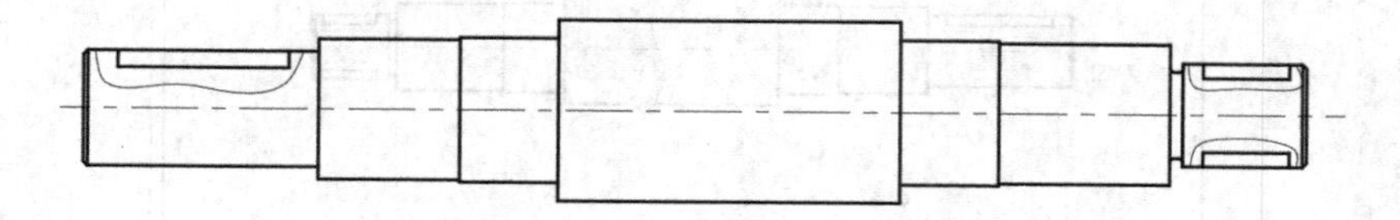

图 9-14　绘制键槽

⑩ 绘制最大轴径段的断裂线。单击“默认”→“绘图”面板中的“样条曲线”按钮，绘制断裂线，单击“默认”→“修改”面板中的“修剪”按钮，将轴修剪为如图 9-15 所示的图形。

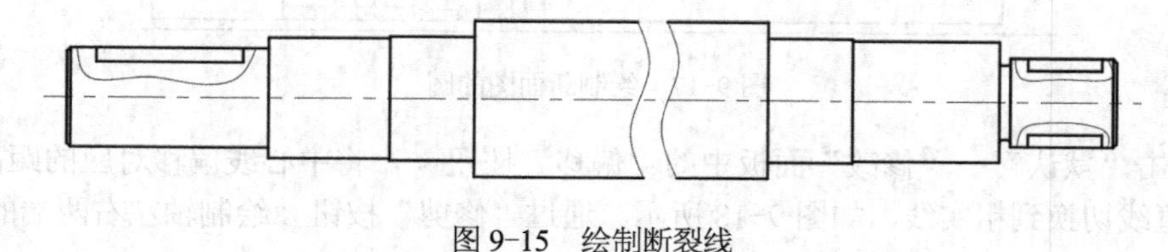

图 9-15　绘制断裂线

2. 绘制断面图

❶ 将当前图层切换到“中心线”图层，单击“默认”→“绘图”面板中的“直线”按钮，在键槽下方对应位置绘制两个断面图的中心线，如图 9-16 所示。

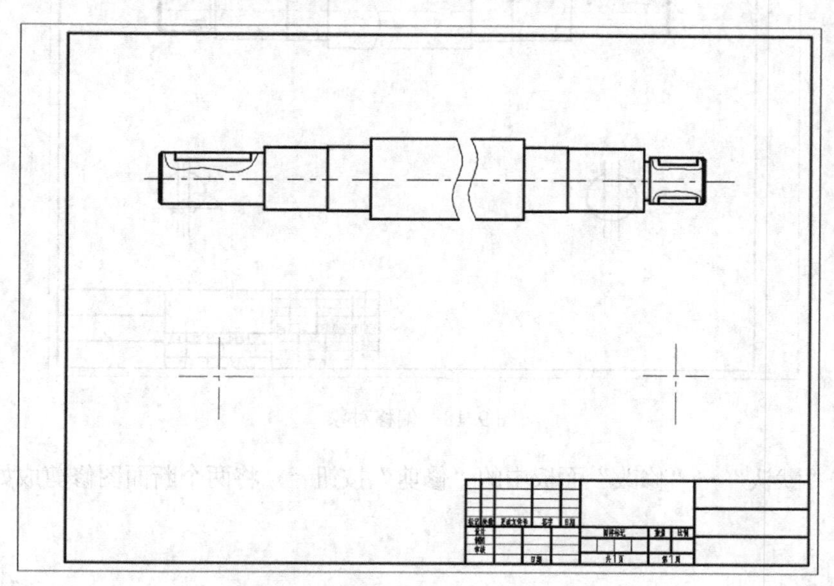

图 9-16　绘制断面图的中心线

❷ 将当前图层切换到“粗实线”图层，单击“默认”→“绘图”面板中的“圆”按钮，分别绘制$\phi 28$和$\phi 25$的圆，如图 9-17 所示。

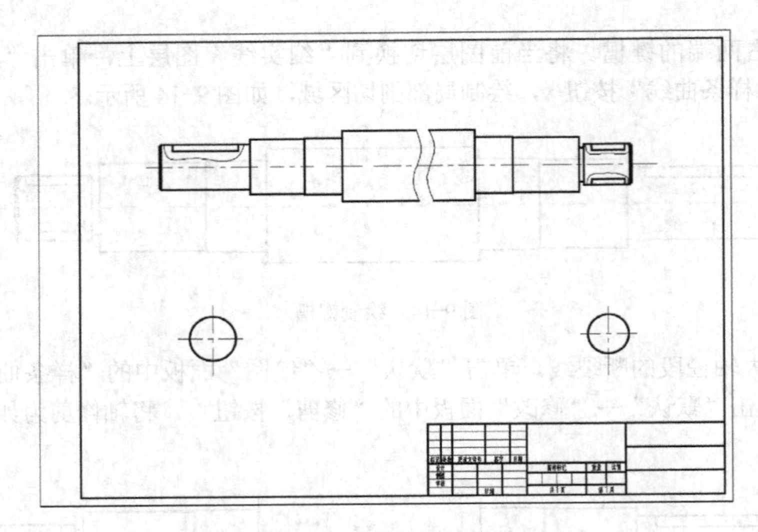

图 9-17　绘制断面图的圆

❸ 单击“默认”→“修改”面板中的“偏移”按钮，将中心线偏移对应的距离，并将偏移后的直线切换到粗实线，如图 9-18 所示。通过“修剪”按钮绘制轴左右两端的键槽。

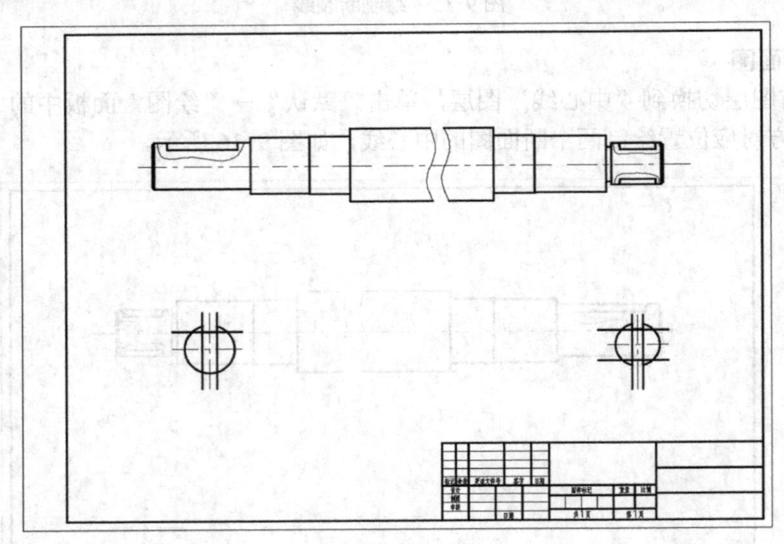

图 9-18　偏移对象

❹ 单击“默认”→“修改”面板中的“修剪”按钮，将两个断面图修剪成如图 9-19 所示的图形。

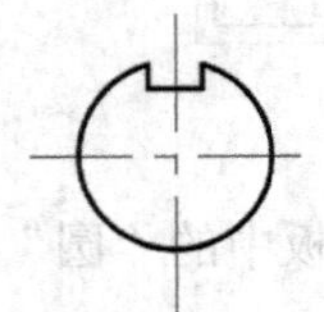

图 9-19　修剪断面图

3. 绘制局部放大视图

❶ 将当前图层切换到“细实线”图层，单击“默认”→“绘图”面板中的“圆”按钮，在主视图上绘制细实线圆，如图 9-20 所示。

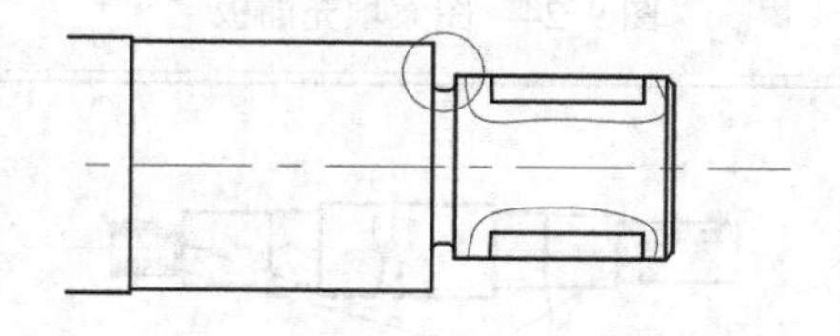

图 9-20 绘制细实线圆

❷ 单击“默认”→“修改”面板中的“复制”按钮，根据命令提示行，选择如图 9-21 所示圆圈内及其相交的线条为要复制的对象，并复制到如图 9-21 所示位置。

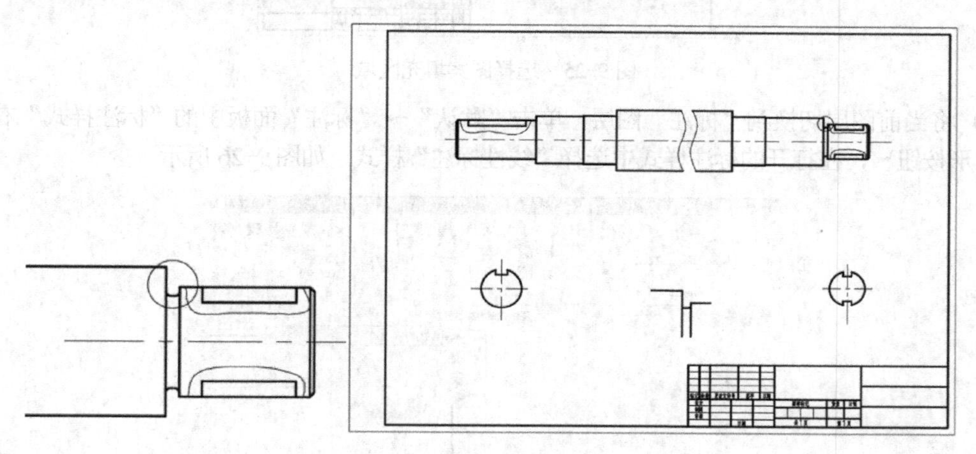

图 9-21 复制对象

❸ 单击“默认”→“修改”面板中的“缩放”按钮，根据命令行提示，将图 9-21 中所复制对象放大 2 倍，如图 9-22 所示。

❹ 单击“默认”→“绘图”面板中的“样条曲线”按钮，绘制局部放大视图边界，并通过“修剪”命令将局部放大视图修剪为如图 9-23 所示。

图 9-22 缩放视图　　图 9-23 修剪视图

4. 填充剖面线和标注尺寸

❶ 将当前图层切换到“剖面线”图层，单击“默认”→“绘图”面板中的“图案填充”按钮，打开如图 9-24 所示的“图案填充”面板，选择“ANSI31”图案类型，依次选择如图 9-25 所示的填充区域，单击面板上的“关闭”按钮，完成图案填充。

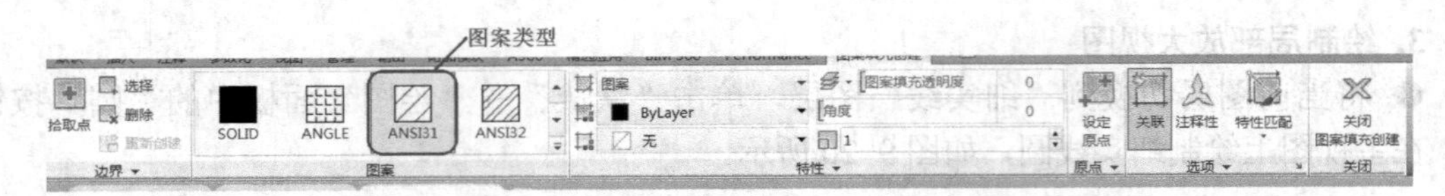

图 9-24　图案填充面板

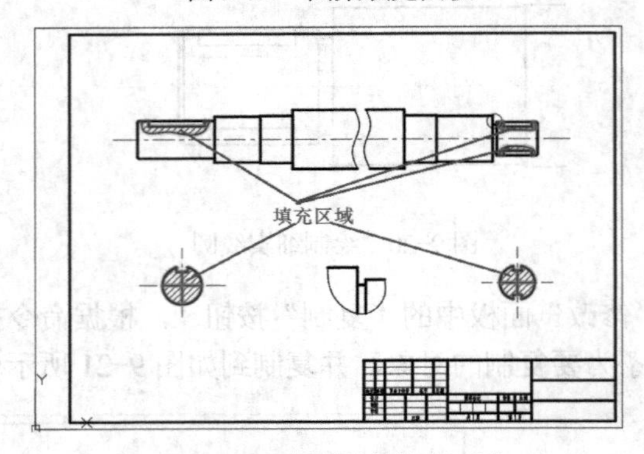

图 9-25　选择图案填充区域

❷ 将当前图层切换到“标注”图层，单击“默认”→“标注”面板中的“标注样式”右侧的下三角形按钮▾，在打开的标注样式中选择“线性标注”样式，如图 9-26 所示。

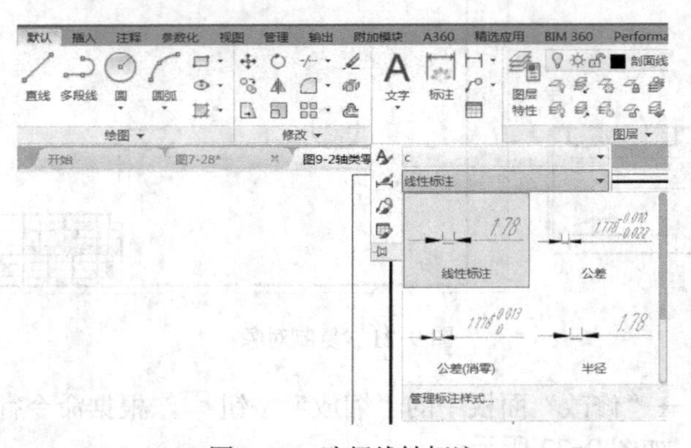

图 9-26　选择线性标注

单击“默认”→“标注”面板中的“线性”按钮⊢⊣，依次标注轴的线性尺寸，如图 9-27 所示。

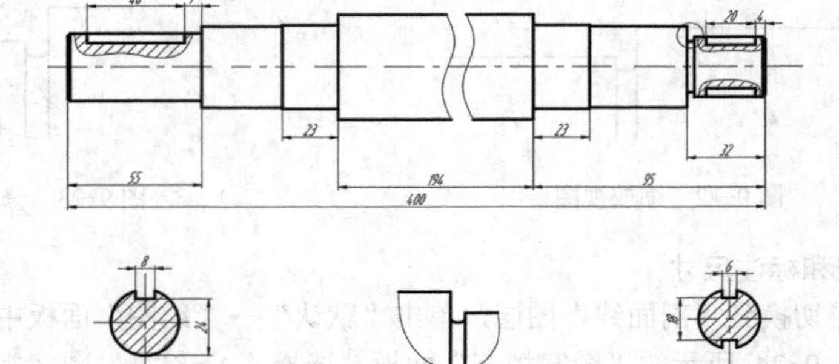

图 9-27　线性标注

❸ 标注轴各段直径尺寸。单击“默认”→“标注”面板中的“线性”按钮⊢⊣，根据命令行提示，选择“多行文字（M）”编辑尺寸，依次标注轴的直径尺寸，如图 9-28 所示。

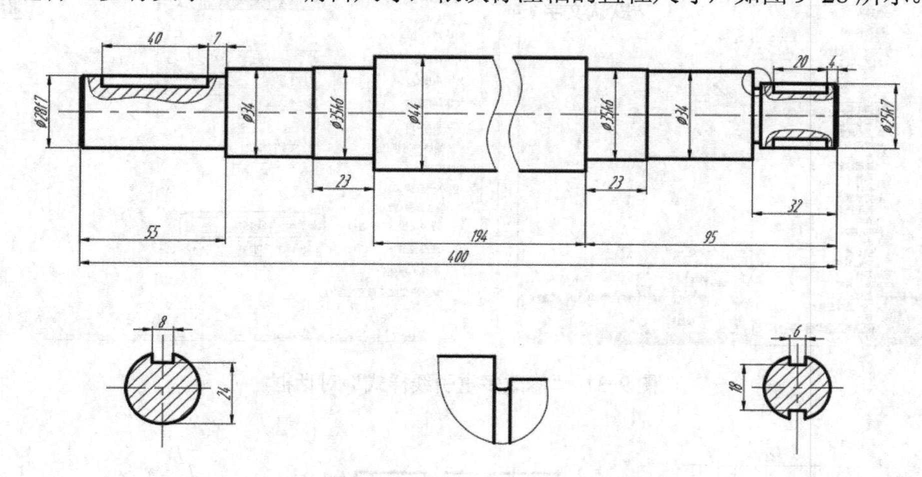

图 9-28　标注轴各部分直径尺寸

❹ 标注退刀槽尺寸。单击“默认”→“标注”面板中的“线性”按钮⊢⊣，根据命令行提示，选择“多行文字（M）”编辑尺寸，在局部放大视图上标注退刀槽线性尺寸。将标注样式切换到“半径标注”，单击“默认”→“标注”面板中的“半径”按钮，在局部放大视图上标注退刀槽半径尺寸，如图 9-29 所示。

❺ 设置多重引线样式。单击下拉菜单“格式”→“多重引线样式”命令，打开如图 9-30 所示“多重引线样式管理器”对话框，单击“修改”按钮，将“引线格式”中的“箭头”符号设置为“无”，如图 9-31 所示。将“内容”中的“多重引线类型”设置为“多行文字”，并将“引线连接”中的“连接位置-左”设置为“最后一行加下画线”，如图 9-31 所示，单击“确定”按钮。

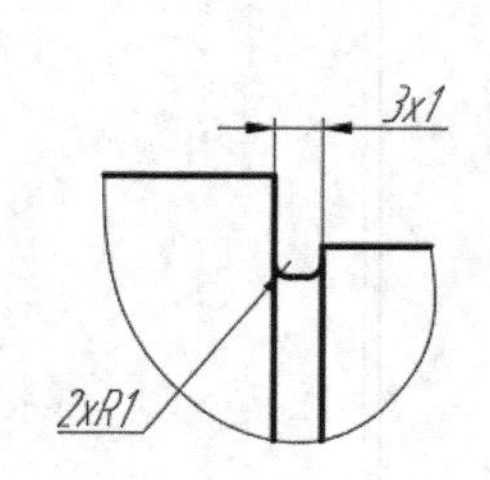

图 9-29　标注退刀槽尺寸

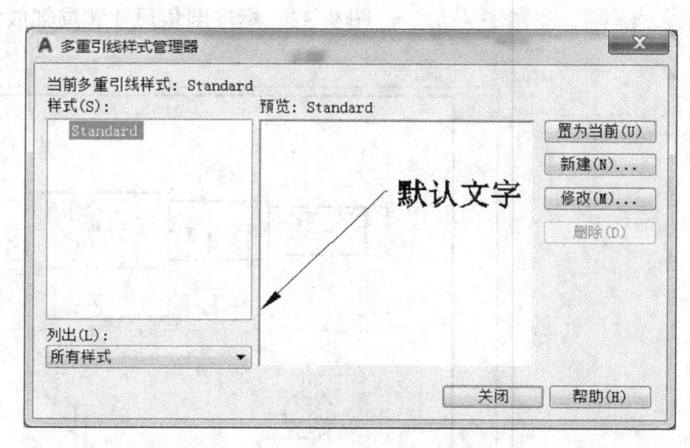

图 9-30　“多重引线样式管理器”对话框

❻ 标注倒角尺寸和局部放大视图标志。单击“默认”→“标注”面板中的“引线”按钮，在主视图上标注倒角尺寸和局部放大视图标志，如图 9-32 所示。

❼ 标注基准和表面粗糙度。单击“插入”→“块”面板中的“插入”按钮，分别插入第 7 章建立的基准图块和表面粗糙度图块，如图 9-33 所示。

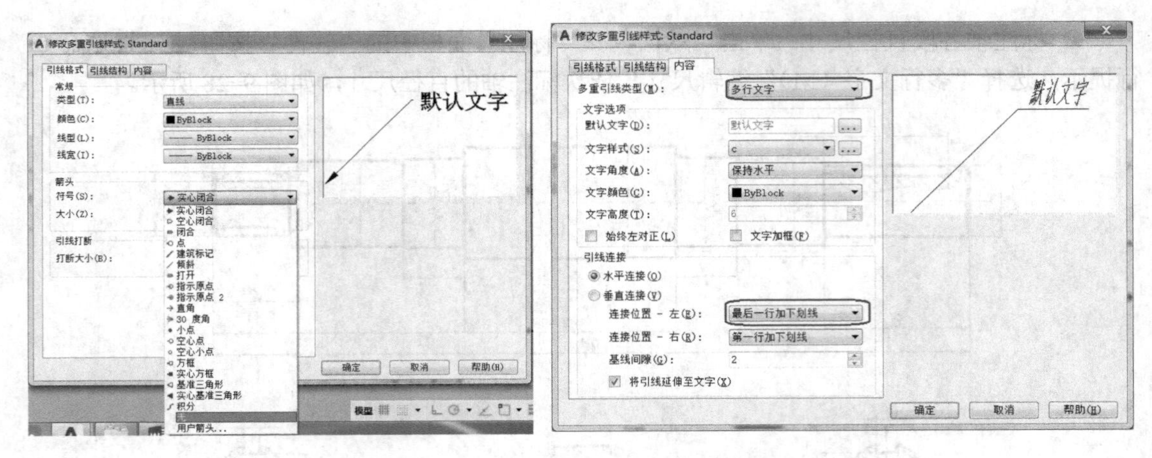

图 9-31 “修改多重引线样式”对话框

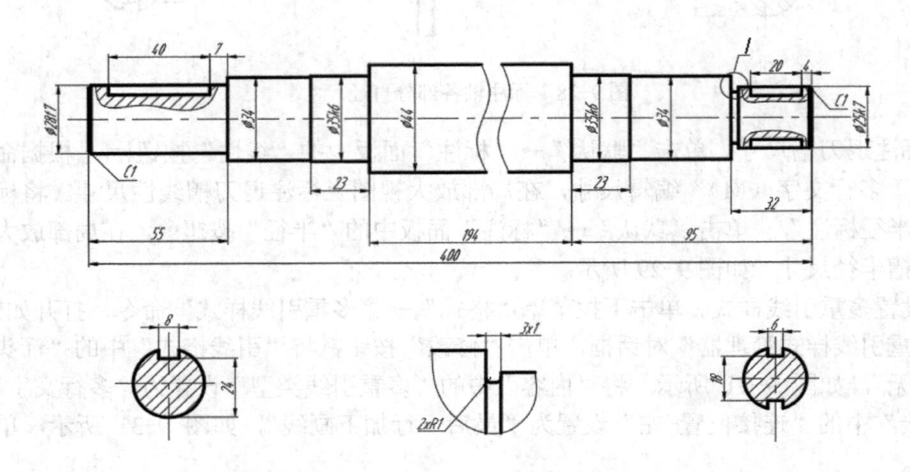

图 9-32 标注倒角尺寸和局部放大视图标志

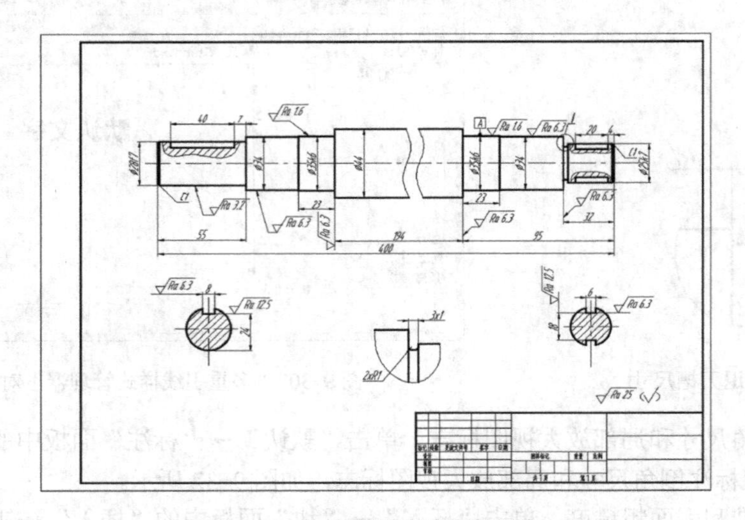

图 9-33 标注基准和表面粗糙度

选择菜单“格式”→“多重引线样式”命令，打开“多重引线样式管理器”对话框，单击“新建”按钮，在打开的“创建新多重引线样式”对话框中输入新样式名“几何公差”，单击“继续”按钮。系统弹出“修改多重引线样式：几何公差”对话框，如图 9-34 所示，将“引线格式”中的“箭头”符号设置为“实心闭合”，将“内容”中的“多重引线类型”设置为“无”，如图 9-35 所示，单击“确定”按钮。

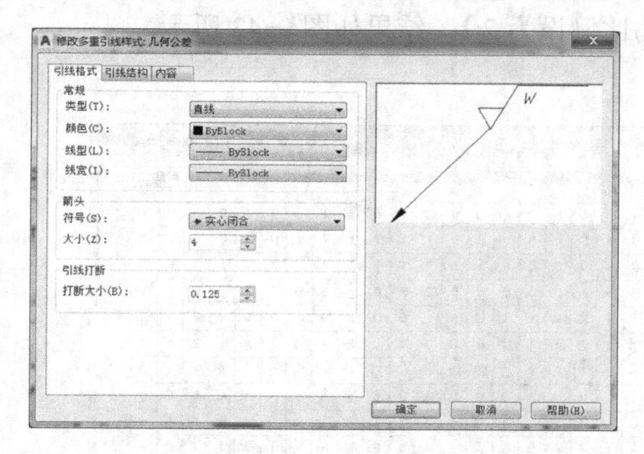

图 9-34 “修改多重引线样式：几何公差”对话框

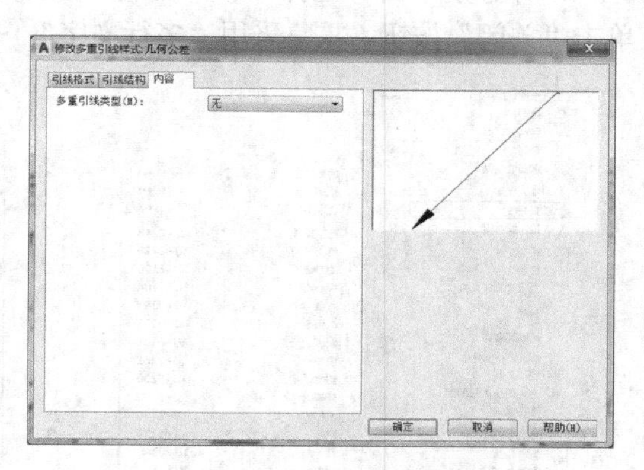

图 9-35 “内容”选项

❽ 标注几何公差。单击“默认”→“标注”面板中的“引线”按钮，在主视图左侧与直径 35 的尺寸线对齐标注引线，如图 9-36 所示。将当前标注样式切换到“几何公差”样式，单击“注释”→“标注”面板中的“形位公差”按钮，如图 9-37 所示，在弹出的“形位公差”对话框中分别输入几何公差符号、公差值和基准，如图 9-38 所示，单击“确定”按钮，结果如图 9-39 所示。

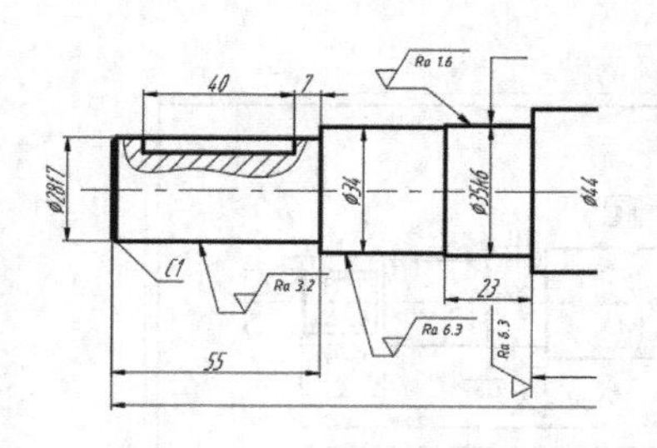

图 9-36 引线标注

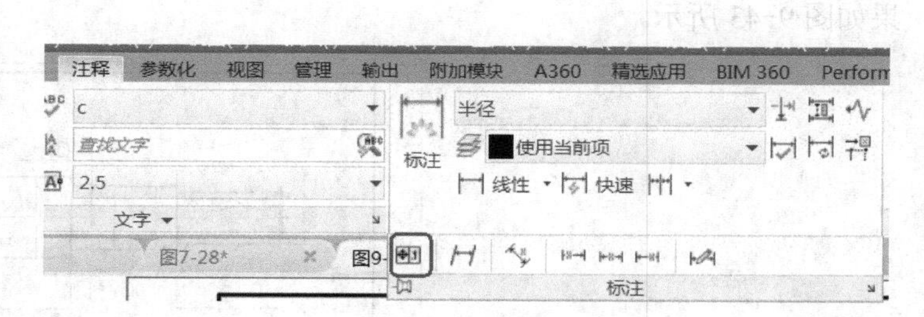

图 9-37 注释面板

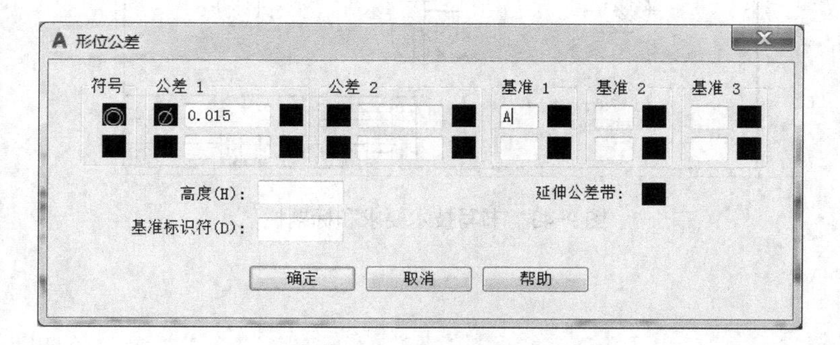

图 9-38 “形位公差”对话框

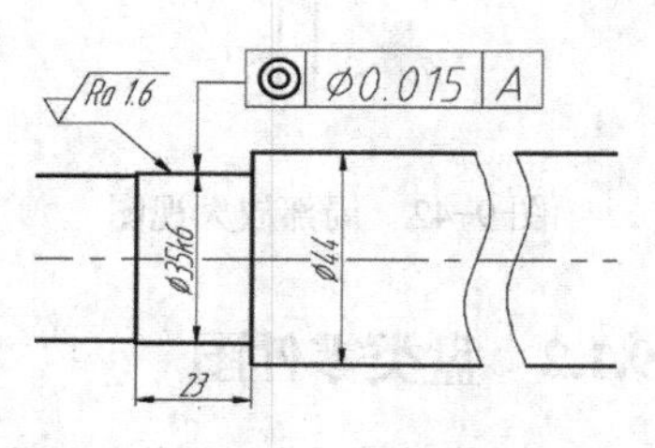

图 9-39 几何公差标注

❾ 标注局部放大视图比例。单击“默认”→“绘图”面板中的“直线”按钮，在局部放大视图的上方绘制一条水平线，单击“默认”→“注释”面板中的“文字”按钮A，在“多行文字”编辑框中单击鼠标右键，在弹出的如图 9-40 所示的快捷菜单中选择“符号”→“其他”命令，弹出如图 9-41 所示的“字符映射表”对话框，在对话框中找到拉丁字符“Ⅰ”，并分别单击“选择”和“复制”按钮，在“多行文字”编辑框中粘贴拉丁字符“Ⅰ”，单击“关闭”按钮。重复采用“多行文字”，书写比例设为 2:1，结果如图 9-42 所示。

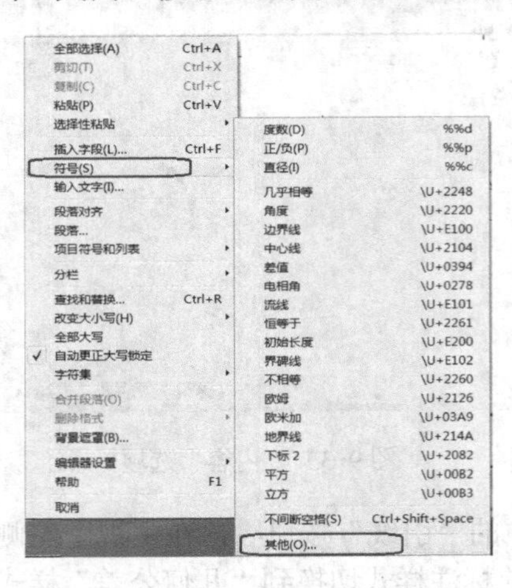

图 9-40 快捷菜单

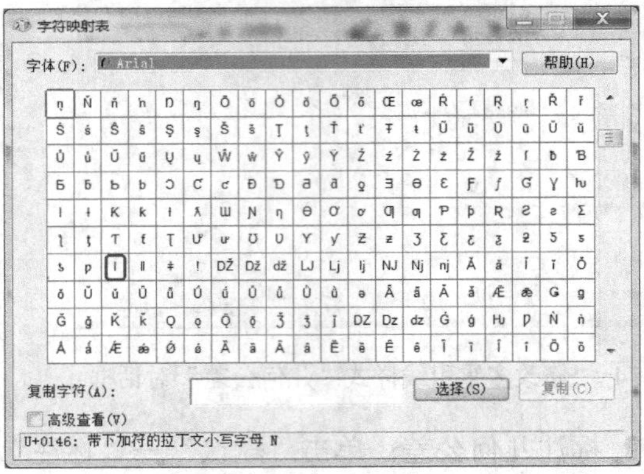

图 9-41 “字符映射表”对话框

❿ 书写技术要求和标题栏。将“文字”图层切换到当前图层，单击“默认”→“注释”面板中的“文字”按钮A，在“多行文字”编辑框中分别书写技术要求，并填写标题栏，结果如图 9-43 所示。

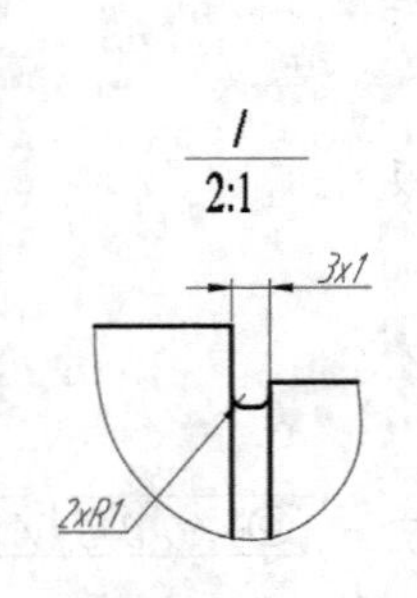

图 9-42 局部放大视图

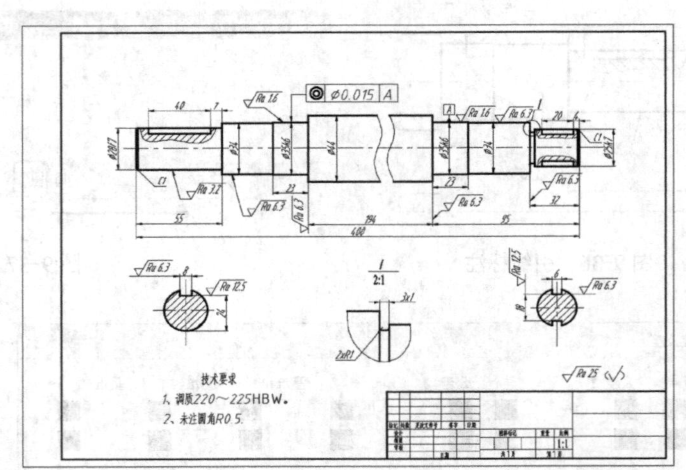

图 9-43 书写技术要求和标题栏

9.1.2 盘类零件图

盘类零件包括手轮、胶带轮、端盖、盘座等，如图 9-44 所示，主要起支撑、轴向定位以及密封等作用。盘类零件不仅大多有回转体，而且还经常带有各种形状的凸缘、均布的圆孔和肋板等局部结构，一般都是中心轴对称图形，绘制时一般都以过中心轴线的全剖视或取旋转剖的全剖视图为主视图，中心轴线水平放置，与车削、磨削时的加工状态一致，便于加工者看图。用侧视图表达孔、槽的分布情况；某些局部细节需用放大视图表示。在机械制图中，通过一个图形了解一个零件，仅仅利用主视图是远远不够的，至少还需要剖面图或侧视图，这样才能更清楚地反映零件的真实形状。

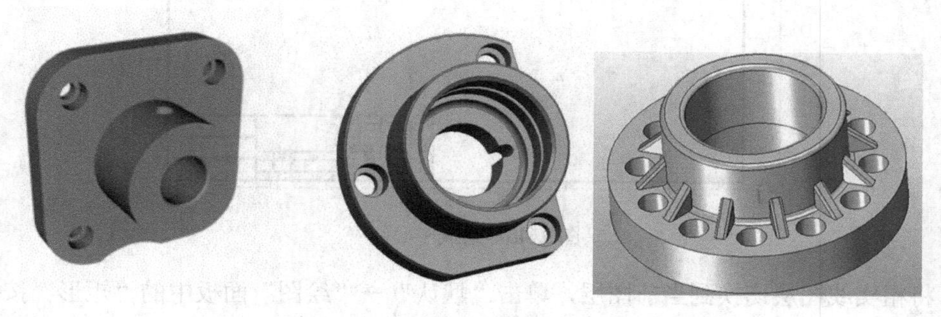

图 9-44　盘类零件

下面以端盖零件（见图 9-45）为例，讲述使用 AutoCAD 2017 绘制盘类零件图的方法与步骤。

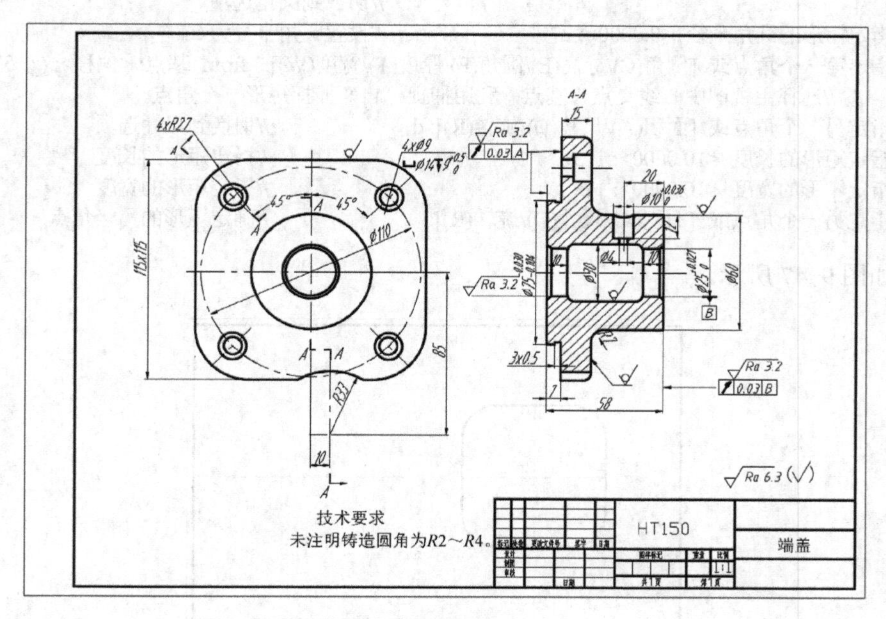

图 9-45　端盖

1. 绘制图形

❶ 根据如图 9-45 所示的尺寸和图形，确定选用 A3 图幅，打开已经建立好的 A3 样板图。将中心线图层切换到当前图层。单击“默认”→“绘图”面板中的“直线”按钮，绘制主视图和左视图中心线，如图 9-46 所示。

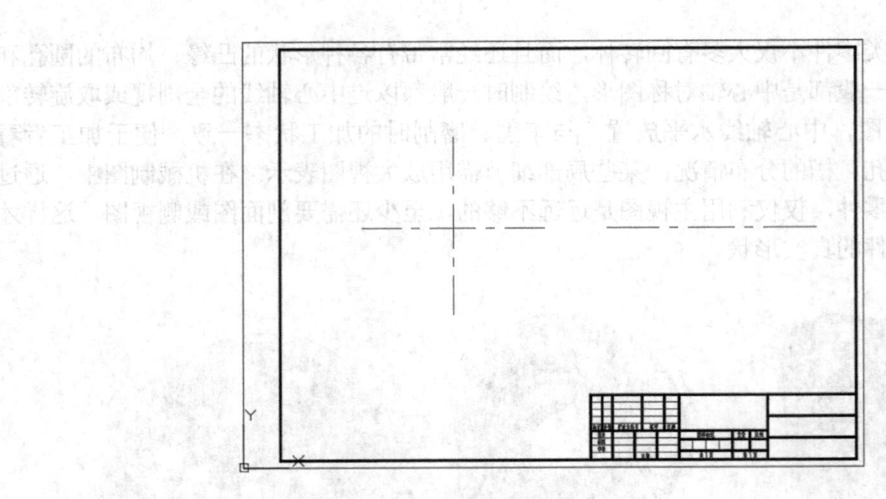

图 9-46　绘制中心线

❷ 将粗实线图层切换到当前图层，单击“默认”→“绘图”面板中的“矩形”按钮▭，此时命令行提示：

```
命令: _rectang
指定第一个角点或 [倒角(C)/标高(E)/圆角(F)/厚度(T)/宽度(W)]: f
                                                  //切换到圆角选项
指定矩形的圆角半径 <0.0000>: 27                    //设置圆角半径为 27
指定第一个角点或 [倒角(C)/标高(E)/圆角(F)/厚度(T)/宽度(W)]: _from 基点: <偏移>: @-57.5,57.5
    //选择主视图中心线交点为基点，利用捕捉“自”捕捉矩形一个角点
指定另一个角点或 [面积(A)/尺寸(D)/旋转(R)]: d              //切换到尺寸选项
指定矩形的长度 <10.0000>: 115                              //指定矩形的长度
指定矩形的宽度 <10.0000>: 115                              //指定矩形的宽度
指定另一个角点或 [面积(A)/尺寸(D)/旋转(R)]:                 //确定矩形的另一角点
```

结果如图 9-47 所示。

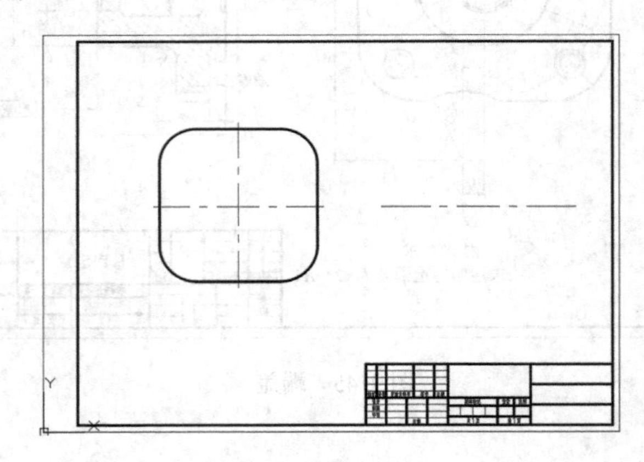

图 9-47　绘制矩形

❸ 单击“默认”→“绘图”面板中的“圆”按钮◯，依此绘出主视图ϕ25、ϕ27 和ϕ60 的同心圆，如图 9-48 所示。

❹ 单击“默认”→“修改”面板中的“偏移”按钮⫘，分别将主视图的中心线偏移，找

到圆弧 R33 的圆心点，并绘制半径为 33 的圆。单击“默认”→“修改”面板中的“修剪”按钮，将多余直线和圆弧修剪，如图 9-49 所示。

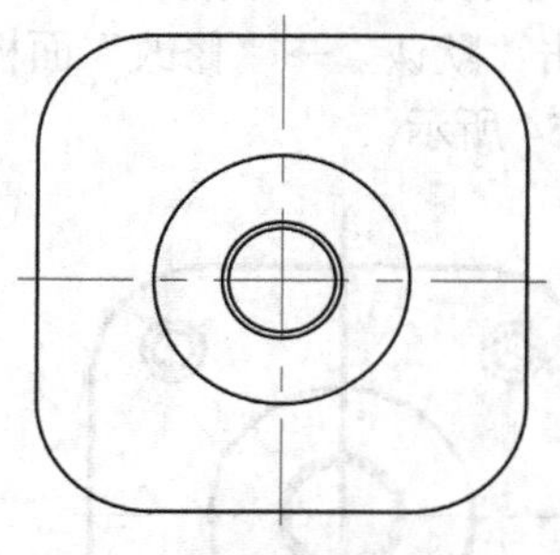
图 9-48 绘制同心圆

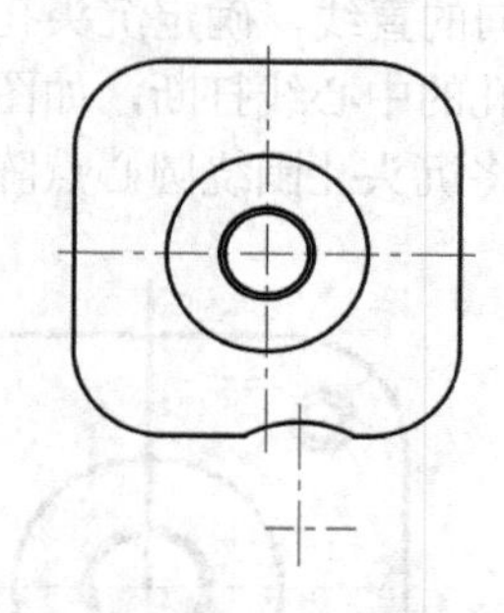
图 9-49 绘制圆弧

❺ 因左视图是一个旋转剖视图，需要找到左视图旋转后对应的点。单击“默认”→“绘图”面板中的“直线”按钮，绘制一条通过圆心点与水平方向成 135° 夹角的直线，并旋转到垂直方向，如图 9-50 所示。

❻ 利用“对象捕捉”和“对象追踪”功能，绘制左视图外轮廓。单击“默认”→“绘图”面板中的“直线”按钮，绘制左视图外轮廓如图 9-51 所示。

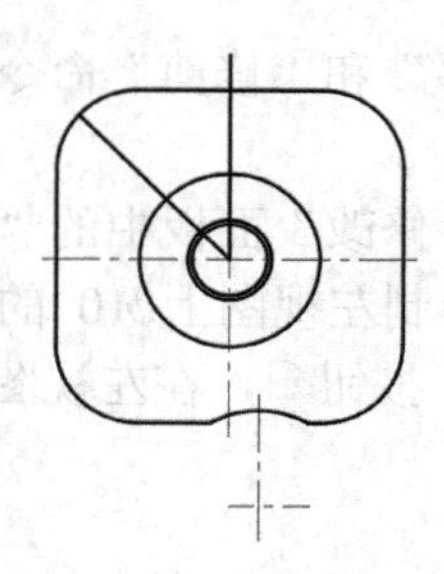
图 9-50 绘制直线并旋转

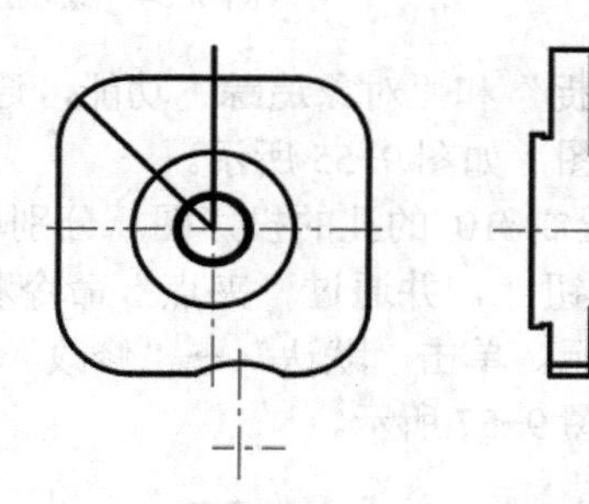
图 9-51 绘制左视图外轮廓

❼ 利用“对象捕捉”和“对象追踪”功能，绘制左视图外轮廓。单击“默认”→“绘图”面板中的“直线”按钮，绘制左视图中间的阶梯孔的上半部分，如图 9-52 所示。

❽ 单击“默认”→“修改”面板中的“倒角”按钮和“圆角”按钮，绘制左视图中间的倒角和圆角。单击“默认”→“修改”面板中的“镜像”按钮，根据命令提示行，将阶梯孔上半部分镜像，如图 9-53 所示。

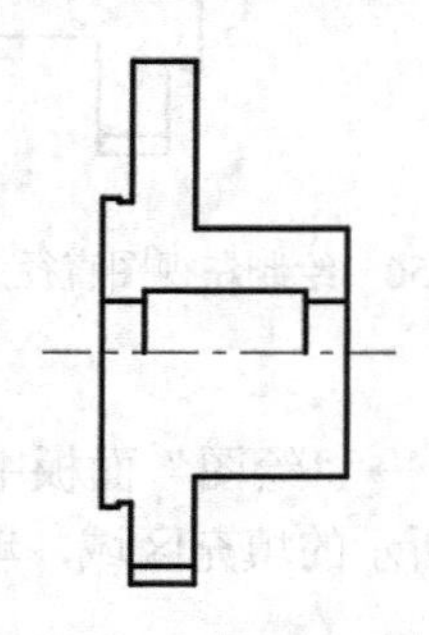
图 9-52 绘制阶梯孔上半部分

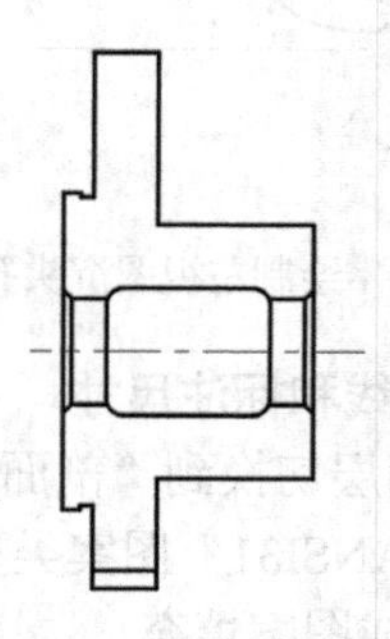
图 9-53 镜像阶梯孔上半部分

❾ 绘制沉头孔。将当前图层切换到“中心线”图层，在主视图上绘制直径为 110 的定位圆和 45 度方向的直线，确定沉头孔圆心位置。单击“默认”→“修改”面板中的“打断”按钮，将沉头孔的中心线打断，如图 9-54 所示。单击“默认”→“修改”面板中的“环形阵列”按钮，将沉头孔围绕圆心点阵列 4 个，如图 9-54 所示。

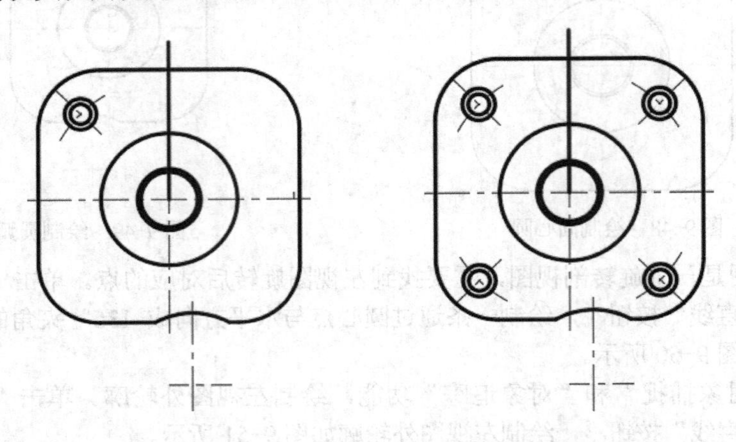

图 9-54 绘制主视图沉头孔

利用“对象捕捉”和“对象追踪”功能，通过“直线”“偏移”和“修剪”命令，绘制左视图沉头孔的投影图，如图 9-55 所示。

❿ 左视图上绘制ϕ10 的孔的投影图。分别单击“默认”→“修改”面板中的“偏移”按钮和“修剪”按钮，并通过“夹点”命令和“圆”命令，绘制左视图上ϕ10 的孔的投影图，如图 9-56 所示。单击“默认”→“修改”面板中的“圆角”按钮，在左视图上倒圆角 R7 和 R4，结果如图 9-57 所示。

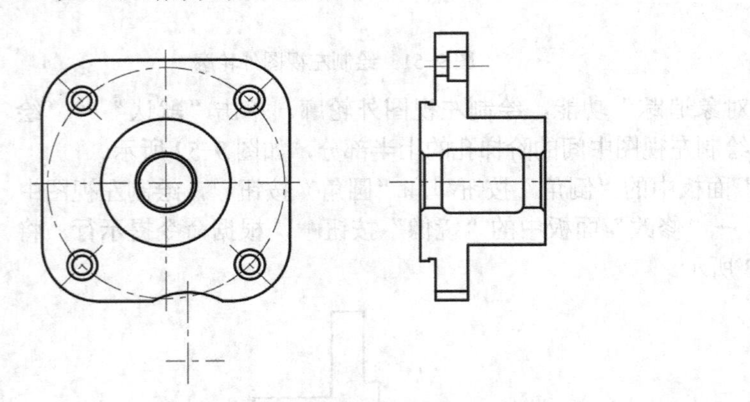

图 9-55 绘制左视图沉头孔的投影

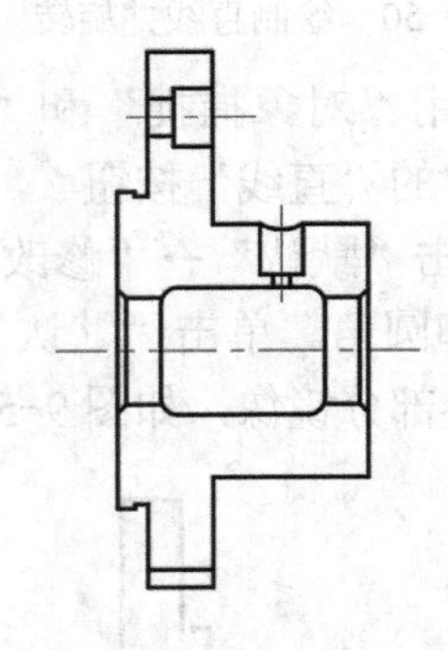

图 9-56 绘制左视图直径为 10 的孔的投影图

2. 填充剖面线和标注尺寸

❶ 将当前图层切换到“剖面线”图层，单击“默认”→“绘图”面板中的“图案填充”按钮，选择“ANSI31”图案类型，依次选择如图 9-58 所示的填充区域，单击面板上的“关闭”按钮，完成图案填充。

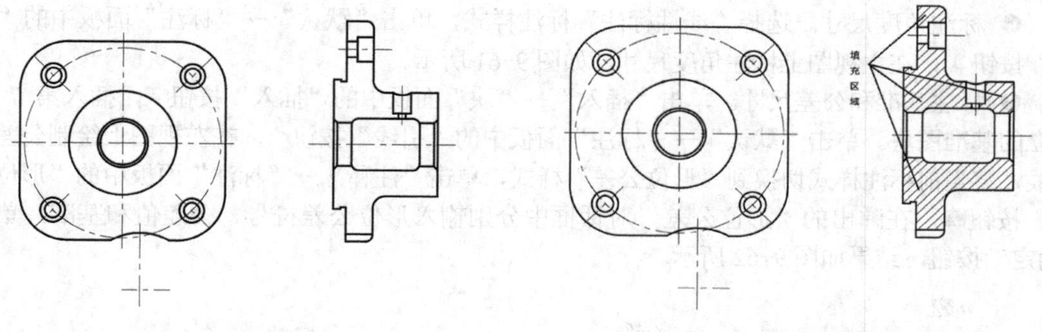

图 9-57　倒圆角　　　　　　　　　　　　　　图 9-58　选择图案填充区域

❷ 将当前图层切换到“标注”图层，单击“默认”→“标注”面板中的“标注样式”命令窗口右侧的下三角形按钮▾，在打开的标注样式中选择“线性标注”样式，单击“默认”→“标注”面板中的“线性”按钮⊢，标注线性尺寸，如图 9-59 所示。

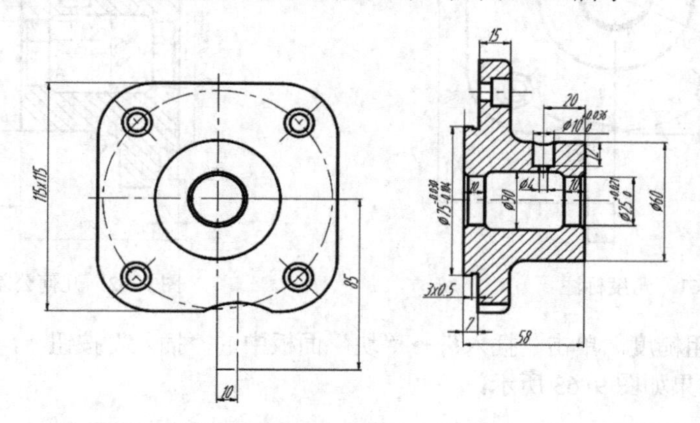

图 9-59　标注线性尺寸

❸ 标注直径和半径尺寸。单击“默认”→“标注”面板中的“标注样式”命令窗口右侧的下三角形按钮▾，在打开的标注样式中选择“直径标注”样式，单击“默认”→“标注”面板中的“直径”按钮⊘，标注直径尺寸。选择“半径标注”标注样式，单击“默认”→“标注”面板中的“半径”按钮◔，标注半径尺寸，如图 9-60 所示。

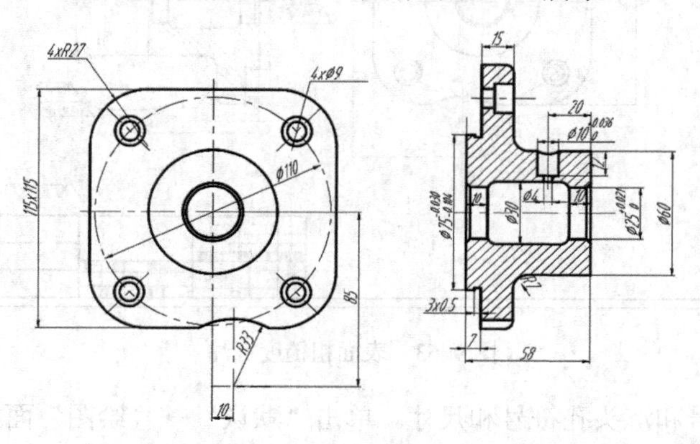

图 9-60　标注半径和直径尺寸

❹ 标注角度尺寸。选择“线性标注”标注样式，单击“默认”→“标注”面板中的“角度”按钮，在主视图上标注角度尺寸，如图 9-61 所示。

❺ 标注基准和公差尺寸。单击“插入”→“块”面板中的“插入”按钮，插入第 7 章建立的基准图块。单击“默认”→“标注”面板中的“引线”按钮，在左视图上绘制公差的引线，将当前标注样式切换到“形位公差”样式，单击“注释”→“标注”面板中的“形位公差”按钮，在弹出的“形位公差”对话框中分别输入形位公差符号、公差值和基准，单击“确定”按钮，结果如图 9-62 所示。

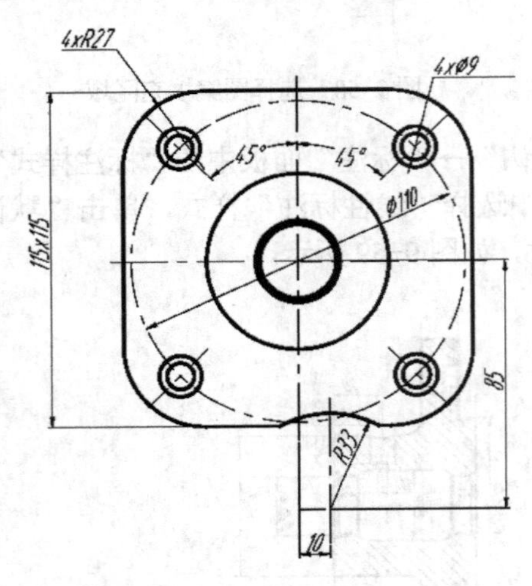

图 9-61　角度标注

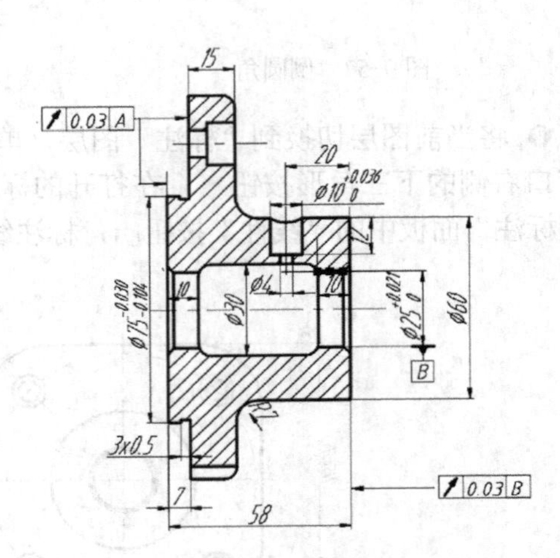

图 9-62　几何公差标注

❻ 标注表面粗糙度。单击“插入”→“块”面板中的“插入”按钮，插入第 7 章建立的粗糙度图块，结果如图 9-63 所示。

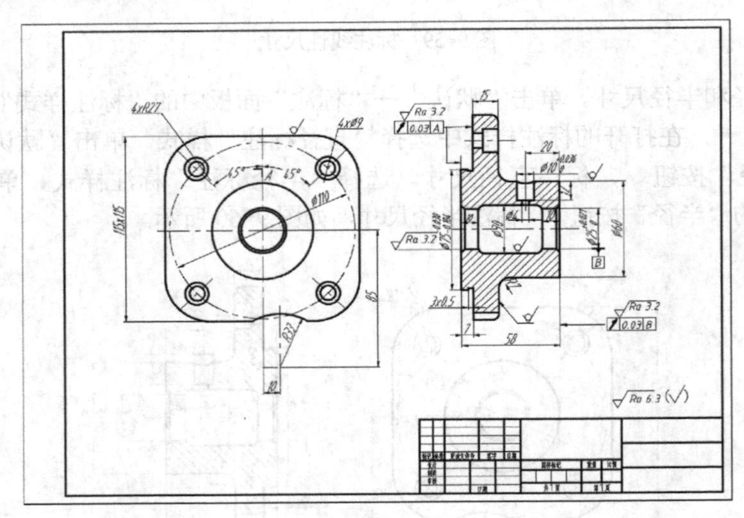

图 9-63　表面粗糙度标注

❼ 标注剖切符号和沉头孔符号和尺寸。单击“默认”→“绘图”面板中的“多段线”按钮，绘制剖切符号。命令行提示：

```
命令: _pline
指定起点:                                  //在主视图左侧沉头孔的中心线延长线上选取一点
当前线宽为 2.0000
指定下一个点或 [圆弧(A)/半宽(H)/长度(L)/放弃(U)/宽度(W)]: w       //切换到宽度选项
指定起点宽度 <2.0000>: 0.5                        //指定多段线起点宽度为 0.5
指定端点宽度 <0.5000>:                            //按〈Enter〉键，默认端点宽度为 0.5
指定下一个点或 [圆弧(A)/半宽(H)/长度(L)/放弃(U)/宽度(W)]: 5
                                                  //指点选段长度为 5
指定下一点或 [圆弧(A)/闭合(C)/半宽(H)/长度(L)/放弃(U)/宽度(W)]: w      //切换到宽度选项
指定起点宽度 <0.5000>: 0                                 //指定多段线起点宽度为 0
指定端点宽度 <0.0000>:                                   //按〈Enter〉键，默认端点宽度为 0
指定下一点或 [圆弧(A)/闭合(C)/半宽(H)/长度(L)/放弃(U)/宽度(W)]:5
                                                  //指点选段长度为 5
指定下一点或 [圆弧(A)/闭合(C)/半宽(H)/长度(L)/放弃(U)/宽度(W)]: w
                                                  //切换到宽度选项
指定起点宽度 <0.0000>: 1                                   //指定多段线起点宽度为 1
指定端点宽度 <1.0000>: 0                                  //指定多段线端点宽度为 0
指定下一点或 [圆弧(A)/闭合(C)/半宽(H)/长度(L)/放弃(U)/宽度(W)]:3.5
                                                  //指定箭头长度为 3.5
命令: _pline
指定起点:                                                 //指定多段线起点位置
当前线宽为 0.0000
指定下一个点或 [圆弧(A)/半宽(H)/长度(L)/放弃(U)/宽度(W)]: w
                                                  //切换到宽度选项
指定起点宽度 <0.0000>: 0.5                        //指定多段线起点宽度为 0.5
指定端点宽度 <0.5000>:                            //按〈Enter〉键，默认端点宽度为 0.5
指定下一个点或 [圆弧(A)/半宽(H)/长度(L)/放弃(U)/宽度(W)]: 5
                                                  //指点选段长度为 5
指定下一点或 [圆弧(A)/闭合(C)/半宽(H)/长度(L)/放弃(U)/宽度(W)]: 5
                                                  //指点选段长度为 5
命令:PLINE
指定起点: _nea 到
当前线宽为 0.5000
指定下一个点或 [圆弧(A)/半宽(H)/长度(L)/放弃(U)/宽度(W)]: 5
指定下一点或 [圆弧(A)/闭合(C)/半宽(H)/长度(L)/放弃(U)/宽度(W)]: 5
命令: _pline
指定起点: _nea 到
当前线宽为 0.5000
指定下一个点或 [圆弧(A)/半宽(H)/长度(L)/放弃(U)/宽度(W)]: 5
指定下一点或 [圆弧(A)/闭合(C)/半宽(H)/长度(L)/放弃(U)/宽度(W)]: 3
命令: _pline
指定起点: _nea 到
当前线宽为 0.5000
指定下一个点或 [圆弧(A)/半宽(H)/长度(L)/放弃(U)/宽度(W)]: 5
指定下一点或 [圆弧(A)/闭合(C)/半宽(H)/长度(L)/放弃(U)/宽度(W)]: 3
命令: _pline
指定起点:
当前线宽为 0.5000
指定下一个点或 [圆弧(A)/半宽(H)/长度(L)/放弃(U)/宽度(W)]: 5
指定下一点或 [圆弧(A)/闭合(C)/半宽(H)/长度(L)/放弃(U)/宽度(W)]: w
```

```
指定起点宽度 <0.5000>: 0
指定端点宽度 <0.0000>: ↙
指定下一点或 [圆弧(A)/闭合(C)/半宽(H)/长度(L)/放弃(U)/宽度(W)]: 5
指定下一点或 [圆弧(A)/闭合(C)/半宽(H)/长度(L)/放弃(U)/宽度(W)]: w
指定起点宽度 <0.0000>: 1
指定端点宽度 <1.0000>: 0
指定下一点或 [圆弧(A)/闭合(C)/半宽(H)/长度(L)/放弃(U)/宽度(W)]: 3.5
```

绘制的剖切符号如图 9-64 所示。

单击“插入”→“块”面板中的“插入”按钮，插入前面所建立的沉头孔符号和深度符号图块，并通过“多行文字”书写直径、深度和公差数值，移动到合适位置，结果如图 9-65 所示。

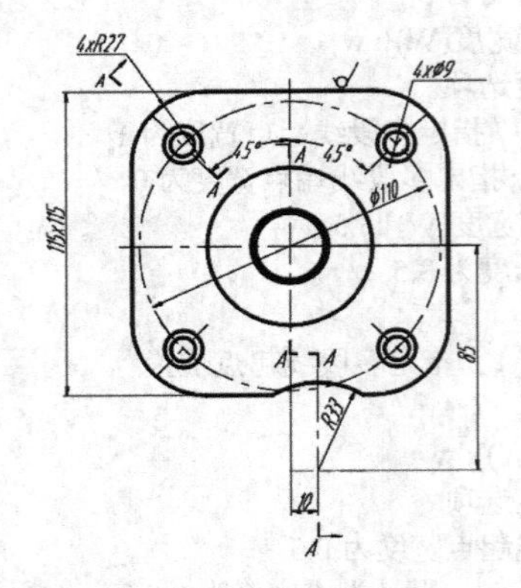

图 9-64 绘制剖切符号

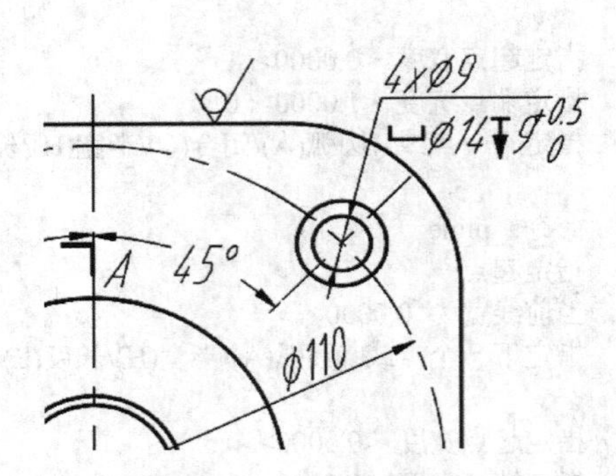

图 9-65 标注深度和沉头孔符号

❽ 书写技术要求和标题栏。将“文字”图层切换到当前图层，单击“默认”→“注释”面板中的“文字”按钮A，在“多行文字”编辑框中分别书写技术要求，并填写标题栏，结果如图 9-66 所示。

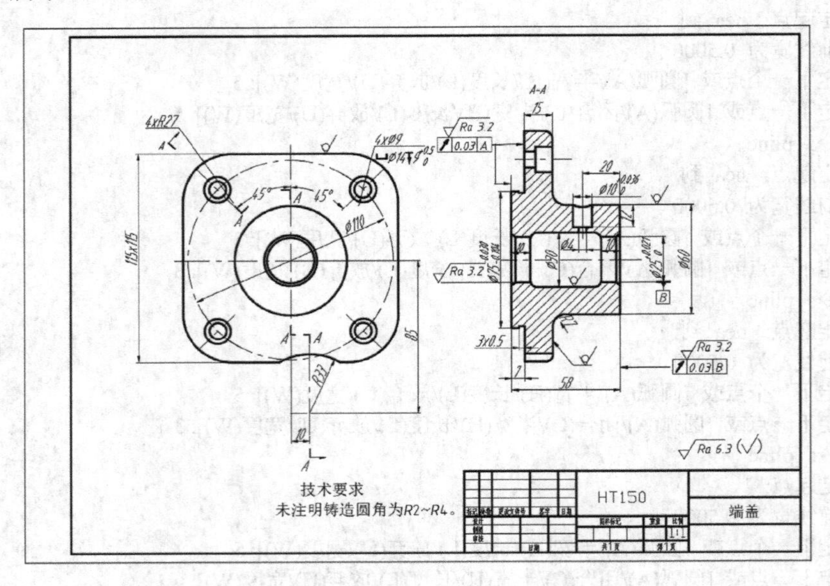

图 9-66 书写技术要求和标题栏

9.1.3 叉架类零件图

机械制图中叉架类零件也是常见零件，叉架类零件包括各种用途的拨叉和支架，如图 9-67 所示。拨叉主要用在机床、内燃机等各种机器上的操纵机构上，操纵机器、调节速度。支架主要起支撑和连接的作用。

叉架类零件一般都是铸件或锻件毛坯，毛坯形状较为复杂，需经不同的机械加工，而加工位置难以分出主次。所以，在选主视图时，主要按形状特征和工作位置（或自然位置）确定。

叉架类零件的结构形状较为复杂，一般都需要两个以上的视图。由于它的某些结构形状不平行于基本投影面，所以常常采用斜视图、斜剖视和剖面来表示。对零件上的一些内部结构形状可采用局部剖视；对某些较小的结构，也可采用局部放大图。

图 9-67　叉架类零件

下面以托架零件（见图 9-68）为例，讲述使用 AutoCAD 2017 绘制托架零件图的方法与步骤。

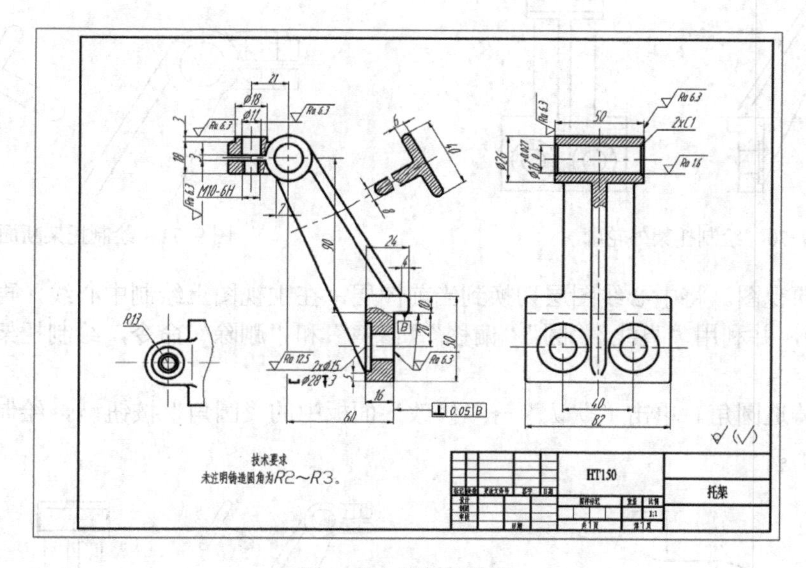

图 9-68　托架零件图

1. 绘制图形

❶ 根据如图 9-68 所示的托架的尺寸和图形，确定选用 A3 图幅，打开已经建立好的 A3 样板图。将中心线图层切换到当前图层。单击“默认”→“绘图”面板中的“直线”按钮 ⁄，绘制主视图和左视图中心线，如图 9-69 所示。

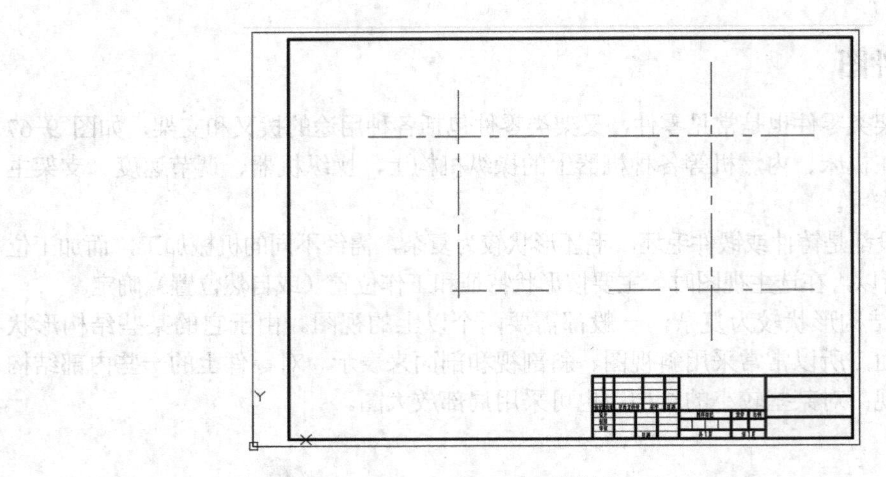

图 9-69　绘制中心线

❷ 将粗实线图层切换到当前图层，利用“直线”“偏移”“修剪”“夹点”和“删除”命令，绘制托架外轮廓，如图 9-70 所示。

❸ 绘制断面图。将中心线图层切换到当前图层，在主视图上绘制中心线，再将粗实线切换到当前图层，并利用“直线”“圆”“偏移”“修剪”和“删除”命令，绘制托架断面图，如图 9-71 所示。

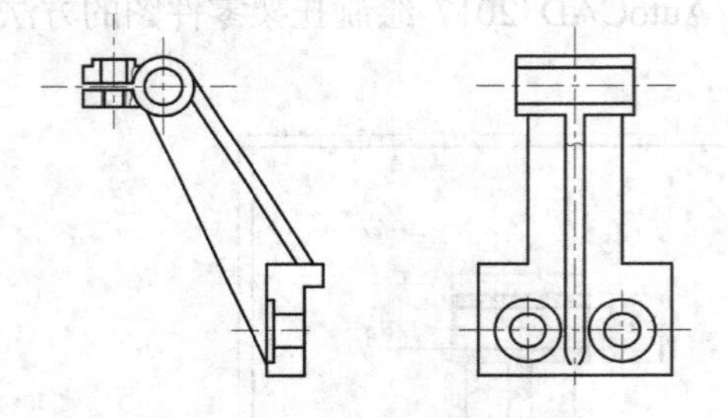

图 9-70　绘制托架外轮廓

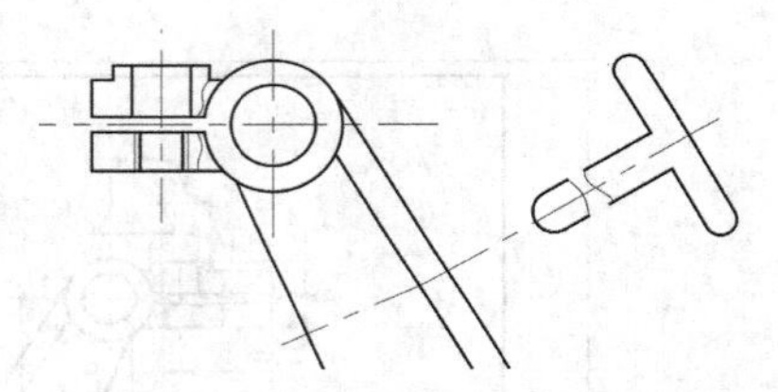

图 9-71　绘制托架断面图

❹ 绘制向视图。将中心线图层切换到当前图层，在主视图上绘制中心线，再将粗实线切换到当前图层，并利用“直线”“圆”“偏移”“修剪”和“删除”命令，绘制托架向视图，如图 9-72 所示。

❺ 绘制铸造圆角。单击“默认”→“修改”面板中的“圆角”按钮，绘制铸造圆角，如图 9-73 所示。

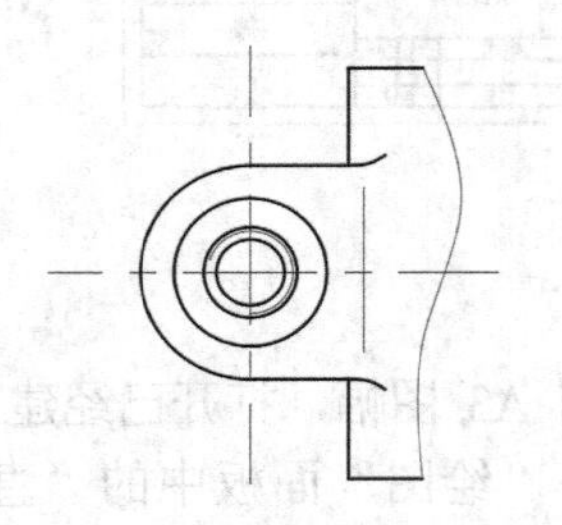

图 9-72　绘制托架向视图

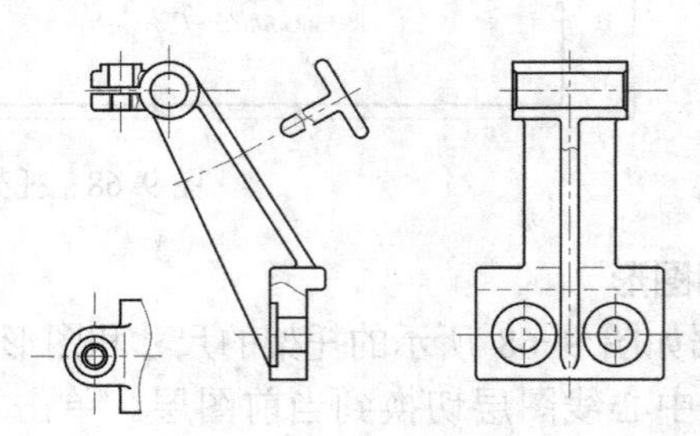

图 9-73　绘制托架铸造圆角

❻ 填充剖面线。将当前图层切换到“剖面线”图层，单击“默认”→“绘图”面板中的“图案填充”按钮，选择“ANSI31”图案类型，依此选择如图 9-74 所示的填充区域，单击面板上的“关闭”按钮，完成图案填充。

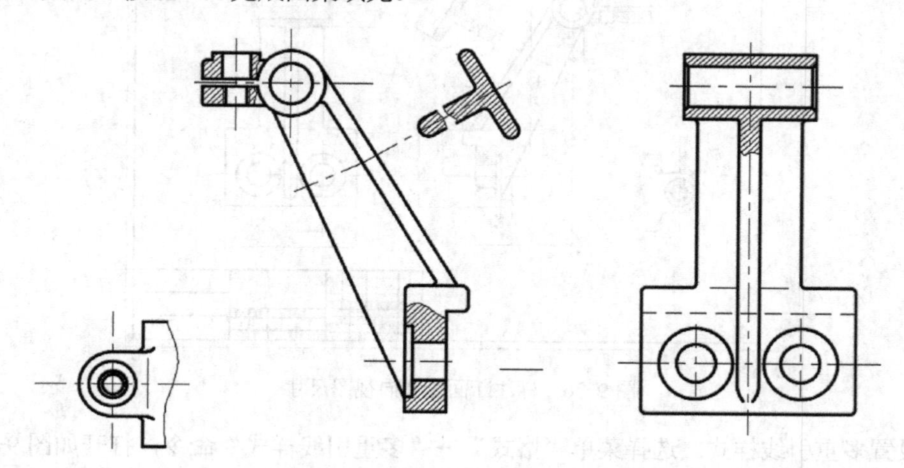

图 9-74 选择图案填充区域

2. 标注尺寸

❶ 将当前图层切换到“标注”图层，单击“默认”→“标注”面板中的“标注样式”命令窗口右侧的下三角形按钮，在打开的标注样式中选择“线性标注”样式，单击“默认”→“标注”面板中的“线性”按钮，标注线性尺寸，如图 9-75 所示。

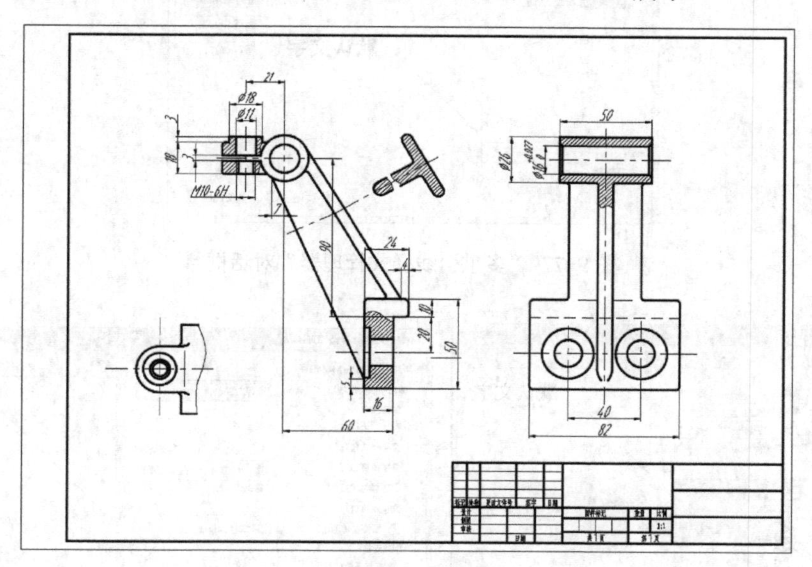

图 9-75 标注线性尺寸

❷ 标注断面图和向视图尺寸。单击“默认”→“标注”面板中的“对齐”按钮，标注断面图上的对齐尺寸。将“半径标注”样式设置为当前标注样式，单击“默认”→“标注”面板中的“半径”按钮，标注半径尺寸，如图 9-76 所示。

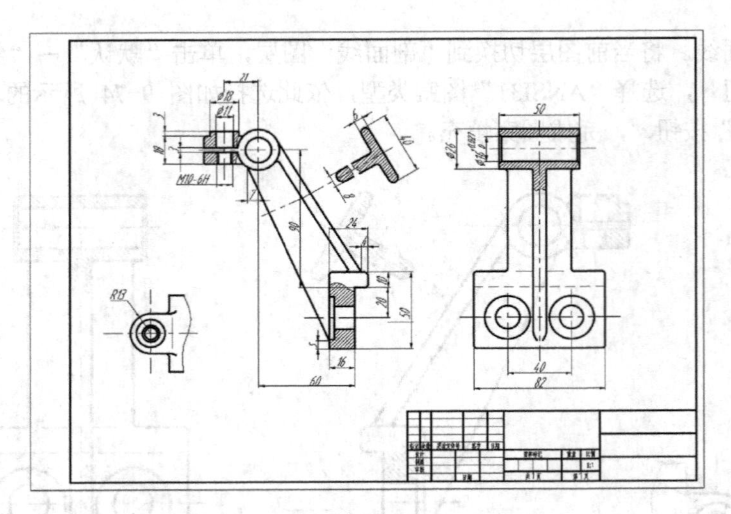

图 9-76　标注断面图和向视图尺寸

❸ 设置多重引线样式。选择菜单“格式”→“多重引线样式”命令，打开如图 9-77 所示“多重引线样式管理器”对话框，单击“修改”按钮，将“引线格式”中的“箭头”符号设置为“无”。将“内容”中的“多重引线类型”设置为“多行文字”，并将“引线连接”中的“连接位置-左”设置为“最后一行加下画线”，如图 9-78 所示，单击“确定”按钮。

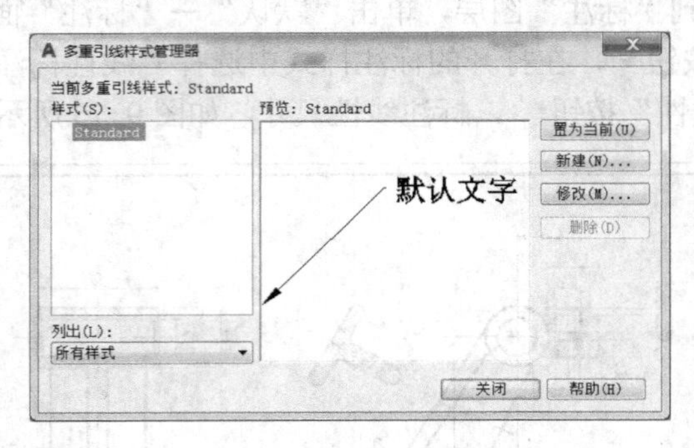

图 9-77　“多重引线样式管理器”对话框

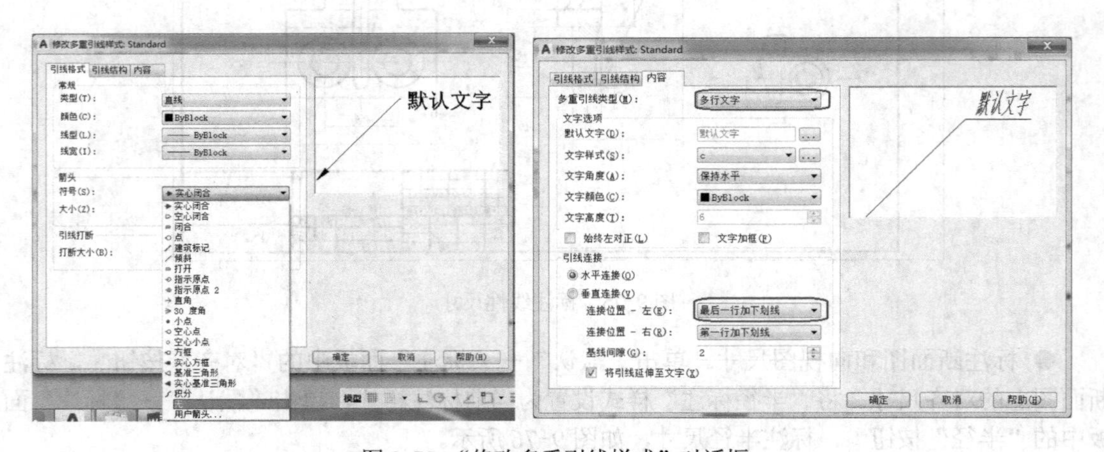

图 9-78　“修改多重引线样式”对话框

❹ 标注倒角尺寸。将“标注”图层切换到当前图层，单击“默认”→“标注”面板中的“引线”按钮，在左视图上标注倒角尺寸，如图 9-79 所示。

❺ 标注沉头孔尺寸。单击“默认”→“标注”面板中的“引线”按钮，在主视图上标注沉头孔尺寸。单击“插入”→“块”面板中的“插入”按钮，插入前面所建立的沉头孔符号和深度符号图块，并通过“多行文字”书写直径、深度数值，移动到合适位置，结果如图 9-80 所示。

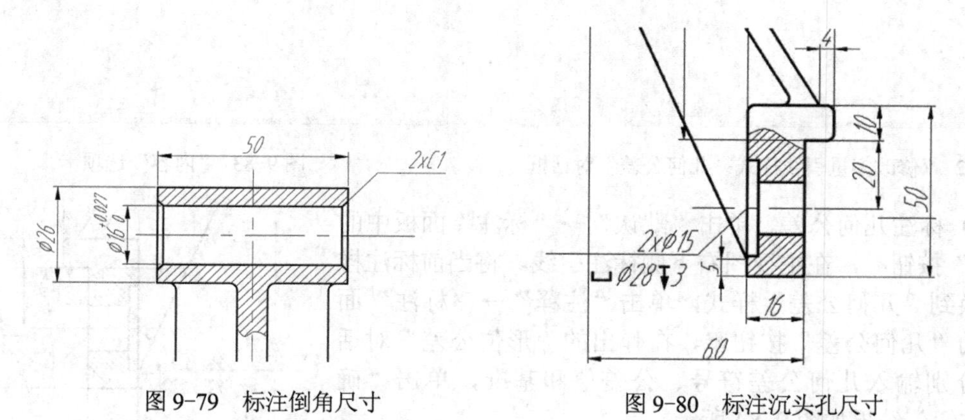

图 9-79　标注倒角尺寸　　　　图 9-80　标注沉头孔尺寸

❻ 标注基准和表面粗糙度。单击“插入”→“块”面板中的“插入”按钮，分别插入第 7 章建立的基准图块和表面粗糙度图块，如图 9-81 所示。

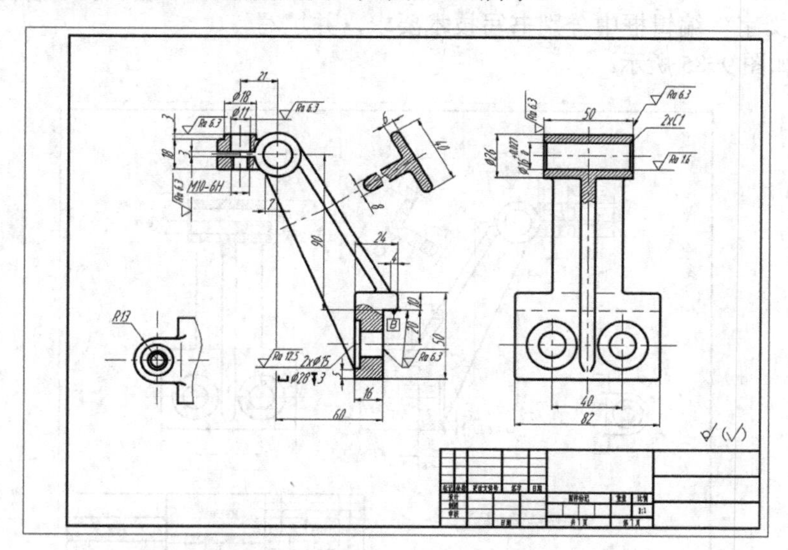

图 9-81　标注基准和表面粗糙度

❼ 新建多重引线样式。选择菜单“格式”→“多重引线样式”命令，打开如图 9-77 所示“多重引线样式管理器”对话框，单击“新建”按钮，在打开的“创建新多重引线样式”对话框中输入新样式名为“几何公差”，单击“继续”按钮。系统弹出“修改多重引线样式：形位公差”对话框，如图 9-82 所示，将“引线格式”中的“箭头”符号设置为“实心闭合”。将“内容”选项卡中的“多重引线类型”设置为“无”，如图 9-83 所示，单击“确定”按钮。

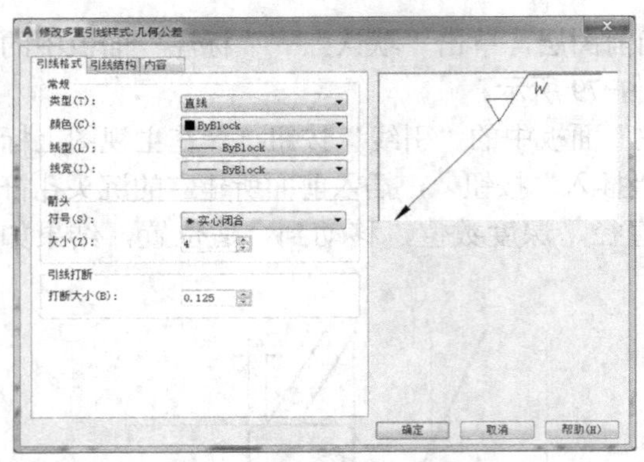

图 9-82 “修改多重引线样式：几何公差”对话框

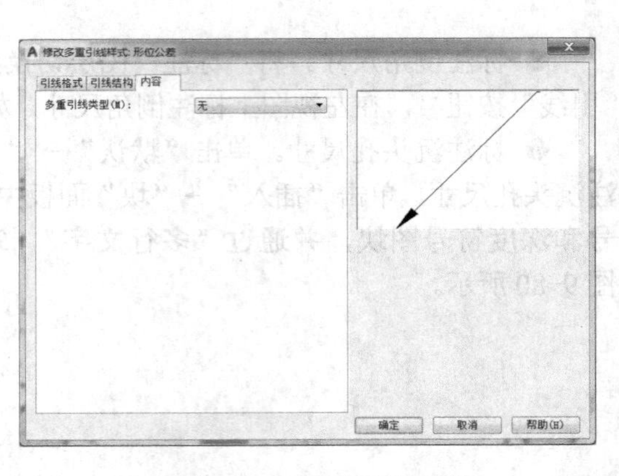

图 9-83 “内容”选项卡

❽ 标注几何公差。单击“默认”→“标注”面板中的“引线”按钮，在主视图右下侧标注引线。将当前标注样式切换到“几何公差”样式，单击“注释”→“标注”面板中的“几何公差”按钮，在弹出的“形位公差”对话框中分别输入几何公差符号、公差值和基准，单击“确定”按钮，结果如图 9-84 所示。

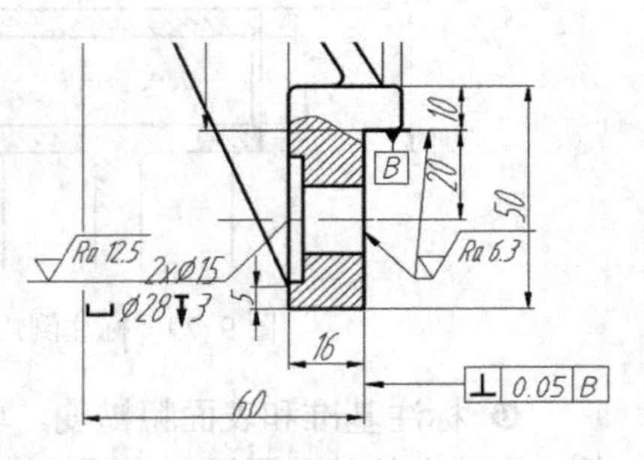

图 9-84 几何公差标注

❾ 书写技术要求和标题栏。将“文字”图层切换到当前图层，单击“默认”→“注释”面板中的“文字”按钮A，在“多行文字”编辑框中分别书写技术要求，并填写标题栏，结果如图 9-85 所示。

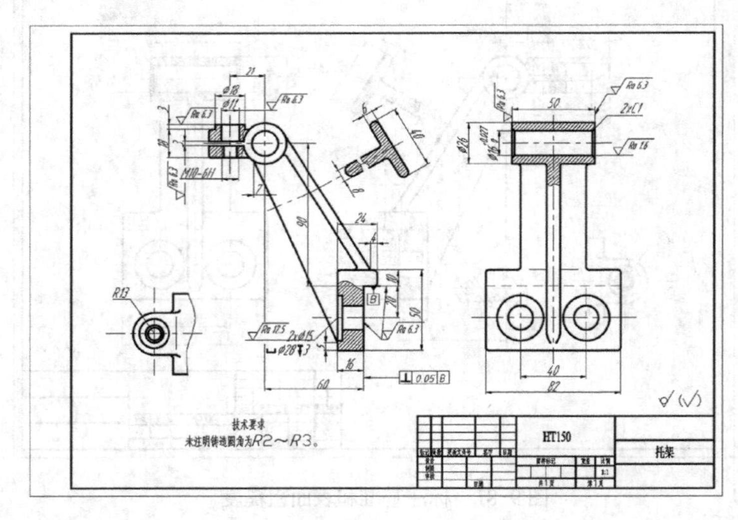

图 9-85 技术要求和标题栏

9.1.4 箱体类零件图

箱体类零件多为铸件，一般可起支承、容纳、定位和密封等作用，如图 9-86 所示。箱体类零件一般较为复杂，为了清楚、完整地表达其复杂的内、外结构和形状，所采用的视图较多，以能反映箱体工作状态且表达结构、形状特征作为选择主视图的出发点。箱体类零件的功能特点决定了其结构和加工要求的重点在于内腔，所以大量地采用剖视画法，选取剖视时一般以把完整孔形剖出为原则，当轴孔不在同一平面时，要善于使用局部剖视、阶梯剖视和复合剖视表达。

如果箱体类零件的外部结构形状简单，内部结构形状复杂，且具有对称平面时，可采用半剖视；如果外部结构形状复杂，内部结构形状简单，且具有对称平面时，可采用局部剖视或用虚线表示；如果外、内部结构形状都较复杂，且投影并不重叠时，可采用局部剖视；重叠时，外部结构形状和内部结构形状应分别表达；对局部的外、内部结构形状可采用局部视图、局部剖视和剖面来表示。

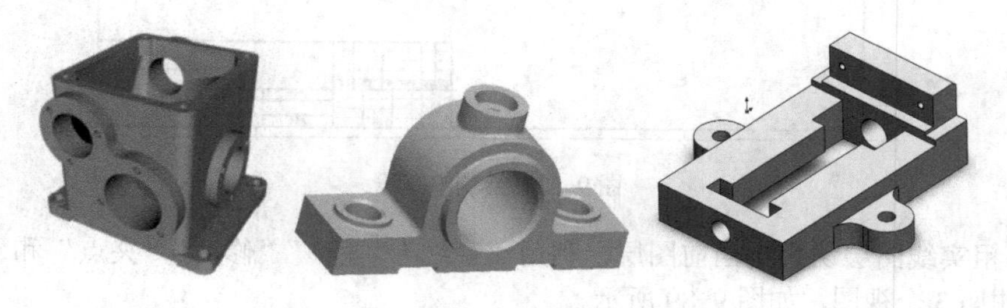

图 9-86　箱体类零件

本节以台虎钳中的钳座零件（见图 9-87）为例，讲述使用 AutoCAD 2017 绘制箱体类零件的方法与步骤。

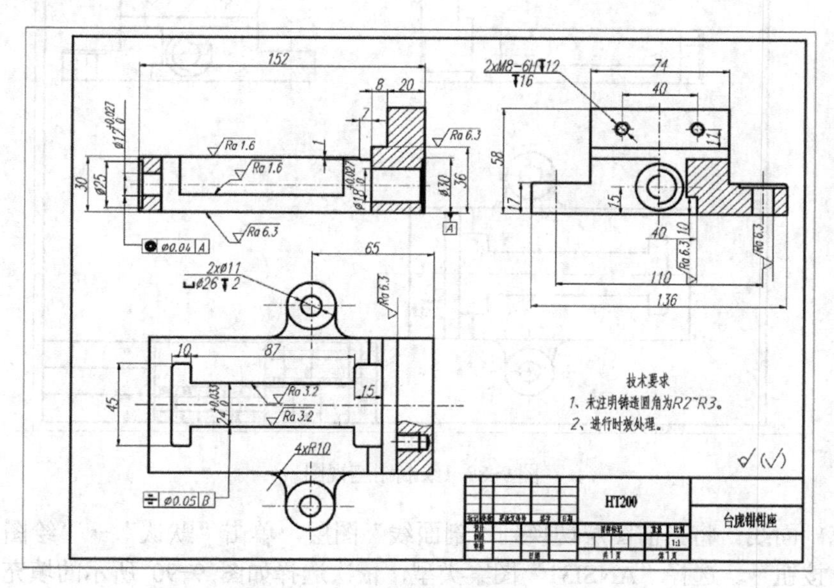

图 9-87　钳座零件图

1. 绘制图形

❶ 根据如图 9-87 所示的钳座的尺寸和图形，确定选用 A3 图幅，打开已经建立好的 A3 样板图。将“中心线”图层切换到当前图层。单击“默认”→“绘图”面板中的“直线”按钮，绘制主视图和左视图中心线，如图 9-88 所示。

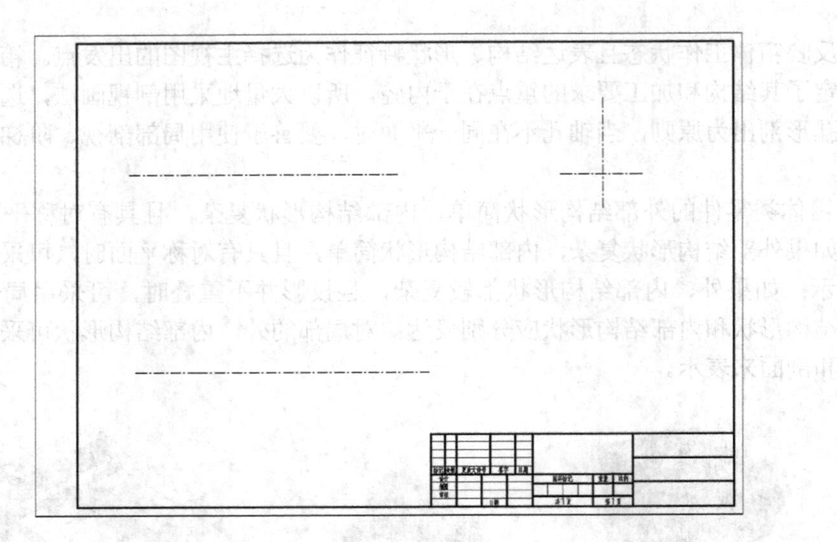

图 9-88　绘制中心线

❷ 将粗实线图层切换到当前图层，利用“直线”“偏移”“修剪”“夹点”和“删除”命令，绘制钳座 3 个视图，如图 9-89 所示。

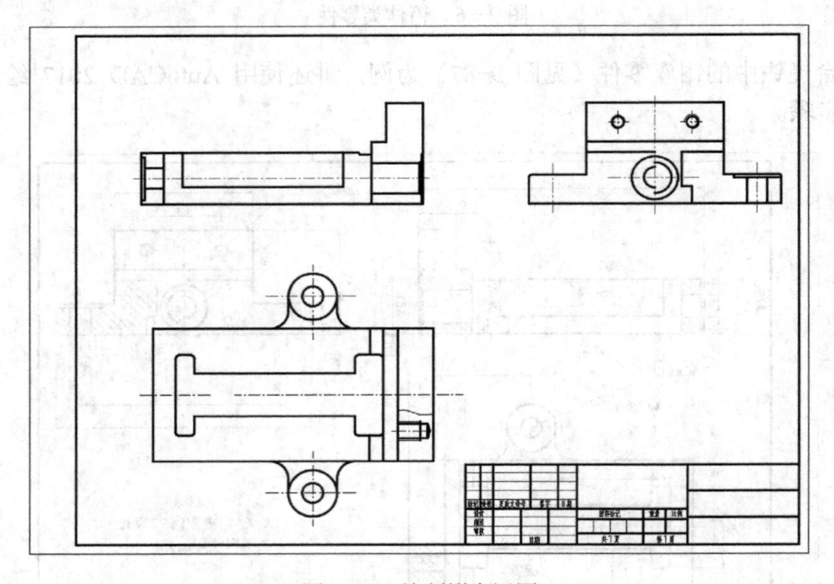

图 9-89　绘制钳座视图

❸ 填充剖面线。将当前图层切换到“剖面线”图层，单击“默认”→“绘图”面板中的“图案填充”按钮，选择“ANSI31”图案类型，依次选择如图 9-90 所示的填充区域，单击面板上的“关闭”按钮，完成图案填充。

2. 标注尺寸

❶ 将当前图层切换到“标注”图层，单击“默认”→“标注”面板中的“标注样式”命令窗口右侧的下三角形按钮，在打开的标注样式中选择“线性标注”样式，单击“默认”→“标注”面板中的“线性”按钮，标注线性尺寸，如图 9-91 所示。

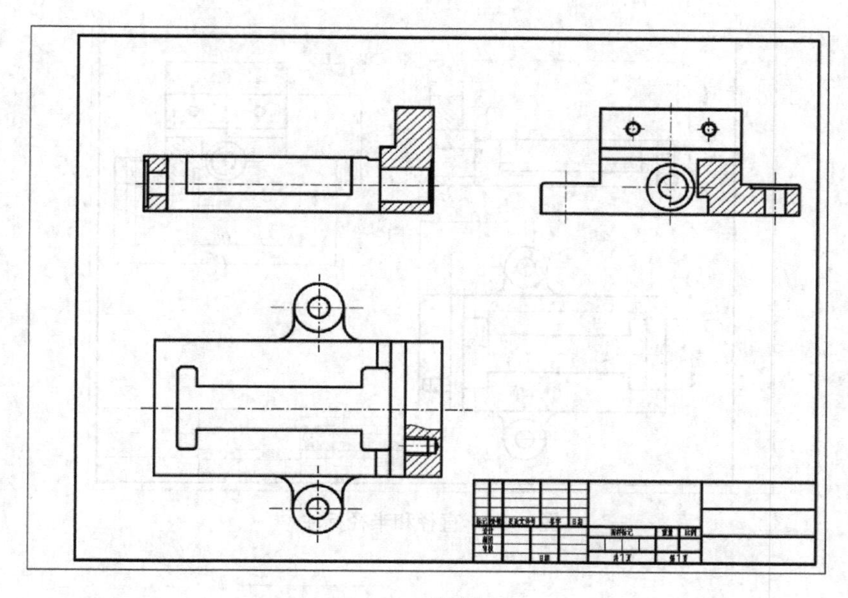

图 9-90　图案填充

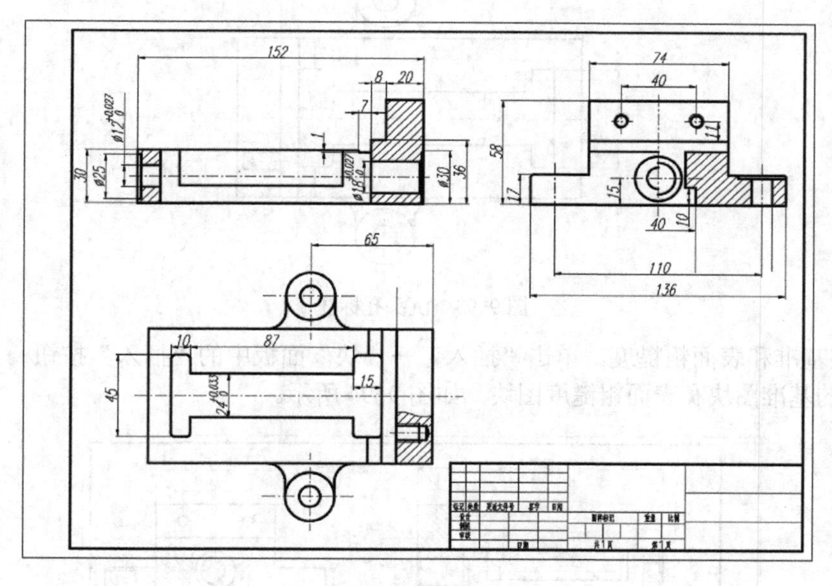

图 9-91　线性标注

❷ 标注直径和半径尺寸。单击“默认”→“标注”面板中的“标注样式”命令窗口右侧的下三角形按钮▾，在打开的标注样式中选择“直径标注”样式，单击“默认”→“标注”面板中的“直径”按钮，标注直径尺寸。选择“半径标注”标注样式，单击“默认”→“标注”面板中的“半径”按钮，标注半径尺寸，如图 9-92 所示。

❸ 标注沉头孔和深度符号。单击“插入”→“块”面板中的“插入”按钮，插入前面所建立的沉头孔符号和深度符号图块，并通过“多行文字”书写直径、深度数值，移动到合适位置，结果如图 9-93 所示。

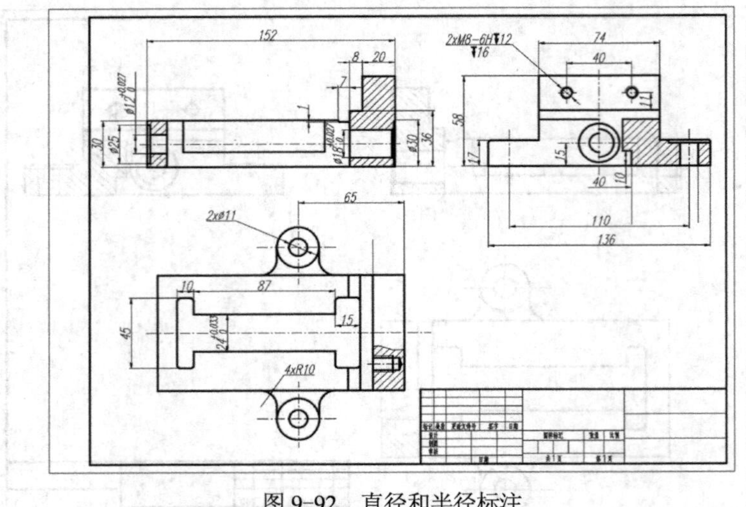

图 9-92　直径和半径标注

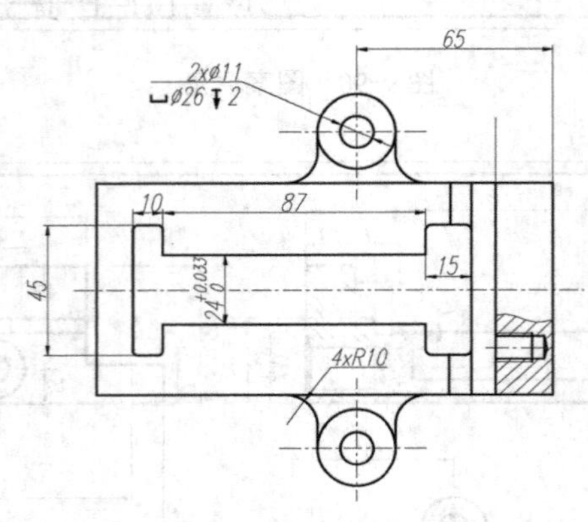

图 9-93　沉头孔标注

❹ 标注基准和表面粗糙度。单击“插入”→“块”面板中的“插入”按钮，分别插入第 7 章建立的基准图块和表面粗糙度图块，如图 9-94 所示。

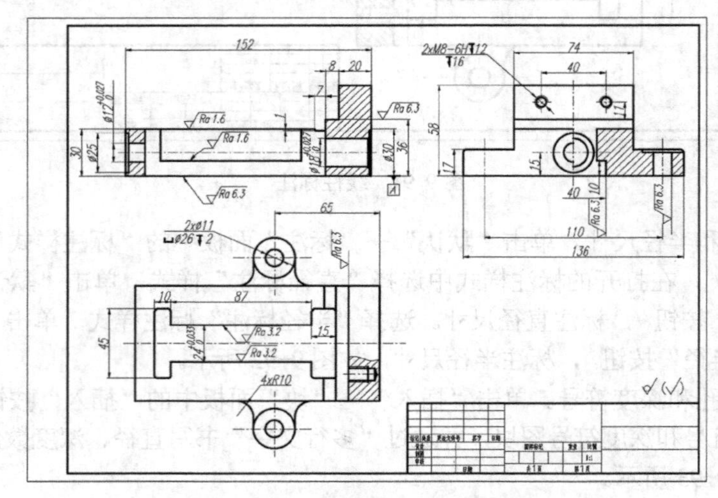

图 9-94　标注基准和表面粗糙度

❺ 标注几何公差。参考前面的实例，建立“几何公差”多重引线样式。单击“默认”→“标注”面板中的“引线”按钮，在主视图和俯视图上标注引线。将当前标注样式切换到“几何公差”样式，单击“注释”→“标注”面板中的“形位公差”按钮，在弹出的“形位公差”对话框中分别输入几何公差符号、公差值和基准，单击“确定”按钮，结果如图 9-95 所示。

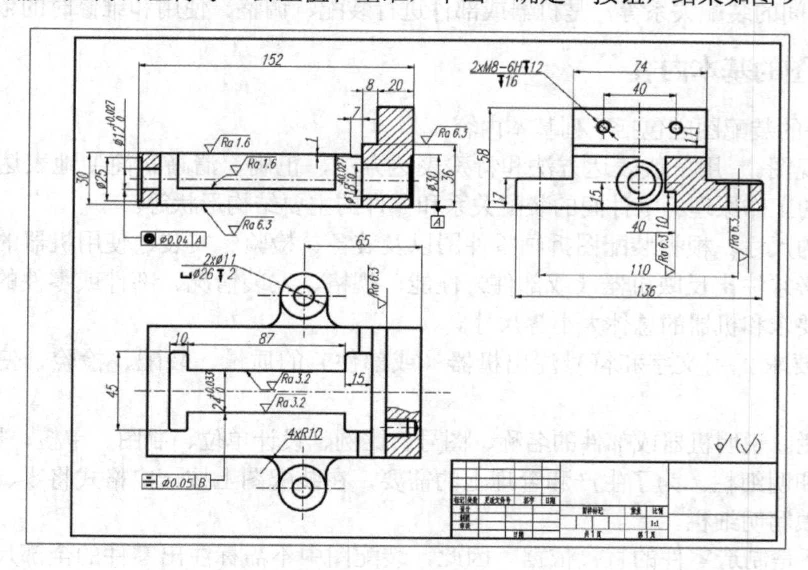

图 9-95　几何公差标注

❻ 书写技术要求和标题栏。将“文字”图层切换到当前图层，单击“默认”→“注释”面板中的“文字”按钮A，在“多行文字”编辑框中分别书写技术要求，并填写标题栏，结果如图 9-96 所示。

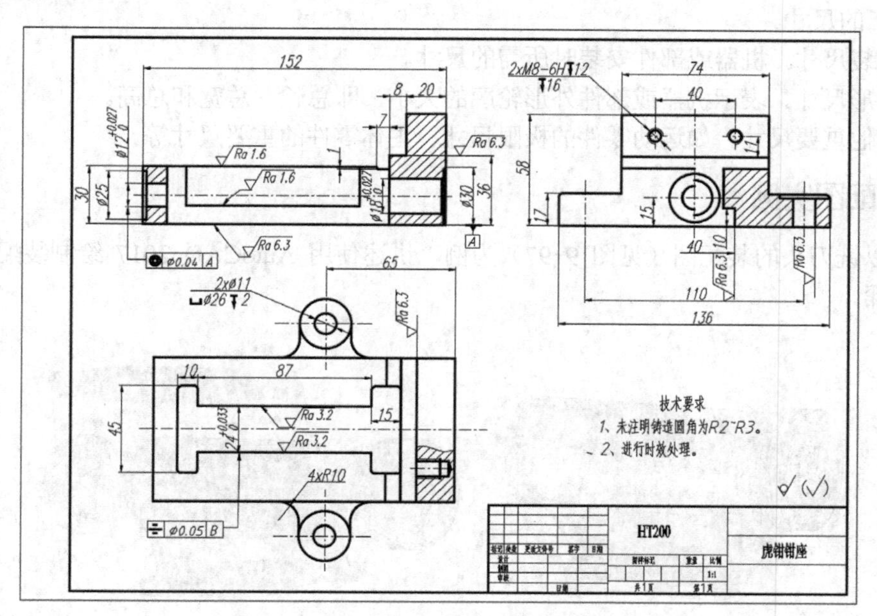

图 9-96　书写技术要求和标题栏

9.2 装配图

装配图是表示一部机器或部件的图样。装配图表达了一部机器或部件的工作原理、性能要求和零件之间的装配关系等，是机器或部件进行装配、调整、使用和维修时的依据。

9.2.1 装配图的基本内容

一张完整的装配图应包括下列基本内容。

- 一组视图。 用一般表达方法和特殊表达方法，正确、清晰、简便地表达机器（或部件）的工作原理、零件间的装配关系和零件的主要结构形状等。
- 必要的尺寸。根据装配图拆画零件图以及装备、检验、安装、使用机器的需要，装配图中必须注出反映机器（或部件）性能、规格、安装情况、部件或零件的相对位置、配合要求和机器的总体大小等尺寸。
- 技术要求。用文字和符号注出机器（或部件）的质量、装配、检验、使用等方面的要求。
- 标题栏。说明机器或部件的名称、图号、比例、设计单位、制图、审核、日期等。
- 编号和明细栏。为了生产和管理上的需要，在装配图上按一定格式将零、部件进行编号并填写明细栏。

装配图不是制造零件的直接依据。因此，装配图中不需标注出零件的全部尺寸，而只需标注出一些必要的尺寸。在装配图中，主要标注以下几种尺寸。

1）性能（规格）尺寸。表示机器或部件性能（规格）的尺寸，在设计时已经确定，也是设计、了解和选用该机器或部件的依据。

2）装配尺寸。包括保证有关零件间配合性质的尺寸、保证零件间相对位置的尺寸、装配时进行加工的尺寸。

3）安装尺寸。机器或部件安装时所需的尺寸。

4）外形尺寸。表示机器或部件外形轮廓的大小，即总长、总宽和总高。

5）其他重要尺寸。如运动零件的极限尺寸、主体零件的重要尺寸等。

9.2.2 装配图实例

本节以铣刀头的装配图（见图 9-97）为例，讲述使用 AutoCAD 2017 绘制装配图的一般方法与步骤。

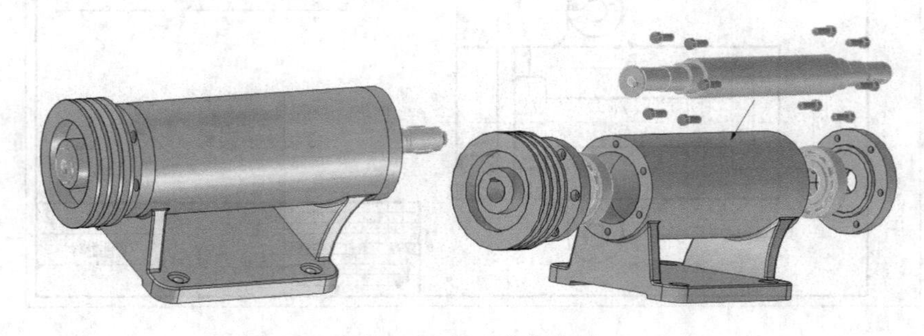

图 9-97 铣刀头立体图

❶ 用前面所讲方法绘制铣刀头各零件的零件图，保存在指定的目录下，方便以后调用。铣刀头整个装配体包括 15 个零件，其中螺栓、轴承、挡圈等都是标准件，可根据规格、型号从用户建立的标准图形库调用或按国家标准绘制。轴的零件图如图 9-98 所示，座体零件图如图 9-99 所示，其他零件的零件图如图 9-100 和图 9-101 所示。

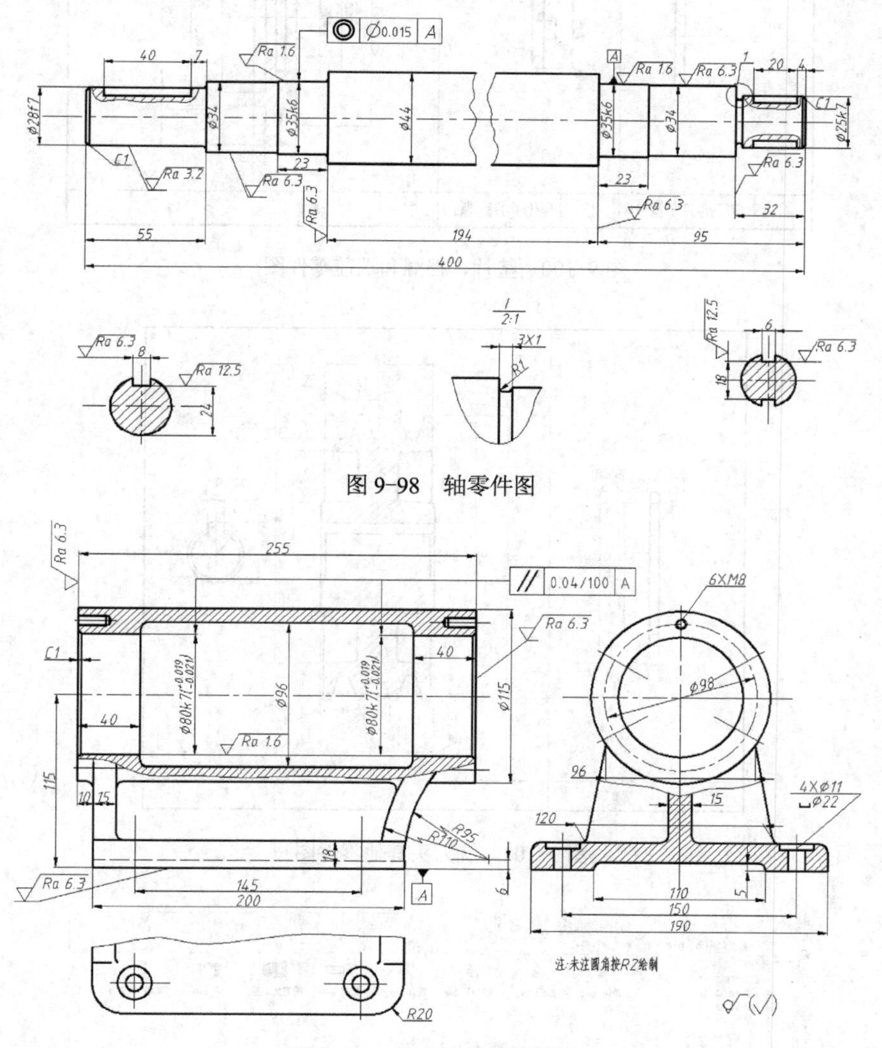

图 9-98 轴零件图

图 9-99 铣刀头底座零件图

❷ 选择主视图。部件的主视图通常按工作位置画出，并选择能反映部件的装配关系、工作原理和主要零件的结构特点的方向作为主视图的投射方向。如图 9-97 所示的铣刀头，将轴线方向作为主视图的投射方向，并作剖视，可清楚表达各主要零件的结构形状、装配关系以及工作原理。

❸ 插入底座。单击“插入”→“内容”面板上的“设计中心”按钮▦，打开“设计中心”选项板，如图 9-102 所示。在文件列表中找到铣刀头零件图的存储位置，在“内容区”选择要插入的图形文件，如“铣刀头底座.dwg”，按住鼠标左键不放，将图形拖入绘图区空白处，释放鼠标左键，则座体零件图便插入到绘图区。

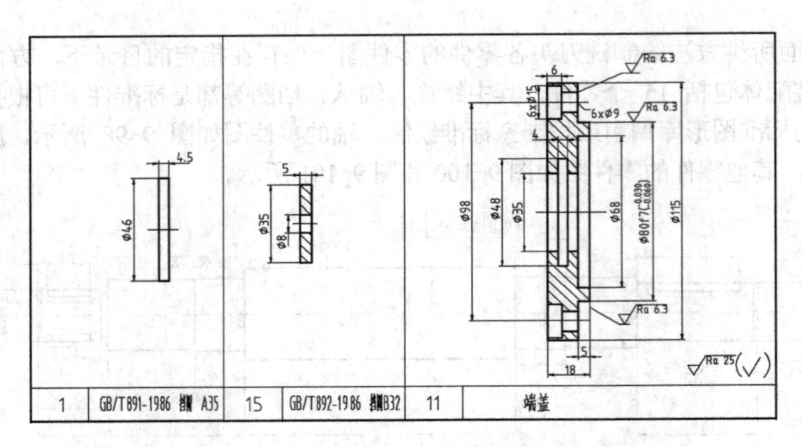

图 9-100　垫片、挡圈和端盖零件图

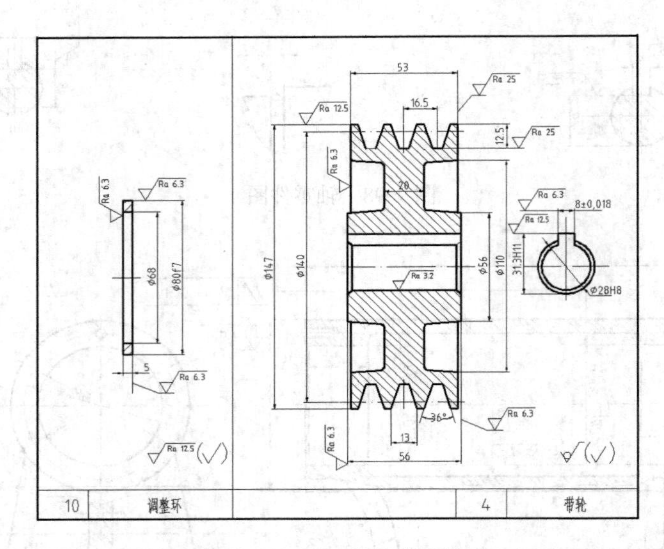

图 9-101　铣刀头其他零件图

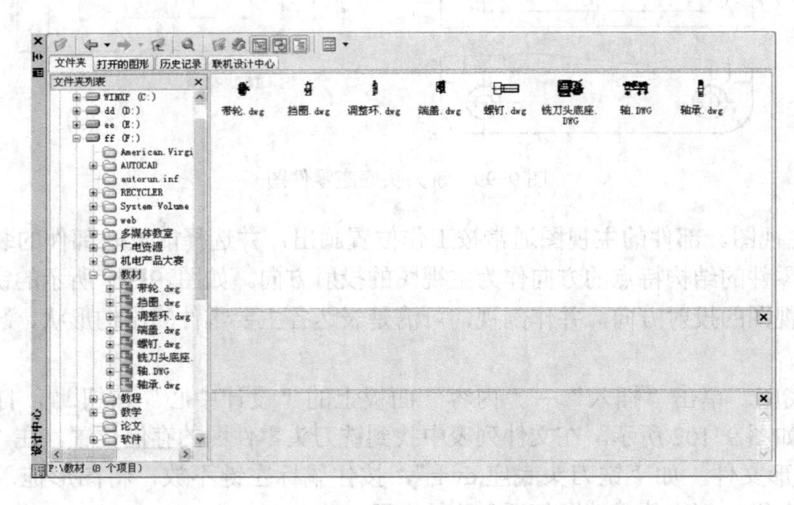

图 9-102　设计中心窗口

❹ 插入左端盖。用同样方法插入左端盖。为保证插入准确，应充分使用“缩放”命令和“对象捕捉”功能，利用“擦除”和“修剪”命令删除或修剪多余线条，修改后的图形如图 9-103 所示。

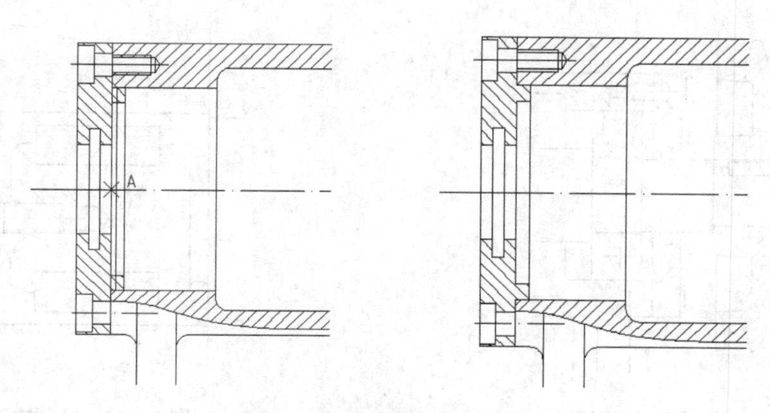

图 9-103　插入底座及左端盖

❺ 插入螺钉。插入螺钉，删除、修剪多余线条，如图 9-104 所示。注意相邻两零件的剖面线方向和间隔，以及螺纹联接等要符合制图标准中装配图的规定画法。插入轴承与左端轴承，并修改图形，如图 9-105 所示。

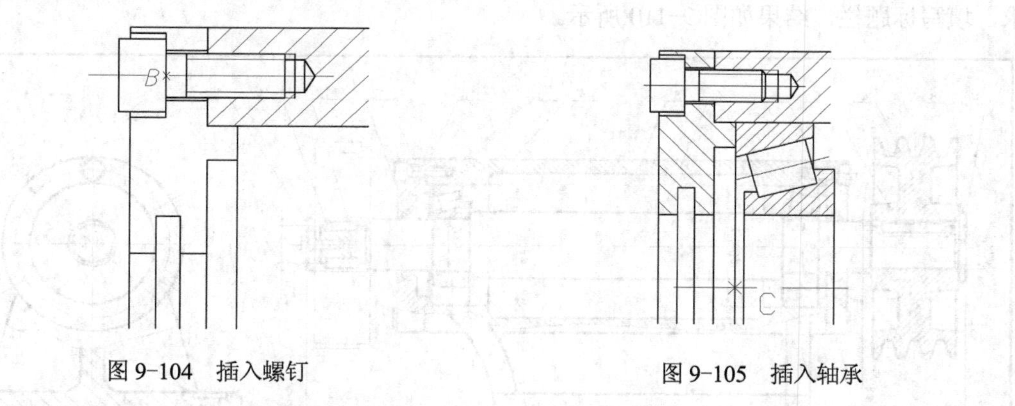

图 9-104　插入螺钉

图 9-105　插入轴承

❻ 重复以上步骤，依次插入右端轴承、端盖和螺钉等，修改图形如图 9-106 所示。

❼ 插入轴，修改后如图 9-107 所示。

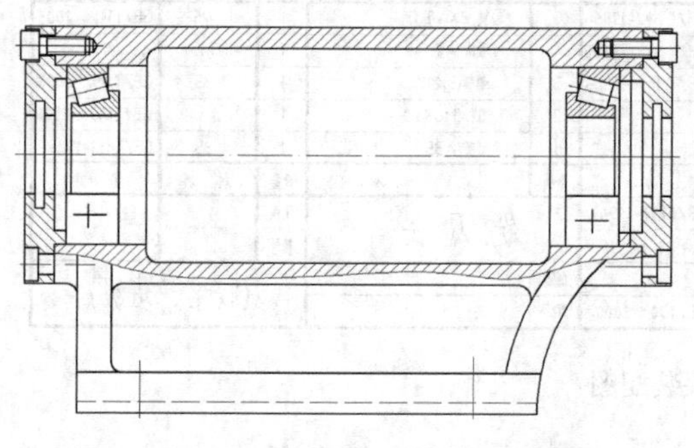

图 9-106　插入右端轴承、端盖、螺钉等

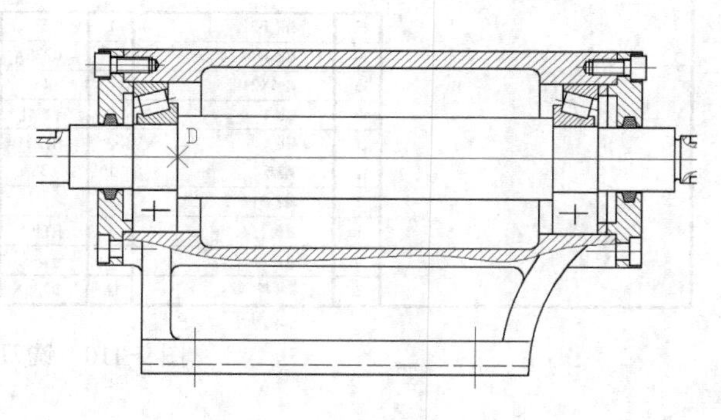

图 9-107　插入轴

❽ 插入带轮及轴端挡圈，按规定画法绘制键，如图 9-108 所示。

❾ 绘制铣刀、键，插入轴端挡板等，如图 9-109 所示。画油封并对图形局部进行修改，用相同的方法拼装出装配图的左视图。

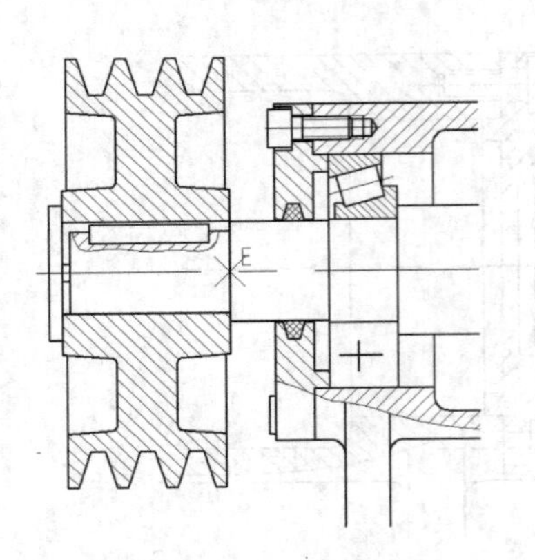

图 9-108　插入带轮及轴端挡圈

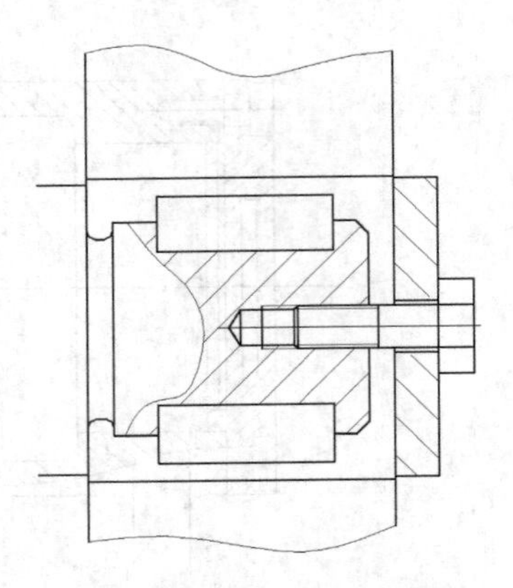

图 9-109　绘制铣刀、键

❿ 标注装配图尺寸。装配图的尺寸标注一般只标注性能、装配、安装和其他一些重要尺寸。装配图中的所有零件都必须编写序号，其中相同的零件采用同样的序号，且只编写一次。装配图中的序号应与明细表中的序号一致，明细栏中的序号自下往上填写，最后书写技术要求，填写标题栏，结果如图 9-110 所示。

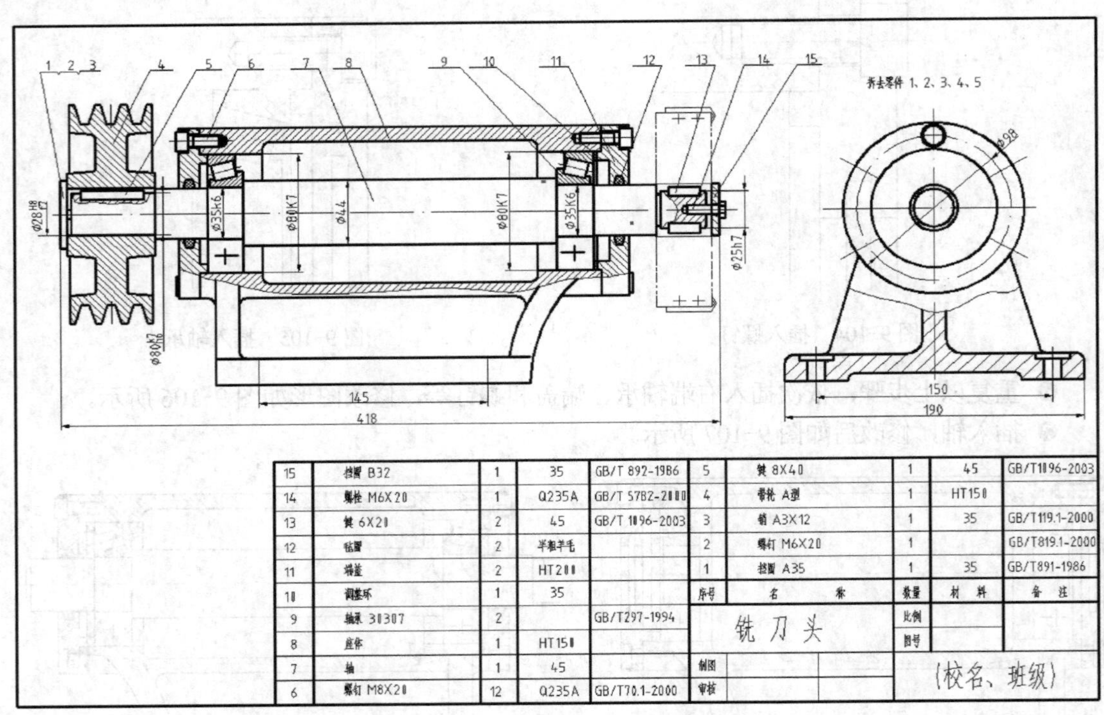

图 9-110　铣刀头装配图

9.3 课后练习

绘制如图 9-111 所示台虎钳的零件图，并绘制如图 9-112 所示台虎钳的装配图。

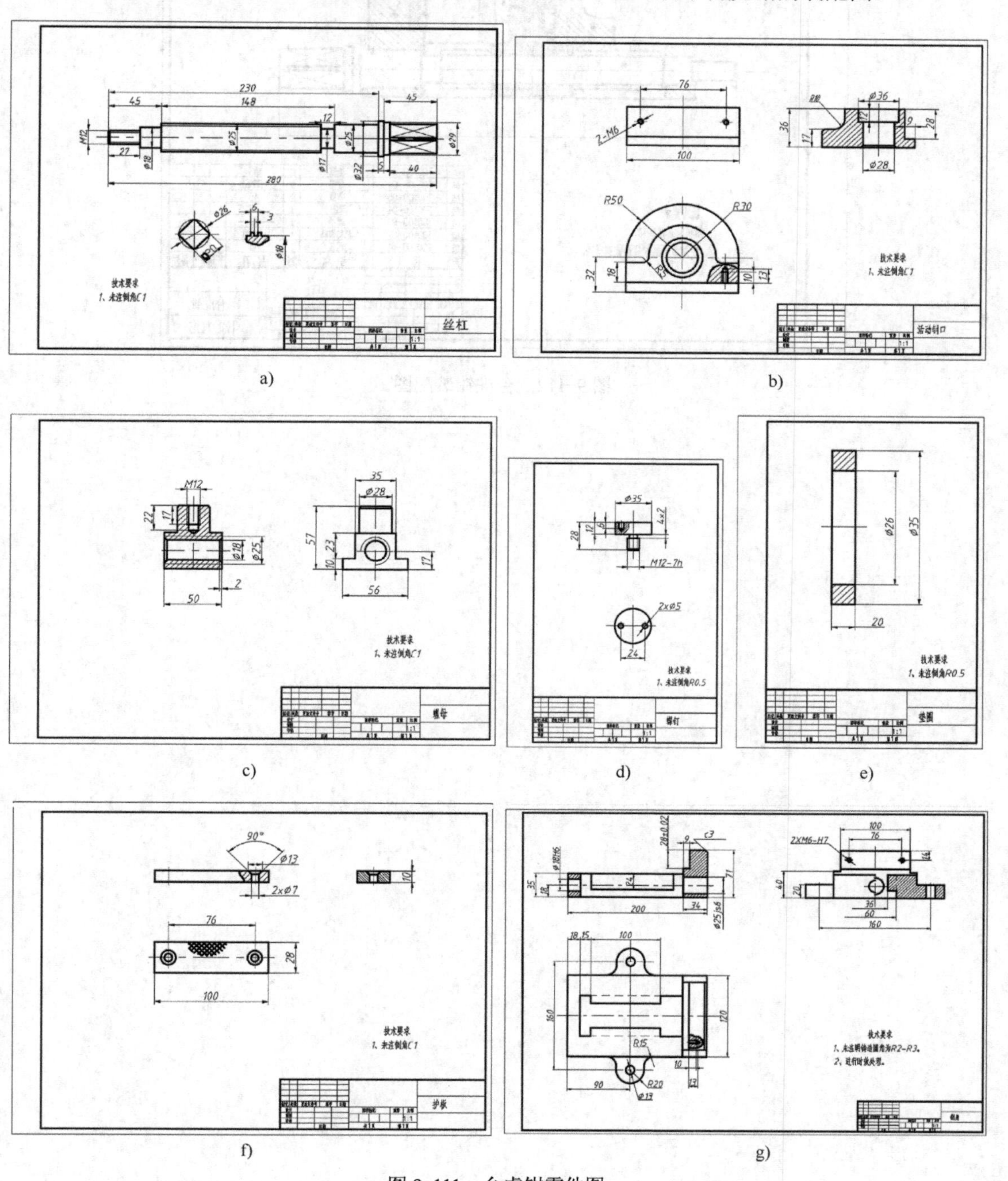

图 9-111 台虎钳零件图

a) 丝杠 b) 活动钳口 c) 螺母 d) 螺钉 e) 垫圈 f) 护板 g) 钳身

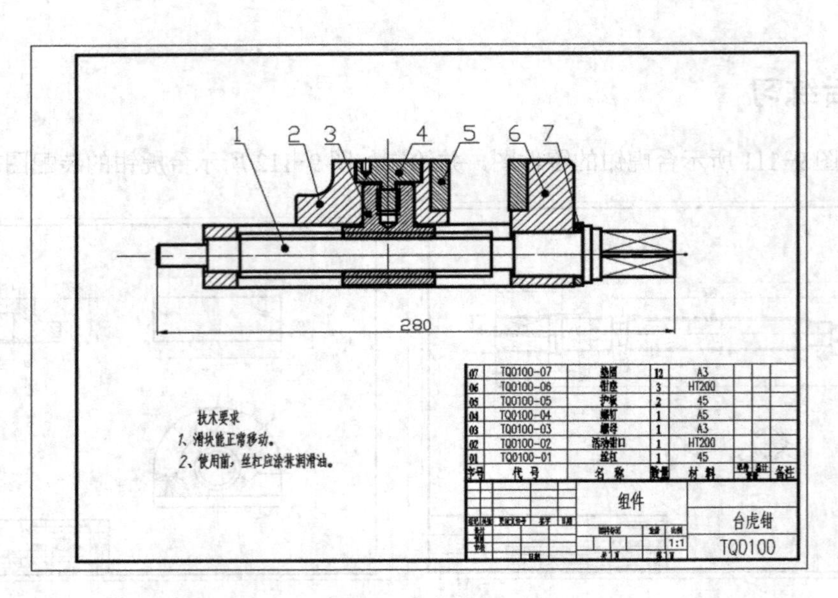

图 9-112　台虎钳装配图